Wie einzigartig ist der Mensch?

Gerhard Roth

Wie einzigartig ist der Mensch?

Die lange Evolution der Gehirne und des Geistes

Spektrum
AKADEMISCHER VERLAG

Autor
Prof. Dr. Dr. Gerhard Roth
Universität Bremen
Institut für Hirnforschung
Postfach 330440
28334 Bremen

Bibliografische Information der Deutschen Nationalbibliothek
Die Deutsche Nationalbibliothek verzeichnet diese Publikation in der Deutschen Nationalbibliografie; detaillierte bibliografische Daten sind im Internet über http://dnb.d-nb.de abrufbar.

Springer ist ein Unternehmen von Springer Science+Business Media
springer.de

10 11 12 13 14 5 4 3 2 1

Planung und Lektorat: Frank Wigger, Imme Techentin
Redaktion: Susanne Warmuth
Satz: Crest Premedia Solutions (P) Ltd., Pune, Maharashtra, India
Umschlaggestaltung: wsp design Werbeagentur GmbH, Heidelberg
Titelfotografie: © Stephanie Bandmann, Fotolia.com; © Getty Images

ISBN 978-3-8274-2147-0

Inhalt

Wenn kein organisches Wesen außer dem Menschen irgendwelche geistigen Fähigkeiten besessen hätte, oder wenn seine Fähigkeiten von einer völlig verschiedenen Natur wären im Vergleich mit denen der niederen Thiere, so würden wir nie im Stande gewesen sein, uns zu überzeugen, daß unsere hohen Fähigkeiten allmählich entwickelt worden sind. Es läßt sich aber deutlich nachweisen, daß kein fundamentaler Unterschied dieser Art besteht. Wir müssen auch zugeben, daß ein viel weiterer Abstand in den geistigen Fähigkeiten zwischen einem der niedrigsten Fische, wie der Pricke oder einem Amphioxus, und dem der höheren Affen besteht, als zwischen dem Affen und dem des Menschen: und doch wird diese Lücke durch zahllose Abstufungen ausgefüllt.

Charles Darwin, *Die Abstammung des Menschen* (1871)

Vorwort

Wie haben sich im Laufe der Evolution Nervensysteme und Gehirne entwickelt, wie kognitive Leistungen bis hin zum Bewusstsein, kurz „Geist“ genannt, und welcher Zusammenhang besteht zwischen beiden Prozessen? Das sind die zentralen Themen dieses Buches. Natürlich geht es in diesem Zusammenhang insbesondere um die Frage, ob dem Menschen und seinen geistigen Leistungen eine Sonderrolle zukommt – ob der menschliche Geist „einzigartig“ ist.

Die Beschäftigung mit dieser Frage reicht zurück in die Zeit meines Philosophiestudiums an der Universität Münster, als ich von Freunden in eine Ringvorlesung über philosophische Fragen der Naturwissenschaften mitgenommen wurde. Als Redner traten bedeutende Naturwissenschaftler auf, unter anderem der Münsteraner Zoologe und Evolutionsbiologe Bernhard Rensch. Er hielt einen Vortrag über den Zusammenhang zwischen geistigen Leistungen bei Tier und Mensch und der biologischen Evolution. Ich war begeistert, nahm einige Tage später meinen ganzen Mut zusammen und suchte Bernhard Rensch auf. Er hörte sich aufmerksam meine Fragen wie auch die Bekundung der Unzufriedenheit mit meinem, im klassischen Sinne durchaus guten Philosophiestudium geduldig an. Dies tat er, weil auch er im Nebenfach Philosophie studiert hatte und als Biologe weitreichende philosophische Interessen besaß, die unter anderem in seinem Buch „Biophilosophie“ von 1968 ihren Niederschlag fanden. Rensch gab mir den für meine akademische Laufbahn entscheidenden Rat, mein Philosophiestudium zu Ende zu führen und erst dann Biologie zu studieren. Ich begab mich als Stipendiat der Studienstiftung des deutschen Volkes im Herbst 1966 nach Rom, um für meine Dissertation über den italienischen Philosophen und Politiker Antonio Gramsci zu arbeiten. Diese Dissertation schloss ich im Sommersemester 1969 mit der Promotion in Philosophie ab.

Im darauf folgenden Wintersemester begann ich, wiederum an der Universität Münster, dem Rat Renschs folgend mein Zweitstudium in Biologie. Ermöglicht wurde mir dies durch ein weiteres Stipendium der Studienstiftung. Hierfür bin ich dieser Einrichtung zutiefst dankbar. An das in unziemlicher Eile absolvierte Biologiestudium schloss sich ab 1972 eine weitere Dissertation an, wiederum finanziert durch die Studienstiftung und diesmal in Zoologie. Dieses Vorhaben führte mich erneut nach Italien, diesmal an die Universität von Pisa, und später nach Kalifornien an die University of California in Berkeley, wo ich einen weiteren bedeutenden Evolutionsbiologen, David Wake, kennenlernte, mit dem ich im Museum of Vertebrate Zoology sowie in verschiedenen Teilen Kaliforniens und später im Urwald von Mexiko, Costa Rica und Panama zusammenarbeitete. Die zoologische Dissertation schloss ich im Jahr 1974 in Münster ab. Sie hatte die Lebensweise, die Funktionsmorphologie des Beutefangs, das Sehsystem und das Gehirn von Salamandern zum Inhalt, und ihr folgten bis heute viele neurobiologische und evolutionsbiologische Untersuchungen an Amphibien, viele davon zusammen mit David Wake. Er und seine zahlreichen bedeutenden Schüler waren es, die mich mit der modernen Evolutionsbiologie vertraut machten. Den Empfehlungen von Rensch und Wake verdanke ich – wie ich später erfuhr – vornehmlich meine Berufung auf die Professur für Verhaltensphysiologie an die Universität Bremen, die ich im Jahre 1976 antrat.

Im engeren Sinne begann die Arbeit am vorliegenden Buch im Jahre 1994 im Zusammenhang mit einem Lehrbuchartikel über die Evolution der Nervensysteme und Sinnesorgane, den ich zusammen mit meinem damaligen Mitarbeiter und heutigen Münchner Kollegen Mario Wullimann schrieb. Wir setzten diese publizistische Zusammenarbeit fort, unter anderem mit der Herausgabe des Sammelbandes „Brain Evolution and Cognition", der auf einer hervorragenden Konferenz in Bremen fußt und im Jahre 2000 erschien und uns internationale Anerkennung einbrachte. Um diese Zeit hatte ich als Rektor des Hanse-Wissenschaftskollegs die Gelegenheit, führende Neurowissenschaftler aus der ganzen Welt als Fellows des Kollegs einzuladen. Einer der ersten war Harry Jerison, auf dessen bedeutende Leistungen in Hinblick auf die Hirnevolution ich in diesem Buch ausführlich eingehe. Ein anderer Fellow war Eric Kandel, Nobelpreisträger für Medizin und Physiologie des Jahres 2000, der sich im September des Jahres 2004 am Hanse-Wissenschaftskolleg aufhielt.

Der letzte vorbereitende Schritt für dieses Buch war ein Übersichtsartikel, den meine Frau und Kollegin Ursula Dicke und ich im Jahre 2005 auf Einladung der Zeitschrift „Trends in Cognitive Sciences" über das Thema „Evolution of Brain and Intelligence" schrieben. Wir arbeiteten mehrere Wochen hindurch intensiv an diesem Artikel und waren ob der kritischen Kommentare von insgesamt fünf Gutachtern zuweilen der Verzweiflung nahe. Zum Schluss war es noch ein Gutachter, der nicht aufgeben wollte, aber die Herausgeberin empfahl uns schließlich, seine Einwände zu ignorieren, und der Artikel konnte erscheinen (Roth und Dicke 2005).

Die Thematik dieses Buches ist sehr anspruchsvoll. Gleichgültig, wie intensiv und wie gewissenhaft man das wissenschaftliche Material bearbeitet – man wird es nicht allen Lesern recht und nicht alles perfekt machen können. Mehr noch als bei meinen früheren Büchern ist hier eine hinreichende Präsentation des Sach- und Kenntnisstandes unabdingbar, und das macht das Buch schwieriger zu lesen, auch wenn ich mir große Mühe gegeben habe, es für Nichtfachleute lesbar zu halten.

Zum Schluss möchte ich all jenen Personen danken, die mir beim Abfassen des Buches geholfen haben. Der erste Dank geht wiederum an meine Frau und Kollegin Ursula Dicke, denn ohne die vielen fachkundigen Diskussionen, die kritische Durchsicht einiger Kapitel, die Zusammenarbeit bei dem erwähnten Übersichtsartikel mit ihr wäre dieses Buch nicht entstanden. Sie hat außerdem, ebenso wie Wolfgang Grunwald (Universität Bremen), intensiv an der Erstellung der Abbildungen mitgewirkt. Meinem Bruder Jörn Roth (Münster) danke ich für die kritische Lektüre des gesamten Buches. Den Kollegen Friedrich Barth (Universität Wien), John-Dylan Haynes (Charité und HU Berlin), Onur Güntürkün (Universität Bochum), Michael Kuba (Jerusalem), Randolf Menzel (FU Berlin), Ulrich Müller-Herold (ETH Zürich), Michael Pauen (HU Berlin), Josef Reichholf (München), Helmut Schwegler (Universität Bremen), Volker Storch (Universität Heidelberg) Jürgen Tautz (Universität Würzburg) und Mario Wullimann (LMU München) danke ich für wertvolle Hinweise bzw. die kritische Durchsicht einer Reihe von Kapiteln. Selbstverständlich gehen alle Unrichtigkeiten dieses Buches zu meinen Lasten. Schließlich möchte ich mich für die vertrauensvolle und perfekte Zusammenarbeit mit Frau Warmuth, Frau Techentin und Herrn Wigger vom Springer-Verlag bedanken.

Lilienthal und Brancoli, Februar 2010

Einleitung: Sind Gehirn und Geist eine Einheit?

> *Mit Philosophie und speziell Erkenntnistheorie verknüpft ist die Biologie ohnehin durch die Tatsache, daß bestimmten Vorgängen in Nervensystemen und Sinnesorganen Bewußtseinserscheinungen parallel laufen bzw. diesen entsprechen. Ohne Übertreibung dürfen wir daher sagen, daß jede Weltanschauung, die biologisches Wissen nicht ausreichend berücksichtigt, der vorhandenen Wirklichkeit nicht adäquat sein kann.*
>
> Rensch 1968

In seinem epochemachenden Werk „The Origin of Species" („Der Ursprung der Arten") von 1859 untermauerte Charles Darwin mit einer großen Fülle von Daten die Anschauung einer gemeinsamen Stammesgeschichte aller Lebensformen. Zu der damals heikelsten Frage, ob dies auch für den Menschen zutreffe, machte er nur die bekannte geheimnisvolle Bemerkung „Licht wird fallen auf den Menschen und seine Geschichte". Dreiundzwanzig Jahre später, 1871, nahm er sich ausführlich dieser Frage an, nämlich in seinem zweiten Hauptwerk „The Descent of Man" („Die Abstammung des Menschen"), und bejahte sie. Natürlich – so Darwin – ist der Mensch eine abgewandelte Form affenartiger Vorfahren. Dies hat viele seiner Zeitgenossen sehr erschreckt, und eine britische Zeitgenossin (manche vermuten, dass es Königin Victoria selbst war) soll geäußert haben: „Beten wir, dass es nicht stimmt. Falls es doch stimmt, so lasst uns beten, dass es nicht bekannt wird!"

Wenn man den ersten Teil der „Abstammung des Menschen" liest, ist man nicht nur von der Radikalität Darwins beeindruckt, mit der er die Auffassung vertritt, dass es auch in den geistigen Fähigkeiten nur quantitative bzw. graduelle, aber keine qualitativen Unterschiede zwischen dem Menschen und nichtmenschlichen Tieren gebe, erstaunlich ist auch die Fülle der Argumente, die er zugunsten eines solchen Standpunktes vorbringt und die so unterschiedliche Themenbereiche berühren wie Nachahmung, Aufmerksamkeit, Überlegung, Wahl, Werkzeuggebrauch, Gedächtnis, Einbildung, Ideenassoziationen, Selbstbewusstsein, Verstand, aber auch Eifersucht, Ehrgeiz, Dankbarkeit, Großherzigkeit, Betrug, Rache, Humor, Sprache, Liebe, Altruismus, Gehorsam, Scham, Moral, Ethik und Religiosität. Was Darwin an Argumenten anführt, stammt aus Beobachtungen tierlichen Verhaltens im Freiland, in Zoos oder häuslicher Gemeinschaft, die teils von Experten, einschließlich Darwin selbst, teils von interessierten Laien gemacht worden waren. Verhaltensuntersuchungen unter kontrollierten Bedingungen waren unbekannt.

Dies hat sich, wie ich in diesem Buch zeigen werde, in den vergangenen rund 50 Jahren erheblich geändert. Aufgrund der inzwischen vorliegenden große Fülle neuer Befunde und Einsichten müssen wir uns kritisch fragen, ob Darwin Recht hatte, das heißt in welcher Hinsicht sich der Mensch in seinen kognitiven Fähigkeiten nur graduell bzw. *quantitativ* von nichtmenschlichen Tieren unterscheidet, und ob diese nicht doch *qualitativ* sind und den Menschen „einzigartig" machen.

In der Diskussion um die mögliche Einzigartigkeit des Menschen spielt die Rolle des Geistes eine besondere Rolle. In den meisten Kulturen der Welt, so auch in unserer abendländischen, wird der Besitz des Geistes als das herausragende Merkmal des Menschen angesehen. Tiere haben entsprechend weder Geist noch Verstand und Vernunft. Da wir Menschen aber rein biologisch gesehen aufs Engste mit den Tieren verwandt sind, wurde und wird hieraus oft gefolgert, dass Geist und Vernunft nicht natürlichen Ursprungs und Wesens sein können. Philosophisch entspricht dies der Auffassung des *Dualismus*, dass sich der Geist grundsätzlich einer naturwissenschaftlichen Erklärung entzieht. Wie auch immer die biologische Evolution des Menschen und seines Gehirns verlaufen sein mag – aus dualistischer Sicht gibt es hier einen naturwissenschaftlich nicht weiter erklärbaren Sprung, nämlich den Zeitpunkt der „Begeistigung" des Menschen. Teils wird dabei die Ansicht vertreten, dies sei innerhalb der Evolution vom Menschenaffen zum Menschen geschehen, andere nehmen einen solchen Vorgang innerhalb der Individualentwicklung des Menschen an, zum Beispiel beim Zeugungsakt.

Die gegensätzliche Anschauung, der *Naturalismus*, geht davon aus, dass zumindest manche Tiere Formen von Geist besitzen, und sich die geistigen Leistungen von Mensch und Tier im Rahmen der Naturgesetze bewegen. Es gibt danach *keinen wesensmäßigen Unterschied* zwischen Geist und Körper bzw. Gehirn. Unterschiedliche Auffassungen herrschen allerdings hinsichtlich einer möglichen Sonderstellung des Menschen. Die Mehrzahl der Experten geht trotz einer naturalistischen Grundhaltung davon aus, dass der Mensch hinsichtlich seiner geistigen Fähigkeiten *qualitative* Unterschiede gegenüber allen anderen Tieren einschließlich unserer nächsten Verwandten, der Schimpansen, aufweist. So heißt es etwa, er allein könne über sich selbst nachdenken, verfüge über eine syntaktisch-grammatische Sprache, eine „Theorie des Geistes", und nur er habe Religion, Moral, Wissenschaft und Kunst. Hierzu gibt es aus dieser Sicht bei den nichtmenschlichen Tieren *keine* Vorstufen. Diese Auffassung hat zahlreiche Anhänger auch unter Verhaltenspsychologen und Anthropologen. Sofern man Naturalist ist, muss man dann davon ausgehen, dass solch einzigartige geistig-kognitive Fähigkeiten im Zuge der Evolution des Menschen entstanden sind. Entsprechend zahlreich sind die Bemühungen, Belege dafür zu finden, dass nur der Mensch über bestimmte, einzigartige Hirnstrukturen bzw. -prozesse oder einzigartige Gene bzw. Genkomplexe verfügt, die dann die Evolution solcher Fähigkeiten ermöglichten.

Die andere naturalistische Auffassung geht in der Nachfolge von Darwin von einer Kontinuität zwischen den geistig-kognitiven Fähigkeiten des Menschen und der Tiere aus. Man nennt diese Auffassung *Gradualismus*. Natürlich wird von den Vertretern dieser Anschauung akzeptiert, dass es im Laufe der Evolution große Neuerungen gab, wie die Entstehung des Zellkerns, den bilateralen Körperbau, die Ausbildung eines Gehirns und die Entstehung einer Wirbelsäule, aber diese Neuerungen hatten jeweils eine lange Vorgeschichte.

Im vorliegenden Buch will ich auf der Grundlage des derzeitigen Kenntnisstandes von Evolutions- und Verhaltensbiologie, Hirnforschung und Anthropologie untersuchen, in welchem Ausmaß geistig-kognitive Fähigkeiten bei Tieren und beim Menschen mit Merkmalen ihrer Nervensysteme und Gehirne in einen Zusammenhang gebracht werden können, und in welchem Maße dies auf eine mögliche „Einzigartigkeit" des Menschen hindeutet. Am Ende stellt sich die Frage nach der Möglichkeit einer *naturalistischen Theorie des Geistes*. Kann Geist im Rahmen der heutigen Erkenntnisse der Naturwissenschaften zumindest in groben Zügen erklärt werden, oder entzieht er sich grundsätzlich einer solchen Herangehensweise?

Die Frage nach dem Zusammenhang zwischen der Evolution der Gehirne und der Evolution des Geistes ist nicht neu und steht seit Längerem im Zentrum der „Evolutionären Erkenntnistheorie", die von Philosophen und philosophierenden Biologen wie Donald Campbell, Konrad Lorenz, Gerhard Vollmer und Rupert Riedl vertreten wurde und wird (Vollmer 1975/2002). Ihre Grundaussage lautet, dass sich die Eigenschaften des menschlichen „Erkenntnisapparates", einschließlich geistig-bewusster Leistungen, in enger Parallelität zur Evolution der Sinnesorgane, der Nervensysteme und Gehirne entwickelt haben. Leider wurde dies von den Vertretern der Evolutionären Erkenntnistheorie nicht wirklich gezeigt, was angesichts der seinerzeit geringen empirischen Erkenntnisse und der vielfältigen begrifflichen und methodischen Schwierigkeiten auch nicht verwunderlich ist.

Erstens handelt es sich um die Frage, was man denn unter „Geist“ verstehen soll, insbesondere in Hinblick auf die nichtmenschlichen Tiere, und wie man – falls es geistige Leistungen bei ihnen gibt – diese verlässlich überprüfen kann. Dies scheint insbesondere in Hinblick auf Zustände wie Bewusstsein, die aus Sicht vieler Philosophen nur subjektiv erlebbar und höchstens sprachlich berichtbar sind, schwierig zu sein. Zweitens liegt der Evolutionären Erkenntnistheorie die Auffassung zugrunde, dass die biologische Evolution vom Prinzip der natürlichen Selektion beherrscht wird. Wie ich zeigen werde, gibt es beträchtliche Zweifel daran, dass das im Rahmen des Neodarwinismus präsentierte *Prinzip der natürlichen Selektion* die einzige oder zumindest dominante Kraft der Evolution ist.

Ein wesentlicher Teil des vorliegenden Buches wird dem Versuch einer Rekonstruktion der Evolution der Nervensysteme und Gehirne und der Frage nach den dabei erkennbaren Mechanismen und Prinzipien gewidmet sein. Was macht eigentlich bestimmte Tiere und den Menschen intelligent, kreativ und klug? Viele Faktoren wurden hier schon genannt: Für die einen ist es die absolute, für die anderen die relative Gehirngröße, für wieder andere ist es die Größe bestimmter „Intelligenzzentren“. Kommt es eher auf die Zahl der dort lokalisierten Nervenzellen an, oder sind es bestimmte Verschaltungsprinzipien, die intelligent machen oder gar Bewusstsein hervorbringen? Diese Fragen werden uns ausführlich beschäftigen.

Was aber treibt letztlich die Ausbildung solcher Strukturen voran? Auch hier gibt es ganz unterschiedliche Anschauungen. Für einige Experten sind es die natürlichen Überlebensbedingungen der Tiere: Je komplexer diese werden, desto leistungsfähiger müssen auch Sinnesorgane, Nervensysteme und Gehirne werden, und desto eindeutiger geht der Trend zu einer Erhöhung der Lernfähigkeit, der Verhaltensflexibilität und Innovationskraft. Dies schlägt sich dann in der Evolution neuronaler Merkmale nieder. Diese Auffassung wird als *Hypothese der ökologischen Intelligenz* bezeichnet. Andere Forscher sehen in der zunehmenden Sozialität von Tieren die Haupttriebkraft: Je komplexer die Bedingungen sozialen Lebens werden, desto mehr müssen Fähigkeiten gesteigert werden wie soziales Lernen, Imitation, Empathie, Wissensvermittlung, Bewusstsein und die Entwicklung einer „Theorie des Geistes". Auch dies erfordert Neuerungen in den Gehirnen. Man spricht in diesem Fall von der *Hypothese der sozialen Intelligenz*. Natürlich können beide Faktoren, der ökologische und der soziale, eine Rolle spielen, wenngleich bei unterschiedlichen Tiergruppen in unterschiedlichem Maße. Schließlich gehen einige Autoren davon aus, dass der entscheidende Faktor die Steigerung einer *allgemeinen Intelligenz*, das heißt der Schnelligkeit und Effektivität der Informationsverarbeitung in kognitiven Hirnzentren ist.

Im vorliegenden Buch werde ich folgendermaßen vorgehen. In den ersten beiden Kapiteln dieses Buches bemühe ich mich um eine genauere Definition der beiden Schlüsselbegriffe „Geist" und „Evolution". Das dritte Kapitel wird sich mit der Definition von Leben und dessen Entstehung befassen. Hintergrund ist meine These, dass die Entstehung kognitiver Leistungen *zwangsläufig* aus den Erfordernissen des Prinzips der Selbsterhaltung folgt, welches Leben charakterisiert. Das vierte Kapitel widmet sich der „Sprache des Gehirns", das heißt den Grundlagen der neuronalen Informationsverarbeitung. Wir werden sehen, dass sich diese „Sprache" in der Evolution sehr früh, nämlich bei der Entstehung der Einzeller ausbildete und damit lange, bevor es Nervenzellen und Gehirne gab.

Im fünften Kapitel beginnt die Reise durch das Tierreich, wobei wir „ganz unten" bei den Bakterien als einfachsten Lebewesen anfangen, bei denen man noch gar nicht von „Tieren" sprechen kann. Bakterien und Protozoen haben schon alles, was man zum erfolgreichen Überleben braucht: Ein Sensorium für die Wahrnehmung relevanter Umweltereignisse, ein Motorium zur Bewegung und dazwischen eine Erregungsleitung. Im Prinzip hat sich im Tierreich nichts grundlegend Neues dazugesellt. Im sechsten Kapitel verfolgen wir diesen Prozess, der bei den Schwämmen anfängt, in den Hohltieren (unter anderem den Quallen) eine Seitenentwicklung nimmt und bei den Wirbellosen in zwei großen Strängen verläuft – der Entwicklung der Lophotrochozoa (zum Beispiel Ringelwürmer und Weichtiere) und der der Ecdysozoa (vornehmlich Fadenwürmer und Gliederfüßer). Der erste Strang bringt den Kraken *Octopus* als (vermeintlich oder tatsächlich) intelligentes wirbelloses Tier hervor, der zweite Strang die ungeheuer große Gruppe der Insekten, bei denen die Bienen mit ihren erstaunlichen kognitiven Leistungen hervorstechen. Wir werden uns im siebten Kapitel deshalb fragen, wie intelligent diese wirbellosen Tiere wirklich sind.

Ab dem achten Kapitel befassen wir uns überwiegend mit den Wirbeltieren und vergleichen die Gehirne von Neunaugen, Knorpel- und Knochenfischen, Amphibien, Reptilien, Vögeln und Säugetieren. Wir werden sehen, dass sich der Grundbauplan des Wirbeltiergehirns in 500 Millionen Jahren kaum verändert hat und die ins Auge fallenden Unterschiede meist die absolute Größe des Gesamtgehirns und die relative Größe einzelner Hirnteile betreffen. Die Sinnessysteme der Wirbellosen und der Wirbeltiere sind Gegenstand des zehnten Kapitels. Im elften Kapitel stellen wir uns, analog zum siebten Kapitel, die Frage, wie intelligent Wirbeltiere eigentlich sind bzw. welche Gruppen sich mit ihren geistig-kognitiven Leistungen besonders hervortun. Dies nutzen wir im zwölften Kapitel, um zu sehen, inwieweit sich diese Erkenntnisse mit Eigenschaften der Gehirne in Verbindung bringen lassen, und bei welchen Eigenschaften dies am besten gelingt. Das dreizehnte Kapitel fragt nach der Bedeutung der drei oben genannten Formen von Intelligenz (der ökologischen, der sozialen und der allgemeinen). Das vierzehnte Kapitel ist der zentralen Frage gewidmet, ob der Mensch in kognitiv-geistiger Hinsicht wirklich einzigartig ist, und wie sich die Eigenheiten seines Gehirns hierzu verhalten. Im fünfzehnten Kapitel versuche ich dann das Resümee hinsichtlich der zwei Grundfragen des Buches, nämlich ob im Sinne eines Naturalismus der Geist des Menschen als Produkt der biologischen Evolution angesehen werden kann oder nicht und ob der menschliche Geist die einzig mögliche Form des Geistes ist oder im Laufe der Evolution der Geist mehrfach, vielleicht sogar vielfach unabhängig entstanden ist. Die Antwort auf diese Frage wird von großer Bedeutung für unser Selbstbild sein.

1

Geist, Lernen und Intelligenz

Wir sind gewohnt, Geist mit *bewusstem* Wahrnehmen, Denken, Entscheiden, Phantasieren, Erinnern, Planen in Verbindung zu bringen. In diesem Buch geht es aber um einen viel umfassenderen Begriff des Geistes, nämlich um kognitive Fähigkeiten und Intelligenz, also eher um Geist im Sinne des englischen Wortes „*mind*". Dieser Begriff bezeichnet vor allem die Fähigkeit eines Organismus, *Probleme zu lösen*, die in seiner natürlichen oder sozialen Umgebung auftreten. Dazu gehören Formen des assoziativen Lernens und der Gedächtnisbildung, Verhaltensflexibilität, innovatives Verhalten sowie Leistungen, die Abstraktion, Begriffsbildung und Einsicht erfordern. All das kann, muss aber nicht von Bewusstsein begleitet sein – auch wir Menschen führen viele kognitive Leistungen ohne oder nur mit begleitendem Bewusstsein aus. Die Beteiligung von Bewusstsein muss zusätzlich festgestellt oder wahrscheinlich gemacht werden (s. unten).

Derartige kognitive Fähigkeiten finden wir nicht nur beim Menschen oder sogenannten höheren Tieren (womit freilich bei unterschiedlichen Autoren häufig ganz verschiedene Tiergruppen gemeint sind). Einige von ihnen treten bereits bei sehr einfach gebauten Lebewesen auf. Es gibt keinen Organismus, der seine Welt nur mit den Sinnesorganen wahrnimmt und reflexartig oder instinktmäßig darauf reagiert, sondern alle Organismen besitzen neben ihren Wahrnehmungssystemen ein Lernvermögen, ein Gedächtnis und eine multisensorische

Reizverarbeitung. Ohne Zweifel haben geistige Leistungen komplexerer Vielzeller Vorstufen auf diesen Ebenen.

Formen des Lernens

Lernen ist eine universell verbreitete Fähigkeit zur mittel- und langfristigen Anpassung eines Organismus an seine Umwelt. Im Allgemeinen unterscheidet man zwischen *assoziativem* und *nichtassoziativem* Lernen. Zum nichtassoziativen Lernen gehören *Habituation* und *Sensitivierung*, assoziatives Lernen dagegen umfasst *klassische (Pawlow'sche) Konditionierung* sowie *operante* oder *instrumentelle Konditionierung* in ihren verschiedenen Ausprägungen. Als komplexere Lernformen werden *Imitation* und *Einsichtslernen* angenommen.

Habituation und *Sensitivierung* sind die einfachsten Formen der erfahrungsbedingten Verhaltensanpassung. *Habituation* ist das Nachlassen einer bestimmten Verhaltensweise oder physiologischen Reaktion auf einen starken oder auffälligen Reiz, und zwar aufgrund des Fehlens relevanter negativer oder positiver Konsequenzen – etwas hat sich als nicht so bedrohlich oder wichtig erwiesen, wie es anfangs schien. *Sensitivierung* ist dagegen die Steigerung einer anfänglich schwachen Verhaltensweise oder physiologischen Reaktion auf einen schwachen oder unauffälligen Reiz, und zwar aufgrund seiner negativen oder positiven Konsequenzen – etwas ist wichtiger, vorteilhafter oder schlimmer, als es anfangs schien. Habituation und Sensitivierung beruhen auf einer *Bewertung* durch das Nervensystem, wobei diese Bewertung meist hochautomatisiert abläuft.

Die *klassische Konditionierung* ist eine Grundform assoziativen Lernens. Hierbei zeigt ein Organismus eine spontane Reaktion, *unbedingte Reaktion (UR)* genannt (beispielsweise eine vegetative oder affektive Reaktion wie Speichelabsonderung, Hautwiderstandsänderungen oder eine motorische Reaktion wie das Vorstrecken des Rüssels bei der Biene) auf einen *unbedingten Reiz*

(US), etwa ein bedrohliches Ereignis oder Futter. Wird der unbedingte Reiz mehrfach zeitlich mit einem *neutralen* Reiz oder Signal (ein Ton, ein Duft) kombiniert (*assoziiert*), so erhält der neutrale Reiz die Fähigkeit, für einige Zeit die unbedingte Reaktion in derselben oder in einer veränderten Form auszulösen. Der zuvor neutrale Reiz wird nun zum *bedingten Reiz (CS)*, die Reaktion zur *bedingten Reaktion (CR)*.

In den meisten Fällen beruht die Wirkung der klassischen Konditionierung auf einer präzisen zeitlichen Reihenfolge, bei der der bedingte Reiz *vor* dem unbedingten Reiz oder zusammen mit ihm auftreten muss; ein danach auftretender bedingter Reiz ist unwirksam. Es gibt aber Ausnahmen von dieser Regel. Heute geht man davon aus, dass der bedingte Reiz bei einigen Organismen bzw. Lernparadigmen aufgrund eines statistisch erhöhten zeitlichen und/oder räumlichen Zusammentreffens mit dem unbedingten Reiz zu dessen „Vorhersager" (*Prädiktor*) wird (Lachnit 1993).

Ein wichtiger Typ der klassischen Konditionierung ist die *Kontextkonditionierung*. Hierbei lernt ein Organismus, dass bestimmte Reize bzw. Ereignisse in einer ganz bestimmten Umgebung oder unter ganz bestimmten Verhältnissen, einem *Kontext*, eine positive oder negative Wirkung zeigen. Seine Reaktionen sind dann an diesen Kontext gebunden. So können wir in einer bestimmten Umgebung vor bestimmten Dingen große Furcht haben, in anderer Umgebung, in der wir nicht konditioniert wurden, aber nicht. Dies gilt auch für den Abruf von Gedächtnisinhalten: Bestimmte Dinge fallen uns in einer bestimmten Umgebung vermehrt ein (meist gepaart mit bestimmten Emotionen) und in anderen nicht so leicht.

Die *operante* oder *instrumentelle Konditionierung* ist die andere wichtige Art assoziativen Lernens. Sie umfasst eine adaptive Veränderung der Reiz-Reaktions-Beziehungen eines Organismus: Eine bestimmte Verhaltensweise wird verstärkt oder abgeschwächt durch die positiven oder negativen *Konsequenzen* für den Zustand des Organismus. Der Verlauf einer operanten Konditionierung stellt sich im Labor so dar: Das *spontane* Agieren eines zum Beispiel durch Nahrungsentzug motivierten Versuchstieres (Taube, Ratte usw.) führt in der Testbox zu einem meist zufälligen Auftreten der vom Versuchsleiter erwünschten Reaktion (Picken auf eine Scheibe, Hebeldrücken oder Ähnliches), und diese Reaktion wird belohnt, zum Beispiel durch Futtergabe. In der Folge kommt es zu einer *Zunahme* der erwünschten Reaktion und einer Abnahme sonstiger oder unerwünschter Reaktionen. Nach kurzer Zeit wird die hungrige Ratte – kaum dass sie sich in der Testbox befindet – den Hebel drücken, um an Futter zu kommen.

Im Gegensatz zur klassischen Konditionierung ist die Verhaltensweise keine bereits vorhandene physiologische Reaktion, sondern ein Verhalten, welches das Tier zuvor noch nicht oder zumindest nicht in dieser Weise gezeigt hat. Bei der klassischen Konditionierung wird eine bereits vorhandene Reaktion durch einen neuen Reiz ausgelöst, bei der operanten Konditionierung muss das Tier eine noch nicht in dieser Weise vorhandene Reaktion zeigen. In beiden Fällen handelt es sich um eine *Assoziation*, im ersten Fall um die Assoziation des unbedingten und des bedingten Reizes, im zweiten Fall um die zwischen Reaktion bzw. Verhaltensweise und ihren Konsequenzen.

Bei den Methoden der operanten Konditionierung unterscheidet man

1. *Bestrafung*: Die Auftrittswahrscheinlichkeit einer unerwünschten Reaktion wird durch einen Strafreiz verringert.
2. *Belohnungsentzug*: Ein als positiv empfundener Reiz („Belohnung") wird entzogen, und das Individuum muss eine erwünschte Reaktion erbringen, um die Belohnung wiederzuerlangen.
3. *Vermeidungslernen (negative Konditionierung)*: Das Individuum muss eine erwünschte Reaktion zeigen, um einen Strafreiz zu vermeiden oder eine negative Situation zu beenden.

4. *Belohnung (positive Konditionierung)*: Das Individuum muss eine erwünschte Reaktion zeigen, um eine Belohnung zu erlangen.

Ob es überhaupt Lernformen jenseits der soeben geschilderten Formen gibt, war lange Zeit umstritten. Viele Verhaltenspsychologen und -biologen vertraten die Auffassung, dass sich alles Lernen auf Habituation, Sensitivierung, klassische und operante Konditionierung zurückführen lässt. Heute sind allerdings die meisten Experten der Meinung, dass es Lernformen gibt, die darüber hinausgehen. Hierzu gehören *Imitation* und *Lernen durch Einsicht*.

Imitation oder „Lernen durch Zuschauen" wurde lange Zeit als primitive Lernform angesehen und dem Einsichtslernen gegenübergestellt. Heute wird Imitation als eine höhere Form des Lernens angesehen. Das *Auftreten neuer Verhaltensweisen* oder neuer Kombinationen vorhandener Verhaltensweisen ist ein wichtiges Merkmal von Imitation. Verhaltensforscher sind sich aber uneins, ob und in welcher Form Tiere Imitation zeigen. Manche bisher als Imitation beschriebenen Vorgänge werden heute als *Reizverstärkung*, *Reaktionsbahnung* oder *Emulation* (Nacheifern) angesehen. Echte Imitation liegt danach vor, wenn der Beobachtende nicht nur dazu gebracht wird, sich mit einer bestimmten Sache zu befassen, sondern wenn er die Aufgabe in mehr oder weniger genau derselben Weise löst wie der Beobachtete. Dabei ist es gleichgültig, ob der Beobachter den Sinn und Zweck der entsprechenden Handlung verstanden hat.

Dieser Aspekt steht hingegen beim *Lernen durch Einsicht* im Vordergrund. Das Imitieren einer beobachteten Verhaltensweise erkennt man meist daran, dass Tier und Mensch an einer bestimmten, abgeschauten Prozedur festhalten, obwohl sich bestimmte Rahmenbedingungen verändert haben. Dem steht die *Einsicht in das Prinzip* gegenüber, die Abwandlungen der Prozedur erlaubt. Dies spielt etwa beim Werkzeuggebrauch und der Werkzeugherstellung eine wichtige Rolle.

Gedächtnisformen

Gedächtnisbildung ist die Verankerung der Ergebnisse von Lernprozessen im Nervensystem bzw. Gehirn. Hier unterscheidet man generell drei Phasen, nämlich ein Kurzzeitgedächtnis, ein intermediäres Gedächtnis und ein Langzeitgedächtnis. Eine besondere Art des Gedächtnisses ist das Arbeitsgedächtnis (Schacter 1996; Markowitsch 2002).

Das *Kurzzeitgedächtnis* hat eine Spanne von zwei bis 30 Sekunden und beruht auf einer vorübergehenden, rein physiologischen Veränderung der synaptischen Kopplung von Neuronen. Es ist sehr störanfällig. Das *intermediäre Gedächtnis* umfasst eine Behaltensspanne von 30 Sekunden bis 30 Minuten. Es ist ebenfalls relativ störanfällig. Seine Mechanismen sind unbekannt. Das *Langzeitgedächtnis* speichert Informationen für einen Zeitraum von 30 Minuten bis zu Jahrzehnten. Seine Kapazität ist praktisch unbegrenzt und es ist wenig störanfällig, weil es nach heutiger Kenntnis auf strukturellen Veränderungen im Nervensystem beruht. Allerdings ist unklar, wie das Langzeitgedächtnis geformt wird. Bei vielen Tieren und vielen Lernakten hängt die Ausbildung eines Langzeitgedächtnisses von der Expression bestimmter Gene bzw. von Proteinsynthese ab und kann durch die Gabe von Antibiotika gestört werden, die die Genexpression oder die Proteinsynthese unterdrücken. Bei anderen Tieren und anderen Lernakten kommt es trotz der Gabe von Antibiotika zur Ausbildung eines Langzeitgedächtnisses, wobei die Mechanismen unklar sind. Das *Arbeitsgedächtnis* ist zuständig für kurzfristiges Bereitstellen von Informationen, die bearbeitet, das heißt verglichen, zusammengefügt und bewertet werden müssen, und überlappt mit den Funktionen des Kurzzeitgedächtnisses. Das Arbeitsgedächtnis hat eine notorisch begrenzte Kapazität; es repräsentiert beim Menschen die „Enge des Bewusstseins“.

Hinsichtlich der *Gedächtnisinhalte* unterscheiden wir ein deklaratives, ein emotionales und ein prozedurales Gedächtnis. Beim Menschen wird das deklarative Gedächtnis weiter unterteilt in ein *episodisches Gedächtnis* und ein *Wissens-* bzw. *Faktengedächtnis.* Ersteres umfasst das Erinnern im eigentlichen Sinne. Es beinhaltet das *autobiographische Gedächtnis* und speichert inhaltlich, räumlich und zeitlich konkrete Erlebnisse mit Bezug auf die eigene Person oder die Schicksale von Personen, die mit dem eigenen Schicksal verbunden sind, sowie den räumlichen, zeitlichen und inhaltlichen *Kontext* von Gedächtnisinhalten; deshalb wird es auch *Kontextgedächtnis* genannt. Das *Faktengedächtnis* hingegen umfasst *Wissen* und betrifft personen-, orts-, zeit- und kontext*unabhängige* Tatsachen. Schließlich gehört zum deklarativen Gedächtnis das *Bekanntheits-* oder *Vertrautheitsgedächtnis.* Es sorgt dafür, dass wir darüber urteilen können, ob uns ein bestimmtes Objekt oder ein bestimmtes Geschehen bekannt bzw. vertraut ist oder nicht.

Beim Menschen ist das deklarative Gedächtnis – wie sein Name schon sagt – an die prinzipielle sprachliche Berichtbarkeit gebunden. Da Tiere offensichtlich über keine der menschlichen Sprache entsprechende Kommunikationsform verfügen, ist die Existenz eines deklarativen Gedächtnisses bei Tieren umstritten – zumindest muss seine Definition abgewandelt werden.

Das *prozedurale, nichtdeklarative* Gedächtnis umfasst beim Menschen 1) alle *Fertigkeiten*, über die wir verfügen, seien sie kognitiver (wie das schnelle Erkennen von Fehlern in einem Ablauf) oder motorischer Art (wie Klavierspielen und Fahrradfahren), sowie die Ausbildung von *Gewohnheiten*; 2) *Priming*, das ist das Reproduzieren von implizitem Wissen mittels Stichwörtern und sonstigen Abrufhilfen; 3) *kategoriales Lernen*, also das Klassifizieren anhand von Leittypen; 4) *Varianten klassischer Konditionierung;* 5) *nichtassoziatives Lernen*, das heißt Gewöhnung und Sensitivierung. Alle nichtmenschlichen Tiere besitzen ein prozedurales Gedächtnis.

Das *emotionale Gedächtnis* weist Merkmale des deklarativen und des prozeduralen Gedächtnisses auf. Es beruht auf emotionaler Konditionierung: Ein Organismus nimmt ein bestimmtes Ereignis (Reiz oder Situation) wahr oder führt eine bestimmte

Handlung aus, die negative oder positive Folgen haben. Diese Konsequenzen werden in Verbindung mit einem entsprechenden emotionalen oder affektiven Zustand (Lust, Unlust, Freude, Furcht usw.) und zusammen mit der Wahrnehmung des Ereignisses oder der Ausführung der Handlung abgespeichert. Sobald das Ereignis erneut in derselben oder in einer sehr ähnlichen Weise eintritt, oder die Handlung in derselben oder einer sehr ähnlichen Weise ausgeführt wird, wird auch der entsprechende emotional-affektive Zustand wieder aufgerufen. Dies führt als Grundlage von *Motivation* zum *Aufsuchen* bzw. *Wiederholen* positiv besetzter und zum *Vermeiden* negativ besetzter Ereignisse oder Handlungen. Motivation beruht also auf einer Voraussage oder Vorerwartung der positiven oder negativen Konsequenzen zukünftigen Verhaltens und setzt ein zentralnervöses Bewertungssystem voraus; bei Wirbeltieren ist dies das limbische System.

Intelligenz und Verhaltensflexibilität

Während man beim menschlichen Verhalten „Intelligenz" gut definieren und messen kann, nämlich als Lösen unbekannter bzw. neuartiger Probleme unter Zeitdruck, ist dies bei nichtmenschlichem Verhalten schwieriger. Wir sehen, dass die allermeisten Tiere in ihrer angestammten Lebenswelt gut zurechtkommen, andernfalls würden sie nicht überleben, aber sind sie dabei auch intelligent? Wie definiert, misst und vergleicht man Intelligenz bei Tieren?

Über diese Frage haben sich in jüngerer Zeit vermehrt Verhaltensbiologen Gedanken gemacht. Da Tiere menschliche Sprache nicht hinreichend verstehen, kann man ihnen keinen IQ-Test vorlegen. Um das Sprachproblem zu umgehen, haben Verhaltensforscher ganz unterschiedliche Herangehensweisen entwickelt. *Vergleichende Psychologen* untersuchen Tiere im Labor – meist handelt es sich um ausgewählte Tiergruppen wie Meeresschnecken, Tintenfische, Taufliegen und Bienen bei den Wirbellosen und Fische, Vögel oder Säugetiere, einschließlich verschiedener Primatenarten, bei den Wirbeltieren. Hierbei geht es beispielsweise um Lernen, Gedächtnis oder Zahlenverständnis, aber auch um Problemlöseverhalten, bei dem Aufgaben durch Einsicht gemeistert werden sollen, und das alles unter möglichst exakt kontrollierten Laborbedingungen.

Verhaltensökologen (auch „kognitive Ökologen" genannt) vertrauen dagegen auf Freilandbeobachtungen und untersuchen meist das Ausmaß an *Verhaltensflexibilität*. Darunter versteht man die Fähigkeit, ein bewährtes Verhalten in einem neuen Kontext angemessen anzuwenden oder stark fluktuierende Reiz-, Umwelt- oder Verhaltensbedingungen zu bewältigen. Wie verhalten sich Bienen, wenn ihr heimischer Bienenstock versetzt wurde? Was tut ein Rabenvogel, wenn leckere Nahrung in einem mit dem Schnabel unzugänglichen engen Versteck verborgen ist? Aber es geht auch um sozial-kommunikative Fähigkeiten: Beherrschen Affen die Kunst, Artgenossen bei Bedarf zu ihrem Vorteil zu täuschen oder mögliche Täuschungen anderer zu unterlaufen? Zeigen Elefanten im Miteinander Empathie? Kooperieren Knochenfische beim Beutefang? Auch die *Innovationsfähigkeit* einer Spezies wird als ein Merkmal für Intelligenz angesehen, zum Beispiel wenn Individuen unabhängig voneinander immer wieder neue Wege entdecken, um besser oder schneller an Futter zu kommen. Es geht also insgesamt um Leistungen im Bereich der Nahrungssuche, der Orientierung im Habitat, bei der Brutfürsorge, um den Umgang mit sozialer Komplexität, Sprach- und Gesangslernen, Empathie und das Berücksichtigen der Vorstellungen und des Wissens anderer (englisch *theory of mind* und *knowledge representation*), aber auch um Kategorienbildung, Abstraktion sowie Denken und Handlungsplanen als „mentales Hantieren".

Bewusstsein

Mit der Frage nach der möglichen Evolution des Bewusstseins betreten wir ein seit der europäischen Antike bis heute heiß diskutiertes Gebiet, insbesondere weil Bewusstsein und Geist in der Regel gleichgesetzt werden. Klassischerweise gelten beide Eigenschaften, ob unterschieden oder miteinander gleichgesetzt, zusammen mit Verstand und Vernunft als wesentliches Unterscheidungsmerkmal zwischen Menschen und (nichtmenschlichen) Tieren. Aber auch viele Biologen waren sich in dieser Hinsicht unschlüssig, denn ob und wie die genannten kognitiven Fähigkeiten und Leistungen mit Bewusstsein zusammenhängen und wie man dies feststellen kann, und galt bis vor einiger Zeit als prinzipiell unbeantwortbar. Das Problem des *Fremdbewusstseins* ist jedoch grundsätzlicher Art und betrifft nicht nur die Tiere, sondern auch unsere Mitmenschen. Nur ich selbst weiß durch direktes Erleben, dass ich Bewusstsein habe bzw. bestimmte Dinge bewusst erlebe oder tue. Ob dies bei meinen Mitmenschen auch so ist, ist letztlich ungewiss. Aus der Beobachtung des Verhaltens eines Mitmenschen, einschließlich dessen, was er sagt, kann ich aber mit mehr oder weniger Berechtigung schließen, ob er bei und von dem, was er tut, Bewusstsein hat.

Wir gehen dabei gleichermaßen nach Alltagserfahrung und wissenschaftlicher Plausibilität vor. Wir wissen, dass wir viele Dinge ohne Bewusstheit oder mit nur begleitendem Bewusstsein tun können; hierzu zählen Reflexe und hochautomatisierte Handlungen, aber auch die Verarbeitung von Reizen, die zu schwach oder zu kurz sind, um bewusst wahrgenommen zu werden (man spricht hier von „subliminalen Reizen“), obwohl diese durchaus, insbesondere bei Wiederholung, unser Verhalten beeinflussen können. Zweitens können wir Dinge bewusst erlebt, sie aber wenige Sekunden später wieder vergessen haben, weil sie von unserem Gehirn als unwichtig angesehen wurden. Schließlich gibt es Dinge, die strikt Bewusstsein erfordern, weil sie hinreichend *neu*, hinreichend *wichtig* und hinreichend *komplex* sind. Dann nämlich werden sie in der assoziativen Hirnrinde verarbeitet und sind in der Regel auch detailliert berichtbar. Man kann auf ein sich stets veränderndes komplexes Geschehen in ebenso komplexer und variabler Weise nur mit Bewusstsein reagieren, ebenso wie man einen neuen und hinreichend komplexen Satz nur durch bewusstes Zuhören oder Lesen in seinem Sinn erfassen kann.

Diesen Zusammenhang kann man auch bei Versuchen mit Tieren nutzen. Dazu ist es notwendig, experimentelle Anforderungen an sie zu stellen, die vom Menschen *nur mit Bewusstsein* erledigt werden können, zum Beispiel komplexe Vorgänge auf einem Bildschirm beobachten und daraufhin bestimmte Entscheidungen treffen oder Bewegungen ausführen, in der Vorstellung einen Weg aus einem Labyrinth herausfinden, ein unauffälliges Objekt unter vielen konkurrierenden Objekten heraussuchen, einen komplexen Befehl ausführen („Hol' mir die gelbgestreifte Puppe", „Zähle die Gegenstände vor dir"), etwas aufgrund der genauen Beobachtung eines Artgenossen tun oder einen Gegenstand spontan als Werkzeug benutzen. Natürlich müssen dabei sorgfältig alternative Deutungsmöglichkeiten, etwa unabsichtliche Konditionierung, ausgeschlossen werden. All dies beruht auf der Annahme, dass es wenig wahrscheinlich ist, dass Menschen bestimmte Leistungen nur bewusst bewältigen, Tiere dieselben Leistungen aber unbewusst erbringen können.

Schließlich bleibt in all den Fällen, wo es um Tiere mit Gehirnen geht, die dem unsrigen ähneln, die Möglichkeit festzustellen, welche Hirnareale bei den entsprechenden Leistungen besonders aktiv sind. Wenn bei einer Aufgabe, die ein Mensch nur mit Aufmerksamkeit lösen kann, bei einem Tier, etwa einem Makaken, der präfrontale oder parietale Cortex in derselben Weise aktiv ist wie beim Menschen, dann darf man annehmen, dass auch der Makake diese Situation bewusst erlebt. Die Überprüfung bewussten Erlebens bei Tieren ist also umso leichter, je näher uns diese Tiere stammesgeschichtlich stehen, und umso schwieriger, je weniger sie mit uns verwandt sind, denn ihre Gehirne sind dem unsrigen dann entsprechend ähnlich bzw. unähnlich. Wenn die Pilzkörper einer Honigbiene bei einem komplexen Lernakt hochaktiv sind, so heißt dies erst einmal nur, dass die Pilzkörper für die Bewältigung dieses Lernaktes notwendig sind, aber man kann daraus nicht schließen, dass die Biene dabei Bewusstsein hat, so wie wir es erleben. Es bleibt aber immer noch die Frage, ob Bienen nicht doch kognitive Leistungen an den Tag legen, die ein Mensch nur bewusst vollbringen kann. In diesem Falle müssten wir der Biene ein Bewusstsein oder einen *funktionsäquivalenten Zustand* zubilligen. Ob dieser dann *genauso* erlebt wird, wie wir einen Bewusstseinszustand erleben, bleibt jedoch eine vorerst oder auch endgültig ungelöste Frage.

Gehirn-Geist-Theorien

Die in diesem Zusammenhang gewonnenen Erkenntnisse werden uns – so hoffen wir – auch besser in die Lage versetzen, aus neurobiologischer und philosophischer Sicht die jeher und heute im Rahmen der „Philosophie des Geistes" (*Philosophy of Mind*) diskutierten Grundpositionen des Geist-Gehirn-Problems zu beurteilen. Einen guten Überblick über diese Positionen gibt der Berliner Philosoph Michael Pauen in seinem Buch „Grundprobleme der Philosophie des Geistes". Im Wesentlichen existieren nach wie vor zwei Lager, *Dualismus* und *Monismus*, die allerdings in vielen Varianten auftreten. Für den Dualismus stellen das Geistige und das Bewusstsein eine Wesenheit dar, die sich einerseits dem materiellen Naturgeschehen entzieht und nicht seinen Gesetzen unterliegt, die aber andererseits auf materielle Dinge einwirken kann, wenn etwa der Wille Körperbewegungen auslöst. Dies geschieht kraft einer besonderen Art von Kausalität, „mentale Verursachung" genannt, die jenseits der physikalischen

Kausalität wirkt. Ebenso können Geist und Bewusstsein auch von materiellen Dingen beeinflusst werden, wenn zum Beispiel eine körperliche Verletzung Schmerzen erzeugt.

Ein solcher Dualismus ist naheliegend, weil er unserem Selbsterleben und damit der Alltagspsychologie am nächsten kommt. Wir erleben unsere geistigen Zustände und damit auch *uns selbst* als grundverschieden von den Dingen und Vorgängen in der Welt „da draußen“. Kreisende Planeten und fallende Steine erscheinen als etwas völlig anderes als unsere Gedanken, Erinnerungen und Gefühle. Während wir Planeten und Steine verorten, beschreiben und mit wissenschaftlichen Methoden untersuchen können, scheinen Gedanken, Vorstellungen, Erinnerungen, Wünsche und Motive keinen oder keinen genauen Ort zu haben, sie sind nur schwer beschreibbar und – so scheint es – experimentell überhaupt nicht untersuchbar. Sie unterliegen ganz offenbar nicht den Naturgesetzen; entsprechend erscheint die Forderung nach einer *Physik* oder *Biologie des Geistes* lächerlich. Wenn es Gesetze des Geistes gibt, dann haben sie mit den Gesetzen der Natur nichts zu tun – beide sind *wesensverschieden*.

Auf der anderen Seite wird der Dualismus seit jeher als anstößig empfunden, denn er widerspricht der Grundannahme der Naturwissenschaften, dass alles Naturgeschehen in einem einheitlichen Wirkzusammenhang steht und dass nirgendwo Naturgesetze eklatant verletzt werden. Dies wäre nämlich der Fall, wenn Geist und Körper bzw. Gehirn ohne Energie- und Impulsübertragung miteinander interagieren könnten. Überdies war schon den antiken Medizinern und Naturforschern bekannt, dass Verletzungen von bestimmten Teilen des Gehirns zu voraussagbaren Beeinträchtigungen im Bereich der Wahrnehmung und der Motorik, aber auch der „höheren“ geistigen Prozesse wie Denken, Erinnern, Vorstellen, Sprache und Handlungsplanung führen. Dies war mit einem strengen Dualismus zwischen „Geist“ und „materiellem Gehirn“ unvereinbar.

Als Lösung aus diesem Dilemma wurde in der Neuzeit der sogenannte „interaktive Dualismus“ entwickelt (durch den französischen Philosophen Descartes und in unserer Zeit besonders durch den Neurobiologen und Philosophen John Eccles), der den Geist nach wie vor als eine gegenüber dem Gehirn eigenständige, immaterielle Wesenheit ansieht, die aber – um in der materiellen Welt wirksam sein zu können – merkwürdigerweise das Gehirn als Verwirklichungsinstrument benötigt (Eccles 1994). Auch kann das Gehirn auf den Geist zurückwirken, allerdings soll die Interaktion zwischen Geist und Gehirn in beiden Richtungen nach wie vor nicht den Gesetzen physikalischer Wechselwirkungen unterliegen. Es hat in jüngerer Zeit immer wieder Spekulationen darüber gegeben, wie eine solche Wechselwirkung aussehen könnte, diese werden aber in Fachkreisen bisher überwiegend als abwegig angesehen. Diese Probleme des interaktiven Dualismus gelten bis heute als philosophisch ungelöst.

Eine für dieses Buch interessante Variante des Dualismus stellt der sogenannte *Emergentismus* dar, wie ihn beispielsweise der Philosoph Karl Popper vertreten hat (unter anderem in Popper und Eccles 1986). Danach entsteht der Geist zwar auf eine nicht näher erklärte Weise aus materiell-neuronalen Gegebenheiten, aber es entwickeln sich dabei „völlig neuartige“ Eigenschaften, die grundsätzlich nicht auf physikalisch-neurobiologische Eigenschaften und Gesetzmäßigkeiten zurückzuführen sind. Diese angeblich prinzipielle Unerklärbarkeit betrifft zum einen die „Phänomenalität“ von Geist und Bewusstsein als Zustand des Selbsterlebens, zum anderen deren soeben erwähnten Eigenheiten wie die „Nichtmaterialität“ und scheinbare Unabhängigkeit von Raum, Zeit und Kausalität.

Eine weitere Variante des Dualismus, die jedoch auch mit einer monistischen Grundauffassung verträglich ist, ist der bei vielen Naturwissenschaftlern populäre Epiphänomenalismus, der besagt, dass Geist und Bewusstsein ein reines „Beiprodukt“ (eben ein „Epiphänomen“) der Entstehung komplexer Gehirne darstellen und gegenüber dem kausalen neuronalen Geschehen keinerlei eigenständige Wirkung besitzen. Es ist also gleichgültig, ob bestimmte kognitive Leistungen wie das Lösen eines schwierigen Problems von Bewusstsein begleitet sind oder nicht, ausschlaggebend ist das rein neuronale Geschehen. Diese Auffassung ist mit dem berühmten „Zombie-Argument“ verwandt, das besagt, es sei zumindest denkbar, dass Menschen ohne Geist und Bewusstsein („Zombies“) existieren und dennoch in ihrem kognitiv-intellektuellen wie auch in ihrem sonstigem Verhalten nicht von „normalen“ Menschen zu unterscheiden sind (Chalmers 1996). Beide Standpunkte sind aus evolutionsbiologischer Sicht interessant, denn sie werfen natürlich die Frage auf, warum sich geistige Zustände evolutionär herausbilden konnten, ohne eine Funktion zu haben.

Monistische Positionen gehen dagegen davon aus, dass es zwischen der Beschaffenheit der „materiellen“ – oder besser gesagt der mit naturwissenschaftlichen Mitteln beschreibbaren – Welt einerseits und dem Geist-Bewusstsein andererseits *keine* Wesensverschiedenheiten gibt und dass entsprechend die Eigenschaften des Geistes und des Bewusstseins, so eigentümlich sie auch sein mögen, die bekannten Naturgesetze nicht verletzen. In welchem Verhältnis aber Gehirn und Geist-Bewusstsein zueinander stehen, wird von verschiedenen Autoren ganz unterschiedlich gesehen. Die radikalste Position stellt der „eliminative Materialismus“ des Philosophen-Ehepaars Patricia und Paul Churchland dar (Patricia Churchland 1986). Dieses Konzept geht davon aus, dass Geist und Bewusstsein gar nicht als eigenständige Zustände existieren, sondern nur auf alltagspsychologischen Vorstellungen und Redeweisen beruhen. Diese müssten bei der Kennzeichnung angeblich geistig-bewusster Zustände „eliminiert“ und durch die exakte Beschreibung der neuronalen Tatsachen ersetzt werden. Andere Identisten leugnen zwar nicht die Existenz von geistig-bewussten Zuständen, sagen aber ebenfalls, diese seien „nichts anderes als“ neuronale Zustände.

Beide Positionen können zwar das Interaktionsproblem des Dualismus vermeiden, haben aber mit anderen schwerwiegenden Problemen zu kämpfen. So ist nicht zu leugnen, dass in unserem Erleben bewusst-geistige Zustände einerseits und neuronale Zustände andererseits *nichtüberlappende Erlebnisbereiche* darstellen: Beim Erleben geistiger Zustände erlebe ich keinerlei neuronale Vorgänge, und beim Registrieren neuronaler Vorgänge kann ich in einem Gehirn keine geistigen Zustände erkennen. Als Neurobiologe kann ich den möglichen Zusammenhang neuronaler und geistig-bewusster Zustände immer nur *erschließen* – und das gilt auch für Untersuchungen an meinem eigenen Gehirn, beispielsweise mithilfe der funktionellen Kernspintomographie oder bei Einzelzellableitungen an meiner freigelegten Großhirnrinde vor einer Hirnoperation oder im heroischen Selbstversuch. Im logischen Sinne können überdies zwei Dinge nicht identisch sein, wenn sie in wichtigen Eigenschaften unterschiedlich sind, zum Beispiel wenn sie unterschiedlich erlebt werden.

Eine mögliche Lösung dieses Problems bietet eine „Zwei-Aspekte-Theorie" (*dual* oder *double-aspect theory*), wie sie von zahlreichen Philosophen und Theoretikern wie Gustav Fechner, Ernst Mach, Arthur Schopenhauer und Thomas Nagel vertreten wurde bzw. wird. Sie besagt, dass bestimmte psychisch-geistige Vorgänge unter dem Aspekt des neuronalen Erforschens und unter dem Aspekt des Selbsterlebens unterschiedlich wahrgenommen werden – man kann hier auch von einer „Erste-Person-" und einer „Dritte-Person-Perspektive" sprechen.

Schließlich gibt es unterschiedliche Varianten eines *physikalistischen* Standpunktes, der geistig-bewusste Zustände als physikalische Zustände ansieht. Dieser kann reduktionistisch sein und ist dann eine Variante des radikalen Identismus bzw. eliminativen Materialismus, er kann aber auch *nichtreduktistisch* sein, indem er anerkennt, dass einerseits Geist und Bewusstsein nicht im Widerspruch zu den bekannten Naturgesetzen stehen, andererseits aber Eigenschaften haben, die zumindest von der gegenwärtigen Physik bzw. Physiologie nicht oder noch nicht hinreichend erklärt werden können (Pauen 2001). Ein nichtreduktionistischer Physikalismus lässt also durchaus *Eigengesetzlichkeiten* des Geistes und des Bewusstseins zu, genauso wie es im Bereich des Elektromagnetismus und der Festkörperphysik Eigengesetzlichkeiten gibt. Das würde bedeuten, dass es einmal eine „Physik und Physiologie des Geistes" geben könnte.

Eine besondere Spielart des Identismus ist der Panpsychismus, wie er in Abwandlungen von vielen bedeutenden Philosophen und Wissenschaftlern wie Bruno, Spinoza, Leibniz, James, Russell, Haeckel, Einstein und auch von Bernhard Rensch in seinem Werk „Biophilosophie" (1968) vertreten wurde. Bei Rensch heißt es dazu: „Aller ‚Materie' müssen wir eine protopsychische Natur zuerkennen. Die Protophänomene der Elementarteilchen kommen bei der Entstehung von Atomen und Molekülen in neue Relationen, wodurch systemgesetzlich neue Eigenschaften entstehen. Aber erst auf dem komplizierten strukturellen Niveau von Nervenzellen können dadurch Empfindungen entstehen, und erst dann, wenn letztere in einem größeren Zentralnervensystem in einen Bewußtseinszusammenhang treten und Erinnerungen und Vorstellungen erzeugen, kann ein Selbstbewußtsein, ein Ich-Erlebnis zustande kommen, das schließlich auf seiner höchsten stammesgeschichtlichen Stufe als menschliches Selbstbewusstsein durch Anwendung logischer Denkfunktionen zur Welterkenntnis fähig ist" (a.a.O. S. 236).

Zweifellos umschifft ein solcher Panpsychismus Probleme sowohl des Dualismus als auch des Identismus, da er davon ausgeht, dass geistige Zustände eine besondere Art von physikalischen Zuständen sind und sich parallel zu anderen physikalischen Zuständen in ihrer Komplexität entwickeln. Er liefert aber sowohl bei Rensch als auch bei anderen Panpsychisten keine Antwort auf die Frage, *welche* Eigenschaften der Nervenzellen und der Gehirne es denn sind, die die Zunahme der Komplexität kognitiv-geistiger Leistungen bewirken.

Was sagt uns das?

Wenn in diesem Buch von „Geist" und seiner Evolution im Zusammenhang mit der Evolution der Gehirne die Sprache ist, dann meine ich damit das, was im Englischen unter *„mind"* verstanden wird, nämlich kognitive Leistungen, angefangen von einfachen Lernformen bis hin zu Einsicht, Problemlösen, Zuschreibung von Wissen, symbolischer Repräsentation und Denken. Diese kognitiven Fähigkeiten begründen zentrale Merkmale von „Intelligenz", nämlich *Verhaltensflexibilität* und *Innovationskraft*. Solche Fähigkeiten lassen sich nicht nur beim Menschen, sondern auch bei Tieren sowohl im Labor als auch im Freiland untersuchen, und hierbei hat es in den vergangenen Jahren sehr eindrucksvolle Fortschritte gegeben.

„Geist" in diesem Sinne kann, muss aber nicht Bewusstsein einschließen. Während es lange Zeit unmöglich erschien, das Vorhandensein von Bewusstsein bei nichtmenschlichen Tieren zu überprüfen, gibt es auch hier neue Vorgehensweisen und empirische Erkenntnisse, die das Vorhandensein von zumindest einigen Formen von Bewusstsein bei einigen Tieren wahrscheinlich machen. Ausgangspunkt ist die Feststellung, dass wir Menschen bestimmte kognitive Leistungen wie das Erkennen komplexer Vorgänge, das Lösen neuartiger Probleme, Selbsterkennen im Spiegel, längerfristige Handlungsplanung oder das Verstehen und Befolgen detaillierter Anweisungen nur mit Bewusstsein vollbringen können. Dabei sind ganz bestimmte Areale in unserem Gehirn aktiv. Wenn wir nun feststellen, dass Tiere vergleichbare Aufgaben lösen und in ihren Gehirnen dieselben Areale aktiv sind wie in unserem Gehirn, dann sind wir berechtigt, ihnen Bewusstsein zu unterstellen, so wie wir dies auch bei unseren Mitmenschen tun.

Im letzten Teil dieses Kapitels haben wir – natürlich sehr kursorisch – innerhalb der „Philosophie des Geistes" die verschiedenen dualistischen und monistisch-identistischen Grundpositionen einschließlich des panpsychistischen Identismus kennengelernt. Es wird zum Schluss dieses Buches um die wichtige Frage gehen, in welchem Maße die darin vorgetragenen Erkenntnisse helfen können, Klarheit über die Beziehung zwischen Gehirn und Geist zu erlangen.

2
Was ist Evolution?

Das Studium der biologischen Evolution beschäftigt sich im Wesentlichen mit drei Problemen, nämlich 1) der Entstehung des Lebens, 2) der Entstehung der heutigen Arten (*Kladogenese*), einschließlich der Mechanismen der Artbildung, und 3) den Mechanismen der Abwandlung der Lebewesen in Form, Funktion und Verhalten. Diese Abwandlung und damit die Evolution allgemein werden traditionell als „Höherentwicklung“ (*Anagenese*) betrachtet. Wir werden aber sehen, dass eine solche Sicht zumindest teilweise falsch ist, denn die Evolution der Nervensysteme und Gehirne kennt mindestens ebenso viele „Rückwärtsentwicklungen“, zum Beispiel als sekundäre Vereinfachung von Bauplänen, wie „Aufwärtsentwicklungen“ im Sinne einer Zunahme an Komplexität. In der Mehrheit der Fälle bleiben jedoch Organismen und ihre Nervensysteme und Gehirne über lange Zeit, das heißt über viele Millionen Jahre, so wie sie sind. Dieses Phänomen wird *Stasis* genannt.

Der antike Philosoph Aristoteles, der erste bedeutende Biologe, ging davon aus, dass es eine Rangfolge der Lebewesen, eine *scala naturae*, gebe, angefangen von den primitivsten Lebewesen, die man damals kannte, bis hin zum Menschen. Schwierig zu erklären war dabei die große Ähnlichkeit zwischen einzelnen Tiergruppen. Wenn diese Gruppen unabhängig voneinander erschaffen oder entstanden waren, warum sollten sie jeweils mit einigen anderen Gruppen Übereinstimmungen aufweisen und sich darin deutlich von den meisten anderen Gruppen unterscheiden? Dies ließ auf irgendeine Verwandtschaft, zum Beispiel zwischen Säugetieren im Gegensatz zu anderen Gruppen wie Vögeln oder Fischen, schließen. Worin aber diese Verwandtschaft begründet war, blieb unklar. Große Probleme traten auf, als man zu Beginn der Neuzeit Fossilien fand, die zum Teil beträchtliche Ähnlichkeiten mit lebenden Arten aufwiesen. Man konnte diese Fossilien nicht mehr als Missgeburten lebender Arten abtun, sondern sie mussten früher in größerer Zahl existiert haben und dann ausgestorben sein, da sie in geologisch älteren Schichten gefunden wurden.

Im 19. Jahrhundert kam es zu einer dramatischen Auseinandersetzung zwischen der Annahme einer von Beginn an getrennten Fortentwicklung der Arten auf der einen Seite, maßgeblich vertreten durch den französischen Paläontologen George Cuvier (1769–1832), und der Idee, dass alles Leben einen gemeinsamen Ursprung haben müsse und sich die existierenden Arten durch Veränderungen aus gemeinsamen Vorfahren auseinanderentwickelt hätten, auf der anderen, maßgeblich vertreten durch den Biologen Etienne Geoffroy de Saint-Hilaire (1772–1844). Charles Darwin (1809–1882) beendete diesen Streit, als er zeitgleich mit Alfred Russel Wallace (1823–1913) in seinem Buch „Die Entstehung der Arten" von 1859 nicht nur überzeugende Beweise für den gemeinsamen Ursprung aller lebenden (und ausgestorbenen) Arten lieferte, sondern auch eine Theorie der Artenbildung vorlegte und zudem einen Mechanismus beschrieb, mit dem man die Abwandlung der Merkmale von Lebewesen über die Zeit erklären konnte, und die er „Selektion durch natürliche Zuchtwahl" nannte. Diese wird heute als „Darwin'sche" oder „natürliche Selektion" bezeichnet.

Als Grundlagen der natürlichen Selektion wurden von Darwin – und werden auch heute noch – folgende Umstände angesehen.

1. Organismen produzieren mehr Nachkommen, als unter gegebenen Bedingungen überleben können; es besteht also eine Knappheit an Ressourcen.

2. Merkmale, welche für die Mitglieder einer Art in irgendeiner Weise *überlebensrelevant* sind, zum Beispiel die Länge von Gliedmaßen, die Färbung der Körperoberfläche, die Sehschärfe des Auges, Bau und Funktion des Herzens, weisen eine gewisse Variabilität auf.
3. Im Kampf der Individuen um die knappen Ressourcen können sich Unterschiede bei der Merkmalsausprägung dergestalt auswirken, dass einige Individuen mehr Nachkommen und somit eine höhere reproduktive Fitness haben als andere.
4. Durch Wiederholung dieses Selektionsvorgangs über viele Generationen hinweg nehmen die Träger der vorteilhaften Merkmalsvariante zahlenmäßig mehr und mehr zu, während die Träger der weniger vorteilhaften Varianten zahlenmäßig zurückgehen oder ganz verschwinden. Dies nennt man die *Fixierung* des veränderten Merkmals im gemeinsamen Genvorrat oder Genpool einer Population.

Obwohl Darwins Evolutionslehre überraschend schnell ihren Siegeszug antrat, blieb bis ins 20. Jahrhundert unklar, auf welchem Wege die Abwandlungen von Merkmalen zustande kamen. Nach der Wiederentdeckung der Mendel'schen Vererbungsregeln zu Beginn des 20. Jahrhunderts wurde zwar der Begriff des *Gens* entwickelt, aber man konnte sich erst nach der Entdeckung der Chromosomen und schließlich der Entschlüsselung der molekularen Struktur der Desoxyribonucleinsäure (DNA) bzw. Ribonucleinsäure (RNA) als Träger der Erbsubstanz Genaueres darunter vorstellen. Heute versteht man unter einem „Gen" einen bestimmten Abschnitt der DNA bzw. RNA, der über die Produktion von Enzymen die Bildung bestimmter Strukturen und damit den Ablauf bestimmter körperlicher Funktionen oder die Expression anderer Gene (Steuer- oder Kontrollgene) steuert. Man bezeichnet die Verbindung der Darwin'schen Selektionstheorie mit der modernen Genetik als „Neodarwinismus".

Aus heute vorherrschender neodarwinistischer Sicht bildet die zeitliche Änderung der Häufigkeit (Frequenz) bestimmter Gene in einer Population das Rückgrat der Evolution: Bestimmte Gene setzen sich durch und andere verschwinden. Grundlage dieses Vorgangs ist die Tatsache, dass Merkmale eine spezifische Variabilität aufweisen. Diese Variabilität kann auf molekularbiologischen Veränderungen eines Gens (in der Sequenz seiner Basenpaare) beruhen, die wiederum auf die Einwirkung von Strahlen, Viren oder mutagenen Chemikalien zurückgehen. Weiterhin kann es sich um eine Änderung des genetischen Ablesemechanismus handeln, dabei bleibt die Gensequenz unverändert, wird aber verändert abgelesen und exprimiert.

Die großen Erfolge bei der Aufklärung der molekularbiologischen Grundlagen der Genetik können jedoch nicht darüber hinwegtäuschen, dass die Mechanismen, die der Evolution der Organismen zugrunde liegen, in weiten Teilen noch nicht verstanden sind. Am besten gesichert ist das Konzept der *gemeinsamen Stammesgeschichte* aller Lebewesen. Nur so lässt sich die große Übereinstimmung aller Lebewesen in vielen strukturellen und funktionalen Eigenschaften, beispielsweise im Aufbau der Zelle, bei den Reproduktionsmechanismen, beim Energiestoffwechsel usw. erklären.

Umstritten ist hingegen, *wie* man sich den Wandel der Merkmale zu erklären hat. Sowohl die traditionelle Darwin'sche als auch die neodarwinistische Evolutionstheorie des 20. Jahrhunderts gehen davon aus, dass jegliche Art von evolutiver Veränderung auf der Grundlage der *graduell fortschreitenden* natürlichen Selektion erklärbar ist. Dies wiederum bezweifeln andere Biologen und weisen darauf hin, dass die Darwin'sche Selektion am besten das erklären kann, was man „Mikroevolution" nennt: die allmähliche, kleinstufige Veränderung von Merkmalen. Diese ist experimentell auch gut zu reproduzieren, indem man Tiere mit schneller Generationenfolge, wie Bakterien, Taufliegen oder Zebrafische, unter Laborbedingungen über viele Generationen hinweg einem konstanten starken Selektionsdruck aussetzt.

Neodarwinisten gehen davon aus, dass viele kleine Abwandlungen zu immer größeren Unterschieden akkumulieren, bis neue Arten entstehen, insbesondere aufgrund geographischer Isolation. Für sie gelten die Prinzipien, die der Mikroevolution zugrunde liegen, auch für die Makroevolution, also die Entstehung neuer Großgruppen wie Stämme und Klassen. Der Streit geht also vornehmlich darum, ob man über die langsame und stetige Veränderung von Merkmalen durch die natürliche Selektion nicht nur alle mikroevolutiven Vorgänge, sondern auch die makroevolutiven Veränderungen erklären kann.

Ein seit langem akzeptierter und für Mikro- wie Makroevolution potenziell wichtiger Prozess ist die *genetische Drift*. Dieses Phänomen beruht darauf, dass einige wenige Mitglieder einer Art, im Extremfall ein einziges trächtiges Weibchen, in einen bisher von dieser Art nicht besiedelten Lebensraum eindringen und eine neue Population gründen. Welche Gene dabei im „Gründer-Genpool" landen, kann rein zufällig sein; in jedem Fall repräsentieren sie nur eine kleine Auswahl aus dem ursprünglichen Genpool, dem die Gründerväter bzw. -mütter entstammen. Es ergibt sich so ein *genetischer Flaschenhals*, in dem der einsetzenden natürlichen Selektion nur diese Genauswahl zur Verfügung steht. Das Phänomen der genetischen Drift wird heute im Zusammenhang mit dem Konzept der sogenannten *neutralen Evolution* diskutiert. Nach diesem Konzept, das zuerst vom japanischen Evolutionsbiologen Motoo Kimura Ende der sechziger und Anfang der siebziger Jahre des vorigen Jahrhunderts entwickelt wurde, sind die meisten genetischen Veränderungen *fitnessneutral*, das heißt sie wirken sich auf das Überleben des Genträgers weder vorteilhaft noch nachteilig aus. Über Gendrift können sich dann neutrale Gene fixieren.

Viele Evolutionsbiologen nehmen jedoch über Gendrift und den „Gründer-Effekt" hinaus weitere Faktoren an, die der Makroevolution zugrunde liegen. Einer dieser Faktoren ist die *Kanalisierung* evolutiver Abwandlungen durch entwicklungsbedingte oder strukturell-funktionelle Bauplanbeschränkungen

(Gould 1977). Die Art, wie ein bestimmtes Lebewesen aktuell aufgebaut ist und funktioniert bzw. wie es sich ontogenetisch entwickelt, lässt nicht mehr alle Möglichkeiten der weiteren evolutiven Entwicklung mit gleicher Wahrscheinlichkeit zu, sondern macht einige Abänderungen und damit Entwicklungsstränge wahrscheinlicher und andere unwahrscheinlicher. Dies mündet oft in evolutive Trends, die über viele Millionen Jahre andauern können (zum Beispiel Größenzunahme oder -abnahme des Körpers, Reduktion von Gliedmaßen, Steigerung oder Reduktion der Komplexität von Nervensystemen). Am deutlichsten wird diese Kanalisierung durch die Tatsache belegt, dass alle heute existierenden Tierstämme (*Phyla*) vor rund 600 Millionen Jahren entstanden sind, und dass sich danach kein neuer Grundbauplan mehr ausbildete. Entsprechendes gilt abgestuft für die Ausbildung von Unterstämmen, Klassen und Familien. Die *evolutive Abwandlungsdynamik* verlagert sich immer weiter auf niedere Taxa, so dass der Eindruck entsteht, als nehme sie immer weiter ab.

Dies lässt sich auch durch funktionsmorphologische Untersuchungen gut belegen, die zeigen, dass von spektakulären Ausnahmen abgesehen (sogenannte Schlüsselinnovationen), ein bestimmter adaptiver Schritt die Möglichkeit weiterer adaptiver Schritte zunehmend begrenzt. Ebenso können sich anfangs unabhängig voneinander entwickelnde Merkmale zunehmend strukturell oder funktional „verhaken“, so dass eine weitere Optimierung beider Merkmale behindert wird. Eine Verbesserung des einen Mechanismus bedeutet dann eine Verschlechterung anderer Mechanismen (das Problem der simultanen Optimierung gekoppelter Merkmale; Wake und Roth 1989).

Eine besondere Art von Kanalisierung erfährt die Evolution nach Meinung vieler Entwicklungsbiologen durch die *Ontogenese*. Für sie ist die Evolution eine Abwandlung von Ontogenesen; diese Auffassung wird „Evolutionary Developmental Biology“ oder kurz „Evo-Devo“ genannt (Kirschner und Gerhardt 2005; Müller und Newman 2003; Schlosser und Wagner 2004). Die frühen Stadien der Ontogenese der Tiere – die ersten Zellteilungen der befruchteten Eizelle (Zygote), die Bildung des Blastulastadiums, der Gastrulation usw. sowie die Bildung des „Urdarms", die Festlegung der späteren Körperachsen (Körper-Bauch- oder *Dorsoventral-Achse* und Kopf-Schwanz- oder *Rostrocaudal-Achse*) und der späteren Extremitäten – werden als *Flaschenhälse der Evolution* angesehen, denn an ihnen kann nur wenig geändert werden, ohne die Funktionalität zu gefährden.

Das bedeutet, dass jede evolutive Abwandlung eines Bauplans mit diesen Flaschenhälsen kompatibel sein muss. Dies führt dazu, dass die Entwicklungsstadien der Tiere in der Regel und mit Ausnahme bestimmter ganz früher Entwicklungsschritte umso konservativer sind, je früher sie stattfinden. Wir sehen dies in der beeindruckenden Ähnlichkeit zwischen dem Verlauf der Stammesgeschichte (Phylogenese) und der Individualgeschichte (Ontogenese), die zuerst von dem bedeutenden Biologen Karl Ernst von Baer (1792–1876) beschrieben und später (1874) von Ernst Haeckel als „biogenetisches Grundgesetz" bezeichnet wurde. Für Haeckel war die Ontogenese eine verkürzte Rekapitulation der Phylogenese. Diese vielkritisierte Feststellung hat durch die Entdeckung von „Bauplangenen", die im Tierreich universell vorhanden sind, in neuerer Zeit eine gewisse Bestätigung erhalten.

Ein ebenfalls bedeutender Faktor für den Verlauf der Makroevolution sind *Massenextinktionen*, bei denen eine beträchtliche Zahl existierender Tierarten vernichtet wurde. Als Auslöser solcher Großkatastrophen werden Meteoriteneinschläge mit plötzlicher Klimaveränderung, ein Kippen der Erdachse, der Vorbeiflug eines großen Himmelskörpers, große Veränderungen der Sonnenaktivität usw. vermutet. Nach gegenwärtiger Ansicht geht es dabei um folgende Ereignisse (für die im Folgenden genannten Erdzeitalter siehe Tabelle 1):

1. Eine Serie von Massenextinktionen, die am Übergang vom Kambrium zum Ordovizium stattfanden.
2. Die späte Devon-Extinktion, der circa 70 Prozent aller Arten zum Opfer fielen.
3. Die Ordovizium-Silur-Extinktion (eigentlich zwei Extinktionen), die 27 Prozent aller Familien und 57 Prozent aller Gattungen auslöschte.
4. Die Perm-Trias-Extinktion vor rund 250 Millionen Jahren, welche die größte der bekannten Extinktionen darstellt, bei der 57 Prozent aller Familien und 83 Prozent aller Gattungen ausstarben. Gleichzeitig bereitete sie die Dominanz der Dinosaurier im Mesozoikum vor.
5. Die Trias-Jura-Extinktion vor rund 200 Millionen Jahren, die 23 Prozent aller Tierfamilien und 48 Prozent aller Gattungen auslöschte.
6. Die bisher letzte Extinktion vor 65 Millionen Jahren, die den Übergang von der Kreide zum Tertiär markiert. Sie löschte etwa 17 Prozent aller Familien und 50 Prozent aller Gattungen aus. Sie beendete die Vorherrschschaft der Dinosaurier und öffnete den Weg für die weitere Entwicklung der Vögel und der Säuger.

Wie wir sehen, markieren diese Massenextinktionen in der Regel die Übergänge zwischen den Erdzeitaltern. Inwieweit die Massenextinktionen rein zufällige Wirkungen zeitigten, ist schwer zu entscheiden. Die globalen bzw. kosmischen Ereignisse selber trafen nicht alle Tier- und Pflanzengruppen gleichmäßig – einmal waren die marinen, ein andermal die terrestrischen Gruppen besonders betroffen. Es ist plausibel anzunehmen, dass unter einer dramatischen Änderung der Lebensbedingungen die Spezialisten eher zu leiden hatten als die Generalisten, die Großen eher als die Kleinen, und insofern scheinen die Massenextinktionen zuweilen solchen Gruppen von Lebewesen eine Chance gegeben zu haben, die bisher von anderen Gruppen dominiert wurden, wie dies beim Verhältnis von Dinosauriern und Säuge-

Tab. 1 Erdzeitalter

Erdzeit	**geologische Formation**	**Beginn vor (Mio. Jahre)**
Erdaltertum (Paleozoikum)	Kambrium	542
	Ordovizium	488
	Silur	444
	Devon	416
	Karbon	359
	Perm	299
Erdmittelalter (Mesozoikum)	Trias	251
	Jura	200
	Kreide	146
Erdneuzeit (Känozoikum)	Tertiär	65
	Quartär	1,8

(nach Storch et al. 2007)

tieren angenommen wird. Sicherlich aber gaben die Massenextinktionen der Evolution jeweils eine Richtung, die *nicht* von der Darwin'schen Mikroevolution bestimmt war.

Die Rekonstruktion der Stammesgeschichte und der Evolution

Wie in Abbildung 1 dargestellt, geht man davon aus, dass alle Lebewesen einen gemeinsamen Ursprung haben, der vor drei bis maximal vier Milliarden Jahren lag; aus diesem gemeinsamen „Urahn" haben sich alle heutigen Lebewesen durch fortgesetzte Aufspaltung entwickelt. Dabei übertrifft die Zahl der ausgestorbenen Arten die der heute lebenden um ein Vielfaches – manche Experten geben Werte von 99 Prozent und mehr an. Dabei ist

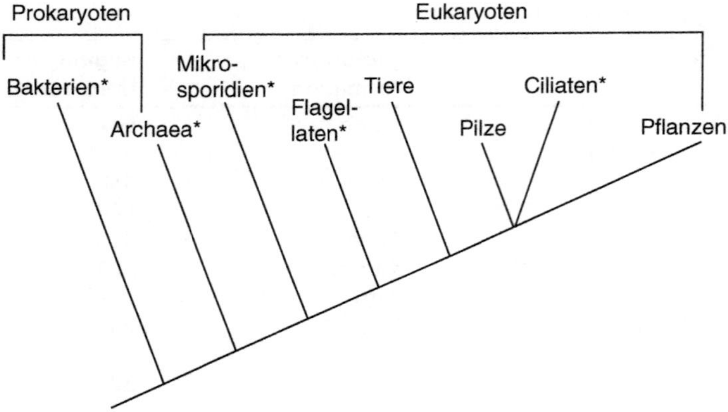

Abb. 1 „Baum des Lebens". Lebewesen werden grundsätzlich in die einzelligen, kernlosen Prokaryoten und die kernhaltigen Eukaryoten eingeteilt. Letztere umfassen Einzeller wie die Mikrosporidien, Flagellaten und Ciliaten und die vielzelligen Pilze, Pflanzen und Tiere. Einzellige Organismen sind mit * markiert.

allerdings unklar, *warum* Tiergruppen überhaupt aussterben, sofern sie nicht durch die Massenextinktionen vernichtet wurden. Klar ist, dass zuerst die Prokaryoten – Bakterien und Archaea (früher auch Archaebakterien genannt) – entstanden, die keinen Zellkern besitzen. Vor 2,7 bis 1,6 Milliarden Jahren entstanden die ersten Eukaryoten, also Einzeller mit einem Zellkern und Zellorganellen wie Mitochondrien oder Chloroplasten, wahrscheinlich aus der Fusion von unterschiedlichen prokaryotischen Zellen; dieser Vorgang wird *Endosymbiose* genannt.

Wenn wir uns im weiteren Verlauf des Buches mit der Evolution der Nervensysteme bzw. der Gehirne und ihrer kognitiven Leistungen befassen wollen, müssen wir unter anderem entscheiden, ob bestimmte Ähnlichkeiten der Struktur und der Funktion auf einer engeren gemeinsamen Stammesgeschichte beruhen, also *homolog* sind, oder ob diese Ähnlichkeiten unabhängig voneinander, das heißt *parallel* bzw. *konvergent*, und damit *nicht* im Rahmen einer engeren gemeinsamen Stammesgeschichte entstanden sind, sondern etwa aufgrund des Selektionsdruckes ähnlicher Lebensverhältnisse und funktionaler Zwänge. („Enger" muss die gemeinsame Stammesgeschichte schon sein, denn alle Lebewesen haben letztlich eine gemeinsame Stammesgeschichte.)

Um bei Nervensystemen und Gehirnen die *Homologie-Frage* beantworten zu können, benötigen wir vor allem „robuste", das heißt hochgradig abgesicherte Stammbäume, die mehrheitlich auf nichtneuronalen Merkmalen beruhen müssen, um Zirkelschlüsse zu vermeiden. Da bei der Stammesgeschichte niemand dabei gewesen ist, beruht jeder Stammbaum auf einer zum Teil mühsamen Rekonstruktion.

Das älteste Mittel dieser Rekonstruktion der Stammesgeschichte ist die Auswertung von Fossilien, meist Skelettbestandteilen, seltener ganzen versteinerten oder in Bernstein eingeschlossenen Organismen, deren Alter mit unterschiedlichen Mitteln, beispielsweise anhand ihres Auftretens in bestimmten Gesteinsschichten oder mithilfe radiometrischer Messungen bestimmt wird. Gleichzeitig werden Hypothesen über die *relative Lage* des Merkmals im Gesamtorganismus und über seine *Funktion* erstellt, und bei einer genügenden Anzahl von Funden lässt sich daraus eine evolutive Entwicklungslinie rekonstruieren.

Ein zweites Mittel, das seit den sechziger Jahren des vorigen Jahrhunderts mehr und mehr zum Einsatz kommt, ist die phylogenetische oder *kladistische* Methode, die in den fünfziger Jahren des vorigen Jahrhunderts von dem deutschen Biologen Willi Hennig entwickelt wurde. Sie versucht, aus dem Vergleich von Merkmalen der heute lebenden Organismen ihre Verwandtschaftsverhältnisse zu rekonstruieren. Dies ist besonders dann wichtig, wenn es – wie im Falle von Nervensystemen, die nicht „versteinern" – keine oder keine verlässlichen fossilen Merkmale gibt, die man vergleichen könnte. Benutzt werden Daten zu morphologischen, aber auch physiologischen und genetischen Merkmalen. Bei der kladistischen Methode geht es um die Frage, ob ein Merkmal einen ursprünglichen (*plesiomor-*

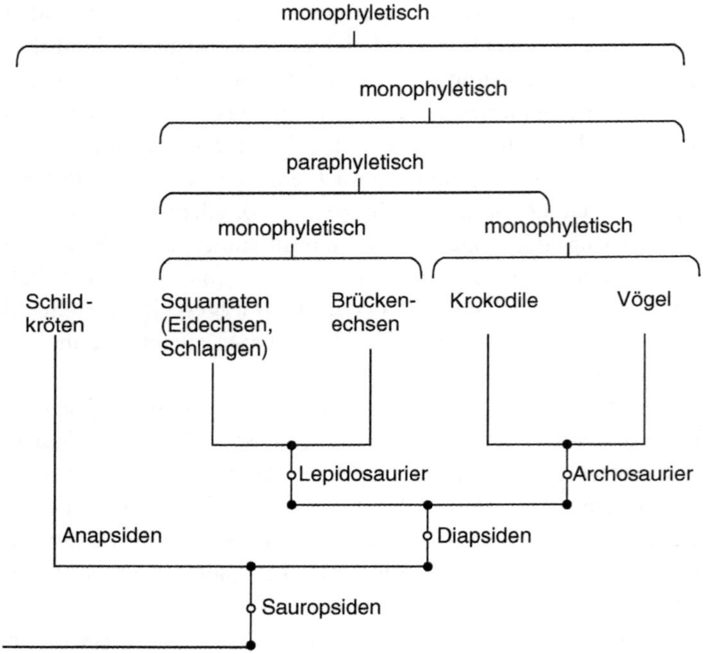

Abb. 2 Kladogramm der Sauropsiden als Beispiel für die kladistische Methode. Erläuterungen im Text.

phen) Zustand oder einen abgeleiteten (*apomorphen*) Zustand darstellt. Ziel ist es, ein Verwandtschaftsschema oder *Kladogramm* zu erstellen, das nur aus *monophyletischen*, das heißt über einen gemeinsamen Vorfahren direkt miteinander verwandten Tiergruppen besteht. Exemplarisch ist dies in Abbildung 2 dargestellt. So haben alle heutigen *Sauropsiden* (also alle Reptilien und Vögel) einen gemeinsamen Vorfahren in Form eines amphibienartigen „Ursauropsiden“, der sich vom amphibienartigen Vorfahren der Säugetiere bereits unterschied. Entsprechend werden auch die Säugetiere als *monophyletisch* angesehen. Hingegen sind innerhalb der Sauropsiden die Reptilien aus heutiger Sicht keine monophyletische, sondern eine *paraphyletische*

Gruppe, denn sie schließt die Krokodile *ein*, die Vögel aber *aus*, obwohl Krokodile und Vögel enger miteinander verwandt sind als Krokodile mit den anderen Reptilien. Umgekehrt bedeutet dies, dass Krokodile und Vögel miteinander eine monophyletische Gruppe, die Archosaurier, bilden, da alle Krokodile und Vögel einen gemeinsamen Vorfahren haben. Entsprechend bilden Squamaten und Brückenechsen eine monophyletische Gruppe, die Lepidosaurier.

Bei der Erstellung eines Kladogramms geht man von morphologischen, physiologischen oder genetischen Merkmalen bzw. Daten aus und versucht, diese mit unterschiedlichen statistisch-mathematischen Methoden zu einem *dichotomen* Verzweigungsschema anzuordnen, also einem Schema, in dem sich jede Linie immer nur in zwei Äste (und nicht mehr) aufspaltet. Jede Gabelung des Kladogramms drückt das Entstehen zweier neuer abgeleiteter oder *apomorpher* Merkmale aus, was zugleich bedeutet, dass beide abgewandelte Merkmale aus einem gemeinsamen Vorläufermerkmal, einer *Synapomorphie*, hervorgegangen sind. Dieses dichotome Verzweigungsschema gibt als Kladogramm nur die reinen Verwandtschaftsverhältnisse wieder und macht keine Aussage über den zeitlichen Verlauf und die Stärke der evolutiven Abwandlung von Merkmalen heute existierender Arten; es stellt also keinen echten phylogenetischen Stammbaum dar. Man kann allerdings mithilfe von Referenzdaten (zum Beispiel den Mutationsraten „neutraler" Gene) eine Bestimmung des Zeitpunkts der Abspaltung vornehmen und diese in sogenannten Distanzlängen ausdrücken, so dass der vermutete zeitliche Verlauf der Stammesgeschichte dargestellt wird.

In aller Regel gelingt es mit den heute gängigen Methoden nicht, ein Kladogramm zu erstellen, das zu hundert Prozent aus monophyletischen Gruppen besteht, sondern man wird zu Kladogrammen mit einer höheren oder geringeren Wahrscheinlichkeit kommen. Hier wird häufig das „Prinzip der maximalen Sparsamkeit" (englisch *maximum parsimony principle*, abgekürzt

MP) angewendet, das denjenigen Stammbaum auszeichnet, der mit der geringsten Anzahl evolutiver Abwandlungsschritte auskommt. Dieses Verfahren beruht auf der plausiblen, aber natürlich nicht immer zutreffenden Annahme, dass einfachere Lösungswege wahrscheinlicher sind als komplexere. Im günstigsten Fall findet man einen einzigen kürzesten Baum, oft aber mehrere oder gar sehr viele Bäume, die gleich wahrscheinlich sind. Es gibt dann weitere Kriterien, um einen bestimmten Baum unter den gleichlangen Bäumen zu bevorzugen. Neben der MP-Methode gibt es andere Verfahren zur Erstellung von Stammbäumen, die aber in unserem Zusammenhang nicht wichtig sind.

Fragen der Merkmalsbewertung

Bei unserer Frage nach der Evolution von Nervensystemen und Gehirnen geht es in aller Regel darum, ob ein bestimmtes neuronales Merkmal hinsichtlich seines Vorkommens oder hinsichtlich bestimmter Struktureigenschaften (einfach oder komplex) ein *ursprünglich-plesiomorphes*, ein *abgeleitet-apomorphes* oder ein *konvergent* entstandenes Merkmal darstellt, also ein Merkmal, das mehrfach unabhängig entstanden ist. Dies setzt robuste Stammbäume voraus, in die man die Verteilung eines Merkmals einsetzt. Ein Beispiel hierfür ist die Frage, ob es sich bei dem sechsschichtigen Cortex (*Neocortex* oder *Isocortex*), den man bei vielen, aber nicht allen Säugern im engeren Sinne (den *Eutheria* oder *Placentalia*) findet, um ein für diese Gruppe *plesiomorphes* Merkmal handelt oder nicht. Falls man es als plesiomorphes Merkmal betrachtet und davon ausgeht, dass der Vorfahre aller Säuger bereits einen solchen Isocortex hatte, so muss man das *Nichtvorhandensein* eines sechsschichtigen Isocortex bei einigen Säugern wie den Walen und Delphinen (also den *Cetacea*) als sekundäre Vereinfachung des ursprünglich sechsschichtigen Zustandes ansehen.

Man kann umgekehrt annehmen, dass der nichtsechsschichtige Isocortex der Wale den ursprünglichen Zustand repräsentiert, wie er sich beim letzten gemeinsamen Vorfahren der Placentatiere fand, und dass ein sechsschichtiger Cortex innerhalb der Säuger erst auftrat, *nachdem* sich die Wale abgespalten hatten. In diesem Fall müssten alle Säuger, die einen Isocortex besitzen, eine monophyletische Gruppe bilden, was aber nicht der Fall ist. Deshalb müsste man annehmen, dass der sechsschichtige Isocortex, wie er bei allen anderen Säugergruppen zu finden ist, vielfach unabhängig entstanden ist.

Diese Fragen kann man über das *Sparsamkeitsprinzip* und den *Außengruppenvergleich* zu entscheiden versuchen. Im ersteren Fall stellt man fest, wie oft man eine unabhängige Ausbildung eines sechsschichtigen Isocortex annehmen müsste, damit die Situation bei den Walen als ursprünglich angesehen werden kann, und wie viele Male die Nichtsechsschichtigkeit des Isocortex der Wale als Ergebnis einer sekundären Vereinfachung interpretiert werden kann. Im ersteren Fall müsste man *sehr viele* unabhängige Ausbildungen annehmen. So etwas kommt gelegentlich vor – ein Beispiel ist die massenhafte unabhängige und damit *konvergente* Ausbildung von Augen, die allerdings nur zu oberflächlichen Ähnlichkeiten führt. Eine konvergente Entwicklung wird aber umso unwahrscheinlicher, je ähnlicher sich Strukturen im Detail sind, wie dies beim Cortex der Placentatiere der Fall ist. Entsprechend plausibel ist die Annahme einer einmaligen sekundären Vereinfachung des Isocortex beim Vorfahren der Wale.

Das zweite Verfahren, der *Schwestern- und Außengruppenvergleich*, beruht darauf festzustellen, wie die Verhältnisse bei der nächsten übergreifenden taxonomischen Einheit der zu untersuchenden Tiergruppe, in unserem Fall der placentalen Säuger, sind. Diese Einheit ist die Klasse der Säugetiere (*Mammalia*), die sich aus den Kloakentieren (*Monotremata*), den Beuteltieren (*Marsupialia, Theria*) und den placentalen Säugetieren (*Placentalia, Eutheria*) zusammensetzt. Da man mehrheitlich annimmt, dass Placentatiere und Beuteltiere enger miteinander verwandt sind als die Beuteltiere mit den Kloakentieren, fragen wir erst einmal, wie es mit dem Cortex der Beuteltiere aussieht. Wenn die Mehrzahl der Beuteltiere einen sechsschichtigen Cortex aufweist, dann ist es sparsamer anzunehmen, dass der gemeinsame Vorfahre der beiden Gruppen, also der Begründer der *Theria*, ebenfalls einen Isocortex besaß, und dass dieser nicht in beiden Gruppen mehrfach unabhängig voneinander entstanden ist. Der Isocortex wäre also ein plesiomorphes Merkmal aller *Theria*. Man kann jetzt weitergehen und fragen, ob der Isocortex vielleicht ein plesiomorphes Merkmal *aller* Säuger ist. Man stellt dann fest, dass auch die Kloakentiere einen Isocortex besitzen, und damit würde der Isocortex als plesiomorphes Merkmal aller Säuger gelten können. Damit wird auch die Annahme, dass das *Fehlen* eines Isocortex bei Insektenfressern und Walen ein abgeleitetes Merkmal aufgrund eines Verlustes ist, immer plausibler.

Schließlich kann man fragen, ob der Isocortex vielleicht ein Merkmal ist, das vor der Aufspaltung der Mammalier und der Sauropsiden (also der „Reptilien“ plus Vögel) entstanden ist und damit ein plesiomorphes Merkmal aller Amnioten darstellt. Hier aber stellt man fest, dass die Sauropsiden alle *keinen* sechsschichtigen Isocortex besitzen. Nun muss man noch überprüfen, ob nicht etwa der gemeinsame Vorfahre aller Amnioten einen Isocortex besaß, der bei allen Sauropsiden verlorenging, bei den Säugern aber erhalten blieb; dazu geht man zur Schwestergruppe aller Amnioten, den Amphibien, über. Dort wird man ebenso wenig fündig wie bei allen übrigen Wirbeltieren, das heißt Amphibien besitzen keinen Isocortex im eigentlichen Sinne.

Man muss also bei jedem mosaikartig verteilten Merkmal innerhalb eines Stammbaumes entscheiden, ob das Vorhandensein auf eine gemeinsame Abstammung zurückgeht und damit ein plesiomorphes Merkmal ist oder ob sehr ähnliche Merkmale unabhängig voneinander entstanden und deshalb konvergent sind. Ebenso muss man beim *Nicht*vorhandensein prüfen, ob dies plesiomorph ist (das Merkmal also von Anfang an fehlte) oder apomorph ist und auf einen *Verlust* zurückgeht. Nur so wird man mit hoher Plausibilität, wenngleich nicht mit letzter Sicherheit, die Frage beantworten können, ob ein bestimmtes Merkmal deshalb bei verschiedenen Tiergruppen vorhanden ist, weil sie eine gemeinsame Stammesgeschichte haben oder weil sie unter ähnlichen Umweltbedingungen leben.

Was sagt uns das?

Im vorliegenden Buch geht es um den Zusammenhang zwischen der Evolution der Nervensysteme und Gehirne und der Evolution geistig-kognitiver Leistungen. Zu diesem Zweck haben wir uns mit den Grundzügen der Theorie der gemeinsamen Abstammung aller Lebewesen und der Evolution ihrer Merkmale zu beschäftigen. Während die Annahme einer gemeinsamen Abstammung aller Lebewesen unumstritten ist, gibt es unterschiedliche Meinungen hinsichtlich der *Mechanismen*, die der Evolution zugrunde liegen. Viele Neodarwinisten nehmen an, dass nicht nur die Mikroevolution, sondern auch die Makroevolution von der auf kleinen Abwandlungen beruhenden „natürlichen (oder Darwin'schen) Selektion" bestimmt wird. Andere Evolutionsbiologen halten dagegen, dass die natürliche Selektion im Wesentlichen auf mikroevolutive Prozesse, also kleine Anpassungen, beschränkt ist, und dass makroevolutive Vorgänge, insbesondere die großen Bauplanänderungen, wesentlich durch andere Faktoren wie Massenextinktionen, genetische Drift, neutrale Evolution und „Kanalisierung", insbesondere über die Abwandlung von Ontogenesen („Evo-Devo") hervorgerufen werden.

Eine Rekonstruktion dieser Evolution setzt gut gesicherte („robuste") Stammbäume voraus, in die wir dann die neuronalen bzw. verhaltensbiologischen Daten eintragen, um entscheiden zu können, ob Ähnlichkeiten zwischen Merkmalen auf einer gemeinsamen Stammesgeschichte beruhen, also *homolog* sind, oder ob sie das Ergebnis einer unabhängigen Entwicklung waren, also *konvergent* sind. Für diese Entscheidungen gibt es, wie wir gehört haben, mehr oder weniger verlässliche Methoden. Ein schwieriges Problem stellt die Tatsache dar, dass in unterschiedlichen Tiergruppen vorkommende Merkmale einerseits auf der Ebene von Regulatorgenen eine „tiefe Homologie", auf struktureller Ebene aber das Ergebnis einer konvergenten Entwicklung darstellen können. Davon wird noch mehrfach die Rede sein.

3 Der Geist beginnt mit dem Leben

In seiner berühmten „Ignorabimus"(„wir werden es nicht wissen")-Rede von 1880 nannte der berühmte Berliner Physiologe Emil Dubois-Reymond (1818–1896) neben der Entstehung des Bewusstseins die Entstehung des Lebens ein nie zu lösendes „Welträtsel". Rund 140 Jahre später wissen wir immer noch nicht genau, wie und wo Leben zuerst entstanden ist, aber die Mehrzahl der Naturwissenschaftler sieht diesen Umstand nicht mehr als Welträtsel an, sondern als ein Problem, das durch geduldiges Forschen ebenso wie durch glückliches Entdecken seiner Lösung näher gebracht wurde. Es hat seinen mystischen Glanz verloren. Ich gehe davon aus, dass dies mit dem „Mysterium Geist" genauso sein wird.

Was ist Leben?

Über die Frage, was Leben ist bzw. wie es sich vom Unbelebten unterscheidet, ist seit dem Altertum viel nachgedacht und geschrieben worden. Die bis weit in die Neuzeit hinein am weitesten verbreitete Anschauung war, dass den Lebewesen ein lebendig machendes Prinzip innewohnt, *pneuma*, *anima* oder *spiritus* genannt, wobei diese Begriffe „Atem" bzw. „Lebensatem" („Odem") und davon abgeleitet „Seele" oder „Geist" bezeichnen. Bei Aristoteles findet man eine Untergliederung der

Lebewesen in drei Reiche: das Reich der Pflanzen, das der Tiere und das des Menschen. *Pflanzen* stellen dabei die niedrigste Stufe des Lebens dar und weisen lediglich die Fähigkeit zu Ernährung und Fortpflanzung auf. Das zugrunde liegende Prinzip nannte man später die „*anima vegetativa*" oder „Pflanzenseele". Bei *Tieren* kommt die Fähigkeit zur Selbstbewegung und zu Sinnesleistungen hinzu, die später als „*anima animalis*" oder „Tierseele" bezeichnet wurde. Der *Mensch* schließlich besitzt die „*anima rationalis*", die „Vernunftseele". Der Mensch hat also etwas, das alle anderen Lebewesen nicht haben, nämlich Vernunft (*ratio* oder *intellectus*).

Verwandt mit der antiken Pneuma- oder Anima-Lehre ist der neuzeitliche *Vitalismus*. Seine Anhänger glaubten, Leben beruhe auf einem besonderen lebendig machenden Prinzip, das oft „*vis vitalis*" oder „*élan vital*" genannt wurde; beide Begriffe bedeuten „Lebenskraft". Dieses Prinzip sollte jenseits der physikalisch-chemisch-physiologischen Prinzipien wirken und durch deren Gesetze auch nicht erklärbar sein. Bedeutende Entwicklungsbiologen wie Hans Driesch vertraten noch im 20. Jahrhundert eine solche Anschauung. Verknüpft mit dem Vitalismus war die Vorstellung, die für Prozesse des Lebendigen wichtige „organische Chemie" sei fundamental verschieden von der „anorganischen Chemie" – daher auch die unterschiedlichen Bezeichnungen. Dies wurde bereits im 19. Jahrhundert durch den deutschen Chemiker Friedrich Wöhler widerlegt, dem es gelang, Harnstoff – eine typische organisch-chemische Verbindung – aus anorganischen Komponenten zu synthetisieren. Heute bezeichnet der Begriff „organische Chemie" die Chemie der Kohlenstoffverbindungen. Dennoch hielten auch nach Wöhler viele Biologen und Mediziner (wie der berühmte Louis Pasteur) an der Anschauung fest, Lebewesen zeichneten sich durch den Besitz einer einzigartigen, naturwissenschaftlich nicht erklärbaren Fähigkeit oder Kraft aus.

Dem steht die heute in den Naturwissenschaften allgemein akzeptierte Vorstellung entgegen, dass Leben eine spezielle

Organisationsform nichtlebendiger Bausteine ist. Bei diesen Bausteinen handelt es sich vor allem um Wasserstoff, Sauerstoff, Kohlenstoff, Stickstoff, Schwefel und Phosphor sowie Natrium, Kalium, Chlorid, Eisen, Jod, Calcium und Magnesium. Diese Stoffe, vor allem Wasserstoff und Kohlenstoff, verbinden sich zu ausgedehnten Strukturen – Makromolekülen wie Nucleinsäuren, Eiweißen (Proteine), Fettsäuren und Kohlenhydraten –, die zugleich bestimmte Funktionen aufweisen und in selektiver Weise miteinander wechselwirken.

Die Frage, ob die heute existierende Zusammensetzung lebender Materie zwingend ist oder ob Leben auch aus ganz anderen chemischen Bestandteilen entstehen könnte, ist nicht eindeutig zu beantworten. Alternativen zu Wasserstoff und Kohlenstoff wären Silizium und Aluminium, die häufig genug auf der Erde vorkommen und ähnliche strukturbildende Eigenschaften besitzen. Aufgrund dieses Mangels an Wissen ist es nicht möglich, Leben allein über seine chemischen Bestandteile hinreichend zu definieren. Leben in seiner auf der Erde existierenden Form ist offenbar nur einmal entstanden, und es könnte sein, dass es auf der Erde andere mögliche Formen des Lebens verdrängt hat. Ebenso könnte Leben auf anderen Planeten des Weltalls in einer anderen als der irdischen Form existieren.

Dieses Problem führt uns zu der alternativen Herangehensweise, Leben nicht vornehmlich *materiell*, sondern *formal* zu definieren, nämlich als eine bestimmte Form der Wechselwirkung nichtlebender, aber für das Leben wesentlicher Bausteine. In einem grundlegenden Sinne kann man Lebewesen als selbstherstellende und selbsterhaltende Systeme definieren, das heißt *Selbstherstellung* und *Selbsterhaltung* sind die Basiseigenschaften von Lebewesen (an der Heiden et al. 1984a, 1984b, 1985; Roth 1986). Selbstherstellung bedeutet dabei das Auftreten eines bestimmten Ordnungszustandes, der über die Wechselwirkung der Komponenten eines Systems erreicht und nicht wesentlich extern vorgegeben wird. Lebewesen stellen ihre Bestandteile selber her, und diese fügen sich „von selbst“ zu einer strukturellen und funktionalen Ordnung zusammen, die *nicht* von außen aufgezwungen ist und auch gar nicht aufgezwungen werden kann, denn kein Biologe weiß zur Zeit genau, wie man so etwas machen müsste. Wir erkennen also zwei wichtige Grundprinzipien des Lebens, nämlich erstens die Herstellung der Bausteine der Lebewesen durch die Lebewesen selbst und zweitens das richtige Zusammenfügen dieser Bestandteile zu einer ganz bestimmten Ordnung. Diese *Selbstherstellung* eines Ordnungszustandes ist keineswegs ausschließlich bei Lebewesen zu finden, vielmehr gibt es in der unbelebten Natur viele Prozesse, die dem Phänomen der Selbstherstellung nahekommen, und Lebewesen haben nur eine besondere Art von Selbstherstellung entwickelt. Um die präbiotischen Arten von Selbstherstellung von Ordnungszuständen zu verstehen, müssen wir etwas weiter ausholen und uns mit dem schwierigen Begriff der *Ordnung* befassen.

Ordnung, Selbstherstellung und Selbsterhaltung

Ordnung kann statisch oder dynamisch sein. Natürlich gibt es in unserem Universum nichts, was im strengen Sinne statisch ist. Alles verändert sich, aber manches verändert sich sehr schnell und anderes sehr langsam. Nur eine Art von Gebilde scheint dem unvermeidlichen Zerfall zu trotzen, nämlich Lebewesen. Leben ist vor 3,5 bis 4,4 Milliarden Jahren entstanden und hat bisher alles überdauert, was auf unserer Erde an Katastrophen auftrat, und es gibt keinerlei Anzeichen dafür, dass es mit dem Leben auf der Erde in absehbarer Zeit zu Ende gehen wird. Selbst wenn einzelne Arten – unter denen durchaus auch der Mensch sein könnte – von der Erde verschwinden, andere (Bakterien, Schachtelhalme oder Würmer) werden überleben und weiterexistieren.

Leben ist, anders als ein Kristall, kein statischer, sondern ein *dynamischer* ordnungsbildender Prozess; dieser existiert, während er sich ändert, wobei die Änderungen mit dem Weiterexistieren kompatibel sein müssen. Das ist das im Prinzip fast triviale, aber entscheidende Merkmal von Leben: Ein Lebewesen muss sich ändern, um weiterexistieren zu können, denn nur durch Änderungen in Form des ständigen Ersatzes, *Stoffwechsel* genannt, kann es dem ansonsten unvermeidlichen Zerfall entgegenwirken.

Das Grundprinzip des Ganzen ist das, was der Biosystemtheoretiker Ludwig von Bertalanffy als *Fließgleichgewicht* bezeichnete: ein dynamischer quasi-stationärer Zustand, bei dem fortwährend Substanzen und Energie in ein System eingebracht und Reaktionsprodukte herausgebracht werden. Es handelt sich um ein Gleichgewicht von Aufbau und Abbau, auch *Homöostase* genannt, sozusagen eine ständige Reparatur, wobei nicht verlangt wird, dass die Reparatur immer denselben Zustand wiederherstellt.

Lebewesen sind die einzigen uns bekannten selbstherstellenden *und* selbsterhaltenden Systeme. Selbstherstellung allein wird in der unbelebten Natur häufiger gefunden, und manche selbstherstellenden Systeme zeigen sogar vorübergehend Merkmale der Selbsterhaltung und damit eines Fließgleichgewichts. Hierzu gehören all diejenigen physikalisch-chemischen Systeme, die eine räumlich-zeitliche *Musterbildung* aufweisen. Diese Musterbildung wird etwa dadurch erreicht, dass komplexe chemische Prozesse in Gang kommen, die sich gegenseitig beeinflussen und dabei einen Zyklus durchlaufen, der in der Regel zu einem Anfangspunkt zurückkehrt – es muss aber nicht unbedingt genau derselbe sein. Chemische selbstorganisierende Systeme sind solche Prozesse, die durch Reaktions-Diffusions-Gleichungen beschrieben werden, einschließlich der Existenz von positiven und negativen Rückkoppelungen und autokatalytischen Prozessen. Solche selbstorganisierenden Prozesse gehören sämtlich in die Klasse der Nichtgleichgewichtsprozesse, zu denen die Belousov-Zhabotinsky-Reaktion, der Winfree-Oszillator oder die Bénard-Konvektion gezählt werden, aber auch bekanntere

Vorgänge wie Wolkenbildung, wachsende Kristalle oder die Kerzenflamme.

Typischerweise zerfallen solche selbstorganisierend entstandenen Ordnungszustände wieder, und zwar in der Regel umso schneller, je komplizierter sie sind, da sie thermodynamisch einen unwahrscheinlicheren Zustand darstellen. Auch Lebewesen befinden sich in einem thermodynamisch unwahrscheinlichen Zustand hoher Ordnung. Aber sie sind, wie oben schon erläutert, in der Lage, diesen Ordnungszustand aufrechtzuerhalten, indem sie sich nicht nur stets mit Energie und Materie versorgen, sondern in diesem Prozess fortwährend Ordnung importieren, und zwar auf Kosten der Ordnung in der Umgebung. Dies ist der physikalische und thermodynamische Aspekt ihrer *Selbstorganisation*. Lebewesen sind die einzigen bekannten Systeme, die dauerhaft zur Selbstorganisation fähig sind. Sie sind in diesem Sinne *autonom*, während die nichtlebenden selbsterhaltenden Systeme *heteronom* sind.

Heteronomie bedeutet hier, dass ein System entscheidend von Kräften oder Zuständen *außerhalb des Systems* abhängt. Ein Bénard-Zellen-System bricht sofort zusammen, wenn die Wärmezufuhr abgestellt wird. Die Belousov-Zhabotinsky-Reaktion zeigt ihre Farboszillationen nur so lange, bis Kaliumbromat und Malonsäure aufgebraucht sind. Auch eine Flamme brennt nur so lange, bis die Kerze mit Docht und Wachs abgebrannt ist. Das Entscheidende dabei ist, dass die Bénard-Zellen keinen Einfluss auf die Wärmezufuhr nehmen, die Belousov-Zhabotinsky-Reaktion nicht aktiv neues Kaliumbromat und neue Malonsäure herbeischafft und sich auch die Flamme nicht selbst mit Docht und Wachs versorgt. Alle diese Systeme sind von externen Faktoren abhängig, meist von der Hilfe des Menschen. Wären sie zur Selbstversorgung in der Lage, so kämen sie unserer Definition von Lebewesen als selbsterhaltenden Systemen schon sehr nahe.

Der Kritiker wird einwenden, dass auch Lebewesen nicht *völlig* autonom sind. Sollte die Sonne die Erde für einige Zeit nicht mehr bescheinen, so würde das allermeiste Leben von der Erde verschwinden: Zunächst würden alle vom Sonnenlicht abhängigen (*photoautotrophen*) Einzeller und alle Pflanzen aussterben und als Folge davon alle Tiere, weil diese sich von Pflanzen oder pflanzenfressenden Tieren ernähren. Aber selbst *chemoautotrophe* Bakterien, die kein Sonnenlicht benötigen, brauchen energiereiche chemische Verbindungen, zum Beispiel Schwefelwasserstoff. Ein Lebewesen ist kein Perpetuum mobile, das ohne Zufuhr von Energie auskommt, vielmehr macht es sich bereits vorhandene Energie zunutze. Der wichtige Unterschied zwischen Lebewesen und den oben genannten physikalischen und chemischen selbstorganisierenden bzw. selbstherstellenden Systemen besteht aber darin, dass Lebewesen *aktiv* für die Aufrechterhaltung ihres Ordnungszustandes sorgen, indem sie zwecks Energie- und Stoffzufuhr mit der Umwelt wechselwirken.

Im günstigsten Fall findet das Lebewesen Energie und Materie in ausreichender Menge in seiner unmittelbaren Umgebung. Eigentlich braucht es die benötigten Substanzen nur über den Konzentrationsgradienten durch seine Membranen hineinzulassen. Jedoch werden sich in seiner unmittelbaren Umgebung auch Stoffe befinden, die das Lebewesen nicht benötigt oder die ihm schaden können. Seine Membranen müssen also *selektiv* sein, das heißt sie dürfen nur bestimmte Stoffe hereinlassen und umgekehrt andere hinauslassen. *Dies ist die Urform einer selektiven Interaktion von Lebewesen mit ihrer Umwelt.*

Allerdings befindet sich die benötigte Nahrung sich nicht immer in ausreichendem Maße in unmittelbarer Reichweite, meist muss man sie aufsuchen oder herbeischaffen. Dennoch gibt es verschiedene Lebewesen, deren Existenz dem Leben im Schlaraffenland ziemlich nahe kommt. Ein Beispiel hierfür sind die Pflanzen, die der Luft Kohlendioxid und dem Boden Wasser entnehmen und daraus mithilfe des Sonnenlichtes im Prozess der Photosynthese Glucose und Stoffwechselenergie produzieren. Sie haben einen lichtgesteuerten Tag-Nacht-Rhythmus, sie zeigen Phototropismus und Geotropismus, das heißt sie richten sich in ihrem Verhalten eindeutig nach Umweltreizen wie Licht und Schwerkraft. Das andere Beispiel sind sogenannte Endoparasiten wie der Bandwurm, die sich in den Stoffwechsel der Wirtstiere „einklinken". Diese Tiere zeichnen sich in aller Regel durch ein sehr reduziertes Nervensystem und sehr einfache Sinnesorgane aus, denn die Nahrung kommt sozusagen zu ihnen. Trotzdem geht es auch in diesen einfachsten Fällen von Energie- und Nahrungsbeschaffung nicht ohne Informations- und Kommunikationsmechanismen ab, wie wir noch sehen werden.

Leben, Energiegewinnung und Energiestoffwechsel

Leben ist notwendig an Stoffwechsel gebunden. Stoffwechsel bedeutet zum einen *Energiestoffwechsel*, nämlich Gewinnung von Energie für energieverbrauchende Prozesse, und zum anderen *Baustoffwechsel*, nämlich Aufbau und Wachstum von Strukturen. Energiestoffwechsel beruht immer darauf, dass aus der Umgebung Energie aufgenommen wird, die dann dem Erhaltungs- und Baustoffwechsel zur Verfügung gestellt wird.

Die ursprünglichste Form der Energiegewinnung ist der *Chemotrophismus.* Energiequellen sind hier energiereiche anorganisch-chemische Verbindungen wie Schwefelwasserstoff, die aufgebrochen werden, wobei die in der chemischen Bindung gespeicherte Energie freigesetzt und durch spezielle Mechanismen aufgefangen wird. Wichtig beim Energiestoffwechsel ist die Gewinnung von Protonen (H^+) und Elektronen. So zerlegen *Schwefelbakterien* beispielsweise Schwefelwasserstoff (H_2S) in Schwefel und zwei Wasserstoff-Atome nebst ihren Elektronen, die von geeigneten „Akzeptoren" aufgenommen werden. *Methanbakterien* wiederum setzen Kohlendioxid und Wasserstoff zu Methan und Wasser um und gewinnen dabei Energie. Dabei bilden sie das gefährliche Methangas.

Energieakzeptoren und damit auch Energieüberträger sind in Lebewesen meist Nucleosidphosphate, denn sie nehmen H-Atome bereitwillig auf und geben sie ebenso bereitwillig ab. Hierzu gehören das Adenosin- und Guanosin-Phosphat, die als Triphosphat (ATP, GTP), Diphosphat (ADP, GDP) oder Monophosphat (AMP, GMP) vorliegen können. Daher ist das Triphosphat die energiereichste Verbindung. Der Abbau von Tri- zu Di- und schließlich zu Monophosphat setzt umgekehrt Energie frei, die zum Aufbau anderer Strukturen verwandt werden kann. ATP bzw. GTP und ADP bzw. GDP sind daher sehr gute *Energieüberträger*.

Hauptenergielieferant der meisten Lebewesen ist das Sonnenlicht, dessen Energie über den *Phototrophismus* zur Spaltung des Wassermoleküls benutzt wird. Dies ist ein äußerst trickreicher Prozess. Das erste Auftreten des Phototrophismus, wahrscheinlich bei Cyanobakterien („Blaualgen"), war einer der folgenreichsten Schritte der biologischen Evolution. Zum einen gab es hierfür in Form des Sonnenlichts eine für irdische Verhältnisse praktisch unbegrenzte Energiequelle, zum anderen entstand bei der Photosynthese durch Vereinigung von CO_2 und den Bruchstücken des H_2O neben Glucose auch Sauerstoff (O_2), der schließlich zusammen mit dem Stickstoff den Hauptteil unserer Atmosphäre bildete, ohne die Pflanzen und Tiere und wir Menschen nicht leben können.

Aus Kohlendioxid und Wasser entstehen bei der Photosynthese Zucker (Glucose) und Sauerstoff. Beide Bestandteile werden in raffinierter Weise weiterverwendet. Zum einen geht es um Glucose als Energielieferant. Die in dem Glucosemolekül gespeicherte Energie kann bei Bedarf wieder hervorgeholt werden, indem das Molekül zu Brenztraubensäure (Pyruvat) abgebaut wird. Dies nennt man *Glycolyse*. Hierbei entstehen pro Glucose-Molekül zwei Moleküle ATP. Beim sogenannten *oxidativen Stoffwechsel* (Zitronensäurezyklus plus oxidative Phosphorylierung), auch Zellatmung genannt, entstehen neben Kohlendioxid und Wasser hingegen 36 Moleküle ATP. Der Unterschied zwischen der Glykolyse und der oxidativen Energiegewinnung ist also beträchtlich, denn er beträgt 34 Moleküle ATP.

Die Entstehung des ersten Lebens

Über die tatsächliche Entstehung des Lebens auf unserer Erde gibt es keine Einigkeit. Allgemein wird angenommen, dass die ersten Lebewesen vor 4,4 bis 3,5 Milliarden Jahren auf der Erde entstanden sind, also rund eine Milliarde Jahre nach der Entstehung der Erde. Nach vorherrschender Meinung ist Leben auf der Erde allmählich entstanden, indem sich die wichtigsten niedermolekularen chemischen Bausteine, nämlich Methan, Ammoniak, Wasser, Hydrogensulfid, Kohlenstoffmonoxid und -dioxid sowie Phosphat zu kleinen Einheiten, sogenannten organischen Monomeren wie Aminosäuren und Nucleinsäuren zusammenschlossen, die wiederum langkettige Gebilde wie Peptide und RNA- oder DNA-Stränge formten. Wie es dazu aber im Einzelnen kam, ist bis heute umstritten. Einige Forscher nehmen an, dass die organischen Monomere auf der Erde entstanden sind, sind sich aber uneins über den genauen Vorgang, andere glauben, dass solche organischen Monomere oder sogar primitive Formen des Lebens aus dem Weltall zu uns gekommen sind (s. unten), was allerdings das Problem der Entstehung des Lebens nur an einen anderen Ort verlagert.

Eine lange vorherrschende Meinung geht davon aus, dass die ursprüngliche Atmosphäre der Erde reich an Ammoniak, Methan und Wasserstoff war. In ihrem berühmten Experiment konnten Stanley Miller und Harold Urey im Jahre 1953 zeigen, dass sich aus einer „Ursuppe" aus Wasserstoff, Methan, Ammoniak und Wasserdampf unter Zufuhr hoher Energie (etwa in Form von „Gewitterblitzen") organische Verbindungen wie Formaldehyd, Blausäure, Aminosäuren und langkettige Kohlenwasserstoffe bildeten. Zudem ließ sich zeigen, dass sich der Zusammenschluss von Monomeren zu langen Ketten (die sogenannte *Polymerisation*) und komplexeren biologisch wichtigen Strukturen unter günstigen energetischen Bedingungen *spontan* vollziehen kann. So entstehen zum Beispiel kurze Proteine aus Aminosäure-Bausteinen, RNA- und DNA-Stränge aus Nucleinsäuren und doppelschichtige Phospolipid-Membranen aus Phospholipiden geeigneter Länge; solche Membranen waren als Zellmembranen für die weitere Evolution von Lebewesen besonders wichtig. Allerdings ist umstritten, ob es auf der Erde jemals derart hochenergetische Bedingungen wie bei dem Miller-Urey-Experiment gab bzw. wie wahrscheinlich es war, dass dort organische Monomere entstanden, die sich dann zu längeren Ketten und schließlich zu komplexeren Strukturen zusammenschlossen.

Eine alternative Hypothese, die ohne die Annahme einer starken Energiezufuhr in Form von Blitzen oder ultravioletten Strahlen auskommt, geht von der Entstehung des Lebens in der Tiefsee in der Nähe sogenannter hydrothermaler Kamine aus, wo wasserstoffreiche Ströme aus dem Untergrund auf das an Kohlendioxid reiche Ozeanwasser treffen. Eine weitere Theorie stammt von einem deutschen Chemiker, Günter Wächtershäuser (Wächtershäuser 1988, 2000), und geht davon aus, dass in einer „Eisen-Schwefel-Welt" Metall- oder Mineral-Schwefelverbindungen Energie für die spontane Entstehung von Makromolekülen lieferten, die dann zur Selbstreplikation fähig waren.

In jedem Fall war eine für die Entstehung des heute existierenden Lebens unabdingbare Voraussetzung die *gegenseitige Vervielfältigung* (Replikation) von Nucleinsäuren (RNA, DNA) und ein „Produktionsverfahren" für Aminosäuren bzw. Proteine. Hier wiederum stoßen zwei Meinungen aufeinander. Die eine besagt, dass das Leben mit RNA bzw. RNA-ähnlichen Molekülen begonnen hat, die aufgrund ihrer besonderen Struktur sowohl Information speichern als auch sich selbst replizieren konnten. Es gab in dieser „RNA-Welt" weder DNA noch Proteine. Unter spezifischen Bedingungen, zum Beispiel innerhalb von „Mikrosphären" (siehe unten) oder auf einem

Tonsubstrat, formten sich „Ribozyme", die sich selbst katalysieren konnten. Ein Problem ist dabei allerdings die Existenz der vier Basen Adenosin, Thymidin, Cytosin und Uracil, denn bislang konnte noch nicht geklärt werden, wie die beiden letztgenannten Basen unter abiotischen Bedingungen entstanden sein sollen. Später – so nimmt man an – kam diese sich selbst replizierende RNA in Kontakt mit Proteinen, die enzymatische Qualitäten hatten und die RNA-Synthese besser bewerkstelligten als die Ribozyme; aus solchen RNA-Protein-Kombinationen entwickelten sich schließlich die Ribosomen, die Produktionsstätten der Proteine. Die Wechselwirkungen zwischen RNA und Proteinen sind das zentrale Element der Theorie des „Hyperzyklus", die der Chemiker und Nobelpreisträger Manfred Eigen zusammen mit seinem österreichischen Kollegen Peter Schuster entworfen hat (Eigen und Schuster 1979). Die RNA wurde später bei den Eukaryoten und einigen Prokaryoten teilweise durch DNA ersetzt, die als DNA-Doppelstrang chemisch stabiler ist. In einsträngiger Form, als Messenger- und Transfer-RNA, ist die RNA allerdings immer noch vorhanden.

Die alternative Meinung geht von einer „Stoffwechsel zuerst"-Hypothese aus, das heißt von der Vorstellung einer präbiotischen Welt ohne RNA bzw. DNA. Grundidee ist dabei die spontane Bildung von „Koazervaten" bzw. „Mikrosphären", wie sie der sowjetische Biochemiker Alexander Oparin und der US-amerikanische Biochemiker Sidney Fox konzipierten, also von kleinen Bläschen mit einer Art Membran, in deren Innerem sich ein einfacher Stoffwechsel ausbildet. Diese Bläschen können sich ab einer bestimmten Größe teilen und auch ihren Stoffwechsel weitergeben. Erst später – so wird angenommen – formten sich RNA bzw. DNA, die dann die Weitergabe genetischer Information erleichterten.

Eine weitere Theorie, die derzeit vermehrt Fürsprecher findet, geht davon aus, dass entweder die für das Leben notwendigen organischen Verbindungen oder gar das Leben selbst nicht auf der Erde entstanden sind, sondern entweder aus dem fernen Weltall oder vom Mars zu uns kamen. Für diese Vermutung eines extraterrestrischen Ursprungs des Lebens spricht, dass organische Verbindungen im Weltall, insbesondere im äußeren Sonnensystem, wo solche Verbindungen nicht gleich von der Sonnenwärme verdampft werden, häufig sind. Sie könnten dann mit Kometen zu uns gekommen sein.

Die weitere Entwicklung einfachen Lebens

Die Lebewesen auf der Erde gliedern sich in drei große Bereiche, nämlich die Bakterien, die Archaea (früher Archaebakterien genannt), die zusammen als *Prokaryoten* bezeichnet werden, und die *Eukaryoten* (Abbildung 1). Nach allem, was wir wissen, haben diese grundlegenden Lebensformen einen gemeinsamen Ursprung, unabhängig davon, wie und wo Leben zuerst entstanden ist. Die ersten fossilisierten Lebewesen sind mindestens 3,5 Milliarden Jahre alt. Hierbei handelte es sich um Prokaryoten. Ihnen fehlte und fehlt ein membranumhüllter Zellkern und ebenso jede Art von membranumhüllten Zellorganellen wie Chloroplasten (notwendig für die Photosynthese) oder Mitochondrien (notwendig für den Energiestoffwechsel). Daher finden Stoffwechselprozesse wie Photosynthese oder oxidative Phosphorylierung direkt an der Plasmamembran statt.

Der Stoffwechsel der Prokaryoten ist außerordentlich vielfältig. Neben der Energiegewinnung durch Photosynthese und dem Abbau organischer Verbindungen, auf den sich typischerweise die Eukaryoten beschränken, können Prokaryoten auch anorganische Verbindungen wie Schwefelwasserstoff verwerten. Das ermöglicht ihnen das Leben in Biotopen, die für Eukaryoten unzugänglich sind wie antarktischer Schnee, heiße Quellen oder hydrothermale Schornsteine der Tiefsee.

Die Eukaryoten haben sich wahrscheinlich durch *Endosymbiose*, das heißt die Vereinigung mehrerer Individuen, aus Prokaryoten entwickelten. Eukaryoten gibt es seit mindestens 1,7, möglicherweise aber schon seit drei Milliarden Jahren. Die stammesgeschichtliche Verwandtschaft der drei Bereiche der Lebewesen ist ungewiss. Unklar ist, ob die Bakterien oder die Archaea die Basis des Lebens darstellen. Im ersteren, heute mehrheitlich akzeptierten Fall haben sich aus den Bakterien (circa 9 000 beschriebene Arten, wahrscheinlich sehr viel mehr) einerseits die Archaea (rund 260 Arten) und andererseits die Eukaryoten entwickelt. Letztere gliedern sich wiederum in die großen „Reiche" der Pilze, der Pflanzen und der Tiere sowie weitere Bereiche von einzelligen Eukaryoten (Protozoen), Schleimpilze usw. auf. Die Neuerungen der Eukaryoten sind membranumhüllte Organellen, vornehmlich Zellkern, Mitochondrien, endoplasmatisches Retikulum und Golgi-Apparat sowie Chloroplasten (in pflanzlichen Eukaryoten). Die Zellteilung der Eukaryoten ist mit der Aufspaltung der beiden DNA-Stränge verbunden, die dann jeweils komplementär ergänzt werden. In der einfachen Zellteilung (Mitose) entstehen so identische Kopien der Ausgangsmoleküle. Bei der Reifeteilung (Meiose), die im Rahmen der Bildung von Ei- und Samenzellen stattfindet, kann es auch zu Genaustausch (*Rekombination*) kommen. Diese Rekombination ist neben den Mutationen eine der treibenden Kräfte der Evolution.

Was sagt uns das?

Die meisten Philosophen und Wissenschaftler der Antike ebenso wie der Neuzeit konnten sich nicht vorstellen, dass komplexe Ordnungszustände wie Lebewesen spontan, ohne die Hilfe eines Schöpfers oder irgendeiner sonstigen mystischen Kraft entstehen können. Heute können wir zumindest die physikalischen Prinzipien angeben, nach denen die präbiotischen und biologischen Strukturen entstehen und sich erhalten. All das ist sehr komplex, aber nichts davon ist wirklich rätselhaft, wie Emil Dubois-Reymond meinte.

Lebewesen habe ich als *selbstherstellende* und *selbsterhaltende Systeme* charakterisiert. Vorstufen zur spontanen Ordnungsentstehung einschließlich der Fähigkeit der *Selbstherstellung* finden sich in vielfältiger Form bereits in der präbiotischen Natur. Lebewesen fügen dieser Fähigkeit die *Selbsterhaltung* hinzu, indem sie in einem materiellen und energetischen Austausch mit der Umwelt eine ständige Selbstreparatur betreiben, kombiniert mit Wachstum und Abwandlungen. Wie genau Leben auf der Erde entstanden ist oder in Vorstufen aus dem Weltall importiert wurde, darüber gibt es noch keine Übereinstimmung unter den Wissenschaftlern. Ebenso wenig ist klar, ob es zur spezifischen chemischen Zusammensetzung irdischen Lebens Alternativen gab oder gibt.

Die Bedingungen, unter denen Lebewesen existieren können, führen – so lautet eine meiner Kernthesen – zwangsläufig zur Entstehung kognitiver Leistungen, denn jedes Lebewesen ist darauf angewiesen, die überlebensrelevanten Ereignisse in seiner Umwelt zu erkennen und sein Verhalten danach auszurichten. Dies meine ich mit meiner Aussage, dass der Geist mit dem Leben beginnt.

4

Die Sprache der Neuronen

Leben – so haben wir gerade gehört – ist an die ständige Zufuhr von Energie und Materie („Nahrung") gebunden. Um diese ständige Zufuhr sicherzustellen und um andere lebenserhaltende Funktionen aufrechtzuerhalten, muss ein Lebewesen über *Informationen* über seine Umwelt und natürlich auch über seinen eigenen Zustand verfügen. Allerdings ist „Information" ein schwieriger Begriff. Eine strenge Definition von Information gibt es nur im nachrichtentechnischen Sinne, wo es um die Übertragung, Speicherung und den Abruf definierter Signale geht (zum Beispiel auf einem Datenträger). Im biowissenschaftlichen und neuro- und kognitionswissenschaftlichen Sinne verstehen wir hingegen unter Information ein *bedeutungshaftes* Signal. Dies ist ein wichtiger Unterschied, denn Signale im nachrichtentechnischen Sinne sind per definitionem *bedeutungsneutral.* Wie wir sehen werden, besteht die Bedeutung eines Signals in seiner Wirkung auf den Prozess der Selbstherstellung und Selbsterhaltung eines Organismus.

Sensoren und Information

Die Funktion von Sensoren bzw. Sinnesrezeptoren besteht darin, dass sie die Einwirkungen von bestimmten physikalischen und chemischen Ereignissen in Signale umwandeln, die innerhalb der Lebewesen Vorgänge hervorrufen können, die sie *orientieren* und ihnen damit letztlich bei der Überlebenssicherung helfen. In dieser Orientierung und Verhaltensbeeinflussung liegt die *Bedeutung* der Umweltsignale. Diese Bedeutung muss nicht von irgendjemandem bewusst erfasst werden; es genügt, dass die Signale eine überlebensrelevante Wirkung haben. Diese Wirkung muss auch nicht *unmittelbar* überlebensrelevant sein, dies kann vielmehr über viele Zwischenstufen geschehen, zum Beispiel über ein Gedächtnis, aber der Zusammenhang muss sich irgendwie bzw. irgendwann einmal ergeben haben, sonst ist das Ereignis bedeutungslos und enthält keine Information. Wenn wir also im Folgenden von *Information* sprechen, dann verstehen wir darunter Signale mit einer lebens- und überlebensrelevanten Wirkung, wie direkt oder indirekt diese auch sein mag.

Der Aufbau der Nervenzelle

Die Gehirne aller Tiere einschließlich des menschlichen Gehirns sind aus zwei Haupttypen von Zellen aufgebaut, nämlich Nervenzellen oder *Neuronen* und Gliazellen. Letztere haben Stütz- und Versorgungsfunktionen, sind aber auch am Transmitterhaushalt beteiligt. Inwieweit sie direkt an der neuronalen Erregungsverarbeitung beteiligt sind, ist unklar. Nervenzellen sind in ihrem Aussehen außerordentlich vielfältig, dennoch weisen die meisten von ihnen eine gemeinsame Grundstruktur auf, wie sie in Abbildung 3 anhand einer Pyramidenzelle in der Großhirnrinde der Säugetiere dargestellt ist. Sie besitzen einen Dendritenbaum, der aus mehr oder weniger stark verzweigten Fortsätzen, den *Dendriten*, besteht. Der Dendritenbaum dient der Aufnahme neuronaler Erregung und ihrer Fortleitung zum Zellkörper (*Soma*). Dies trifft allerdings nur für die Nervenzellen der Wirbeltiere zu, denn bei den Wirbellosen ist der Zellkörper nicht an der Erregungsverarbeitung beteiligt. Weiterhin besitzen Nervenzellen einen Fortsatz, Nervenfaser oder *Axon* genannt,

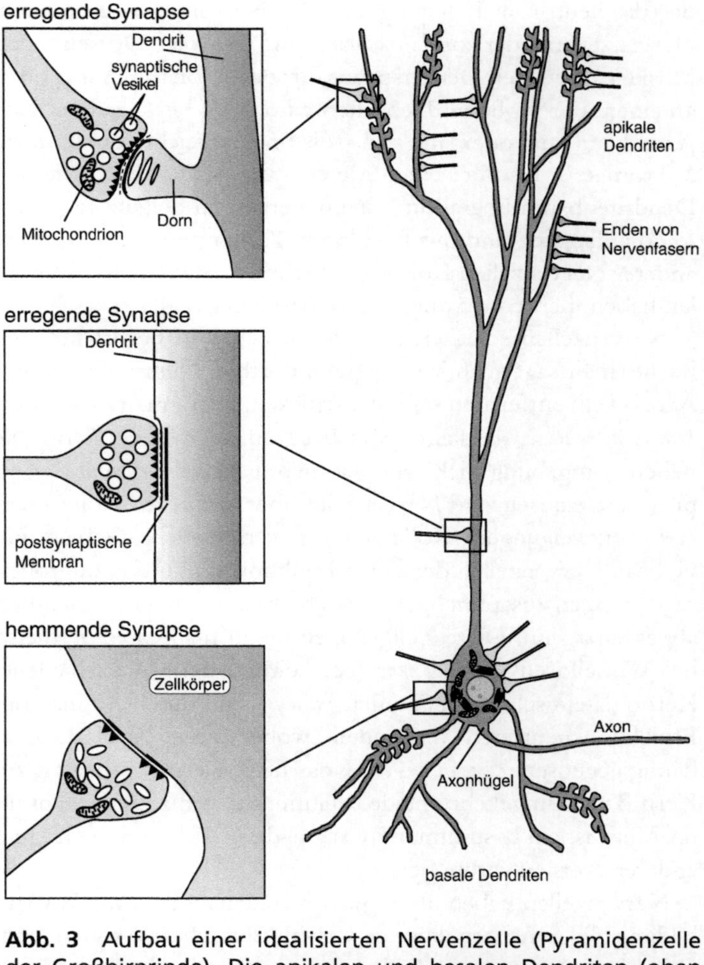

Abb. 3 Aufbau einer idealisierten Nervenzelle (Pyramidenzelle der Großhirnrinde). Die apikalen und basalen Dendriten (oben bzw. unten) dienen der Erregungsaufnahme, das Axon (unten) ist mit der Erregungsweitergabe an andere Zellen (Nervenzellen, Muskelzellen usw.) befasst. Links vergrößert, drei verschiedene Synapsentypen: oben eine erregende Synapse, die an einem „Dorn" eines Dendriten ansetzt („Dornsynapse"); in der Mitte eine erregende Synapse, die direkt am Hauptdendriten ansetzt; unten eine hemmende Synapse, die am Zellkörper ansetzt. (aus Roth 2003)

der die neuronale Erregung von der Nervenzelle zu anderen Nervenzellen oder zu *Effektoren*, zum Beispiel Drüsen oder Muskeln, fortleitet. Der Ursprungsort des Axons am Soma oder an einem der größeren Dendriten wird *Axonhügel* genannt. Ein Axon kann kurz oder lang sein – die Spanne reicht von wenigen Mikrometern bis über einen Meter – und sich ähnlich wie der Dendritenbaum überall in seinem Verlauf in Seitenäste (*Kollaterale*) aufspalten und mit Dendriten, Zellkörpern oder Axonen anderer Nervenzellen Kontakt aufnehmen. Manche Nervenzellen haben mehrere Axone, andere besitzen gar keines.

Nervenzellen schicken axonale Fortsätze in bestimmte Bereiche, man sagt auch sie *projizieren* dorthin. Neuronen, die ihr Axon in ein entfernteres Gebiet schicken, nennt man *Projektionsneuronen*; solche, die kein Axon besitzen oder deren Axon die nähere Umgebung nicht verlässt, nennt man *Interneuronen*. Oft projiziert eine einzige Nervenzelle über mehrere Axone oder Axonverzweigungen (Kollaterale) in verschiedene Gebiete im Gehirn. Nervenzellen derselben Funktion sind meist zu größeren Gruppen zusammengeschlossen, die auch äußerlich sichtbar abgegrenzt sind. Diese Zellgruppen nennt man *Ganglien* (meist bei Wirbellosen) oder *Kerne* (bei Wirbeltieren). Verschiedene Kerne (lateinisch *nuclei*, Singular *nucleus*) sind durch Axone von Projektionsneuronen verbunden, wobei diese Verbindungen häufig gegenseitig, *reziprok*, sind, das heißt Kern A projiziert zu Kern B und umgekehrt; beide beeinflussen sich somit gegenseitig. Meist ist ein bestimmter Kern auf diese Weise mit mehreren anderen Kernen verbunden.

Nervenzellen haben über *Synapsen* miteinander Kontakt (Abbildung 3). Synapsen können sowohl zwischen Axonen und Dendriten, Axonen und Zellkörpern, Axonen und anderen Axonen als auch zwischen Dendriten existieren. Es gibt zwei Arten von Synapsen, elektrische und chemische. Bei den *elektrischen Synapsen* sind zwei Nervenzellen über sehr enge Zellkontakte (*gap junctions*) und Zellplasmabrücken miteinander verbunden. Hier kann die elektrische Erregung direkt und ohne nennenswerte

Verzögerung von einer Zelle zur anderen fließen; auch kann die Stärke der Erregung reguliert werden, allerdings nicht in dem Ausmaß wie bei chemischen Synapsen.

Bei den *chemischen Synapsen* wird die elektrische Erregung zwischen den Nervenzellen durch chemische Botenstoffe, *Neurotransmitter* (meist einfach *Transmitter* genannt), vermittelt. Chemische Synapsen bestehen aus der *Präsynapse* (in der Regel dem Endknöpfchen eines Axons) und der *Postsynapse*; diese ist je nach Lage ein Stück Membran des Zellkörpers, eines Dendriten oder des Axons einer anderen Nervenzelle. Oft tragen Dendriten einer Nervenzelle kleine Vorsprünge, Dornfortsätze (*spines*), die bevorzugte Orte für Synapsen zwischen axonalen Endknöpfchen und Dendriten darstellen. Prä- und Postsynapse stehen nicht in unmittelbarem Kontakt, sondern sind durch den *synaptischen Spalt* getrennt, der weniger als ein Tausendstel eines Millimeters breit ist. Dieser Spalt wird bei synaptischer Aktivität durch die Ausschüttung von Transmittern überbrückt.

Die Grundlagen der neuronalen Erregung und Erregungsverarbeitung

Bei Nervenzellen müssen chemische und elektrische Signale durch die Zellmembran hindurch wirken, und dies geschieht, indem elektrisch geladene Atome (*Ionen* genannt, nach dem griechischen Wort für „Wanderer“) durch Ionenkanäle hindurch wandern. Ionenkanäle sind verschließbare Löcher in der Zellmembran. Bei den Ionen, die für die Kommunikation zwischen Zellen und speziell zwischen Nervenzellen wichtig sind, handelt es sich im Wesentlichen um positiv geladene Natrium-Ionen (Na^+) und Kalium-Ionen (K^+), doppelt positiv geladene Calcium-Ionen (Ca^{++}) und negativ geladene Chlorid-Ionen (Cl^-) (Abbildung 4). Ionen haben zwei eigentümliche Eigenschaften:

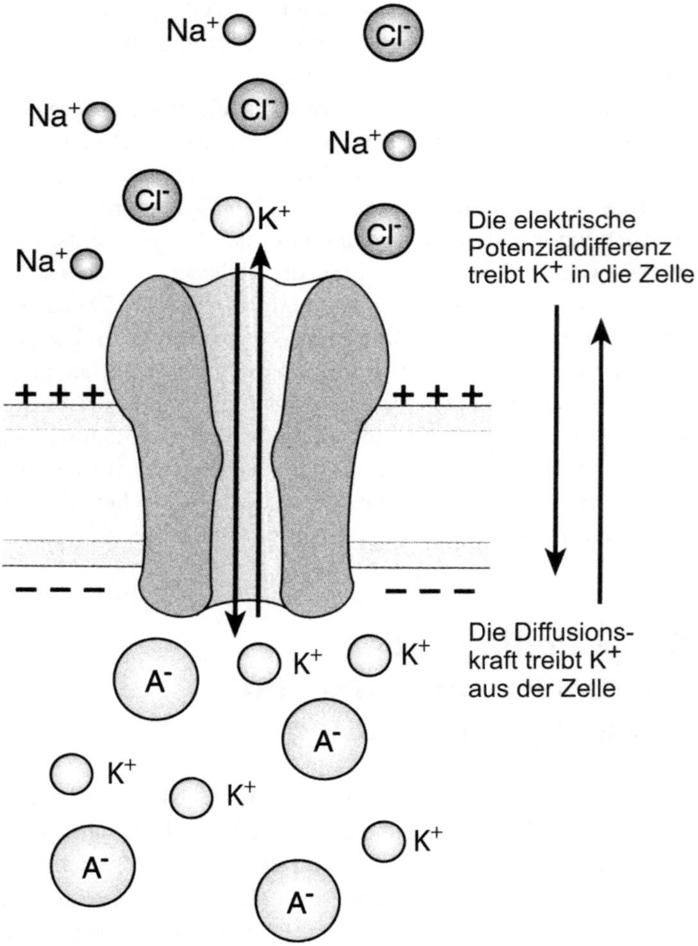

Abb. 4 Ionenverteilung an einem Ionenkanal (Kalium-Kanal) einer Nervenzellmembran. Die spezifische Verteilung der positiv geladenen Natrium- (Na^+) und Kalium-Ionen (K^+) sowie der negativ geladenen Chlorid-Ionen (Cl^-) und organischen Ionen (A^-) ergibt sich aus einem Ausgleich zwischen elektrischer Potenzialdifferenz und dem Konzentrationsgradienten bzw. der Diffusionskraft der Kalium-Ionen. (aus Roth 2003)

Die erste Eigenschaft hat damit zu tun, dass elektrische Felder zwischen den geladenen Teilchen dazu führen, dass sich Ionen mit *entgegengesetzter* Ladung gegenseitig anziehen und sich *gleichartig* geladene gegenseitig abstoßen. Dies nennt man *elektrotonische Kraft*, und sie bewirkt eine elektrische Potenzialdifferenz.

Die zweite Eigenschaft besteht darin, dass Ionen von Orten *hoher* Konzentration zu solchen *niedriger* Konzentration, also entlang eines Konzentrationsgradienten, wandern. Ursache der Wanderung ist die *osmotische Kraft*, auch *Diffusionskraft* genannt, weil sie die Ionen antreibt zu diffundieren, das heißt sich gleichmäßiger als vorher zu verteilen. Diese Ionenbewegungen halten – sofern nicht weitere Kräfte einwirken – so lange an, bis sich *gleich viele* Ionen einer bestimmten Sorte am einen wie am anderen Ort aufhalten und kein Konzentrationsgefälle mehr besteht. Normalerweise gibt es an der Nervenzellenmembran aber kein Konzentrationsgleichgewicht. Wenn wir die Verteilung der genannten Ionen an der Außen- und der Innenseite einer Zellmembran messen, so stellen wir fest, dass sich außen viel mehr Natrium-Ionen befinden als innen, und innen mehr Kalium-Ionen als außen. Verbunden ist dies mit einem Spannungsunterschied an der Zellmembran von rund –60 Millivolt (innen gegenüber außen). Diese Spannung nennt man das *Ruhemembranpotenzial*. Woher aber kommt diese ungleiche Verteilung, und warum wird sie nicht durch die oben geschilderten Prozesse der Ionenbewegungen beseitigt?

Grund dafür verantwortlich ist, dass sich elektrotonische Kraft und osmotische Kraft *gegenseitig aufheben* (Abbildung 4). Dies kann man an der Verteilung der K^+-Ionen sehen, denn davon gibt es im Zellinnern viele und außerhalb wenige. Entsprechend ist zu erwarten, dass K^+-Ionen vermehrt nach außen wandern, bis sich innen und außen gleich viele befinden. Dem steht jedoch die Tatsache entgegen, dass es im Innern der Zelle negativ geladene organische Ionen gibt, die aufgrund ihrer Größe nicht nach außen wandern können, aber zugleich mit ihrer negativen Ladung die positiv geladenen K^+-Ionen über die elektrotonische Kraft an sich binden. Deshalb wandern nur wenige K^+-Ionen heraus, und es kommt irgendwann zu einem Gleichgewicht zwischen der elektrotonischen und der osmotischen Kraft, und dieses nennt man entsprechend das *Kalium-Gleichgewichtspotenzial*, das bei etwa –75 Millivolt liegt. Die Chlorid-Ionen passen sich diesem Kalium-Gleichgewichtspotenzial an. Was aber ist mit den Natrium-Ionen, die sich fast nur außen befinden? Diese müssten doch von den negativ geladenen organischen Ionen im Zellinnern angezogen werden!

Hier kommt die Tatsache ins Spiel, dass im Ruhezustand im Gegensatz zu den Kalium-Kanälen die meisten Natrium-Kanäle geschlossen sind und die Natrium-Ionen quasi ausgesperrt werden. Deshalb bleiben viele Natrium-Ionen außen, und nur wenige wandern nach innen. Sie verringern deshalb auch das Kalium-Gleichgewichtspotenzial nur geringfügig, so dass das gesamte Potenzial, das wir im Ruhezustand der Membran messen, in dessen Nähe liegt, nämlich bei rund –60 Millivolt. Diese Ladungsverhältnisse neigen aber dazu, sich auszugleichen, weil die Membran „leckt" und so ständig einige Natrium-Ionen nach innen und Kalium-Ionen nach außen wandern können. Stellen Sie sich die Membranen als *elektrische Batterien* vor, zwischen deren Polen eine Spannung anliegt, nämlich zwischen dem positiven Pol außen und dem negativen Pol innen. Da die Pole dieser Membranbatterie aber ungenügend voneinander isoliert sind, treten Leckströme auf, und deshalb muss die Batterie ständig nachgeladen werden. Dies geschieht über die sogenannte *Kalium-Natrium-Pumpe*.

Die Kalium-Natrium-Pumpe befördert zum Ausgleich der Leckströme jeweils drei Natriumionen nach außen und zwei Kaliumionen nach innen. Damit wird gleichzeitig der positive Ladungsüberschuss der Außenseite gegen die Innenseite und zwangsläufig auch das negative Membranpotenzial aufrechterhalten, das ja von innen gegen außen gemessen wird. Die Pumpe leistet Arbeit gegen das Konzentrationsgefälle, und die dafür benötigte Energie wird aus dem Abbau von ATP gewonnen (Kapitel 3). Ohne die Arbeit dieser Pumpe würde das Ruhemembranpotenzial der Nervenzellen zusammenbrechen, und unser Nervensystem könnte nicht mehr arbeiten – wir würden sofort sterben. Deshalb lässt sich unser Körper seine Natrium-Kalium-Pumpen sehr viel kosten – man schätzt, dass allein sie etwa die Hälfte der gesamten für das Nervensystem verfügbaren Energie verbrauchen.

Die Struktur und Funktion der Ionenkanäle und ihre Evolution

Das Vorhandensein von Ionenkanälen ermöglicht überhaupt erst die schnelle Signalübertragung durch die Zellmembran hindurch, die als Doppellipidmembran (Kapitel 3) eine sehr effektive Barriere gegen alle wasserlöslichen Substanzen bildet, zu denen die immer in Wasser „gehüllten" Ionen gehören. Der Ionentransport durch Ionenkanäle geht etwa tausendmal schneller vonstatten als über spezifische Pumpen wie die Kalium-Natrium-Pumpe und sogar hundertmillionenmal, also unvorstellbar, schneller als die reine Diffusion eines Ions durch die Membran. Ohne eine schnelle Signalübertragung wäre auch keine schnelle Verhaltensantwort von Lebewesen möglich.

Es verwundert deshalb nicht, dass die Membran aller Lebewesen, auch der einfachsten Einzeller, Ionenkanäle aufweist (Hille 1993; Strong et al. 1993; Ghysen 2003). Bei Bakterien und den anderen ursprünglichen Lebewesen, den Archaea, findet man einen *mechanosensitiven Ionenkanal*, der den mechanosensitiven Ionenkanälen der Eukaryoten in vieler Hinsicht ähnelt. Mit solchen Kanälen kann etwa ein Bakterium registrieren, ob es an ein Hindernis stößt (Kapitel 5). Eukaryotische Einzeller wie das Pantoffeltierchen *Paramaecium* besitzen neben einem Calcium-Kanal bereits vier verschiedene Kalium-Kanäle, nämlich den Auswärts-Gleichrichter-Kanal (K), den „anomalen Gleichrichter" (A), den „Einwärts-Gleichrichter" (IR) und den calciumabhängigen Kalium-Kanal (KCa). Neben unterschiedlichen Kalium-Ionenkanälen finden sich bei Pflanzen und Pilzen Calcium-Kanäle. Auf der Stufe der Nesseltiere (*Cnidaria*) gibt es Vorstufen von Natrium-Kanälen und bei den Plattwürmern (*Plathelminthes*) „echte" spannungsabhängige Natrium-Kanäle.

Der Urtyp des Ionenkanals ist wohl der Kalium-Kanal vom Typ des „Einwärts-Gleichrichters", der Kalium-Ionen vermehrt in die Zelle hineinlässt (Abbildung 5, unten; Farbtafel). Er besteht aus einer Kette von Peptiden, die sich mehrfach von innen durch die Membran nach außen und wieder zurück erstreckt, so wie der Faden, den man mit der Nadel durch ein Gewebe hin und wieder zurück führt. Eine solche *Domäne* besteht in diesem einfachsten Fall aus zwei Schlaufen, den Transmembransegmenten, die von einer Pore, dem eigentlichen Durchlass des Kanals, getrennt werden. Diese primitive Struktur eines Ionenkanals entwickelte sich dann zu einer Domäne mit sechs Segmenten, von denen die Segmente 5 und 6 zusammen die Kanalpore bilden, durch die die Ionen wandern können. Hieraus wiederum – so nimmt man an – ist ein Kanal entstanden, der aus vier Domänen zu je sechs Transmembransegmenten besteht, der dann offenbar zur Grundlage der spannungsabhängigen Calcium- und Natrium-Kanäle wurde (Abbildung 5, unten).

Die Kalium-Kanäle bilden insgesamt die weitaus größte Gruppe von Ionenkanälen; es gibt davon mehr als hundert (von den meisten weiß man allerdings noch nicht, was sie tun), gefolgt von Calcium-Kanälen (Abbildung 5, Mitte). Dagegen gibt es deutlich weniger Natrium-Kanäle (Abbildung 5, oben), die stammesgeschichtlich später entstanden sind als die beiden anderen Kanäle. Woher diese zahlenmäßigen Unterschiede herrühren, ist unklar. Den Kalium-Kanälen kommt eine besondere Bedeutung bei der Aufrechterhaltung und der Wiederherstellung des Ruhemembranpotenzials zu. Calcium- und Natrium-Kanäle sind demgegenüber wesentlich an der kurzzeitigen Änderung des Membranpotenzials beteiligt, die zur Grundlage des Nervenimpulses wird, wie wir gleich hören werden. Calcium-Kanäle sind neben ihrer Beteiligung am Entstehen bestimmter Formen von Aktionspotenzialen auch wichtig für die Regulation des intrazellulären Calcium-Spiegels, und dies wiederum spielt eine große Rolle bei der neuronalen Plastizität und bei der Gedächtnisbildung.

Bei den eukaryotischen Protozoen findet man vornehmlich Calcium-Ionen als einströmende Ladungsträger und als Nervenimpulserzeuger, und diese Funktion wird erst auf dem Niveau der Hohltiere (Coelenteraten) und später der Plattwürmer (Plathelminthen) von Natrium-Ionen übernommen. Man nimmt an, dass sich die Natrium-Kanäle aus Calcium-Kanälen entwickelt haben. Die Evolution von spannungsabhängigen Natrium-Kanälen ermöglichte vor allem die schnelle Weiterleitung von Aktionspotenzialen entlang eines Axons.

Die Arbeitsweise der Ionenkanäle

Wie wir bereits gehört haben, sind im Ruhezustand einer Membran einige Ionenkanäle geöffnet, nämlich nahezu alle Kalium- und Chlorid-Kanäle und nur wenige Natrium- und Calcium-Kanäle, und andere geschlossen, nämlich die meisten Natrium- und Calcium-Kanäle. Die Entstehung eines neuronalen Signals ist immer mit einer *Änderung* dieses Zustandes verbunden, das heißt dem *Öffnen* vorher geschlossener Kanäle und dem nachfolgenden *Schließen* dieser Kanäle. Das Öffnen bzw. Schließen von Ionenkanälen kann direkt oder indirekt auf mehrere Weisen geschehen. Ein *direktes* Öffnen von Kanälen kann über eine mechanische Einwirkung auf die Membran bewirkt werden, wie dies bei *Mechanorezeptoren* der Fall ist, zum Beispiel den Sinneszellen des Innenohrs und der Haut.

Ein anderer direkter Mechanismus findet sich bei *spannungsabhängigen* Ionenkanälen, wie sie in Abbildung 5 dargestellt sind. Diese Kanäle besitzen einen Sensor für Spannungsänderungen. Der Sensor bewirkt beim Einlaufen solcher Signale über eine Änderung der Struktur der Kanäle das Öffnen von Natrium- oder Kaliumkanälen, sofern die elektrischen Signale eine bestimmte Schwelle überschreiten. Ein dritter direkter Mechanismus (Abbildung 6a) besteht darin, dass Moleküle von Transmittern an Rezeptoren andocken, die auf den Kanälen sitzen und hierdurch wiederum über eine Strukturänderung die Kanä-

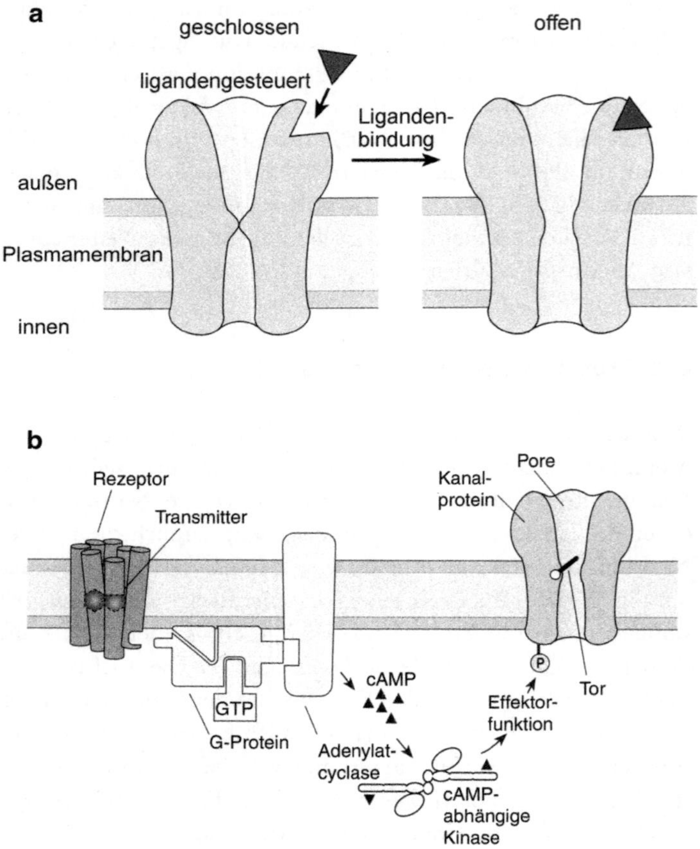

Abb. 6 a) Ligandengesteuerter Ionenkanal. Der Kanal öffnet sich, wenn sich der Transmitter (schwarzes Dreieck) an eine spezifische Stelle des Kanals, den *Rezeptor*, anlagert. Dies öffnet die Kanalpore. b) Metabotroper Ionenkanal. Hier sind der Rezeptor und der Kanal räumlich voneinander getrennt. Das Anlagern eines Transmittermoleküls an den Rezeptor setzt intrazellulär eine Kaskade von chemischen Prozessen in Gang, die schließlich zur Phosphorylierung und damit zum Öffnen der Kanalpore bzw. des Schließmechanismus („Tor") führen. GTP = Guanosintriphosphat, G-Protein = GTP-tragendes Protein, cAMP = cyklisches Adenosinmonophosphat, P = Phosphatgruppe. (aus Roth 2003)

le öffnen (oder schließen). Diese Rezeptoren und Kanäle nennt man *ligandengesteuert* oder *ionotrop*. Über die Transmitter werden wir gleich mehr erfahren.

Beim *indirekten* Öffnen oder Schließen (Abbildung 6b) befinden sich Rezeptoren und Kanäle räumlich voneinander getrennt in der Membran, das heißt die Rezeptoren sitzen den Kanälen nicht auf. Zwischen dem Auftreffen des Signals auf den Rezeptor und der Änderung des Zustands der Kanäle läuft eine komplizierte Kette von biochemischen Prozessen ab, die immer ein sogenanntes G(das heißt Guanin bindendes)-Protein, eine Adenylatcyclase und die Phosphorylierung des Kanalproteins umfassen und letztlich das Öffnen des Kanals bewirken. Die entsprechenden Rezeptoren nennt man *metabotrope* Rezeptoren.

Ionenkanäle sind in der Lage, neuronale Erregungsprozesse auf höchst vielfältige Weise zu modulieren: Sie regulieren das Membranpotenzial und machen dadurch eine Nervenzelle empfindlicher oder unempfindlicher für die einlaufende Erregung, und sie bestimmen das Entstehen des Aktionspotenzials und der zeitlichen Struktur von „Salven" von Aktionspotenzialen.

Das Entstehen des Aktionspotenzials

Das Aktionspotenzial ist das wichtigste Mittel des Nervensystems für *schnelle Reizfortleitung*. Es beruht auf einer sehr kurzfristigen, das heißt einer sich in Millisekunden abspielenden Veränderung des Ruhepotenzials (Abbildung 7). Ausgelöst wird dieser Vorgang durch eine Depolarisation, unter deren Einfluss sich einige Natrium-Kanäle öffnen und Natrium-Ionen in das Zellinnere strömen. Dadurch wird das negative Ruhemembranpotenzial verringert, die Zellmembran also *depolarisiert*. Sobald die Depolarisation die sogenannte *Feuerschwelle* erreicht hat, die meist bei −50 Millivolt liegt, öffnen sich die zuvor überwiegend geschlossenen Na^+-Kanäle für den Bruchteil einer Millisekunde in selbstverstärkender Weise. Dadurch erhöht sich die Durch-

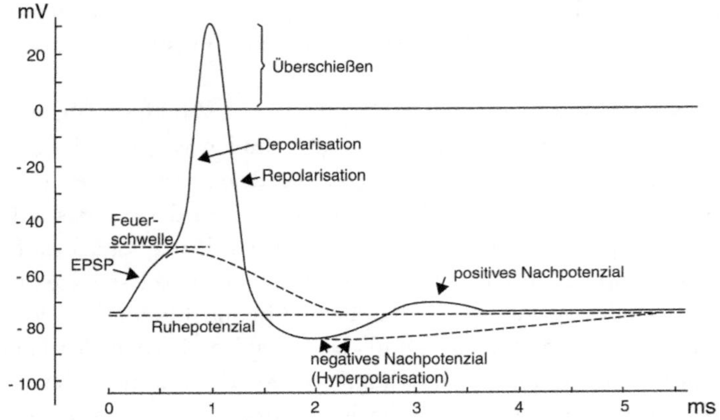

Abb. 7 Entstehung und Verlauf eines Aktionspotenzials. Das Ruhepotenzial ist hier willkürlich auf –75 mV festgelegt. Erklärungen im Text. EPSP = Exzitatorisches postsynaptisches Potenzial. (aus Roth 2003)

lässigkeit der Membran für Natrium schlagartig um den Faktor fünfhundert, und Na^+-Ionen strömen entlang ihres Konzentrationsgradienten massiv in das Zellinnere ein. Folge dieses Vorgangs ist eine *Umkehrung* des Membranpotenzials, bei der das Aktionspotenzial steil auf einen Wert von circa +30 Millivolt ansteigt.

Nach weniger als einer Millisekunde schließen sich die Na^+-Kanäle wieder selbsttätig, und bereits dieser Vorgang bewirkt ein Abfallen des Aktionspotenzials. Mit sehr geringer Verzögerung gegenüber den Na^+-Kanälen öffnen sich die im Ruhezustand noch geschlossenen K^+-Kanäle, und K^+-Ionen strömen entlang ihres Konzentrationsgradienten vermehrt *aus der Zelle heraus*. Zusammen mit dem selbsttätigen Schließen der Na^+-Kanäle führt das dazu, dass die Umpolung wieder rückgängig gemacht wird und das Aktionspotenzial steil abfällt. Diesen Vorgang nennt man *Repolarisation*; dabei kommt es zu einem Überschießen, einer *Hyperpolarisation*, das heißt das Membranpotenzial wird kurzfristig noch negativer als das Ruhepotenzial. Nach wenigen Millisekunden ist die Zelle dann letztlich über ein positives Rückschwingen (*positives Nachpotenzial*) zu ihrem negativen Ruhepotenzial zurückkehrt, und ein weiteres Aktionspotenzial kann ausgelöst werden.

Das Aktionspotenzial ist ein Alles-oder-nichts-Signal: Wenn die Erregungsschwelle durch genügende Depolarisation der Membran überschritten ist, steigt das Aktionspotenzial jedesmal bis zu seinem maximalen Wert an und fällt dann wieder ab. Die *Amplitude* bleibt also stets dieselbe, nur bei einer schnellen Folge von Aktionspotenzialen kann sie vorübergehend etwas kleiner ausfallen. Das Aktionspotenzial ist in diesem (und nur in diesem) Sinne ein *digitales* Signal. Variabel ist hingegen die *Frequenz* der Entladung der Aktionspotenziale. Die Frequenz hängt davon ab, wie stark eine Erregung ist und wie schnell eine von dieser ausgelöste Depolarisation der Membran auf eine andere folgt. Bei starker Reizung der Membran wird nämlich die Feuerschwelle eher erreicht als bei schwacher Reizung. Durch diesen Mechanismus werden Reize unterschiedlicher Stärke (*Amplitude*) in Entladungsraten (*Frequenz*) von Aktionspotenzialen umgesetzt; dies nennt man *Frequenzmodulation.*

Aktionspotenziale entstehen in aller Regel am Axonhügel der Nervenzelle. Die dort befindlichen Natrium-Kanäle sind selbstverstärkend und öffnen sich schon bei geringer Depolarisation. Axone leiten die Aktionspotenziale selbsttätig weiter. Dies geschieht bei Axonen ohne Myelinscheide dadurch, dass die Erregung an einer Stelle die spannungsgesteuerten Natrium-Kanäle in der Umgebung öffnet und dadurch ein weiteres Aktionspotenzial auslöst. In dieser Weise wandert das Aktionspotenzial, normalerweise beginnend am Axonhügel, über die Axonmembran. Die Fortleitung geschieht dabei umso schneller, je dicker die Faser ist, weil mit zunehmendem Durchmesser der elektrische Widerstand sinkt. Die bei dieser *elektrotonischen* Fortleitung erreichten Geschwindigkeiten liegen im Bereich von 0,1 bis einen Meter pro Sekunde.

Bei markhaltigen, *myelinisierten* Fasern ist das Axon von einer isolierenden Hülle umgeben, die den stark fetthaltigen Stoff Myelin enthält. Diese Myelinscheide ist in gewissen Abständen (etwa jeden Millimeter) auf wenige Mikrometer unterbrochen, und an diesen Stellen, den *Ranvier'schen Schnürringen*, tritt die Axonmembran offen zutage. Dort befinden sich besonders viele spannungsabhängige Natrium-Kanäle. Der Strom wandert nun nicht wie bei den unmyelinisierten Axonen in kleinsten Schritten voran, sondern „springt" von Schnürring zu Schnürring und löst dabei jeweils ein Aktionspotenzial aus. Dies nennt man *saltatorische* (springende) Erregungsfortleitung. Auf diese Weise werden Geschwindigkeiten bis 130 Meter pro Sekunde erreicht.

Der Vorteil dieses Mechanismus liegt einerseits in der wesentlich höheren Fortleitungsgeschwindigkeit, andererseits in der enormen Platzersparnis. Um auf Fortleitungsgeschwindigkeiten von 100 und mehr Meter pro Sekunde zu kommen, müssten unmyelinisierte Fasern riesige Durchmesser besitzen, während myelinisierte Fasern mit derselben Fortleitungsgeschwindigkeit trotz der Myelinscheide mit einem Durchmesser von wenigen Mikrometern vergleichsweise dünn sind.

Neurotransmitter und Neuromodulatoren

Wie erwähnt entstehen Aktionspotenziale in aller Regel am Axonhügel. Anders sehen die Vorgänge an der Synapse aus. In der postsynaptischen Membran gibt es keine selbstverstärkenden Natrium-Kanäle, so dass es nicht zum lawinenartigen Einstrom von Natrium-Ionen in die Zelle und zur schnellen Umpolung der Membran wie bei einem Aktionspotenzial kommt. Hier führt das Einwirken von Überträgerstoffen, *Transmittern*, auf die entsprechenden Rezeptoren zur Umpolung.

Die wichtigsten Transmitter, auch „klassische Transmitter" genannt, im Gehirn der Wirbeltiere und vieler Wirbelloser sind *Acetylcholin*, *Noradrenalin bzw. Octopamin*, *Serotonin*, *Dopamin*, *Glutamat*, *Gamma-Aminobuttersäure* (abgekürzt *GABA*) und *Glycin*. Innerhalb des Gehirns dienen Glutamat, Glycin und GABA der *direkten* Signalübertragung an der Synapse, sie wirken innerhalb von Millisekunden. Die Transmitter Noradrenalin, Serotonin, Dopamin und Acetylcholin haben im Gehirn dagegen eine *modulatorische* Wirkung, das heißt sie können die Wirkung der anderen Transmitter verändern, und zwar in der Regel im Zeitintervall von Sekunden. Sie heißen deshalb auch *Neuromodulatoren* und werden nicht nur in Synapsen, sondern auch in deren näherer Umgebung ausgeschüttet. Neben Transmittern und Neuromodulatoren sind im Gehirn *Neuropeptide* aktiv, von denen zur Zeit bereits mehr als hundert bekannt sind, sowie *Neurohormone*. Beide Substanzklassen haben eine längere Wirkung als Neurotransmitter und Neuromodulatoren, sie liegt im Bereich von Minuten bis Tagen, manchmal sogar länger.

Neurotransmitter und Neuromodulatoren befinden sich, verpackt in winzige Bläschen (*Vesikel*), in den synaptischen Endknöpfen eines Axons, der Präsynapse (Abbildung 8). Sie werden dort aus chemischen Vorprodukten synthetisiert. Aufgrund einer einlaufenden elektrischen Erregung öffnen sich an der Präsynapse spannungsabhängige Calcium-Kanäle. Über einen komplizierten Prozess werden die Vesikel veranlasst, zur präsynaptischen Membran zu wandern, mit ihr zu verschmelzen („Fusionierung") und eine sehr geringe Menge Transmitter freizusetzen. Dabei ist die Menge des freigesetzten Transmitters proportional zur einlaufenden Erregung. Hier findet also eine *Digital-Analog-Wandlung* des Signals statt, quasi eine Umkehrung des Geschehens am Axonhügel.

Die Transmittermoleküle diffundieren in den synaptischen Spalt und wirken je nach Transmitterart entweder auf die mit den Ionenkanälen verbundenen Rezeptoren in der gegenüberliegenden, postsynaptischen, Membran des nachgeschalteten

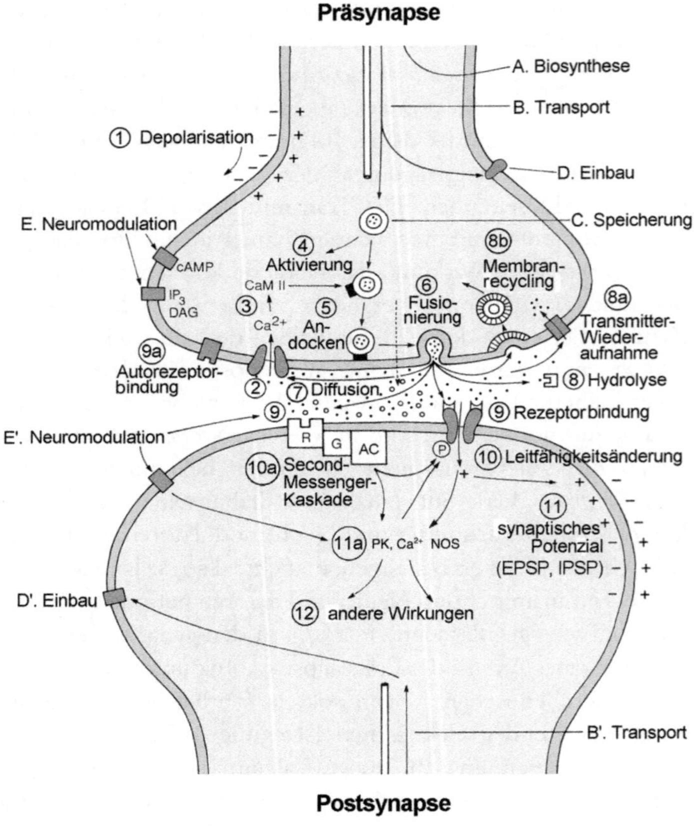

Abb. 8 Biochemische Vorgänge an einer chemischen Synapse. 1–12 kennzeichnen schnelle Vorgänge im Millisekundenbereich, die während der unmittelbaren Verarbeitung und Weitergabe von Signalen an der Synapse ablaufen. A–E bzw. A'–E' bezeichnen eher langsamere Vorgänge im Sekundenbereich: Synthese, Transport, Speicherung von Transmittern und Modulatoren; Einbau von Kanalproteinen und Rezeptoren in die Membran und modulatorische Wirkungen. AC = Adenylatcyclase, cAMP = cyclisches Adenosinmonophosphat, Ca^{2+} = Calcium-Ionen, CaMII = calmodulinabhängige Proteinkinase II, DAG = Diacylglycerin, G = GTP-bindendes Protein, IP3 = Inositoltriphosphat, NOS = Stickstoffmonoxid-Synthase, PK = Proteinkinase, R = Rezeptor. (aus Roth 2003)

Neurons ein, oder sie lagern sich an metabotrope Rezeptoren an, die räumlich getrennte Ionenkanäle direkt (über ein G-Protein) oder mittels einer intrazellulären Signalkaskade in Form der Phosphorylierung beeinflussen. Viele Transmitter können Ionenkanäle auf beide Weisen öffnen.

Wenn die Ionenkanäle in der postsynaptischen Membran durch erregende Transmitter wie Glutamat geöffnet werden, können vermehrt Na^+- oder Ca^{++}-Ionen in die Zelle einströmen. Es kommt dann jedoch nicht wie am Axonhügel zum Auftreten eines Aktionspotenzials, da das selbstverstärkende Öffnen von spannungsabhängigen Natrium-Kanälen fehlt, sondern zu einer lokalen Depolarisation der Membran in Form eines *exzitatorischen postsynaptischen Potenzials*, abgekürzt *EPSP*. Bei der Ausschüttung des hemmenden Transmitters GABA strömen K^+-Ionen aus der Zelle bzw. Cl^--Ionen in die Zelle und es kommt hierdurch zu einer Hyperpolarisierung der Membran und zu einem *inhibitorischen postsynaptischen Potenzial* (abgekürzt *IPSP*). Dies macht die Membran für weitere Erregungen vorübergehend unempfindlicher. Bei EPSP und IPSP handelt es sich um abgestufte, *graduierte* Potenziale, deren Stärke von der Menge des freigesetzten Transmitters und der Zahl der aktivierten Ionenkanäle abhängt: Je mehr Transmitter ausgeschüttet wurden, desto stärker sind EPSP und IPSP. Beide sind also *analoge Signale*. Ein EPSP löst nun in den angrenzenden Membranregionen der Dendriten ebenfalls eine Erregung aus, die – falls sie stark genug ist – bis zum Axonhügel fortgeleitet wird und dort ein Aktionspotenzial oder eine Salve von Aktionspotenzialen auslöst. Diese dendritische Weiterleitung eines EPSP geschieht jedoch *nicht* in selbstverstärkender Weise wie am Axon, sondern das EPSP wird mit zunehmender Entfernung von seinem Entstehungsort schwächer, falls es nicht zu „verstärkenden Maßnahmen" kommt (siehe unten).

Über bestimmte chemische Prozesse werden Transmitter und Neuromodulatoren sehr schnell aus dem synaptischen Spalt entfernt und über die präsynaptische Membran erneut in die Zelle aufgenommen (Transmitter-Wiederaufnahme über einen *Transportermechanismus*). In der Präsynapse findet dann eine *Resynthese* der Stoffe statt (Abbildung 8). Dies bedeutet, dass die Wirkung eines Transmitters bzw. Neuromodulators nicht nur über die ausgeschüttete Menge kontrolliert werden kann, sondern auch über die Beeinflussung der Wiederaufnahme und der Resynthese. Je länger die Wiederaufnahme hinausgezögert oder in ihrer Effektivität verringert wird, und je schneller die Resynthese abläuft, desto länger kann die neuroaktive Substanz im synaptischen Spalt verbleiben und auf die subsynaptische Membran einwirken. Auf diesen beiden Prozessen beruht die Wirkung vieler Neuro- und Psychopharmaka, zum Beispiel die Serotonin-Wiederaufnahme-Hemmer, die zur Behandlung von Depressionen eingesetzt werden.

Schauen wir uns nun die wichtigsten Transmitter genauer an. *Glutamat* ist eine Aminosäure und im Gehirn weit verbreitet. Es gibt zwei Hauptgruppen von Glutamat-Rezeptoren, nämlich erstens einen Rezeptor, der die Substanz AMPA bindet und entsprechend AMPA-Rezeptor heißt, und zweitens einen Rezeptor, der N-Methyl-D-Aspartat (NMDA) bindet und deshalb NMDA-Rezeptor heißt. Der AMPA-Rezeptor ist ligandengesteuert und öffnet Na^+- und K^+-Kanäle, ist aber relativ unempfindlich für Calcium. Der NMDA-Rezeptor hingegen ist sowohl spannungs- als auch ligandengesteuert und ist neben Na^+- und K^+-Kanälen mit einem Ca^{++}-Kanal von großer Leitfähigkeit verbunden. Er wird aufgrund zahlreicher Untersuchungen mit Lernen und Gedächtnisbildung in Verbindung gebracht. Die an diesen Rezeptoren ausgelösten Prozesse können dann über weitere Signalketten auf den Zellkern einwirken und dort die Expression bestimmter Gene bewirken, die zum Beispiel beim Umbau von Synapsen im Zusammenhang mit der Gedächtnisbildung nötig sind.

Gamma-Aminobuttersäure (*GABA*) ist ebenfalls eine Aminosäure und entsteht aus Glutamat. GABA wirkt über verschiedene Rezeptorkomplexe, von denen im vorliegenden Zusammenhang $GABA_A$ und $GABA_B$ wichtig sind. Die Bindung an den

$GABA_A$-Rezeptor öffnet direkt Cl^--Kanäle und führt zu einer schnellen Hemmung; der $GABA_A$-Rezeptor hat eine Bindungsstelle für psychoaktive Stoffe, zum Beispiel Benzodiazepine und Barbiturate, die als Schlaf-, Beruhigungs- und Betäubungsmittel verwendet werden. Die Bindung von GABA an den $GABA_B$-Rezeptor öffnet metabotrop K^+-Kanäle und bewirkt eine „langsame" Hemmung (das Auslösen beider Arten von Hemmung liegen jedoch im Millisekundenbereich). GABA-Rezeptoren befinden sich häufig an den präsynaptischen Endigungen von Nervenzellen, welche die Neuromodulatoren Dopamin, Serotonin und das Neuropeptid Substanz-P ausschütten, und können somit selbst modulierend wirken, indem sie die Ausschüttung dieser Stoffe hemmen.

Acetylcholin (*ACh*) wirkt im Nervensystem auf zwei Typen von Synapsen ein, deren Wirkung durch die Stoffe Nicotin und Muscarin charakterisiert werden kann. Deshalb spricht man von *nicotinischen* und *muscarinischen* cholinergen Synapsen bzw. Rezeptoren. Typisch für eine nicotinische cholinerge Synapse ist die sogenannte motorische Endplatte, eine Nervenendigung an einem Muskel. Der *nicotinische* ACh-Rezeptor ist ionotrop und lässt sich durch das tödliche Pfeilgift Curare blockieren. Für unser Thema wichtiger ist der metabotrope *muscarinische* Rezeptor, denn über ihn wirkt ACh im Gehirn neuromodulatorisch, insbesondere im Zusammenhang mit Lernen und Gedächtnisbildung.

Dopamin entsteht im Gehirn der Wirbeltiere hauptsächlich im ventralen tegmentalen Areal und in der Substantia nigra des Hirnstamms (Kapitel 9). Dopamin wirkt auf mindestens fünf Rezeptoren ein, die alle metabotrop sind. Hiervon sollen hier nur der D_1- und der D_2-Rezeptor betrachtet werden. D_1-Rezeptoren kommen nur auf der postsynaptischen Seite vor; ihre Aktivierung durch Dopamin führt zur *Erhöhung* des intrazellulären Calciumgehalts und zu einer Erregung. D_2-Rezeptoren sind prä- und postsynaptisch vorhanden. Ihre Stimulation führt postsynaptisch zur Erhöhung des Kalium-Ausstroms und damit zu einer Hemmung der Zelle.

Noradrenalin entsteht vor allem in Zellen des Locus coeruleus im Hirnstamm der Wirbeltiere (Kapitel 9). Es bindet an α- und β-Rezeptoren. Eine Bindung von Noradrenalin an den α_1-Rezeptor öffnet Ca^{++}-Kanäle und wirkt deshalb erregend, eine Bindung an den α_2-Rezeptor aktiviert ein G-Protein, das entweder direkt auf den K^+-Kanal wirkt oder indirekt über eine Signalkette einen K^+-Kanal bzw. einen Ca^{++}-Kanal öffnet, was zu einer Hemmung bzw. Erregung führt. Bei den β-Rezeptoren wird ein G-Protein aktiviert, das entweder direkt auf einen Ca^{++}-Kanal und damit erregend oder indirekt über eine Signalkette auf einen K^+-Kanal und damit hemmend wirkt.

Serotonin (*5-Hydroxy-Tryptamin, 5-HT*) wird von Zellen des dorsalen Raphe-Kerns des Hirnstamms produziert (Kapitel 9) und wirkt auf eine ganze Reihe von Rezeptoren ein, von denen hier wiederum nur zwei betrachtet werden sollen. Beim 5-HT_1-Rezeptor wirkt Serotonin auf einen K^+-Kanal und wirkt damit hemmend, beim 5-HT_2-Rezeptor wirkt es direkt auf einen Ca^{++}-Kanal und damit erregend. Die Wiederaufnahme von Serotonin wird durch sogenannte selektive Serotonin-Wiederaufnahme-Hemmer (SSRI) blockiert, wodurch seine Wirkung verlängert wird. Dies mindert Depressionen und Ängste, aber auch Aggression.

Es dürfte klar geworden sein, dass die Wirkung der genannten Transmitter und Neuromodulatoren nicht nur von ihrer chemischen Beschaffenheit abhängt, sondern auch von den Eigenschaften der Rezeptoren und Kanäle, auf die sie einwirken. Deshalb können dieselben Substanzen – je nach Rezeptor- und Kanaltyp – erregend oder hemmend wirken, einen Kanal direkt öffnen und schließen oder die Wahrscheinlichkeit des Öffnens oder Schließens beeinflussen, wie dies die Neuromodulatoren tun. Die Wirkung der Substanzen hängt zudem von der Zahl und der Empfindlichkeit der Rezeptoren ab. In komplizierten Regelkreisen kann sich zum Beispiel unter starkem Stress die Zahl der Rezeptoren verringern, aber gleichzeitig die Empfindlichkeit der Rezeptoren erhöhen.

Prinzipien der neuronalen Erregungsverarbeitung

Nervenzellen sind die Grundbausteine der neuronalen Erregungsverarbeitung. Sie wirken als Generatoren, Filter, Verstärker oder Abschwächer von Erregung und kontrollieren deren räumliche und zeitliche Eigenschaften und Ausbreitung. Eine Nervenzelle, die einen ausgedehnten Dendritenbaum und ein Axon besitzt, ist mit Zehntausenden erregender und hemmender Synapsen besetzt, die von Tausenden bis Zehntausenden anderer Nervenzellen stammen. Jede Nervenzelle wird im Schnitt über mehrere Synapsen von einer anderen Nervenzelle beeinflusst. Eine einzelne Synapse depolarisiert die postsynaptische Membran in Form eines EPSP um weit weniger als ein Millivolt, bei Motorneuronen beispielsweise um rund 0,2 bis 0,4 Millivolt. Dies bedeutet, dass dieses EPSP es selbst ohne eine Abschwächung nicht schaffen würde, am Axonhügel ein Aktionspotenzial auszulösen, denn dazu sind mindestens zehn Millivolt Depolarisierung nötig. Im Falle eines Motorneurons müssten also 50 oder mehr Synapsen *gleichzeitig aktiv* sein, um die Membran des Axonhügels genügend zu depolarisieren.

Dabei gilt: Je weiter eine einzelne Synapse vom Axonhügel entfernt ansitzt (zum Beispiel an sogenannten distalen Dendriten), desto wirkungsloser ist das von ihr ausgelöste EPSP, weil sich dessen Stärke zu stark abschwächt, und desto mehr Synapsen müssen gleichzeitig aktiv sein, damit genügend Erregung den Axonhügel erreicht und die Zelle „feuert". Dies bedeutet auch, dass eine einzelne Zelle eine andere nur dann erregen kann, wenn sie mit vielen Synapsen bei ihr aufsitzt. Normalerweise feuert also eine Zelle nur dann, wenn mehrere bis viele vorgeschaltete Neuronen *gleichzeitig* und *gleichartig* auf sie einwirken.

Der wichtigste Faktor für die Integrationsleistung einer Nervenzelle ist das zahlenmäßige Verhältnis von erregenden und hemmenden Synapsen und natürlich der *Ort*, wo diese ansetzen. Gleichzeitige Erregung und Hemmung, hervorgerufen durch dieselbe Zahl erregender und hemmender Synapsen an denselben Stellen, heben sich gegenseitig auf, während unterschiedliche Zahlenverhältnisse der beiden Synapsentypen, kombiniert mit unterschiedlichen Ansatzorten, sehr unterschiedliche Erregungszustände hervorrufen können. Erregende Synapsen sind vermehrt in distalen Dendritenbereichen zu finden, während hemmende Synapsen dazu tendieren, in der Nähe des Axonhügels anzusetzen. Dadurch können letztere, selbst wenn sie viel geringer an Zahl sind, den Erregungsfluss sehr effektiv beeinflussen. Ebenso können hemmende Synapsen, die an Gabelpunkten des Dendritenbaums sitzen, ganze dendritische Bereiche abschalten.

Was sagt uns das?

Lebewesen benötigen für den Stoff- und Energieaustausch die spezifische Interaktion mit ihrer Umwelt. Entsprechend besitzen sie Mechanismen, um Dinge über die Umwelt zu erfahren, die für sie überlebensrelevant sind. Das Grundprinzip dieser Informationsaufnahme, auch *Wahrnehmung* genannt, beruht darauf, dass winzige Quantitäten von potenziell relevanten Umweltereignissen spezialisierte Sinnesrezeptoren erregen. Diese Einwirkungen werden von den Rezeptoren in Signale umgewandelt, die direkt oder über ein Reizverarbeitungs- und Reizfortleitungssystem, also das Nervensystem, Lebewesen befähigen, das zu tun, was für sie nützlich ist, und das zu meiden, was schädlich ist.

Lebewesen sind sehr komplexe chemische Maschinen. Dies bedeutet, dass es letztendlich *chemische* Signale sind, die eine Verhaltensreaktion bewirken. Elektrische Signale dienen überwiegend der schnellen Verarbeitung und Fortleitung der Reize, da sich chemische Signale immer langsam und oft ungerichtet ausbreiten. Grundlage der Signalentstehung in Nervensystemen ist die Tatsache, dass die Nervenzellmembran (wie alle Membranen) aufgrund einer asymmetrischen Ionenverteilung innerhalb und außerhalb der Zelle ein elektrisches Potenzial aufweist. Die

Spannung der Membran kann sich kurzfristig entladen und umkehren. Dadurch entsteht entweder ein lokales Potenzial, das über die Nervenzellmembran fortgeleitet wird, oder ein Aktionspotenzial, das über ein Axon zu einer anderen Zelle oder zu einem Effektororgan (Muskel, Drüse) weitergeleitet werden kann.

Besonders beeindruckend im Gehirn ist die große Vielfalt an chemischen Botenstoffen, an entsprechenden Rezeptoren und damit zusammenhängenden intrazellulären Signalwegen. Dies unterstreicht die Tatsache, dass die neuronale Kommunikation im Wesentlichen eine *chemische* Kommunikation ist. Sie ist gegenüber der elektrischen Kommunikation viel komplexer und kann Informationen differenzierter verarbeiten. Überdies kann sie einerseits lokal wirken, etwa über die schnellen Transmitter wie Glutamat und GABA, andererseits aber auch global, wie dies bei den Neuromodulatoren der Fall ist, die über weit verzweigte Axon-Kollateral-Systeme große Teile des Gehirns beeinflussen können. Bestimmte Informationen können somit weit über das Gehirn verteilt werden, aber nur wenige Stellen verstehen sie. Ihre lokale Spezifität ist dann durch die Eigenschaften der spezifischen Rezeptoren und ihre räumliche Verteilung gegeben. Zugleich können die meisten Neuromodulatoren je nach Rezeptor- oder Signalwegtyp erregend oder hemmend wirken und hierdurch die Wirkung der „schnellen" Transmitter beeinflussen.

Während man über die Arbeitsweise einer einzelnen Nervenzelle bereits viel herausgefunden hat, ist das Zusammenwirken vieler Nervenzellen noch weitgehend unverstanden. Schon kleine Hirnzentren, die aus wenigen Hundert komplex miteinander verschalteten Neuronen bestehen, können eine überaus komplizierte Aktivität entfalten, die weder experimentell genau erforscht werden noch mathematisch exakt beschrieben werden kann, weil hier die herkömmliche Mathematik versagt. Man kann zwar inzwischen kleine Nervenzellverbände im Computer einigermaßen realitätsnah simulieren, aber man versteht das Zustandekommen der Aktivität dieser Verbände dabei meist ebenso wenig wie die Prozesse „in natura".

Dies ist übrigens bei allen komplexen Systemen so (bei Lebewesen wie auch beim Wetter) und führt zum Auftreten sogenannter „emergenter", das heißt unerwarteter neuer oder gar rätselhafter Eigenschaften, aber in Nervensystemen und Gehirnen ist dies wegen der hohen Komplexität besonders eindrucksvoll. Je größer die Neuronenverbände werden, desto rätselhafter können die „emergent" auftretenden Eigenschaften sein, wie die geistig-bewussten Zustände zu belegen scheinen. Einige Philosophen sehen darin etwas, das die Grenzen der Naturwissenschaften übersteigt, während ein Naturwissenschaftler dies der hohen strukturellen und funktionalen Komplexität der Verbände zuschreibt. Simulationen kognitiver Leistungen mithilfe großer künstlicher Netzwerke auf der Grundlage einigermaßen realistisch konzipierter „Neuronen" zeigen, dass diese Netzwerke in der Tat zunächst unerwartete Eigenschaften hervorbringen können.

Die Sprache der Neuronen ist die Grundlage der Sprache des Geistes. Diese Sprache ist fast so alt wie das Leben selber.

5
Einzeller – komplexes Verhalten ohne Nervensystem

Die Evolution der Lebewesen hat mit einzelligen Lebewesen ohne Zellkern, *Prokaryoten* genannt, begonnen, die mit hoher Wahrscheinlichkeit den heutigen Bakterien glichen. Bakterien sind nicht nur die einfachsten Lebewesen, sondern auch diejenigen mit den vielfältigsten Lebensanpassungen. Wie alle Lebewesen müssen sie sich mit Nahrung und Energie versorgen und deshalb potenzielle Nahrungs- und Energiequellen erkennen und aufsuchen, ebenso müssen sie schädliche Einflüsse identifizieren und sich vor ihnen schützen, und sie müssen Hindernisse umgehen. Natürlich haben sie als Einzeller kein Nervensystem, aber ihre Reizaufnahme und Reizverarbeitung entspricht im Prinzip derjenigen der vielzelligen Organismen. Wie wir sehen werden, besitzen sie sogar ein Gedächtnis. Dies widerspricht der geläufigen Anschauung, dass es sich bei diesen sehr einfachen Einzellern um reine „Reflexmaschinen" handelt. Solche Systeme wären nicht lebensfähig, denn eine zumindest kurzfristige Anpassung des Verhaltens an veränderte Umweltbedingungen ist für ein Überleben unabdingbar.

Bakterien und Archaeen

Ein gut untersuchtes Bakterium ist *Escherichia coli*, das in ungeheurer Menge unseren Darm bevölkert. *E. coli*, wie es meist kurz genannt wird, ist nur wenige Mikrometer groß und deshalb für das bloße Auge unsichtbar (Berg 1999; Alberts et al.

2002). Es hat eine 30 Nanometer (0,00003 Millimeter) dicke Lipopolysaccharid-Zellwand, die ein Cytoplasma umgibt, in dem sich auch die Erbsubstanz als ein einziger DNA-Doppelstrang befindet, der nicht wie bei den Eukaryoten in einem Zellkern eingeschlossen ist. Auf der Membran von *E. coli* sitzen mehr als ein Dutzend Typen von *Chemorezeptoren*, die Nahrung und Baustoffe wie Zucker oder Aminosäuren, aber auch Gifte wie Schwermetalle erkennen, und *Mechanorezeptoren*, mit denen Hindernisse wahrgenommen werden.

Die mit diesen Rezeptoren gewonnenen Informationen über die Beschaffenheit der Umwelt wirken auf das Verhalten, genauer auf die Bewegungsweise ein. Wie viele Bakterien bewegt sich *E. coli* mit rotierenden Geißeln (*Flagellen*); andere wie die Spirochäten „schrauben" sich durch ihr Milieu, und wieder andere bewegen sich kriechend fort. Die Flagellen – *E. coli* besitzt davon sechs Stück – sind 15 bis 20 Nanometer dicke Proteinfäden, die *im* und *gegen den Uhrzeigersinn* rotieren können. Dies besorgt jeweils ein in der Membran sitzender Flagellenmotor von nur 45 Nanometer Durchmesser, der zu den technischen Meisterwerken der Natur gehört. Es handelt sich um einen Motor, den ein von außen nach innen verlaufender Protonenstrom antreibt, ähnlich wie bei einer Turbine.

Dieser Bewegungsapparat funktioniert höchst trickreich: Sobald die Nahrungsrezeptoren die Gegenwart von Nahrung, zum Beispiel Glucose, registriert haben, lagern sich die sechs Flagellen zu einem *einzigen Flagellum* zusammen und beginnen *gegen* den Uhrzeigersinn zu rotieren, was das Bakterium vorantreibt. Nach etwa einer Sekunde überprüfen die Chemorezeptoren, ob sich die Konzentration der Nahrung erhöht hat. Ist dies der Fall, so wird die Bewegung in der bisherigen Richtung fortgesetzt. Nimmt hingegen der Gradient ab oder melden Giftrezeptoren die Anwesenheit schädlicher Substanzen, dann lösen sich die Flagellen voneinander und beginnen unabhängig voneinander *im* Uhrzeigersinn zu rotieren. Dies führt dazu, dass das Bakterium „taumelt", das heißt sich ungerichtet bewegt, aber nur für sehr kurze Zeit von – im Durchschnitt 0,1 Sekunden. Danach setzt wieder die Rotation gegen den Uhrzeigersinn ein, und das Bakterium bewegt sich in eine neue, zufällige Richtung. Die Chemorezeptoren prüfen wieder, ob der Nahrungs- bzw. Giftgradient in der eingeschlagenen Richtung zu- oder abnimmt, und je nach dem wird die neue Richtung beibehalten oder es tritt wieder die Taumelphase ein, der dann erneut die Bewegung in eine wiederum zufällige neue Richtung folgt usw. So vermag das Bakterium Nahrung aufzusuchen und Gift zu vermeiden. Über Mechanorezeptoren können auch Hindernisse durch ein solches Verhalten umgangen werden.

Die Bakterien zeigen dabei keinerlei räumliche Orientierung, das heißt sie können nicht vorne, hinten, oben oder unten unterscheiden, geschweige denn Distanzen messen. Die Orientierung verläuft rein zeitlich, indem die Rezeptoreninformation über die gegenwärtige Situation mit der vor drei Sekunden verglichen. Daraus ergibt sich, ob die Dinge innerhalb dieser kurzen Zeitspanne besser oder schlechter geworden sind, und zwar über einen Prozess, der gleich noch genauer beschrieben wird. *E. coli* hat also ein Gedächtnis, das nur wenige Sekunden vorhält, und doch reicht dies für ein zweckgerichtetes Verhalten völlig aus.

Wir haben bei *E. coli* also schon eine Trennung von *Sensorium* und *Motorium* vor uns – eine Trennung, die aller komplexen Verhaltenssteuerung zugrunde liegt. Das bedeutet zugleich, dass Sensorium und Motorium miteinander kommunizieren müssen, zumindest in eine Richtung. Bei den echten Vielzellern geschieht dies durch Nervenzellen und Nervenfasern, die natürlich bei Bakterien nicht vorhanden sind. Wie kommt nun bei *E. coli* die Information von den Rezeptoren zu den Flagellenmotoren?

Dies geschieht, wie in Abbildung 9 dargestellt, durch einen intrazellulären Kommunikationsweg, der unter anderem im Hinblick auf die Wirkung der Asparaginsäure, also einen Nahrungsstoff, genauer untersucht wurde. Moleküle der Asparaginsäure in der Umwelt des Bakteriums binden an einen spezifischen „Tar-Rezeptor". Dieser Rezeptor besteht aus dreimal

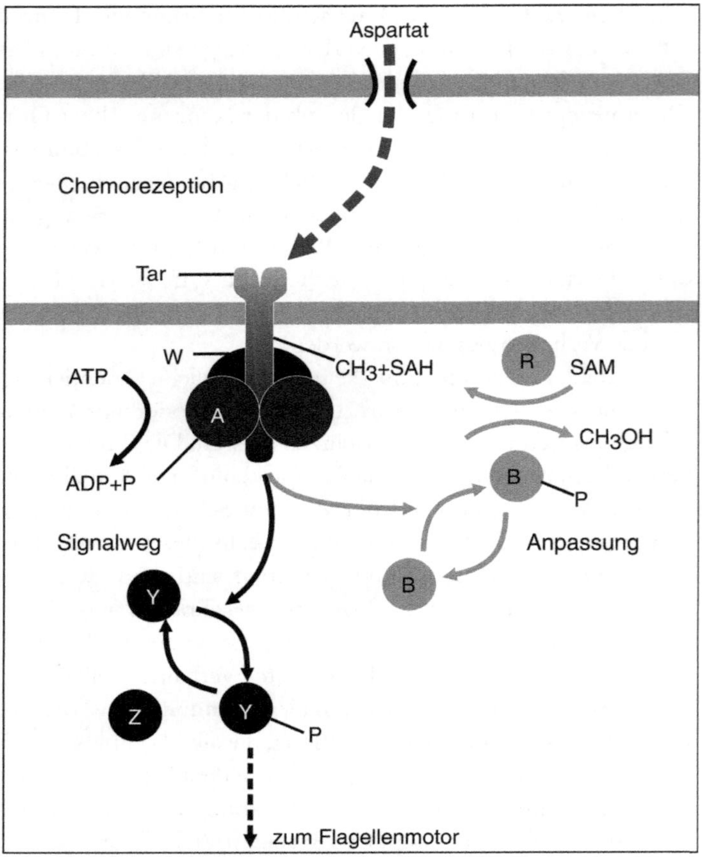

Abb. 9 Flagellen-Steuerapparat des Bakteriums *Escherichia coli*. Die Abbildung zeigt einige wichtige Abläufe bei der Chemotaxis, die von der Aminosäure Aspartat ausgelöst wird. Der Rezeptor-Komplex besteht aus je zwei Molekülen Tar, W und A, wobei Tar als „Andockstelle" durch die Cytoplasmamembran nach außen reicht. Sobald ein Molekül Aspartat an den Tar-Chemorezeptor gelangt, wird das Y-Molekül phosphoryliert, und dies setzt den Flagellenmotor in Gang. Die Regulation dieses Prozesses geschieht durch einen Methylierungs-Demethylierungsprozess (rechts). Wetere Erklärungen im Text. ATP = Adenosintriphosphat (Phos-

zwei Molekülen, nämlich Tar, *CheA* und *CheW*, und kann zwei Zustände annehmen, nämlich einen, der zur Rotation der Flagellenmotoren *im* Uhrzeigersinn und damit zum Taumeln führt, und einen zweiten, der die Rotation *gegen* den Uhrzeigersinn und damit das Vorwärtsschwimmen induziert. Je mehr Asparaginsäure den Rezeptor aktiviert, desto länger wird die Periode des Vorwärtsschwimmens, während eine Konzentrationsabnahme und ein Nachlassen der Rezeptoraktivierung das Eintreten des Taumelns befördert. Chemisch geschieht dies dadurch, dass das Protein *CheY* in seiner *phosphorylierten* Konfiguration (Y-P) an einen Proteinkomplex des Flagellenmotors bindet und dadurch das Rotieren *im* Uhrzeigersinn und damit das Taumeln in Gang setzt, während das Ausbleiben oder Lösen einer solchen *CheY-P*-Bindung (Y) das Rotieren gegen den Uhrzeigersinn bewirkt. *CheA* greift nun in den Phosphorylierungs-Dephosphorylierungsprozess von *CheY* ein und verstärkt die Dephosphorylierung. Dies bewirkt eine Verlängerung der gerichteten Vorwärtsbewegung in Richtung auf das Aspartat.

Wie aber erfährt *E. coli*, dass es in die richtige Richtung schwimmt? Hierzu muss das Bakterium in der Lage sein, festzustellen, ob die Konzentration des Aspartats zunimmt, gleichbleibt oder abnimmt. Dies erfordert die Messung der *Veränderung* der Konzentration. Gleichzeitig muss der Rezeptor bei unterschiedlichen Stoffkonzentrationen immer optimal empfindlich bleiben. Beide Probleme werden durch einen genialen chemischen Vorgang gelöst, der darauf beruht, dass sich der Methylierungsgrad des Glutamat-Restes am Rezeptor (Methylgruppe CH_3) verändert, indem SAH angehängt wird. SAM wirkt dabei als „Donor" (Abbildung 9, rechts). Dabei gilt, dass der Rezeptor umso empfindlicher für Aspartat ist, je höher

---

phatdonor), SAM = S-Adenosylmethionin (Methyldonor), ADP = Adenosindiphosphat, SAH = S-Adenosylhomocystein, CH_3 = Methylgruppe, CH_3OH = Methanol, P = anorganisches Phosphat. (nach Berg 1999)

der Methylierungsgrad des Glutamats ist. Der Rezeptor kann nun über eine Verringerung der Methylierung in den Methylierungsprozess eingreifen; dies geschieht durch die Hemmung der Methyltransferase B (also eines Enzyms, das eine Methylgruppe überträgt), und zwar umso mehr, je stärker der Rezeptor aktiviert wird. Bei steigender Aspartatkonzentration wird er *unempfindlicher*, bei sinkender Konzentration *empfindlicher*. Der Rezeptor verfügt also über einen eigenen negativen Rückkopplungsprozess („Anpassung"). Da der Rückkopplungsprozess von Methylierung und Demethylierung wenige Sekunden benötigt, bewirkt er eine Kurzzeiterinnerung an das, was gerade vorher geschehen ist. Ähnliche Prozesse finden bei *E. coli* auch beim Erkennen anderer Nahrungs- und Baustoffe sowie schädlicher Stoffe statt und ziehen entsprechende Verhaltenssteuerungen nach sich.

Wir können das Ganze als den einfachsten in der Natur bekannten Prozess *zweckmäßigen Verhaltens* ansehen. Zweckmäßig ist dieser Ablauf in dem Sinne, dass er das – zumindest kurzfristige – Überleben des Organismus befördert, indem er dazu beiträgt, dass der Organismus das aufsucht, was lebensförderlich ist, und das meidet, was für ihn schädlich oder hinderlich ist. *E. coli* besitzt kein Nervensystem, keinen Verstand und keine Einsicht, sein Verhaltensrepertoire ist von genialer Einfachheit. Immerhin besitzt es ein Sekundengedächtnis, aber darüber hinaus scheint es – anders als eukaryotische Einzeller (siehe unten) – nicht längerfristig lernen zu können.

Einige Bakterien haben kompliziertere sensorisch-motorische Mechanismen entwickelt als *Escherichia coli*. Hierzu gehört *Halobacterium*, das in Salzwiesen vorkommt. Es besitzt ein rudimentäres visuelles System und absorbiert Licht im Orangebereich des Spektrums. Die molekulare Struktur des lichtsensitiven Pigments ähnelt in seiner chemischen Struktur sehr dem Rhodopsin, wie es sich in der Wirbeltierretina findet. Der Photorezeptor von *Halobacterium* wirkt ganz ähnlich auf den Bewegungsapparat, wie es die Chemorezeptoren bei *E. coli* tun.

Die *Archaea* als zweite Gruppe der prokaryotischen Einzeller sind interessant, weil viele von ihnen unter Extrembedingungen existieren, nämlich bei sehr hohen oder sehr niedrigen Temperaturen, bei hohen Drücken, in starker Salzkonzentration, in sehr saurem Milieu usw. Sie sind etwa so groß wie die Bakterien und wurden erst in den siebziger Jahren des vorigen Jahrhunderts von den amerikanischen Mikrobiologen Carl Woese und George Fox entdeckt. Von den Archaea liegen leider keine Verhaltensbeschreibungen wie bei den Bakterien vor.

Protozoen

Ein großer Schritt in der Orientierung an der Umwelt und damit in den kognitiven und exekutiven Funktionen auf der Ebene der Einzeller findet sich beim Übergang von den *Prokaryoten* zu den *Eukaryoten*, die einen Zellkern, aber auch spezialisierte Zellorganellen – vornehmlich in Form von Mitochondrien und bei Pflanzen zusätzlich noch von Chloroplasten – besitzen. Während die Chloroplasten die überaus wichtige Fähigkeit zur Photosynthese, also zur Gewinnung von Energie aus dem Sonnenlicht über die Wasserspaltung besitzen, sind die Mitochondrien die „Kraftwerke" der Zelle, indem sie durch Veratmen von Nahrung (Glucose) das energiereiche Molekül Adenosintriphosphat (ATP) herstellen.

Als *Protozoen* werden alle einzelligen eukaryotischen Lebewesen zusammengefasst. Die meisten von ihnen sind mikroskopisch klein, einige wenige kann man mit bloßem Auge erkennen. Protozoen leben einzeln oder fügen sich zu Kolonien oder Pseudo-Mehrzellern zusammen. Sie vermehren sich teils ungeschlechtlich durch mitotische Teilung, teils findet auch eine geschlechtliche Vermehrung mit Verschmelzung der Zellkerne statt. Viele von ihnen sind autotroph (meist phototroph), andere sind heterotroph, ernähren sich also von organischem

Material tierischen oder pflanzlichen Ursprungs. Wieder andere leben räuberisch, das heißt sie fressen andere Tiere. Unter den Protozoen findet man also sowohl eher pflanzenartige als auch eher tierartige Organismen und Lebensweisen. Sie bewegen sich mithilfe von Wimpern (Cilien), Geißeln (Flagellen) oder Scheinfüßchen (Pseudopodien).

Das von den einzelligen Eukaryoten entwickelte System zur Energiegewinnung ist viel effektiver als das der Prokaryoten; es wird seither von allen komplexen Lebewesen in derselben Weise genutzt, so dass diese ein komplexeres Verhalten einschließlich einfacher Formen des Lernens entwickeln konnten (Armus 2006). Ermöglicht wird dies durch Neuerungen sowohl auf motorischer wie auch auf sensorischer Seite. Zum einen besitzen viele einzellige Eukaryoten wie das Pantoffeltierchen *Paramaecium* (Abbildung 10) für die Fortbewegung neuartige Instrumente in Form von Cilien, die sich grundlegend von den Flagellen der Bakterien unterscheiden. Sie haben eine Außenhaut, die der

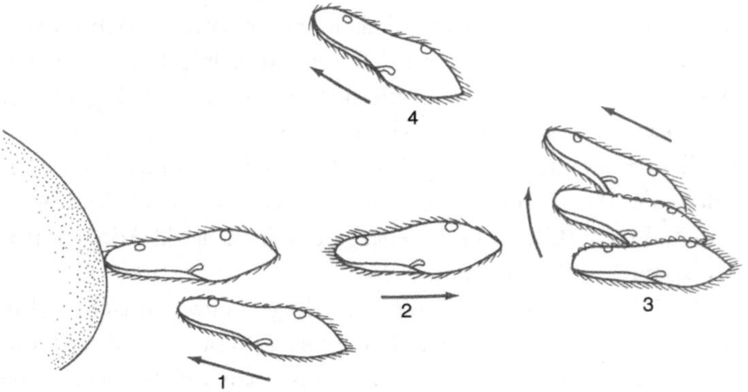

Abb. 10 Verhalten des Pantoffeltierchens *Paramaecium* beim Anstoßen an ein Hindernis. Die Ziffern von 1–4 geben die Einzelreaktionen wieder: 1) Anstoßen an ein Hindernis, 2) Rückwärtsschwimmen, 3) Versetzen der Längsachse und 4) Weiterschwimmen in eine geänderte Richtung. (nach Hille 1992)

Plasmamembran der Zelle entspricht. Drinnen befindet sich ein Faserbündel, das aus neun Paaren Mikrotubuli besteht, die um ein zentrales Paar von Mikrotubuli angeordnet sind („9+2-Struktur"). Auch diese Erfindung der einzelligen Eukaryoten findet sich bei allen höheren Lebewesen. Bei den Wimperntierchen, zu denen auch *Paramaecium* gehört, bedecken Cilien die Körperoberfläche. Im Gegensatz zu den Flagellen der Bakterien, die in zwei Richtungen rotieren und als Propeller wirken, schlagen die Cilien wie Ruder in einer Ebene. Dabei können die vielen auf der Oberfläche sitzenden Cilien koordiniert schlagen, indem die vorn sitzenden Cilien anfangen und die weiter hinten angeordneten mit einer ganz kleinen Verzögerung folgen. Dadurch ergibt sich die charakteristische wellenförmige Cilienbewegung der Wimperntierchen.

Das Pantoffeltierchen hat einen ovalen Körper, der von Cilien bedeckt ist. Am Vorderende befindet sich eine Art Mund, der Nahrung (vornehmlich Bakterien, Algen und Pilze) einsammelt und mithilfe von Cilien ins Innere befördert. *Paramaecium* besitzt sogar Waffen in Form von Trichocysten, die herausschleuderbare Wurfgeschosse sind. Dank der außen sitzenden Cilien kann sich *Paramaecium* spiralförmig vorwärts oder rückwärts bewegen. Wenn es auf ein Hindernis stößt, kehren die Cilien ihre Schlagrichtung um, und das Tier schwimmt zurück. Dann versetzt es seine Längsachse um einen gewissen Winkel, indem die Cilien auf beiden Körperseiten unterschiedlich schlagen, und es geht wieder vorwärts. Auf diese Weise umgeht *Paramaecium* nahezu alle Hindernisse (Abbildung 10).

Hierzu benötigt das Pantoffeltierchen ein geeignetes Sensorium. Zum einen spielt der Ladungszustand der Membran eine wichtige Rolle: *Paramaecium* schwimmt vorwärts, solange die Membran aufgrund der Wirkung von Kalium-Kanälen negativ geladen ist. Wenn es auf ein Hindernis stößt, werden mechanosensitive *Calcium*-Kanäle geöffnet, was die Membran depolarisiert und den Cilienschlag umkehrt. Hierbei entsteht ein echtes

Calcium-Aktionspotenzial. Nach etwa einer Sekunde schließen sich die Calcium-Kanäle, Kalium-Kanäle öffnen sich, die Membran wird repolarisiert, die Cilien schlagen wieder nach hinten, und *Paramaecium* schwimmt wieder vorwärts. Wenn es umgekehrt von hinten angestoßen wird, öffnen sich dort vorhandene Kalium-Kanäle, und über eine Hyperpolarisierung wird das Vorwärtsschwimmen verstärkt (Hille 1993).

Die Alge *Chlamydomonas* ist ein eukaryotischer Einzeller, der auch ein einfaches visuelles System besitzt, das im blaugrünen Bereich maximal empfindlich ist. *Chlamydomonas* hat zwei Flagellen, die am Vorderende ansetzen und dieselbe „9+2"-Doppelmicrotubuli-Struktur besitzen wie die Cilien von *Paramaecium*. Auch hier rotieren die Flagellen nicht, sondern schwingen vor- und rückwärts. Wie bei *Paramaecium* kann die Art des Flagellenschlags und damit die Bewegungsrichtung gesteuert werden. Mithilfe ihres „Auges" kann *Chlamydomonas* auf eine Lichtquelle zuschwimmen; dieses Verhalten wird als *Phototaxis* bezeichnet.

Chlamydomonas zeigt wie alle Einzeller auch eine *Chemotaxis*, die jedoch anders funktioniert als die der Bakterien. Während die Bakterien zu winzig sind, um einen chemischen Gradienten direkt zu erkennen, sondern dies über ihr oben geschildertes Kurzzeitgedächtnis bewerkstelligen, sind die eukaryotischen Einzeller viel größer und können einen chemischen Gradienten direkt entdecken. Dazu dienen ihnen Rezeptoren, die über den Körper verteilt sind und die je nach Gradient unterschiedlich stark erregt werden. Dies bewirkt je nach Art der Substanz ein Schwimmen entlang dem Gradienten oder in Gegenrichtung.

Nicht alle eukaryotischen Einzeller benutzen Cilien zur Fortbewegung, sondern viele von ihnen, wie die bekannte Amöbe, *kriechen* fortwärts – zeigen eben eine „amöboide" Fortbewegung. Hier werden chemische Gradienten über Rezeptoren gemessen, die dann über eine intrazelluläre Signalkaskade auf dünne Fäden, Aktinfilamente, einwirkt; diese induzieren die Verformung der Zelle und damit die amöboide Bewegung.

Was sagt uns das?

Prokaryoten, also Bakterien und Archaeen, sind die einfachsten heute existierenden Lebewesen, und doch zeigen sie eine relativ komplexe Ausstattung mit Mechanismen zur Orientierung in ihrer Umwelt. Wir finden Sinnesrezeptoren, eine Trennung von Sensorium und Motorium und eine entsprechende intrazelluläre Signalfortleitung, und schließlich auch ein Ultrakurzzeitgedächtnis, das die Detektion chemischer Gradienten ermöglicht und die Bewegungen steuert. Auf der Ebene der eukaryotischen Einzeller finden sich bereits Mechanismen der zellulären Signalerkennung und -verarbeitung (einschließlich Aktionspotenzialen) sowie der zellulären Bewegungsarten (ciliär, amöboid), die man bei echten Vielzellern antrifft. Kein Wunder, denn diese (und damit auch wir selbst) sind ja im Grunde nur Verbände von eukaryotischen Einzellern.

6

Die „Wirbellosen" und ihre Nervensysteme

Im vorigen Kapitel haben wir die prokaryotischen und die eukaryotischen Einzeller besprochen. Wir wollen uns in diesem Kapitel mit tierischen Mehrzellern (*Metazoa*) beschäftigen, und zwar mit den „Wirbellosen". Die zurzeit mehrheitlich akzeptierten Verwandtschaftsverhältnisse der Mehrzeller sind in Abbildung 11 dargestellt. Diese Mehrzeller gliedern sich grundlegend in die bilateralsymmetrisch und nicht-bilateralsymmetrisch gebauten Organismen. Zu letzteren gehören vornehmlich die Schwämme und die Hohltiere (zum Beispiel Quallen).

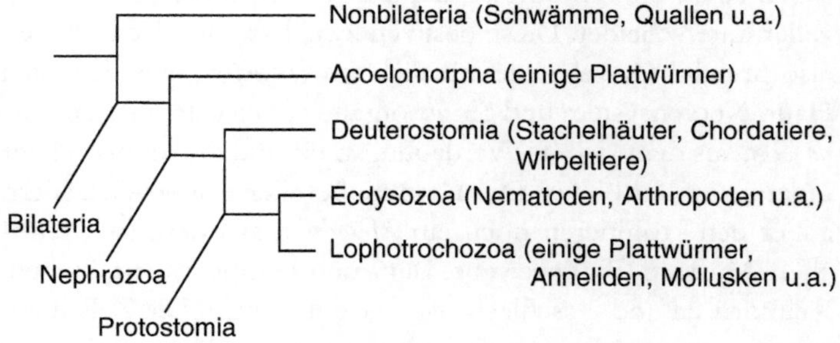

Abb. 11 Verwandtschaftsverhältnisse bei den *Metazoa* (Mehrzellern). Erklärungen im Text.

Schwämme

Schwämme (*Porifera*, 8 000 Arten) werden zusammen mit dem aus nur einer Art bestehenden Stamm der *Placozoa* als die ursprünglichsten Mehrzeller (*Metazoa*) angesehen. Vielzeller haben sich nach heutiger Meinung, die auf Vorstellungen des deutschen Evolutionsbiologen Ernst Haeckel (1834–1919) zurückgeht, aus einzelligen flagellentragenden Vorfahren entwickelt, die sich zu einer hohlkugelförmigen Kolonie zusammenschlossen, wie dies die Choanoflagellaten tun. Anschließend spezialisierten sich die einzelnen Zellen in unterschiedlicher Weise.

Schwämme leben im Wasser, meist im Meerwasser. Sie können wenige Millimeter bis drei Meter groß sein, besitzen einen freischwimmenden Embryo und sind alle im Erwachsenenstadium „sessil", das heißt auf einer Oberfläche verankert. Sie beschaffen sich ihre Nahrung durch Filtrieren des Wassers und können Tausende von Jahren alt werden. Sie bestehen aus einer von Poren durchsetzten Oberfläche und einem Körper mit Hohlräumen, die über Kanäle mit den Poren verbunden sind, wodurch ein Wasseraustausch ermöglicht wird. Schwämme besitzen einen Gewebeaufbau, der sich von dem der echten Vielzeller unterscheidet. Diese besitzen zwei bzw. drei Keimblätter, also primäre Gewebeteile, nämlich ein *Ektoderm*, aus dem sich Haut, Nervensystem und Sinnesorgane entwickeln, und ein *Endoderm*, aus dem sich der Verdauungstrakt und die Mehrzahl der inneren Organe bilden. Dazu kommt bei allen echten Vielzellern außer den Hohltieren noch ein *Mesoderm*, aus dem sich Knochen, Muskeln, Bindegewebe, Blut- und Lymphsystem, Nieren, Keimdrüsen und Geschlechtsorgane entwickeln. Die Zellen der Schwämme sind hingegen in eine gelatinöse Masse (*Mesogloea* genannt) eingebettet, die sich zwischen einer Außen- und einer Innenhaut befindet. Organe im engeren Sinne sind nicht vorhanden, ebenso wenig Epithel-, Muskel- oder Nervenzellen.

Schwämme reagieren auf Reize aus ihrer Umwelt vornehmlich dadurch, dass sie ihre Poren verformen, öffnen oder schließen und so den Wasserstrom regulieren. Die Wände der Kanäle sind von Kragenzellen (*Choanozyten*) besetzt, die eine Geißel tragen und damit in koordinierter Weise das Wasser bewegen. Wie diese Koordination zustandekommt, ist unklar, wahrscheinlich springt eine Erregung von Zelle zu Zelle. Das Vorkommen echter Nervenzellen ist umstritten; einige Forscher glauben bipolare und multipolare Nervenzellen nachgewiesen zu haben, während die Mehrheit dies bezweifelt. Unumstritten ist hingegen die Existenz „unabhängiger Effektorzellen", sogenannter *Myozyten*, die sensorisch-motorische Funktionen in sich vereinigen und lokale Antworten ermöglichen, aber nicht elektrisch erregbar sind. Es gibt auch größere Körperverformungen; wie diese zustande kommen, ist allerdings noch unklar. Elektrische Erregungsfortleitung zwischen Zellen, sofern sie überhaupt auftritt, hat nur eine Reichweite von wenigen Millimetern und kann deshalb nicht dafür verantwortlich sein.

Hohltiere

Die radiärsymmetrisch gebauten Hohltiere (*Coelenterata*) mit den beiden Stämmen Nesseltiere (*Cnidaria*) und Rippenquallen (*Ctenophora*) entstanden vor mehr als 700 Millionen Jahren aus schwammartigen Vorfahren und stellen die ersten echten Mehrzeller (*Eumetazoa*) dar. Sie entwickeln sich nach gängiger Sicht aus zwei Keimblättern (Ektoderm und Endoderm, siehe oben).

Die Nesseltiere umfassen mehr als 9000 Arten. Dazu gehören einerseits die Quallen, die in die *Hydrozoa*, die Schirmquallen oder „echten" Quallen (*Skyphozoa*), und die Würfelquallen (*Cubozoa*) eingeteilt werden, und andererseits die Blumentiere (*Anthozoa*), das heißt Seeanemonen (*Actinaria*) und Korallen (*Corallia*). Die meisten Quallen zeigen einen Generationswechsel: Sie produzieren eine freischwimmende *Planula*-Larve, die sich auf einer Oberfläche absetzt und zum *Polypen* umwandelt. Der Polyp erzeugt durch Sprossung oder andere Mechanismen das freischwimmende Quallen- oder Medusenstadium, das dann wiederum zur Bildung von Planula-Larven führt. Allerdings haben einige Gruppen der Hydrozoen und alle Blumentiere das Medusenstadium verloren.

Quallen besitzen eine schirm- oder glockenartige Gestalt mit einem zentral hängenden Magenstiel, an dessen Ende sich der Mund befindet (Abbildung 12b; Farbtafel). Am Rand der Glocke, deren Kontraktionen der Fortbewegung dienen, befinden sich Tentakeln, auf denen die für die Nesseltiere namensgebenden Nesselzellen sitzen. Diese können entweder als Cnidocyste ein Wurfgeschoss mit Widerhaken (*Cnidocil*) herausschleudern und damit Beute fangen oder als Nematocyste der Beute Gift injizieren, was auch für Menschen sehr schmerzhaft oder gar tödlich sein kann.

Die Rippenquallen sind gegenüber den Nesseltieren eine kleine Gruppe mit weniger als 100 Arten. Sie sind meeresbewohnend, freischwimmend und besitzen mit einer Ausnahme keine Nesselkapseln. Ebenso fehlt ein Polypenstadium, die freischwimmende Larve entwickelt sich ohne Metamorphose zum Adultstadium. Die verwandtschaftliche Beziehung zwischen Nesseltieren und Rippenquallen ist ungeklärt. Heute werden beide als eigene Tierstämme angesehen, und man nimmt an, dass die Rippenquallen und nicht die Nesseltiere die nächsten Verwandten aller anderen echten Vielzeller sind.

Coelenteraten sind die ersten Lebewesen mit eindeutigen Nervenzellen und einem Nervensystem. Ihre Nervensysteme weichen aber erheblich von denen der anderen echten Vielzeller ab und reichen von einem diffusen Nervennetz bei Polypen bis hin zu Ringnervensystemen bei Quallen, und wahrscheinlich stellt dies eine völlig eigenständige Entwicklung dar. Bei Polypen und Seeanemonen findet man ein Netzwerk von Nervenzellen, das sich wie beim Süßwasserpolypen *Hydra* über den ganzen Körper hinzieht, aber um den Mund und im Fußbereich Konzentrationen in Form von Nervenringen aufweist (Abbildung 12a, b; Farbtafel). Dies ist sinnvoll, da die Tentakel die geangelte Nahrung zur Mundöffnung führen müssen, und diese die Nahrung aufnimmt. Komplexe Sinnesorgane sind nicht vorhanden, aber Hydra reagiert durchaus auf mechanische, chemische und elektrische Reize sowie auf Licht und Temperatur.

Im Gegensatz hierzu besitzen die häufig prachtvollen, aber auch teilweise hochgiftigen Quallen ein kompliziertes Nervensystem. Es besteht, wie in Abbildung 12b dargestellt, aus zwei Nervenringen. Der *untere* bzw. *äußere Ring* besteht aus sehr feinen Fasern, die von *Ganglien* unterbrochen sind und Nervenimpulse relativ langsam fortleiten. Der *obere* bzw. *innere Ring* enthält viele dicke und schnellleitende Fasern und viele Ganglienzellen (Motorneuronen und Interneuronen). Er empfängt Informationen von den Gleichgewichtszellen (*Statocysten*) und steuert die rhythmischen Kontraktionen der Glocke, mit denen sich die Qualle fortbewegt. Der untere Ring erhält Erregungen von den Sensorzellen am Rand der Glocke, der Mundregion, den Tentakeln und den Augen, falls diese vorhanden sind. Beide Ringe sind untereinander verbunden. Die Erregungsfortleitung der Coelenteraten unterscheidet sich von der anderer Tiere: Hier überwiegen elektrische Synapsen gegenüber chemischen Synapsen. Dies bedeutet eine schnelle, aber wenig modulierte Weiterleitung der Erregung. Das Vorkommen chemischer Synapsen wurde lange Zeit bezweifelt, gilt inzwischen aber als erwiesen. Allerdings fehlen die für chemische Synapsen typischen Neurotransmitter wie Glutamat, GABA und Glycin; vielmehr scheint die Erregungsübertragung durch *Neuropeptide* zu erfolgen, die in zahlreichen Formen vorhanden sind.

An sensorischer Ausstattung findet man Gleichgewichtsorgane, Oberflächensensoren und Augen. Bei den echten Quallen sind Statocysten, Oberflächensensoren und Augen zu *Rhopalien* zusammengefasst, die die rhythmischen Kontraktionen der Quallen und ihre Raumlage steuern und zu den komplexesten Sinnesorganen von Wirbellosen gehören. Die Augen (Ocellen) bestehen im einfachsten Fall aus einem Pigmentfleck, können aber auch als Becheraugen oder sogar Linsenaugen ausgebildet sein (Kapitel 12).

Bilateria

Während die Hohltiere radiärsymmetrisch gebaut sind, gibt es bei den bilateralsymmetrischen Tieren immer einen mehr oder weniger langgestreckten Körper mit einem Kopf- und einem Schwanzbereich. Die zurzeit mehrheitlich akzeptierten Verwandtschaftsverhältnisse der Bilateria sind Abbildung 11 zu entnehmen.

Die Bilateria gliedern sich in die *Acoelomorpha*, die *Coelomata* und die *Pseudocoelomata*. Die erste Gruppe umfasst alle Tiere, die als Leibeshöhle eine *primäre* Leibeshöhle bzw. einen Verdauungstrakt mit oder ohne Ausgang besitzen. Zur zweiten oder dritten Gruppe gehören alle Tiere mit einer *sekundären* Leibeshöhle, einem *Coelom*, das ganz oder teilweise von Mesoderm ausgekleidet ist. Angehörige der *Coelomata*, auch *Nephrozoa* genannt, werden in *Protostomier* und *Deuterostomier* eingeteilt. Protostomier oder „Urmundtiere" zeichnen sich dadurch aus, dass der embryonale „Urmund" zum späteren Mund als Eingang der sekundären Leibeshöhle wird und der After als Ausgang sekundär durchbricht oder aus dem hinteren Teil des Urmundes entsteht. In diese Gruppe fallen alle Wirbellosen im umgangssprachlichen Sinn. Bei den Deuterostomiern oder „Neumundtieren", zu denen die Stachelhäuter sowie alle Chorda- und Wirbeltiere gehören, wird der embryonale Urmund zum After, und es bildet sich ein sekundärer Mund aus.

Acoelomorpha

Die Acoelomorpha repräsentieren aus heutiger Sicht die einfachsten bilateralsymmetrischen Tiere. Sie umfassen kleine wurmartige Tiere und werden in die Acoela und die Nemertodermatida eingeteilt, deren Beziehung untereinander aber unklar ist. Eventuell gehören auch die Pfeilwürmer (*Chaetognata*) hinzu. Aufgrund ihrer Gestalt hielt man die Acoela bis vor einigen Jahren für die primitivsten Vertreter der Strudelwürmer (*Turbellaria*), die wiederum zu den Plattwürmern (*Plathelminthes*) gerechnet werden. Eine genauere genetische Analyse und die Abwesenheit einer sekundären Leibeshöhle sowie das Fehlen exkretorischer Organe und eines freien Larvenstadiums führten jedoch zu einer Abgrenzung von den übrigen Bilateria.

Das Nervensystem der Acoela ähnelt stark den Nervennetzen von *Hydra* und besteht aus einem „subepidermalen" Netzwerk, das sich knapp unterhalb der Haut (*Epidermis*) erstreckt. Nervenzellverdichtungen in Form von Ganglien sind nicht zu erkennen. Es stellt das primitivste Nervensystem der Bilateria dar. Von diesem Ursprung aus entwickelten sich alle weiteren Nervensysteme, einschließlich Längssträngen, Ganglien, Kommissuren und Gehirnen. Diskutiert wird gegenwärtig, ob die Ausbildung solcher bilateralsymmetrischer Nervensysteme, ausgehend vom „Urzustand" eines diffusen subepidermalen Netzwerkes, vielfach unabhängig voneinander stattgefunden hat oder ob der Ausgangspunkt der Nervensysteme aller Bilateria bereits komplexer war, wie er sich bei den Turbellarien findet (zur gegenwärtigen Diskussion siehe Hirth und Reichert 2007; Moroz 2009). Für beide Standpunkte gibt es zahlreiche Hinweise, für die zweite, von Reichert und seinen Kollegen vertretene Meinung spricht die große Ähnlichkeit der Gene, die allen Nervensystemen der echten Mehrzeller zugrunde liegen. Umgekehrt kann man, wie Moroz dies tut, argumentieren, dass dieselben „Organisatorgene" das vielfach parallele Entstehen komplexerer Nervensysteme bewirkt haben. Damit hängt auch die Frage zusammen, ob die oft sehr einfach gebauten Nervensysteme der im Folgenden beschriebenen Tiere primär sind oder sekundär vereinfacht wurden, wie dies bei Organismen, die zu einer sessilen oder endoparasitischen Lebensweise übergegangen sind, häufig stattfand.

Coelomaten: Protostomier

Gegenwärtig unterteilt man die Protostomier in zwei Großgruppen, nämlich die Lophotrochozoa und die Ecdysozoa (Abbildung 11). Ein taxonomisches Problem besteht darin, dass einige Gruppen von Pseudocoelomaten zu den Lophotrochozoa, andere wiederum zu den Ecdysozoa gezählt werden. Augenscheinlich stehen hier zwei Klassifikationsmerkmale miteinander im Widerspruch; ich werde mich im Folgenden an die gängige Einteilung in Lophotrochozoa und Ecdysozoa halten.

Lophotrochozoa

Die Stammesgruppe der Lophotrochozoa gliedert sich zum einen in die Lophophoraten, das heißt „einen Helmbusch tragende“ Tiere, die ihrerseits die Plattwürmer (*Plathelminthes*), die Armfüßer (*Brachiopoda*) und die Moostierchen (*Ectoprocta* oder *Bryozoa*) umfassen, und zum anderen in die Trochozoen, das sind Tiere, die eine Trochophora-Larve besitzen. Hierzu gehören unter anderem die Spritzwürmer (*Sipuncula*), Igelwürmer (*Echiura*), Kelchwürmer (*Entoprocta*), die Ringelwürmer (*Annelida*), Schnurwürmer (*Nemertea*) und die Weichtiere (*Mollusca*) sowie eine Reihe relativ unbekannter Gruppen.

Lophophoraten

Plattwürmer (*Plathelmithes*) sind nach den Acoelomorpha die einfachsten bilateralsymmetrischen Tiere. Zu ihnen gehören die Strudelwürmer, die Bandwürmer, die Saugwürmer und die Hakensaugwürmer. Diese Tiere sind alle wurmförmig, und bis auf die freilebenden Turbellarien handelt es sich um Parasiten. Die Strudelwürmer (*Turbellaria*, circa 3 000 Arten), zu denen die bekannten *Planarien* gehören, haben ein Nervensystem, das

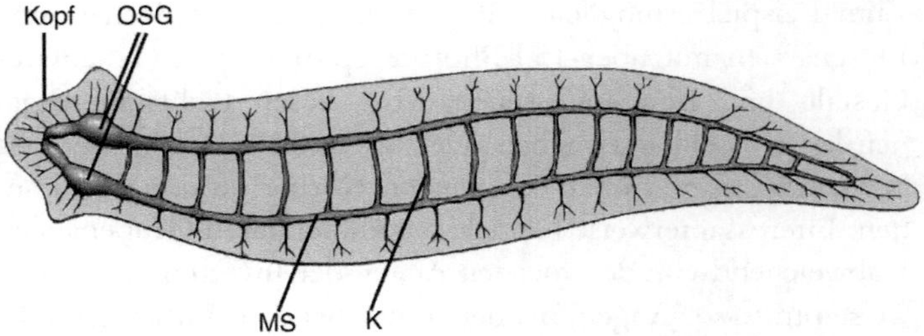

Abb. 13 Nervensystem und Gehirn eines Strudelwurms. K = Kommissur, MS = Markstrang, OSG = Oberschlundganglion. Weitere Erläuterungen im Text.

neben dem der Acoela als Ausgangspunkt aller komplexeren Nervensysteme von bilateralen Tiere angesehen werden kann. Es besteht, wie Abbildung 13 zeigt, aus einem Paar bis mehreren Paaren von Marksträngen, die aus einzelnen Nervenzellen und ihren gebündelten Fortsätzen bestehen und in regel- oder unregelmäßigen Abständen Querverbindungen (*Kommissuren*) aufweisen. Es finden sich jedoch auch lokale Verdichtungen von Nervenzellen zu Ganglien, außerdem kommt es in der Kopfregion zur Ausbildung eines Gehirns in Form eines *paarigen Oberschlundganglions*. Dieses erhält Erregungen von den meisten Sinnesorganen, innerviert motorisch den Kopfbereich und zieht mit seinen Fortsätzen in die Markstränge ein. Zusätzlich gibt es in aller Regel noch ein subepidermales Nervengewebe. Das Oberschlundganglion besteht, wie für Wirbellose typisch, aus einer Rinde, in der sich die Nervenzellkörper befinden, und einem Kern aus Nervenfaser- und Dendritengeflecht (*Neuropil*).

Dieser einfache Bauplan kann innerhalb der Plattwürmer kompliziertere Formen annehmen, zum Beispiel bei den räuberisch lebenden Arten *Notoplana* und *Stylochoplana*, in deren Oberschlundganglion (Gehirn) man fünf unterschiedliche Zellmassen findet. Ihre sensorische Ausstattung ist beeindruckend: Man findet Chemorezeptoren, Berührungsrezeptoren, Statocysten und Photorezeptoren als Sinneszellen bzw. -organe.

Zum Beispiel ermöglichen Pigmentflecken oder Becher- und Linsenaugen mit über 150 Photorezeptoren ein rudimentäres Gestalt- und Bewegungssehen. Von diesen Lichtsinnesorganen kann es ein Paar geben oder tausend Paare, die wie etwa bei Landplanarien über den ganzen Körper verteilt sein können. Interessanterweise handelt es sich bei deren Grubenaugen – abweichend von den meisten Augen der Invertebraten – teilweise um *inverse* Augen, bei denen wie bei den Wirbeltieren die Photorezeptoren vom Licht abgewandt sind. Die Linsenaugen der Landplanarien sind hingegen (wie die meisten Augen der Wirbellosen) „evers", die Photorezeptoren sind also dem Licht zugewandt (Abbildung 14; Farbtafel).

Mit den Strudelwürmern verwandt sind die Bandwürmer (*Cestoda*, 3 500 Arten) und die Saugbandwürmer (*Trematoda*, 6 000 Arten), die durchweg parasitisch leben und wie alle Parasiten oder sessilen Tiere *sekundäre Vereinfachungen* des Nervensystems aufweisen. Das Nervensystem der Trematoden besteht aus drei Längssträngen, von denen der unterste und kräftigste durch regelmäßige Kommissuren mit den seitlichen Strängen verbunden ist. Am Kopfende findet sich ein einfach gebautes paariges Oberschlundganglion bzw. Gehirn mit einer Kommissur zwischen den beiden Teilen. Die Mundregion ist wie üblich besonders reichlich mit Nervenendigungen ausgestattet. Die Saugbandwürmer besitzen vereinzelte Photo- und Mechanorezeptoren, während chemische Rezeptoren nicht erkennbar sind.

Eine noch radikalere Vereinfachung finden wir bei den Bandwürmern, die im Inneren von höherentwickelten Tieren, wie Rindern, Hunden und Menschen, vorkommen und gefürchtet sind. Von einem sehr einfach gebauten Oberschlundganglion laufen bis zu 60 Längsstränge durch den Körper, die nicht durch Kommissuren verbunden sind. Auch sensorisch geht es sehr dürftig zu, denn es gibt nur freie Nervenendigungen, aber keine Sinnesorgane im eigentlichen Sinn. Wenn man als Parasit im Schlaraffenland lebt, kommt man offenbar mit sehr wenig Gehirn und Sinnesorganen aus!

Armfüßer (*Brachiopoda*, 340 Arten) sind sessile, muschelartige Meeresbewohner, die im Gegensatz zu den echten Muscheln am Mund ein hufeisenförmiges Lophophor mit langen Tentakeln aufweisen, mit denen sie Nahrungspartikel fangen. Ihr Nervensystem ist sehr einfach gebaut und besteht aus einem Nervenring mit einem größeren ventralen und einem kleineren dorsalen Ganglion. Moostierchen (*Bryozoa* oder *Ectoprocta*, fast 6 000 Arten) sind winzige Meeres- oder Süßwasserbewohner und haben alle eine sessile Lebensweise, die alle Arten von Oberflächen nutzen. Sie leben überwiegend in Kolonien, bilden Verkrustungen aus und ähneln dann Korallen. Sie fangen wie die anderen genannten Tiere Nahrungspartikel mit dem Tentakel-Lophophor. Ihr einfach gebautes Nervensystem gleicht dem der Armfüßer.

Trochozoa

Zu den Trochozoen gehören als kleinere Gruppen die Spritzwürmer, die Igelwürmer, die Kelchwürmer und die Bartwürmer. Alle weisen sehr einfache Nervensysteme auf. Spritzwürmer (*Sipuncula,* auch „Erdnusswürmer" genannt, rund 300 Arten) sind Meeresbewohner, die in Grabbauten im Schlick oder Sand leben, manchmal auch in leeren Schneckenhäusern oder gar in eigenen Bauten. Sie haben einen ausstülpbaren Rüssel mit cilienbesetzer Krone, mit der sie ihre Beute ergreifen oder festkleben. Igelwürmer (*Echiura*, 150 Arten) leben ebenfalls in Schlick und Sand des Meeres, in leeren Schneckenhäusern oder Spalten, zum Teil in sehr großen Meerestiefen. Kelchwürmer (*Entoprocta,* 150 Arten) sind winzige sessile Tiere mit cilienbesetzten Tentakeln. Auf der Körperoberfläche befinden sich Sinnesborsten und -gruben. Ihr Nervensystem besteht aus je einem kleinen Ober- und Unterschlundganglion, die mit dem subepidermalen Nervennetz und mit den spärlichen Sinneszellen (Statocysten, Augenflecken, Mechanorezeptoren auf den Tentakeln) in Verbindung stehen.

Die Schnurwürmer (*Nemertea* oder *Nemertini*, rund 1 200 Arten) gelten als Verwandte der Plattwürmer, sind aber keine Parasiten, sondern meeresbewohnende, oft buntgefärbte Räuber, die eine Länge von wenigen Zentimentern bis zu 30 Metern (!) erreichen können und die kleine Invertebraten ebenfalls mithilfe eines weit herausschnellenden Rüssels jagen. Sie besitzen entsprechend ihrer räuberischen Lebensweise ein deutlich ausgebildetes Oberschlundganglion, das aus einem Paar dorsaler und einem Paar ventraler Ganglien oder Loben besteht, die untereinander verbunden sind. Dieser Ganglienring legt sich um die Rüsselbasis und nicht wie sonst üblich um den Schlund. Die Längsbahnen sind Markstränge; bei diesen sind die Nervenzellen über die ganze Länge verteilt und nicht in Ganglien konzentriert. Der gesamte Aufbau des Nervensystems ist regelmäßig und rechtwinklig aufgebaut. Die Sinnesorgane befinden sich vornehmlich am Kopf und sind ebenfalls komplex aufgebaut. Zum Beispiel gibt es ein unpaares Frontalorgan in Form eines vorstülpbaren Wimperngrübchens mit Drüsen, gelegentlich Statocysten und häufig Augen, die Pigmentbecheraugen oder Linsenaugen sind.

Die Ringelwürmer (*Annelida*) sind eine relativ große Gruppe und umfassen circa 17 000 Arten, die in Vielborster (*Polychaeta*), Wenigborster (*Oligochaeta* oder Regenwürmer) und Egel (*Hirudinea*) untergliedert werden. Der Körper der Anneliden ist *segmental* aufgebaut, das heißt er besteht aus vielen ähnlich gebauten Teilstücken, die je einen Satz Organe enthalten. Das verleiht den meisten Mitgliedern dieser Gruppe die typische langgestreckte Gestalt, wie man sie beim Regenwurm findet.

Bis vor einigen Jahren wurde zwischen den Anneliden und der größten Tiergruppe, den Gliederfüßern (Arthropoden) eine enge Verwandtschaft gesehen, weil auch die Arthropoden einen gegliederten Körperbau haben und in ihrem Nervensystem deutliche Ähnlichkeiten zu den Anneliden aufweisen. Inzwischen werden die Anneliden den Lophotrochozoa zugerechnet und damit in die Nähe der Plathelminthen und der Mollusken gestellt, während man die Arthropoden zu den Ecdysozoa zählt.

Anneliden weisen viele verschiedene Sinnesorgane auf. Es gibt Sinneszellen mit Härchen und Borsten, die als Tastorgane fungieren und ebenso wie freie Nervenendigungen über die Haut verteilt sind, sich aber auf den Körperanhängen (zum Beispiel den sogenannten Palpen) konzentrieren. Daneben gibt es chemorezeptive Wimperngrübchen oder Wimperwülste, *Nuchalorgane* genannt. Lichtsinnesorgane reichen von einfachen Lichtsinnesflecken einerseits zu Komplexaugen und hochentwickelten Linsenaugen andererseits, die einen Akkomodationsmechanismus besitzen und besonders bei räuberischen Polychaeten zu finden sind (Abbildung 15; Farbtafel). Einige der Linsenaugen sind evers, andere invers gebaut, was vermuten lässt, dass sich diese Linsenaugen innerhalb der Anneliden vielfach unabhängig voneinander entwickelt haben. Statozysten als Gleichgewichtszellen sind selten und hauptsächlich bei sandbewohnenden und röhrenbauenden Polychaeten zu finden.

Anneliden besitzen ein *Strickleiternervensystem*, das dem der Arthropoden sehr ähnelt, aber offenbar unabhängig entstanden ist (Abbildung 16; Farbtafel). Es besteht in seiner Grundform aus einem im Kopfteil (Prostomium) lokalisierten Oberschlund- oder Cerebralganglion und einem durch eine Kommissur gebildeten Schlundring, von dem zwei ventrale Hauptnervenstränge ihren Ursprung nehmen und den Körper durchziehen. Im einfachsten Fall weisen diese Nervenstränge pro Segment auf jeder Seite ein Bauchmarkganglion auf, das mit den benachbarten Ganglien einer Seite durch Konnektive und mit seinem Gegenstück auf der anderen Seite durch eine Kommissur verbunden ist. Das verleiht dem Ganzen das Aussehen einer Strickleiter. Bei den Wenigborstern (*Oligochaeten,* beispielsweise der Regenwurm) liegt dieses Strickleiternervensystem in einer relativ einheitlichen und einfachen Form vor, wahrscheinlich als Folge einer sekundären Vereinfachung, die mit einer Verschmelzung der beiden Bauchmarkstränge und einer Ausbildung von Marksträngen einhergeht, das heißt die

Nervenzellen sind über die Stränge verteilt und nicht in Ganglien konzentriert.

Diesen Bauplan findet man auch bei vielen Vielborstern (*Polychaeten*), während andere Polychaeten und die Hirudineen Ganglien bzw. getrennte Bauchstränge aufweisen. Manche Oligochaeten und Polychaeten besitzen in ihren Bauchsträngen ein System von sogenannten Riesen- oder Kolossalfasern, die man als Student der Biologie in den Praktika für elektrophysiologische Experimente freilegt, um die Geschwindigkeit der Erregungsleitung zu bestimmen. Wegen ihrer Dicke weisen sie eine hohe Fortleitungsgeschwindigkeit auf, so dass Impulse aus der Gehirnregion schnell an den restlichen Körper weitergeleitet werden können, unter anderem (bei der medianen Riesenfaser des Regenwurms) über elektrisch gekoppelte Axone.

Während viele Oligo- und Polychäten und die Hirudineen ein einfach aufgebautes Oberschlundganglion besitzen, kommt bei anderen durch Verschmelzung der dem Oberschlundganglion folgenden Segmente des Bauchmarks ein *Unterschlundganglion* zustande. Bei *räuberischen* Polychaeten findet man die kompliziertesten Gehirne der Anneliden, bei denen man wie bei den nicht mit ihnen verwandten Insekten ein Vorder-, ein Mittel- und ein Nachhirn unterscheidet. Das Vorderhirn enthält unter anderem Nervenzellen für die Tastkörper (Palpen). In den Polychaetengehirnen finden sich auch spezialisierte Strukturen, die den Pilzkörpern (*Corpora pedunculata*) der Arthropoden ähneln (siehe unten) und die deshalb auch von Fachleuten so genannt wurden. Heute nimmt man allerdings an, dass sich diese Strukturen unabhängig voneinander entwickelt haben, wenngleich wohl auf der Grundlage gemeinsamer Entwicklungsgene, die eine „tieferliegende Homologie" bilden. Diese Zentren stehen mit den Palpenzentren des Vorderhirns, den optischen Zentren und den Antennenzentren des Mittelhirns in Verbindung und bilden ein sensorisch-kognitives Integrationszentrum, genau wie die Pilzkörper der Arthropoden.

Weichtiere

Die Weichtiere (*Mollusca*) bilden die größte Gruppe der Lophophoraten und Lophotrochozoa und mit rund 90 000 lebenden und ungefähr 70 000 ausgestorbenen Arten einen der größten Tierstämme überhaupt. Die heute lebenden Mollusken werden in acht Klassen eingeteilt, von denen hier nur die Schnecken (*Gastropoda*,), die Muscheln (*Bivalvia*,) und die Kopffüßer (*Cephalopoda*) erwähnt werden sollen.

Nervensystem und Gehirn der Mollusken weisen eine große Vielfalt auf, die von relativ einfachen Nervensystemen, ähnlich denen der Plathelminthen, bis hin zu den komplexesten Gehirnen reicht, die man unter den Wirbellosen findet, nämlich denen der Kraken. Ausgangspunkt ist ein Vierstrangsystem (*tetraneurales Nervensystem,* Abbildung 17a; Farbtafel). Es besteht aus einem Schlundring mit oder ohne Oberschlund- bzw. Cerebralganglion, von dem aus vier Nervenstränge durch den Körper ziehen, und zwar zwei dorsale Pleurovisceralstränge und zwei ventrale Pedalstränge. Diese Stränge weisen im ursprünglichen Zustand keine Gliederung in Ganglien auf, sondern sind Markstränge, in denen sich die Nervenzellen gleichmäßig verteilen. Die verschiedenen Ganglien der Mollusken sind also *unabhängig* von anderen Tiergruppen entstandene Strukturen. Gegenwärtig wird diskutiert, ob und inwieweit die Nervensysteme und Gehirne der Mollusken – ausgehend vom ursprünglichen tetraneuralen Muster – mehrfach unabhängig komplexer wurden oder ob ein einheitlicher Komplizierungstrend zu beobachten ist. Experten gehen von bis zu zehn Fällen einer unabhängigen Ausbildung eines zentralisierten Nervensystems aus, unter anderem mehrfach bei den Muscheln ebenso wie bei den Schnecken und schließlich zweimal bei den Cephalopoden (Moroz 2009).

Bei den Schnecken (*Gastropoda*, rund 70 000 Arten) findet man ein paariges Oberschlundganglion, verbunden durch eine Kommissur, und die typischen vier Markstränge, die mit paarigen Ganglien und einem meist unpaaren Visceralganglion verbunden sind.

Das Oberschlundganglion ist mit Augen, Statocysten, Kopftentakeln, Haut und Muskeln von Lippen, Kopf, Nacken und zuweilen der Penisregion verbunden. Die übrigen Ganglien innervieren den übrigen Körper und seine Organe (Abbildung 17a; Farbtafel).

Bei Schnecken findet sich eine Tendenz zur Verschmelzung dieser Ganglien, besonders bei den Lungenschnecken (*Pulmonata*), zu denen auch die bekannte Weinbergschnecke *Helix pomatia* gehört. Ebenso gibt es eine deutliche Komplexitätszunahme des Nervensystems und der Sinnesorgane. *Helix* besitzt das am weitesten entwickelte Oberschlundganglion unter den Schnecken; es ist in ein Pro-, ein Meso- und ein Postcerebrum gegliedert mit Unterteilungen in verschiedene Lappen. Chemorezeptive und mechanorezeptive Sinneszellen sind über den ganzen Körper verteilt. An komplexeren Sinnesorganen finden sich Statocysten, Chemorezeptoren im Epithel der Mantelhöhle, *Osphradien* genannt, und Augen – von einfachsten Grubenaugen bis zu Linsenaugen, wie etwa bei *Helix*.

Berühmtheit erlangten in der zeitgenössischen Neurobiologie die Meeresschnecken *Aplysia* und *Hermissenda*. *Aplysia californica*, der Kalifornische Seehase, kann bis zu 75 Zentimeter lang werden und besitzt unter anderem extrem große, sogar mit dem bloßen Auge erkennbare Nervenzellen, die deshalb für neurobiologische Studien der elektrisch-chemischen Erregungsverarbeitung und von Lernvorgängen besonders geeignet sind, wie sie der amerikanische Neurobiologie Eric Kandel durchgeführt hat.

Muscheln (*Bivalvia*, rund 10 000 lebende Arten) bilden die zweitgrößte Gruppe der Weichtiere. Da sie eine sessile Lebensweise haben und ihre Nahrung aus dem Wasser filtern, weisen sie ein *stark vereinfachtes* Nervensystem auf. So besitzen sie nur drei Ganglienpaare, wobei das Visceralganglion am deutlichsten ausgebildet ist. Die meisten Sinnesorgane bzw. -zellen der Muscheln sind einfach gebaut. So gibt es Statocysten im Fuß neben den Pedalganglien. Die Augen sind meist einfache Grubenaugen, sie sitzen am Mantelrand, allerdings findet sich bei der Kammmuschel *Pecten* eine perlschnurartige Anordung von Linsenaugen, deren funktionelle Bedeutung unklar ist.

Die Kopffüßer (*Cephalopoda*) weisen rund 800 lebende und mindestens 10000 fossile Arten (meist Ammoniten) auf. Sie sind eine stammesgeschichtlich sehr alte Gruppe, vor rund 500 Millionen Jahren im Kambrium entstanden. Unterschiedliche Gruppen wie die genannten Ammoniten, die den heutigen „Perlbooten" (*Nautilus*, siehe unten) ähneln, wiesen vom Ordovizium bis zum Ende der Kreidezeit vor circa 65 Millionen Jahren eine große Artenvielfalt auf. Heute gibt es noch zwei Unterklassen der Klasse *Cephalopoda*, nämlich die *Nautiloidea*, die nur eine Gattung (*Nautilus*) mit bis zu 10 Arten umfassen, und die *Coleoidea*, die alle anderen Cephalopoden mit 700 Arten beinhalten. Diese wiederum gliedern sich in die zehnarmigen Kopffüßer, *Dekabrachia*, zu denen die „echten" Tintenfische oder Sepien (*Sepiida*) und die Kalmare (*Theutida*) gehören, sowie die achtarmigen Kopffüßer, *Octobrachia*, mit den Kraken (*Octopoda*) als Hauptgruppe.

Die Kopffüßer kommen ausschließlich im Meer vor, wo sie entweder freischwimmend oder am Boden leben. Ihr Körper besteht aus einem Rumpfteil mit einem Eingeweidesack, einem Kopf, dem die Fangarme (Tentakel) entspringen (daher der Name „Kopffüßer") sowie einem Mantel, der eine Mantelhöhle umgibt und in einem Trichter (Siphon) endet. Im Mantel befinden sich auch die Kiemen. Zwischen den Fangarmen liegt der Mund, an dem sich ein papageienartiger Schnabel mit Ober- und Unterkiefer und einer Raspelzunge befindet. Auffallend ist die Kurzlebigkeit der meisten Cephalopoden: Während *Nautilus* mit rund 20 Jahren vergleichsweise alt wird, leben die meisten Arten der Überordnung *Coleoidea* gerade einmal ein Jahr – das Maximum liegt bei fünf Jahren. Dies bedeutet, dass diese Tiere sehr schnell wachsen und geschlechtsreif werden.

Das bekannte „Perlboot" *Nautilus* ist ein lebendes Fossil, denn es repräsentiert wahrscheinlich die ursprüngliche Form der Cephalopoden, die es schon im Kambrium vor ungefähr 500 Millionen Jahren gab. Unter evolutionsbiologischen Gesichtspunkten müsste man die Gattung *Nautilus* als überaus erfolgreich ansehen, auch wenn es am Ende der Kreidezeit ein Massensterben gab und heute nur noch wenige Arten existieren.

Nautilus besitzt als einziger Kopffüßer eine äußere, gekammerte Schale, eben die schöne und begehrte Perlbootschale, wobei neue Kammern lebenslang hinzugefügt werden; das eigentliche Tier lebt in der zuletzt entstandenen Kammer. *Nautilus* hat 60 (Männchen) bis 90 (Weibchen) kleine Fangarme, die im Gegensatz zu den anderen Cephalopoden keine Saugnäpfe tragen, sondern klebrig sind. Damit fängt das Tier meist kleine Krebse. Es besitzt ein Paar sehr große Augen, die aber einfache Lochkameraaugen sind. Das Perlboot lebt in tropischen Gewässern in Tiefen um 400 Meter und bewegt sich nach dem Rückstoßprinzip langsam mithilfe seines Siphons.

Nautilus besitzt ein Nervensystem (mit Gehirn), das einerseits viel komplizierter ist als das der Muscheln oder Schnecken, zugleich aber unter den Cephalophoden wiederum das einfachste darstellt (Grasso und Basil 2009). Das Gehirn liegt hier in Form eines *Cerebralstrangs* vor, der selbst keine vorgewölbten „Lappen" aufweist, jedoch nach Untersuchungen des britischen Zoologen J. Z. Young eine komplexe Binnenstruktur mit fünf unterschiedlichen Regionen besitzt (Young 1971; Nixon und Young 2003). Der Cerebralstrang verbindet seitlich sitzende *Cerebralloben*, die Informationen von den Tentakeln, Kiemen, Eingeweiden, Augen und vom Geruchssystem verarbeiten. Getrennt hiervon befinden sich die oberen und die unteren Buccalganglien, die den Schlund und die Mundwerkzeuge innervieren.

Die zu den zehnarmigen Tintenfischen (*Dekabrachia*) gehörenden Kalmare (*Theutida*, rund 250 Arten, darunter der gemeine Kalmar *Loligo vulgaris*) leben im offenen Wasser der Meere, zum Teil in der Tiefsee. Zu ihnen gehören die Riesenkalmare (*Architeuthis*), die bis 20 Meter Spannweite und ein Gewicht von einer halben Tonne und mehr aufweisen können (es gibt viele Schauergeschichten über sie!). Kalmare haben wie alle Tintenfische keine äußere Schale wie *Nautilus*, sondern einen inneren hornigen Streifen zur Stabilisierung des Körpers. Sie besitzen zwei längere und acht kürzere Arme um den Mund herum, die mit Saugnäpfen besetzt sind. Sie fangen damit Fische und Krebse, die sie mit dem hornigen Schnabel und dem Raspelmund (*Radula*) zerkleinern. Kalmare können sich mithilfe des Siphons per Rückstoß sehr schnell fortbewegen und dabei sogar Sprünge über die Wasseroberfläche machen. Einige Arten besitzen die größten Augen im Tierreich mit Durchmessern bis 20 Zentimeter. Kalmare sind ähnlich wie die Sepien für ihren schnellen Farbwechsel berühmt, der zur intraspezifischen Kommunikation und zum Abschrecken von Fressfeinden eingesetzt wird.

Die echten Tintenfische oder Sepien (*Sepiida*, 120 Arten) leben in küstennahen Bereichen der Tropen und der gemäßigttemperierten Meere bis in Tiefen von 400 Meter. Sie können bis 60 Zentimeter lang und bis zehn Kilogramm schwer werden. Sie besitzen statt eines gasgefüllten Gehäuses einen Kalkschulp für den Auftrieb. Sepien sind keine schnellen Jäger wie die Kalmare, sondern Laurer, die sich mit dem Flossensaum bewegen. Ihre Beute ergreifen sie mit acht kurzen saugnapfbesetzten Fangarmen und führen sie mit den zwei längeren Armen zum Mund, wo sie mit dem hornigen Schnabel zerkleinert und verspeist wird.

Die Gehirne der Kalmare und Sepien zeigen die für alle Angehörigen der *Coleoidea* typische zunehmende Verschmelzung und Konzentration von Ganglien um den Schlund herum. Der Unterschlundbereich besteht aus drei Teilen, nämlich aus einem vorderen, der die Tentakel versorgt, einen mittleren, aus mehreren Loben bestehenden Teil, der die für den Farbwechsel verantwortlichen Chromatophoren in der Haut und den Siphon versorgt, und einen hinteren Teil, der unter anderem den Mantel und den Flossensaum innerviert. Die Teile interagieren hierbei mit den magnozellulären Loben, die seitlich vom Gehirn und um den Schlund herum sitzen.

Das Oberschlundganglion bzw. Gehirn der Kalmare und aller anderen Coleoidea besteht aus zahlreichen Loben einschließlich der bei *Nautilus* noch separaten Buccalganglien, die die Kiemen innervieren. Daneben gibt es die Basalloben, die die Bewegung steuern, und einen dorsalen Teil, der sich aus verschiedenen

Loben zusammensetzt. Generell werden ein *chemo-taktiles* und ein *visuelles* System unterschieden, die aus je vier Loben bestehen und für die Verarbeitung von Informationen von den Augen und von den Tentakeln (chemisch-taktile Informationen) und die entsprechenden kognitiven Leistungen zuständig sind. Kalmare besitzen wie die Kraken, die gleich besprochen werden, einen Vertikallobus, der für die bemerkenswerten kognitiven und Lernleistungen dieser Tiere wichtig ist. Er ist bei den Kalmaren – relativ zum Gesamthirnvolumen (jedoch nicht absolut gesehen) – sogar viel größer als bei *Octopus*.

Kraken (*Octopoda*, Abbildung 17b; Farbtafel) gelten als die höchstentwickelten Mollusken und manchmal als die höchstentwickelten und intelligentesten Invertebraten überhaupt. Sie haben im Gegensatz zu den anderen Cephalopoden kein Innen- oder Außenskelett, was sie dazu befähigt, sich durch kleine Öffnungen hindurchzuzwängen. Wie Kalmare und Sepien zeigen sie einen auffälligen Farbwechsel, der entweder zur Tarnung beim Beutefang, bei emotionaler Erregung oder beim Paarungsspiel auftritt. Alle Kraken sind giftig, doch nur das Gift der australischen Blauringkrake (*Hapalochlaena maculosa*) ist für den Menschen tödlich. Auffallendstes Merkmal der Kraken sind die langen, mit Saugnäpfen besetzten Arme, mit denen die Tiere sich am Boden festhalten oder Beute (hauptsächlich Krebse) ergreifen können. Kraken bewegen sich kriechend oder mit dem Kopf voran schwimmend – mit den Armen oder per Rückstoß über den Trichter – fort. Große Kraken können zwischen 15 und 75 Kilogramm wiegen. Ein besonders großes Exemplar soll über 270 Kilogramm gewogen und eine Gesamtspannweite der Arme von neun Metern gehabt haben. Auch Kraken sind relativ kurzlebig; kleine Formen bringen es nur auf wenige Monate, große Tiere auf vier bis fünf Jahre. In der Regel sterben sie nach der Fortpflanzung, also nach der Spermaabgabe oder der Eiablage. Sie hören dann auf zu fressen, aber der Tod tritt in der Regel nicht durch Verhungern auf, sondern wird durch ein Körpersekret ausgelöst. Die Kurzlebigkeit ist deshalb besonders interessant, weil sie ein eklatantes Gegenbeispiel zu der Beobachtung darstellt, dass Tiere mit sehr großen Gehirnen in aller Regel langlebig sind. Kraken sind überdies Einzelgänger und produzieren wie mehr oder weniger alle Wirbellosen sehr viele Nachkommen, für die sie keine Brutfürsorge zeigen. Daher gibt es auch keine Erfahrungs- oder Wissensweitergabe zwischen den Generationen und nur in geringem Maße zwischen Individuen. Auch dies steht im Gegensatz zur gängigen Meinung, dass sich große Gehirne vornehmlich bei sozial lebenden Tieren ausgebildet haben (davon wird noch ausführlich die Rede sein).

Das in Abbildung 17c; Farbtafel und 18 dargestellte Nervensystem von *Octopus* ist dank der Pionierarbeit von J. Z. Young und seinen Mitarbeitern sehr gut untersucht (Young 1971; Nixon und Young 2003). Es beinhaltet etwa 500 Millionen Neuronen und ist damit das bei weitem größte Wirbellosen-Nervensystem (Young 1971). Es gliedert sich in einen Teil außerhalb und einen Teil innerhalb der Gehirnkapsel. Der außen liegende Teil umfasst die beiden großen optischen Loben, die 120 bis 180 Millionen Neuronen enthalten, und das Arm-Nervensystem, das in den acht Armen lokalisiert ist und zwei Drittel der Gesamtzahl der Neuronen, also etwa 350 Millionen Nervenzellen umfasst. Dies ist auf den ersten Blick erstaunlich, erklärt sich aber dadurch, dass *Octopus* keinerlei äußeres oder inneres Stützskelett besitzt und deshalb für die Motorik einen viel größeren Aufwand treiben muss als Arthropoden oder Wirbeltiere. Dieses Arm-Nervensystem zeigt entsprechend ein hohes Maß an Autonomie, denn es kann unabhängig vom Gehirn stereotype Bewegungen ausführen. Das Gehirn, das aus der Verschmelzung zahlreicher Ganglien entstanden ist, zieht sich um den Schlund herum und ist von einer Knorpelkapsel umgeben. Nach der klassischen Beschreibung von Young setzt es sich aus 38 Loben zusammen, die alle die für Invertebraten typische Grobstruktur aufweisen, nämlich eine außen liegende Schicht von Zellkörpern und ein inneres Neuropil. Betrachten wir dieses Oberschlundganglion-Gehirn von *Octopus* genauer (Abbildung 18).

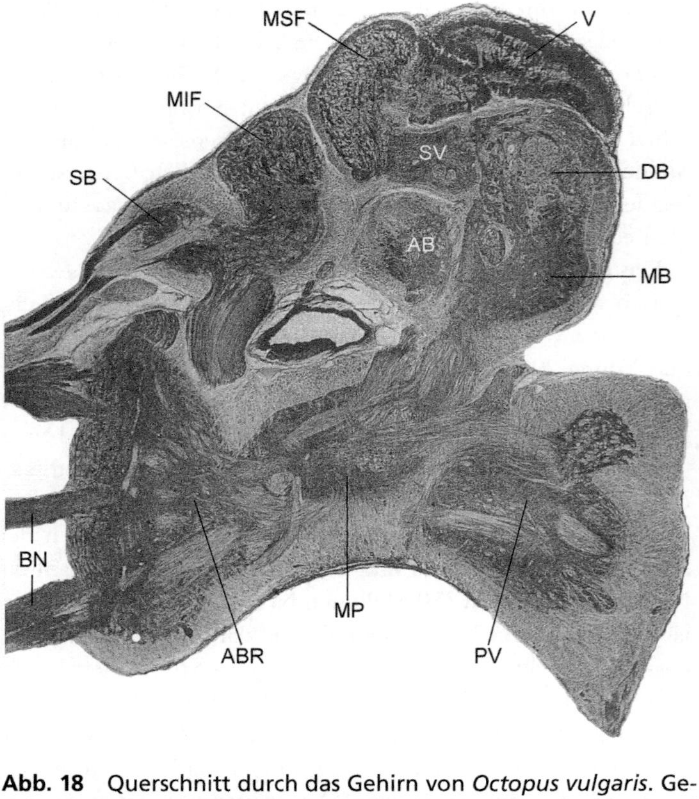

Abb. 18 Querschnitt durch das Gehirn von *Octopus vulgaris*. Gezeigt sind die verschiedenen Loben, die zusammen die Ober- und Unterschlundmasse bilden. AB = anteriorer basaler Lobus, ABR = anteriorer brachialer Lobus, BN = Brachialnerven, DB = dorsaler basaler Lobus, MB = medianer basaler Lobus, MIF = medianer inferiorer Lobus, MP = medianer pedaler Lobus, MSF = medianer superiorer frontaler Lobus, PV = palliovisceraler Lobus, SB = superiorer buccaler Lobus, SV = subverticaler Lobus, V = Vertikallobus. (nach Nixon und Young 2003)

Eingeteilt wird es in 16 verschiedene Loben, die zusammen aus 40 bis 45 Millionen Neuronen bestehen. Der *untere motorische Teil* gliedert sich in Loben, die für die Beutefangsteuerung und das Einbringen der Beute, das Kriechen, Schwimmen und den Farbwechsel zuständig sind. Der *obere sensorisch-kognitive Teil* erhält visuelle Afferenzen von den Augen und den nachgeschalteten optischen Loben sowie taktil-chemosensorische Informationen von den Geschmacks- und den Berührungsrezeptoren der Arme. Jedes der beiden Sinnessysteme gliedert sich in vier Loben, die jeweils eine untere und eine obere Reihe bilden. Die beiden Systeme, das taktil-chemosensorische und das visuelle, sind miteinander eng verbunden.

Der Vertikallobus wird als komplexester Teil des *Octopus*-Gehirns angesehen. Er ist aus fünf Lobuli („Läppchen“) aufgebaut, ähnlich den Gyri im Cortex der Säuger. Er enthält bei weitem die meisten Neuronen, nämlich rund 25 Millionen (also mehr als die Hälfte des ganzen Oberschlundganglions), gefolgt vom subfrontalen Lobus mit gut fünf Millionen Neuronen. Der Vertikallobus weist weitere erstaunliche Ähnlichkeiten mit dem Cortex der Säugetiere bzw. dem Pallium der übrigen Landwirbeltiere auf. Er besteht wie dieser aus nur zwei Typen von Neuronen, nämlich 25 Millionen kleinen Interneuronen mit sechs bis zehn Mikrometer Durchmesser (den kleinsten Neuronen im *Octopus*-Gehirn), die auf 65 000 große Projektionsneuronen mit 17 Mikrometer Durchmesser konvergieren (im Cortex der Säuger sind allerdings die Projektionsneuronen zahlreicher als die Interneuronen).

Der Vertikallobus erhält Afferenzen vornehmlich vom sogenannten medianen superioren frontalen Lobus, der zur oberen Reihe des visuellen Systems gehört. Diese Afferenzen laufen über rund zwei Millionen Fasern ein, die einen distinkten Trakt bilden und in der Rinde des Vertikallobus enden. Die Fortsätze der dort lokalisierten 25 Millionen amakrinen Interneuronen verlaufen quer durch diesen Trakt und bilden dabei „en passant“ synaptische Kontakte mit den einlaufenden Fasern. Der Vertikallobus seinerseits schickt über 25 Millionen Fasern Erregungen in das Neuropil des Subvertikallobus, das aus einem dichten Gewebe sehr dünner Fasern besteht. Diese Erregung wird nun von ca. 800 000 Neuronen im Subvertikallobus „konzentriert", und die Resultate dieser Verarbeitung laufen dann vornehmlich zu den optischen Loben zurück. Das Ganze stellt eine gitterförmige Vernetzungsstruktur dar, wie sie für assoziative Gedächtnisstrukturen typisch ist.

Die *Augen* sind die wichtigsten Sinnesorgane von *Octopus*. Sie besitzen äußere Muskeln für die Augenbewegung, auch gibt es eine Nah- und eine Ferneinstellung des Sehapparats mithilfe innerer Muskeln sowie eine Pupillenkontrolle und eine Pigmentwanderung zwischen den Photorezeptoren für Licht- und Dunkeladaptation. Diese Augen weisen eine frappierende Ähnlichkeit zu den Linsenaugen der Wirbeltiere auf, obwohl sie zum Teil aus ganz anderem embryologischen Materialien gebaut sind. Dasselbe gilt für das Seitenliniensystem von *Octopus*, das große Ähnlichkeiten zum Seitenliniensystem der Fische und Amphibien aufweist. Schließlich sind Statocysten und chemische Organe vorhanden.

Die den Augen nachgeschalteten *optischen Loben* besitzen fünf corticale Schichten, die den Schichten der Wirbeltierretina vergleichbar sind. Eine solche Ähnlichkeit ist umso erstaunlicher, als die Physiologie des Sehvorgangs in diesen optischen Loben und in der Retina unterschiedlich abläuft. In den *Octopus*-Augen werden die Photorezeptoren – wie in den Augen anderer Wirbelloser auch – durch das Licht erregt, das heißt depolarisiert, und sind damit echte Licht-Detektoren, während die Photorezeptoren der Wirbeltierretina durch den Lichteinfall gehemmt werden und damit eigentlich Dunkelheit-Detektoren sind.

Zwischen dem Gehirn und dem Unterschlundganglion befindet sich der magnozelluläre (großzellige) Lobus, von dem aus die Riesenfasern ihren Ausgang nehmen, die schnelle Verteidigungs- und Fluchtreaktionen vermitteln. Das Unterschlundganglion ist das „motorische" Gehirn von *Octopus* und wird eingeteilt in einen anterioren Teil (präbrachialer und brachialer Lobus), einen medialen Teil (pedaler Lobus) und einen posterioren Teil, wobei diskutiert wird, ob der anteriore Teil nicht Teil des Gehirns ist. Hier entspringen die mächtigen Arm- oder Brachialnerven und hier enden die Afferenzen von den Armen. Von den Lernleistungen von *Octopus* wird im 7. Kapitel die Rede sein.

Ecdysozoa

Die Gruppe der Häutungstiere (*Ecdysozoa*) umfasst alle Tiere, die eine feste Haut (*Cuticula*) besitzen und beim Wachstum unter dem Einfluss eines Hormons mehrfach eine Häutung (*Ecdysis*) durchlaufen. Im Gegensatz zu den Lophotrochozoa besitzen sie kein freilebendes Larvenstadium. Die taxonomische Bezeichnung „Ecdysozoa" ersetzt teilweise die frühere Bezeichnung „Articulata", wobei die Ringelwürmer (*Annelida*) ausgegliedert und nunmehr zu den Lophotrochozoa gezählt werden.

Der Überstamm der Häutungstiere ist die größte Tiergruppe überhaupt und umfasst die Stämme der Gliederfüßer (*Arthropoda*) und der Stummelfüßer (*Onychophora*), daneben die Bärtierchen (*Tardigrada*), die Hakenrüssler (*Kinorhyncha*), die Priapswürmer (*Priapulida*), die Korsetttierchen (*Loricifera*), die Fadenwürmer (*Nematoda*) und die Saitenwürmer (*Nematomorpha*). Die Vielfalt der Taxa ist in Form und Verhalten enorm und reicht von kleinen wurmartigen Tieren bis hin zur riesigen Welt der Insekten. Innerhalb der Häutungstiere gibt es entsprechend eine große Bandbreite in der Komplexität des Zentralnervensystems von äußerst einfachen Schlundganglien bis zu den sehr komplexen Gehirnen bestimmter Insekten wie den Bienen. Ich werde im Folgenden nur die im vorliegenden Zusammenhang wichtigsten Gruppen besprechen.

Hakenrüssler (*Kinorhyncha,* 150 Arten) sind millimetergroße Meereswürmer, die überwiegend im Schlick oder Schlamm, aber auch auf Algen und Schwämmen leben. Sie besitzen ein Nervensystem mit einem mehrlappigen Gehirn, das den Schlund umgibt, und einen ventralen Nervenstrang mit Ganglien, der den ganzen Körper durchzieht. An Sinnesorganen sind nur Sinnesborsten und Augenflecken vorhanden. Saitenwürmer (*Nematomorpha*, 320 Arten) sind dünne und extrem langgestreckte Würmer (bis ein Meter), die im Juvenilstadium in Arthropoden parasitieren, im Erwachsenenstadium aber freilebend sind. Ihr Nervensystem besteht aus einem Nervenring um den Darm, der das Gehirn der Tiere bildet, einem bauchseitigen Markstrang und einem Ganglion im Bereich der Afteröffnung. Am Vorder- und am Hinterende sind einfach gebaute Sinnesorgane (Sensillen) vorhanden, dazu lichtsensitive Grübchen unterhalb der Cuticula, die an dieser Stelle durchsichtig ist. Bärtierchen (*Tardigrada*, 800 Arten) sind millimetergroße Tiere, die in den Wasserfilmen auf Moosen und Flechten oder im feuchten Erdreich leben. Sie besitzen ein relativ großes Gehirn, das den größten Teil oberhalb des Schlundes einnimmt und mit einem Unterschlundganglion verbunden ist. Vom Gehirn aus ziehen zwei ventrale Nervenstränge durch den Körper, die eine Kette von vier Ganglien bilden und die vier Beinpaare steuern.

Die Fadenwürmer (*Nematoda*) sind mit rund 25 000 Arten eine große Gruppe. Sie kommen in fast allen Biotopen der Welt vor, sind aasfressend oder parasitisch, wie der bekannte Spulwurm *Ascaris*. Andere leben räuberisch und sind meist auf Rädertierchen spezialisiert. Im Boden kommen sie in ungeheuren Mengen vor. Zu ihnen gehören auch die gefürchteten endoparasitischen Hakenwürmer, Trichinen, Madenwürmer und Filarien (letztere rufen die Elefantenfußkrankheit oder die Flussblindheit hervor).

Das Nervensystem der Fadenwürmer (Abbildung 19; Farbtafel) kann als mäßige Weiterentwicklung des in Abbildung 13 dargestellten Nervensystem-Grundbauplans der *Bilateria* angesehen werden, wie wir ihn bei den Strudelwürmern angetroffen haben. Es weist in einiger Entfernung vom Vorderende ein Nervenfaserringsystem um den Schlund („Schlundring") auf, dem vier bis zwölf Längsstränge entspringen, von denen der *ventrale* Längsstrang der dickste ist. Die Längsstränge sind auf beiden Seiten des Körpers in unterschiedlichen Intervallen durch Kommissuren miteinander verbunden. Der Schlundring und die Längsstränge bilden Ganglien, es gibt aber auch ganglienlose Markstränge. Vom Schlundring nach vorn ziehen mehrere Nerven zu den am Vorderende konzentrierten Sinnesorganen. Hierbei handelt es sich um Tastsensorien (Papillen oder Borsten), um paarige geruchs- und geschmacksempfindliche „Seitenorgane", *Amphiden* genannt, die Einsenkungen der Haut darstellen und mehrere sensorische Cilien und jeweils eine große Drüsenzelle besitzen. Sie haben auch einen wärmeempfindlichen (thermorezeptiven) Teil, mit dem sie warmblütige Wirte aufspüren können. Bei freilebenden Nematoden kann man paarige Augen in Form von Pigmentbecherocellen finden, die manchmal auch eine Linse besitzen.

Gliederfüßer

Mit über einer Million bekannter Arten sind die Gliederfüßer (*Arthropoda)* die bei weitem größte Tiergruppe – ihre wahre Zahl wird auf über 10 Millionen geschätzt. Die Arthropoden gliedern sich in die Gruppe der Kieferklauenträger (*Chelicerata*), zu denen die Spinnen, Milben, Asseln und Pfeilschwänze gehören, und die Gruppe der Mandibeltragenden (*Mandibulata*), welche die Krebsartigen (*Crustacea*) und die Anntennentragenden (*Antennata*) umfassen. Zu letzteren gehören die Tausendfüßer (*Myriapoda*) und die Insekten (*Hexapoda*). Die früher angenommene Verwandtschaft der Gliederfüßer mit den Anneliden wird, wie erwähnt, neuerdings verworfen.

Alle Arthropoden besitzen einen gegliederten Körper mit maximal einem Paar Gliedmaßen pro Segment (Beine, Antennen, Mundwerkzeuge; die Insektenflügel sind keine Gliedmaßen im eigentlichen Sinne, sondern umgebildete Seitenplatten der Brustsegmente), ein versteiftes Außenskelett, das während des Wachstums jeweils durch Häutung neu gebildet werden muss, ein dorsal liegendes Herz mit offenem Blutkreislauf und ein ventral liegendes Strickleiternervensystem mit einem Ganglienpaar pro Segment.

Das Nervensystem der Arthropoden besteht aus einem Oberschlundganglion, einem Unterschlundganglion und einer Kette von Brust- und Hinterleibsganglien, die mit Längs- und Querverbindungen das schon erwähnte „Strickleiternervensystem" bilden. Das Gehirn ist im Grundzustand dreigeteilt und besteht aus einem Protocerebrum (visuelles Gehirn), einem Deutocerebrum (antennales, das heißt geruchlich-taktiles Gehirn) und einem in der Regel kleinen Tritocerebrum als Ursprung der sogenannten Frontalkonnektive und des Oberlippen- oder Labralnerven. Das Unterschlundganglion ist das erste Ganglion der Bauchganglienkette und innerviert unter anderem die Mundwerkzeuge. Dieses Grundmuster erfährt zahlreiche Abwandlungen, wie im Folgenden dargestellt wird.

Zu den Kieferklauenträgern (*Chelicerata*) mit etwa 60 000 Arten gehören unter anderem die Asselspinnen (*Pantopoda*), die Pfeilschwanzkrebse (*Xiphosura*) und die Spinnentiere (*Arachnida*). Sie besitzen alle ein spezifisch umgewandeltes Extremitätenpaar, die *Cheliceren*, die dem zweiten Kopfsegment entspringen, und haben keine Antennen, die bei anderen Arthropoden auf dem ersten Kopfsegment sitzen. Entsprechend besteht das Gehirn der Cheliceraten im Gegensatz zu dem der anderen Arthropodengruppen nur aus Proto- und Tritocerebrum; das Deutocerebrum als „Antennengehirn" fehlt den Cheliceraten. Das Protocerebrum ist bei ihnen ein reines „Sehgehirn", das den Haupt- und Nebenaugen zugeordnet ist. Hier finden sich auch – meist rudimentär – Pilzkörper, die denen der Insekten zwar ähneln, doch ihre Homologie ist umstritten. Bei einer Reihe von Netzspinnen, die nur kleine Linsenaugen haben, fehlen diese Pilzkörper ganz. Im Protocerebrum findet sich ein sogenannter

Zentralkörper, der als oberstes Integrationszentrum angesehen wird. Ob er der gleichnamigen Hirnmasse der Insekten entspricht, ist ebenfalls umstritten. Die stärkste Konzentration von Ganglien findet man bei der großen Gruppe der Milben (über 30 000 Arten) in Form eines einzigen „Synganglions" um den Schlund herum.

Die Spinnentiere (*Arachnida*, mehr als 80 000 Arten) umfassen die Spinnen im klassischen Sinne und daneben die Weberknechte, die Skorpione, die Pseudoskorpione sowie die Milben und Zecken. Ihr Körper ist teils deutlich, teils weniger deutlich zweigeteilt in einen Cephalothorax (Brustteil) und ein Opistosoma (Hinterleib), an dem acht Beine ansetzen (Abbildung 20a; Farbtafel). Die Spinnen im engeren Sinne (Webspinnen, *Araneae*) umfassen rund 40 000 Arten, die alle räuberisch leben. Sie saugen ihre Opfer, besonders Insekten, aus, nachdem sie ihnen mit den Cheliceren ein Verdauungsenzym eingespritzt haben. Die meisten von ihnen, aber nicht alle, bauen Netze zum Beutefang. Manche fangen ihre Beute „im Sprung" (Springspinnen, *Salticidae,* über 5 000 Arten), andere tun dies mithilfe eines „Lassos", kombiniert mit Lockstoffen (Lasso- oder Bola-Spinnen, *Mastophorini*). Entsprechend den unterschiedlichen Lebensweisen verfügen die Spinnen über eine Vielzahl zum Teil hochentwickelter Sinnesorgane, die in Kapitel 10 genauer beschrieben werden.

Das Oberschlundganglion der Spinnen ist zusammen mit dem Unterschlundganglion und den Beinganglien zu einer mehr oder weniger kompakten Gehirnmasse um den Schlund (Oesophagus) herum verwachsen (Abbildung 20b; Farbtafel), so wie dies auch beim Kraken *Octopus* geschehen ist. Diese Gehirnmasse ist verhältnismäßig groß und macht bis zu zehn Prozent des Vorderkörpervolumens aus. In den Hinterleib führt nur ein weit verzweigter Nervenstrang. Bedingt durch den spezifischen Körperbau sind auch die Bauchganglien zu einer einzigen Masse verschmolzen.

Krebstiere (*Crustacea*) umfassen mehr als 35 000 Arten, die entsprechend dieser großen Zahl eine enorme Vielfalt an Formen und Lebensweisen hervorgebracht haben. Von den Myriapoden und Insekten unterscheiden sie sich durch den Besitz von Kiemen (anstelle von *Tracheen*, das heißt luftgefüllten Atemröhren) und zwei Antennenpaaren (statt einem). Sie gliedern sich in zahlreiche Taxa, von denen hier nur die *Remipedia*, die Blattfußkrebse (*Branchiopoda*), die Muschelkrebse (*Ostracoda*), die Rankenfüßer (*Cirripedia*) und die „höheren Krebse" (*Malacostraca*, circa 28 000 Arten) genannt werden sollen. Letztere umfassen als Hauptgruppe die zehnfüßigen Krebse (*Decapoda*), zu denen die Krebse im engeren Sinne – wie Krabben, Einsiedlerkrebse, Hummer und Langusten – gehören, aber auch die große Gruppe der Asseln (*Isopoda*), Flohkrebse (*Amphipoda*) und Leuchtgarnelen (*Euphausiacea*).

Gehirn und Nervensystem dieser Tiere spiegelt im ursprünglichen Zustand das oben erwähnte Arthropodenschema wider: Es gibt ein dreiteiliges Oberschlundganglion, ein Unterschlundganglion, das allerdings häufig verkümmert vorliegt oder ganz fehlt, und eine Kette von Bauchganglien, die von rostral nach caudal einen sehr unterschiedlichen Verschmelzungsgrad aufweisen: Bei langgestreckten Krebstieren wie den Hummern, Flusskrebsen und Langusten, finden sich noch relativ viele separate Bauchganglien, bei den kompakt gebauten Krabben sind fast alle Bauchganglien miteinander verschmolzen.

Krebstiere sind Augen- und Antennentiere. Die Augen sind Komplexaugen, die aus wenigen bis einigen Tausend Einzelaugen, sogenannten Ommatidien, bestehen können (Kapitel 10). Deshalb ist das Protocerebrum als „Sehgehirn" besonders entwickelt und enthält zahlreiche optische Neuropile. Es gibt zwei Antennenpaare, deren Sinneserregungen vom Deutocerebrum (erstes Antennenpaar) und vom Tritocerebrum (zweites Antennenpaar) verarbeitet werden. Krebstiere tragen überall auf der Haut und an den Extremitäten Mechanorezeptoren als Dehnungs-, Stellungs- und Berührungsmelder, außerdem Chemorezeptoren an den Extremitätenspitzen und den Antennen. Schweressinnesorgane sind nur bei einigen Gruppen der Krebstiere vorhanden.

Insekten bilden die größte Gruppe der Arthropoden – sie umfasst rund 80 Prozent aller bisher überhaupt beschriebenen Tiere. Die Insekten stammen vermutlich von vielfüßerartigen Vorfahren ab und sind meist klein (durchschnittlich zwei Zentimeter). Die kleinsten (einige Käfer- und Wespenarten) sind gerade 0,2 Millimeter, die größten 33 Zentimeter lang (Stabheuschrecken). Der Insektenkörper gliedert sich in Kopf, Brust (*Thorax*) und Hinterleib (*Abdomen*). Der Kopf trägt die Antennen, die Augen und die Mundwerkzeuge (*Maxillen*, *Mandibeln*, *Labrum* und *Labium*). An der Brust mit Pro-, Meso- und Metathorax setzen die drei Paar Laufbeine (daher der oft gebrauchte Name *Hexapoda*, das heißt „Sechsbeiner") an und, falls vorhanden, am Meso- und Metathorax die Flügel. (Bei den Zweiflüglern, zu denen die Fliegen gehören, trägt nur der Mesothorax Flügel und der Metathorax statt dessen Schwingkölbchen.) Die Atmung erfolgt durch das Tracheensystem; bei wasserlebenden Insekten haben sich zusätzliche kiemenartige Mechanismen entwickelt.

Mit Ausnahme der Tiefsee haben die Insekten alle Biotope der Welt erobert, besonders zahlreich sind sie in den Tropen vertreten. Die Systematik der Insekten ist fast unüberschaubar und wechselt häufig. Allgemein werden die flügellosen Insekten (*Apterygota*, zum Beispiel das Silberfischchen) als die ursprünglichsten Insekten angesehen, ebenso gelten die Libellen als relativ ursprünglich. Große Gruppen bilden die *Orthopteromorpha*, zu denen Ohrwürmer, Fangschrecken (wie die Gottesanbeterin *Mantis*), Schaben und Termiten gerechnet werden, die *Paraneoptera*, zu denen unter anderem Wanzen, Pflanzenläuse und Zikaden gehören, eine bisher unbenannte Gruppe mit Hautflüglern (*Hymenoptera*, wie Bienen, Wespen, Ameisen), Zweiflüglern (*Diptera*, unter anderem Fliegen) und Flöhen (*Siphonaptera*) und schließlich die Käferartigen (*Coleopteroida*). Die Käferartigen bilden die größte Tiergruppe überhaupt, die als wiederum größte Gruppe die Käfer im engeren Sinne (*Coleoptera*, mindestens 350 000 Arten) umfasst. Unter den Käfern sind die Laufkäfer (*Carabidae*) mit mehr als 30 000 Arten wiederum die größte Gruppe und wahrscheinlich die größte Tierfamilie überhaupt.

Die Insekten weisen das typische Arthropodennervensystem auf. Das Gehirn oder Oberschlundganglion kann unterschiedlich komplex sein; das Bauchmark, bestehend aus Unterschlundganglion, Brust(Thorakal)- und Hinterleibs(Abdominal)ganglien, kann wie bei den Krebsen einen ganz unterschiedlichen Verschmelzungsgrad aufweisen. Bei einigen Zweiflüglern sind die Ganglien zu einer einzigen Masse verschmolzen.

Das Insektengehirn besteht, wie in Abbildung 21a–c (Farbtafel) dargestellt, aus einem großen Protocerebrum, einem kleineren Deutocerebrum und einem sehr kleinen Tritocerebrum. Dem Tritocerebrum entspringen die Schlundkonnektive, die um den Schlund herum laufen und das Gehirn mit dem Unterschlundganglion verbinden. Das *Protocerebrum* (Abbildung 21c) besteht aus zwei Hemisphären, die seitlich in die optischen Loben (s. unten) übergehen. Es beherbergt zwei auffällige Strukturen, nämlich den unpaaren Zentralkörper (auch Zentralkomplex genannt) in seiner Mitte und die paarigen Pilzkörper, *Corpora pedunculata*. Die Projektionsgebiete der Zusatzaugen (*Ocellen*) liegen im hinteren mittleren Teil des Protocerebrums. Die Becher der Pilzkörper, *Calyces* (Singular *Calyx*) genannt, und der Protocerebrallappen (das sogenannte *aglomeruläre Protocerebrum*) erhalten olfaktorische Afferenzen über die meist mehrteiligen Antennocerebraltrakte aus dem Antennallobus. Visuelle Afferenzen ziehen von den optischen Loben zum sogenannten optischen Tuberkel, dem Zentralkörper und den Bechern der Pilzkörper. Auf- und absteigende Bahnen verbinden das Protocerebrum mit den Bauchganglien.

Das kleinere *Deutocerebrum* (Abbildung 21c) ist Ursprungs- und Zielort der sensorischen und motorischen Antennennerven. Der Antennallobus ist das Projektionsgebiet von Chemorezeptorneuronen der Antennen. Mechanosensorische Fasern enden im Dorsallobus des Deutocerebrums; hier verzweigen sich auch die Motorneuronen der Antennen. Wie erwähnt, erhalten die

Pilzkörper und der Protocerebrallappen Informationen vom Antennallobus. Das kleine *Tritocerebrum* ist der Ursprungsort der Frontalkonnektive und der Oberlippen- oder Labralnerven. Das *Unterschlundganglion* ist das erste Ganglion der Bauchganglienkette. Es besteht aus drei Segmenten, welche die Mundwerkzeuge, also Mandibeln, Maxillen und Labium, sowie die Nackenmuskulatur innervieren. Gefolgt wird das Unterschlundganglion von meist drei Thorakalganglien, die die Beine und Flügel innervieren. Die folgenden bis zu acht Abdominalganglien innervieren den Hinterleib (*Abdomen*).

Insekten verfügen über ein hochentwickeltes visuelles System in Form paariger Komplexaugen. Ihr Aufbau wird in Kapitel 10 genauer geschildert, ebenso die Unterschiede zwischen den Komplexaugentypen. Dem Komplexauge sind drei bis vier optische Integrationsstrukturen – Lamina, Medulla und Lobula (teilweise plus Lobulaplatte) – nachgeschaltet (Abbildung 21c). Neben den großen Komplexaugen, die in Kapitel 10 besprochen werden (vgl. Abbildung 44), besitzen die meisten Insekten dorsale Einzelaugen (*Ocellen*), die mit der Flugstabilisierung und der Wendedynamik beim Laufen und Fliegen zu tun haben.

Die Antennen sind ein multisensorisches Sinnesorgan, denn sie tragen mechanosensorische, chemorezeptorische, kohlendioxidsensitive, feuchtigkeits- und temperatursensitive Rezeptoren. Das Neuropil des Antennallobus als dem Hauptverarbeitungsort chemorezeptorischer Information besteht aus einer artspezifisch feststehenden Anzahl von Glomeruli, in denen die Kontakte zwischen Rezeptorendigungen und Interneuronen liegen. Der überwiegende Teil der Ausgangsfasern des Antennallobus zieht in mehreren Ästen des Antennocerebraltrakts in den Protocerebrallobus und in die Pilzkörper.

Die paarigen Pilzkörper (*Corpora pedunculata*) sind die auffallendste Struktur im Insektengehirn und besonders komplex bei den Hautflüglern (*Hymnoptera*, wie Bienen, Wespen und Ameisen) ausgebildet. Hier besteht jeder Pilzkörper aus einem medianen und einem lateralen Becher (*Calyx*), an die sich ventral ein Stiel (*Pedunculus*) anschließt. Dieser Stiel gliedert sich in zwei Loben, den α- und den β-Lobus.

Jeder Calyx besteht aus einem becherartigen Neuropil, das aus den Dendriten der den Pilzkörper bildenden Interneuronen, den *Kenyon-Zellen*, gebildet wird. Deren Zellkörper sitzen überwiegend innerhalb dieser kelchförmigen Struktur und zum Teil außerhalb am Rand des Calyx. Die parallel verlaufenden Axone der Kenyon-Zellen formen den Pedunkel, verzweigen sich und bilden die Loben. Innerviert werden die Kenyon-Zellen von olfaktorischen Afferenzen aus dem Antennallobus, der wiederum seine Afferenzen von den Antennen erhält (siehe oben). Bei den sozialen und halbsozialen Insekten (zu letzteren gehören unter anderem die Schaben) ziehen auch mechanosensorische, gustatorische und visuelle Afferenzen in den Calyx ein, wobei sie dort getrennte Dendritengebiete der Kenyon-Zellen innervieren. Neben den intrinsischen Neuronen gibt es im Stiel und in den Loben Interneuronen, von denen einige zurück zu den Calyces projizieren, während andere ihre Fortsätze zu anderen Zentren des Gehirns schicken, beispielsweise zu ventrolateralen und posterolateralen Regionen des Deutocerebrums. Dort verschalten sie sich mit absteigenden „interganglionären" Neuronen, und diese innervieren ihrerseits Motorzentren der Bauchganglien im Thorakal- und Abdominalbereich.

Die Kenyon-Zellen haben die kleinsten Zellkörper im Insektennervensystem. Ihre Zahl reicht von wenigen Hundert bei Schwimmkäfern bis zu einer halben Million bei Schaben. Für Bienen wird eine Gesamtzahl von rund 350 000 angegeben. Die Packungsdichte ihrer Nervenzellen ist fünfzehnmal höher als die höchste Packungsdichte, die im Wirbeltiergehirn gefunden wird. Mit ihren dendritischen Fortsätzen bilden sie Substrukturen des Calyx, in die im ursprünglichen Zustand nur olfaktorische Afferenzen vom Antennallobus eintreten, bei einigen hochentwickelten Insekten zusätzlich visuelle Afferenzen von den optischen Loben, gustatorische Afferenzen aus dem Unterschlundganglion und Afferenzen von den mechanosensorischen Neuropilen des Deutocerebrums. Dadurch werden die Pilzkörper von einem rein olfaktorischen zu einem *multisensorischen Verarbeitungszentrum*. Dabei erhalten einige Kenyon-Zellen Afferenzen von nur einer Modalität, andere von mehreren Modalitäten. Diese uni- und multimodalen Zellen finden sich in unterschiedlichen Schichten.

Besonders wichtig für die Rolle der Pilzkörper als Zentren der multimodalen Integration und der lernabhängigen Plastizität ist ihre Versorgung mit modulatorischen Neuronen. Dies sind Neuronen, die genauso wie im limbischen System der Wirbeltiere (Kapitel 9) positive (zum Beispiel über Futter bei hungrigen Tieren) oder negative (über bestrafende Reize) Informationen übermitteln. Die Konvergenz dieser Neuronen mit den Kenyon-Zellen wird als die strukturelle Grundlage des Lernvermögens der Insekten betrachtet, mit dem wir uns im nächsten Kapitel befassen werden.

Der regelhafte Aufbau der Pilzkörper erinnert stark an den Aufbau einiger Loben des *Octopus*-Gehirns, besonders des Vertikallobus. Beiden gemeinsam ist die Funktion eines multisensorischen assoziativen Gedächtnisses, bei der Honigbiene insbesondere des olfaktorischen Lernens. Davon werden wir im nächsten Kapitel hören, wo es um Lernleistungen der Wirbellosen geht.

Was sagt uns das?

Das diffuse Nervensystem der Polypen kann als Ausgangszustand des Nervensystems aller echten mehrzelligen Tiere gelten, wobei die Ringnervensysteme der Quallen als eine Sonderentwicklung betrachtet werden müssen, insbesondere auch hinsichtlich der einzigartigen Weise peptidbasierter Erregungsverarbeitung. Wir haben bei den Quallen den ersten Fall einer unabhängigen Entwicklung eines komplexen Nervensystems vor uns.

Die Strudelwürmer, zu denen die bekannten *Planarien* gehören, haben ein Nervensystem, das zum Ausgangsmodell aller Nervensysteme bilateral-symmetrisch gebauter Tiere wird, auch wenn einige Autoren einen tatsächlichen gemeinsamen Ursprung bezweifeln. Es besteht aus drei bis sechs Paaren von Marksträngen, die aus Nervenzellen und ihren gebündelten Fortsätzen bestehen und in unregelmäßigen Abständen Querverbindungen (*Kommissuren*) aufweisen.

Bei den Lophotrochozoen als der einen großen Gruppe bilateraler wirbelloser Tiere finden wir eine große Bandbreite der Lebensweisen von rein sessilen und parasitisch lebenden Tieren bis hin zu sehr aktiven Räubern, und entsprechend lassen sich große Unterschiede im Bau und in der Funktion von Nervensystemen und Gehirnen beobachten, angefangen von Zentralnervensystemen mit einem einfachen Oberschlundganglion und einfach gebauten Marksträngen bis hin zu den äußerst komplexen Gehirnen der Cephalopoden. Das Oberschlundganglion besteht, wie für Wirbellose typisch, aus einer Rinde, in der sich die Nervenzellkörper befinden, und einem Kern aus Nervenfasergeflecht (*Neuropil*).

Eine solche „Höherentwicklung" hat mehrfach unabhängig stattgefunden und findet ihren Höhepunkt im großen und komplexen Gehirn des Kraken *Octopus*. Allerdings gibt es mindestens ebenso oft eine Tendenz zur sekundären Vereinfachung, wie etwa bei den Muscheln. Beide Wege sind unter evolutiven Gesichtspunkten erfolgreich, wie wir an der Arten- und Individuenvielfalt sehen können.

Geht man davon aus, dass die Häutungstiere (*Ecdysozoa*) eine monophyletische Gruppe sind, dann haben sich in ihr – parallel zur Schwestergruppe der *Lophotrochozoa* – aus wurmartigen Vorfahren hochkomplexe Tiere entwickelt, die in ihrer Artenzahl, ihrer ökologischen Vielfalt und ihren morphologischen, physiologischen und verhaltenbiologischen Anpassungen einmalig sind. Ein entsprechendes Bild ergibt sich bei der Betrachtung der Nervensysteme und Gehirne. Nervensysteme und Gehirne der sessilen und bodenlebenden Stämme, wie der Nematoden, zeigen deutliche Züge sekundärer Vereinfachung, und deshalb können wir die Situation bei den Nematoden mit einem Schlundring und davon ausgehenden Längssträngen als die Ausgangssituation der *Ecdysozoa* ansehen. Hiernach hat sich aus dem Schlundring ein Oberschlundganglion entwickelt, das in verschiedenen Gruppen im Zusammenhang mit der Evolution komplexer Kopfsinnesorgane zu einem sehr komplexen dreiteiligen Gehirn wurde. Ebenso bildete sich zusammen mit der Evolution von Mundwerkzeugen ein Unterschlundganglion aus, das den vorderen Teil eines Strickleiternervensystems bildet.

Das dreiteilige Gehirn wandelt sich bei den Spinnentieren, den Krebstieren und den Insekten deutlich ab, wo es den Höhepunkt an Komplexität erreicht, insbesondere in Form der Pilzkörper, die offenbar zur Grundlage der hohen Lernleistungen mancher Insekten werden. Auffallend ist die Ähnlichkeit der funktionalen Organisation der Pilzkörper mit der des Vertikallobus von *Octopus* und den Kalmaren, die als Vertreter der Lophotrochozoa vergleichbare kognitive Leistungen zeigen.

7 Kognitive Leistungen und Intelligenz bei Wirbellosen

Im Anschluss an unseren Überblick über die Erregungsleitungs- und Verhaltenssteuerungssysteme bei Einzellern und die Nervensysteme und Gehirne der Wirbellosen in den vorangegangenen Kapiteln wollen wir uns nun fragen, wie intelligent diese Tiere sind. Dies ist deshalb interessant, weil auch in den Biowissenschaften Intelligenz eigentlich nur den „höheren Tieren" zugesprochen wurde. Wirbellose galten und gelten – vielleicht mit Ausnahme der Kraken – als „Reflexmaschinen" oder zumindest als stark instinktgebunden, und dies schließt auch die Insekten ein.

Wenn man jedoch Intelligenz allgemein als die Fähigkeit ansieht, in individueller und überlebensfördernder Weise auf Umweltveränderungen zu reagieren, dann muss man anerkennen, dass bereits Bakterien und eukaryotische Einzeller ein Minimum an Intelligenz aufweisen, denn sie können durch Lern- und Gedächtnisleistungen ihr Verhalten zumindest kurzfristig ändern. Dies gilt natürlich auch für einfache, häufig sessile oder sich relativ langsam fortbewegende Lebewesen, bei denen man Habituation und Sensitivierung beobachtet, die aber auch klassisch konditioniert werden können, wie dies an Planarien, Regenwürmern und Schnecken gezeigt wurde – eine klassische Konditionierung wurde bei Coelenteraten bisher nicht nachgewiesen. Operante Konditionierung sowie „höhere" Formen des Lernens, wie Kontextlernen, die mit denen von Wirbeltieren vergleichbar wären, hat man allerdings bisher nur bei Insekten und bei Kopffüßern gefunden.

Systematisch untersucht wurde das Lernverhalten bei Wirbellosen – außer bei Planarien und Schnecken (*Aplysia, Lymnea* und *Hermissenda*) – bei Arthropoden, hier vor allem Insekten, und bei Cephalopoden. Ich will mich deshalb im Folgenden auf das Lernen und damit zusammenhängende kognitive Leistungen bei Insekten, vornehmlich der Biene, und beim Kraken *Octopus* beschränken.

Lernen, kognitive Leistungen und Intelligenz bei Insekten

Manche Insekten, vor allem Bienen, besitzen ein außerordentlich vielfältiges Verhaltensrepertoire im Bereich des Nahrungserwerbs, der Raumorientierung („Navigation") und des Sozial- und Kommunikationsverhaltens und können manche Dinge, insbesondere die Assoziation von Blüten und Düften, schnell und dauerhaft lernen. Dies deutet auf eine hohe Verhaltensflexibilität hin (Menzel, Brems und Giurfa 2007; De Marco und Menzel 2008; Pahl, Tautz und Zhang 2010).

Bienen lassen sich über Belohnung gut auf bestimmte Düfte konditionieren, und sie tun dies sogar dann, wenn sie in eine Versuchsanordnung eingeklemmt sind, in der sie nur Antennen und Saugrüssel bewegen können. Antennen sind die Hauptriechorgane der Bienen, während sie mit dem Rüssel Blütennektar oder andere süße Flüssigkeiten wie Zuckerlösung aufnehmen. Wenn man die Antennen einer hungrigen Biene mit Zuckerlösung berührt, dann streckt sie den Rüssel danach aus. Andere Düfte haben bei einer unerfahrenen Biene keine solche Wirkung.

Wenn man im Rahmen einer klassischen Konditionierung einen bestimmten Duft A, der zuvor kein Rüsselvorstrecken ausgelöst hat, mit der Zuckerlösung kombiniert und einen anderen

Duft B *nicht* damit kombiniert, dann wird die Biene sehr schnell den Zusammenhang zwischen A und Zucker lernen und den Rüssel hervorstrecken, während sie dies bei B zunehmend weniger und schließlich gar nicht tun. Der Duft ist hier der *bedingte Reiz* (CS) und die Zuckerlösung der *unbedingte, belohnende Reiz* (US), wobei Duft A den verknüpften („CS+") und Duft B den unverknüpften Reiz („CS–") darstellt. Hier ist zu beachten, dass diese Art von Konditionierung bei Bienen nur als „Vorwärtskonditionierung" funktioniert: Der bedingte Reiz CS muss dem unbedingten, belohnenden Reiz US *zeitlich vorausgehen* (Kapitel 2). In spektakulären Untersuchungen konnte der leider viel zu früh verstorbene Neurophysiologe Martin Hammer zusammen mit Randolf Menzel nachweisen, dass die Aktivität eines einzigen spezialisierten Neurons im Unterschlundganglion der Biene (VUMmx1 genannt) genügt, um den auf den bedingten Reiz folgenden unbedingten, belohnenden Reiz zu ersetzen und so eine erfolgreiche Verknüpfung von CS+ und US herbeiführt. Dies bedeutet, dass dieses einzelne Neuron die Eigenschaft der Belohnungsfunktion des unbedingten, belohnenden Reizes repräsentiert (Hammer 1993).

Ein solcher einfacher Konditionierungsvorgang lässt sich komplizieren, indem man mit der Biene *konfigurales* Lernen trainiert, zum Beispiel eine „negative Musterunterscheidung" (*negative patterning discrimination*). Hierbei werden zwei Reize, A+ und B+, gesondert verstärkt, nicht hingegen AB, die Kombination der beiden Reize. Üblicherweise reagiert eine Biene auf diese Kombination stärker als auf die Einzelreize, aber hier muss sie lernen, genau dies zu unterdrücken. Weiterhin kann man die Biene zu *kontextuellem* Lernen bringen, dabei lernt sie, am selben Ort unter bestimmten Bedingungen das eine oder das andere zu tun oder sich an unterschiedlichen Orten unter denselben Bedingungen unterschiedlich zu verhalten (siehe unten).

Schließlich sind die Bienen zu *kategorialem* Lernen in der Lage, das heißt sie lernen, unterschiedliche Objektformen bestimmten Grundformen (oval oder eckig, symmetrisch oder asymmetrisch) zuzuordnen oder Objekte mit demselben Muster (zum

Beispiel senkrechte oder waagrechte Streifen) zusammenzufassen und neue Objekte einer der beiden Kategorien zuzuordnen – etwas, das Tiere mit riesigen Gehirnen wie Elefanten schlecht oder gar nicht beherrschen (Kapitel 11). In entsprechender Weise beherrschen Bienen die Kategorie „gleich/ungleich“ und können dieses Konzept auf völlig neue Stimulusanordnungen transferieren. Giurfa und Menzel konnten zeigen, dass die Bienen in solchen Kategorisierungsversuchen einen deutlichen „Aha-Effekt“ haben, das heißt nach anfänglich niedrigem Lernerfolg war plötzlich ein großer Sprung zu hohem Lernerfolg zu beobachten (Giurfa et al. 2003).

Versuche von Randolf Menzel und seinen Kollegen zeigen auch, dass die Honigbiene so etwas wie *selektive Aufmerksamkeit* für einen Stimulus zeigen kann, wenn sie, zum Teil entgegen ihren angeborenen Präferenzen, darauf trainiert wurde. Aufgrund des Trainings zur Farbunterscheidung steigt die sensorische Farbdiskriminationsfähigkeit gegenüber der trainierten Farbe deutlich an. Schließlich meistern Bienen auch das, was man „verzögerte Vergleichsaufgabe“ nennt (*delayed match-to-sample* oder dessen Gegenteil, das *delayed non-match-to-sample*), in der ein Tier einen gezeigten Reiz für einige Sekunden behalten muss, ehe ihm eine Serie weiterer Reize gezeigt wird. Das Tier muss dann entscheiden, ob sich darunter der erste Reiz befindet oder nicht – und wird bei korrekter Antwort natürlich dafür belohnt. Bienen waren in der Lage, in der Serie der gebotenen Reize denjenigen Reiz auswählen, der *neu* war. Das für solche Leistungen nötige Arbeitsgedächtnis hat eine Behaltensspanne bis zu acht Sekunden (Pahl et al. 2010). Das erscheint gering, liegt aber durchaus im Bereich der Behaltensspannen von fünf bis 15 Sekunden bei Wirbeltieren, einschließlich Säugetieren, sofern nicht beim Menschen die Sprache als „phonologische Schleife“ zur Hilfe kommt (Kapitel 13).

„Zählen“ ist eine bei vielen Tieren untersuchte kognitive Aufgabe. Bei Bienen verwandte man zu diesem Zweck die oben erwähnte „verzögerte Vergleichsaufgabe“, das heißt die Tiere mussten sich in einem Y-Labyrinth für Stimuli mit einer bestimmten Anzahl von Objekten (Punkten, Sternen, Zitronen usw.) entscheiden. Sie lernten hierbei die abstrakte Anzahl und konnten sie auf neue Objekttypen übertragen. Dabei bewältigten sie die Aufgabe „2 gegen 3 Objekte“ gut. Bei „3 gegen 4 Objekte“ konnten sie die Dreier-Objekte identifizieren, scheiterten aber an der Auswahl von Vierer-Objekten (oder solchen mit noch höheren Zahlen). Ob Wirbeltiere bei dieser Aufgabe besser abschneiden, werden wir noch erfahren.

Interessant ist das, was die „intelligenten“ Bienen *nicht* lernen. Hierzu gehört das bekannte Transitivitätsgesetz – eine Form des logischen Schlussfolgerns, die besagt: Wenn A größer ist als B und B größer als C, dann ist A auch größer als C. Bienen wurden mit Folgen A>B, B>C, C>D und D>E (visuelle Stimuli) und dann mit dem ihnen unbekannten Paar „B zu D“ getestet. Daran scheiterten sie. Sie meisterten diese Aufgabe zwar paarweise und in einer ihnen bekannten, aber nicht in einer neuen Paarung, wenn diese übergreifend war, und sie zeigten eine Bevorzugung der zuletzt gezeigten Paarung (*recency effect* genannt). Offenbar ist das Arbeitsgedächtnis bei Bienen zu wenig leistungsfähig, um die längeren Ketten von Reizen vergleichen zu können.

Die *räumlichen Orientierungsleistungen* der Biene haben Forscher wie Laien stets fasziniert. Pionierbienen fliegen aus und suchen die Gegend nach Futterquellen, in der Regel Blüten, ab. Finden diese Bienen eine gute Quelle, so kehren sie zurück und teilen ihren Schwestern im stockdunklen Bienenkorb über den berühmten Schwänzeltanz auf der senkrecht stehenden Wabe Richtung und Entfernung der Quelle mit. Der Tanz besteht aus einem Rundtanz im und gegen den Uhrzeigersinn und (wenn die Futterquelle mehr als 100 Meter entfernt ist) aus einer geraden, von Schwänzeln begleiteten Tanzstrecke, die unterschiedliche Winkelorientierungen zur Senkrechten der Bienenwabe einnehmen kann. Der *Winkelunterschied* dieser Schwänzelstrecke zur Senkrechten zeigt den Winkel zur Sonne bzw. zum vom Sonnenstand abhängigen Polarisationsmuster des blauen Himmelslichtes an, den die Bienen, die in „Tuchfühlung“ mit der tanzenden Biene stehen, einschlagen müssen, wenn sie die Futterquelle erreichen wollen. Die Länge der gesamten Tanzstrecke bzw. die Zeit, die die Biene dafür braucht, kodiert die Entfernung der Quelle. Die Schwänzelfrequenz codiert die Attraktivität der angezeigten Stelle und möglicherweise noch andere Aspekte. Wichtig in diesem Zusammenhang ist, dass die Tänze der Bienen für verschiedene Ziele eingesetzt werden, im Stock zum Beispiel für die Informationen über Nektar- oder Pollenquellen, Harz oder Wasserstellen, im Schwarm dagegen für Informationen über eine potenzielle Stelle für einen neuen Stock. Damit kommt diesem symbolischen Kommunikationsverhalten in gewissem Sinne eine Semantik zu.

Bienen müssen auf ihren Erkundungsflügen oft lange Strecken fliegen und richten sich beim Hinflug neben dem Sonnenkompass bzw. dem Lichtpolarisationskompass auch nach Landmarken, deren Gestalt sie sich im visuellen Gedächtnis einprägen. Beide Navigationshilfen werden nach heutiger Meinung in unterschiedlichen „Modulen“ verarbeitet, und die Frage ist, ob beide Module unabhängig voneinander arbeiten oder irgendwie interagieren. Dies kann man testen, indem man Bienen darauf trainiert, an zwei unterschiedlichen Plätzen nach Nahrung zu suchen, und zwar am Morgen an Platz A, der mit 115 Grad Abweichung von der Nordrichtung 630 Meter entfernt liegt, und am Nachmittag an Platz B, der mit 40 Grad Abweichung von der Nordrichtung 790 Meter entfernt ist. Die Tiere lernen dabei natürlich unterschiedliche Heimwege zum Bienenstock. Wenn man nun die Tiere nach erfolgreichem Training „zeitlich falsch“ freilässt, nämlich morgens an Platz B und nachmittags an Platz A, dann fliegen die Tiere auf direktem Weg zurück zum Bienenstock, das heißt sie erinnern sich an den für den jeweiligen Ort richtigen Heimflug. Lässt man sie auf halbem Weg zwischen A und B frei, dann fliegt die Hälfte aller Tiere direkt zum Stock zurück und nutzt dafür möglicherweise eine „interne“ topographische Karte.

Die Frage, ob Bienen ein Gedächtnis für Landschaftsstrukturen in Art einer topographischen Karte haben, ließ sich erst genauer untersuchen, als es möglich wurde, den Flug einzelner Bienen über größere Strecken (ein Kilometer) zu verfolgen. Dazu wurde von Menzel und seinen Mitarbeitern ein sogenanntes harmonisches Radar eingesetzt, das einen Radartransponder detektiert, den die Biene trägt. Dabei zeigte sich, dass die Bienen sicher aus allen Richtungen um den Stock zurückkehren, wenn sie innerhalb des Bereichs freigelassen werden, den sie in ihren Orientierungsflügen erkundet hatten. Verwendet man für einen solchen Test Bienen, die vorher auf eine Futterstelle dressiert wurden, und versetzt sie an eine andere Stelle ihres Orientierungsbereichs, nachdem sie sich an der Futterstelle voll getrunken hatten und gerade im Begriff waren, zum Stock zurückzufliegen, dann fliegen sie an der Auflassstelle stets zuerst entsprechend dem Heimflugvektor. Sie verwenden also zuerst die Information, die in ihrem Arbeitsgedächtnis aktiviert wurde. Danach aber fliegen sie nach einigem Suchen zum Stock zurück, ohne auf visuelle oder andere Marken angewiesen zu sein, die vom Stock ausgehen.

Ein klarer Hinweis für eine kartenartige Organisation ihres Raumgedächtnisses ergibt sich nach Menzel aus der Beobachtung, dass solche Bienen entscheiden können, ob sie zuerst zum Stock oder zuerst zur Futterstelle fliegen. Es soll aber nicht verschwiegen werden, dass einige Autoren die Existenz „mentaler räumlicher Karten" bei der Biene bezweifeln und meinen, die genannten Leistungen der Raumorientierung ließen sich eventuell durch relativ einfache Mechanismen der Wegintegration erklären. In der Natur scheinen Bienen bei ihren Flügen eine „opportunistische" Mischung aus Orientierung an Landmarken, Wegintegration und kartenartig organisierten Gedächtnisinhalten zu benutzen.

Im Zusammenhang mit dem Navigationsverhalten lässt sich auch gut das Kontextlernen der Bienen untersuchen. Bienen sind in der Lage, unterschiedliche Stimuluskonfigurationen, etwa hinsichtlich Farbe und Form einer Blüte oder eines Belohnungsspenders, mit einem bestimmten Ort und einer bestimmten Tageszeit zu assoziieren, das heißt vormittags den einen Blütentyp und nachmittags einen anderen anzufliegen (Pahl et al. 2010). Dies zeigt, dass sie belohnte visuelle Muster getrennt nach ihren räumlichen und zeitlichen Kontexteigenschaften erinnern können.

Andere Insekten, zum Beispiel die Taufliege *Drosophila* oder parasitierende Wespen, zeigen ebenfalls gute Lernleistungen. Dies ist besonders interessant, weil die Gehirne dieser Tiere noch viel kleiner sind als das der Honigbiene und entsprechend weniger Neuronen besitzen (bei *Drosophila* sind es rund 200 000 Neuronen verglichen mit einer Million bei der Honigbiene); außerdem sind diese Tiere noch viel kurzlebiger. Allgemein wurde bisher angenommen, dass sehr kleinhirnige und kurzlebige Tiere keine oder nur minimale Lernleistungen zeigen, weil sich derartige „Investitionen" bei ihnen nicht lohnen. Vielmehr sollten solche Tiere mehr von Instinktverhalten gelenkt sein. Wir werden aber sehen, dass dies ein Irrtum ist.

Drosophila verfügt wie andere Insekten über ein reiches Repertoire von Instinkthandlungen und -teilhandlungen, zwischen denen die Tiere situationsabhängig wechseln können – eine wichtige Grundlage für Verhaltensplastizität. Gleichzeitig haben aber auch das Lernvermögen und die Gedächtnisbildung bestimmte genetische Grundlagen und unterliegen damit der Darwin'schen Selektion. Dies konnten Frederic Mery und Tadeusz Kawecki von der Universität Fribourg in der Schweiz vor einigen Jahren demonstrieren. Es gelang ihnen, bei *Drosophila melanogaster* über 51 Generationen Mutanten mit deutlich höheren Lern- und Gedächtnisleistungen im Zusammenhang mit aversiver Konditionierung bei der Eiablage zu züchten (Mery und Kawecki 2002).

In diesem Zusammenhang stellt sich die Frage nach den Mechanismen, die der Ausbildung eines Langzeitgedächtnisses zugrunde liegen. Wie im ersten Kapitel erwähnt, gibt es ein

Langzeitgedächtnis, das von Genexpression oder Proteinsynthese abhängig ist und durch die Gabe von Antibiotika gestört werden kann, während andere Formen des Langzeitgedächtnisses hierdurch nicht beeinträchtigt werden.

Lernexperimente, die sich unter anderem mit diesem Problem befassen, werden mit parasitischen Wespen durchgeführt, von denen es rund 100 000 Arten gibt. Diese Tiere legen ihre Eier in den Larven unterschiedlicher Insekten ab, zum Beispiel in die von Schmetterlingen oder Taufliegen. Für sie ist es von Vorteil, sich Orte bzw. Substrate (meist bestimmte Pflanzen) zu merken, an denen häufiger Wirtstiere zu finden sind, und sie können dies über eine Assoziation von Geruch und Anblick des Substrates lernen.

Bei parasitischen Wespen der Familie *Braconidae* gibt es hierfür unterschiedliche Strategien. So legt die Art *Cotesia rubecola* einen Großteil ihrer Eier in Wirtstiere (*Pieris brassicae*, Großer Kohlweißling) auf einer einzigen Pflanze, und die dabei erworbenen Erfahrungen entsprechen dem Typ des „massierten Lernens“. Die Art *C. glomerata* legt dagegen jeweils nur ein Ei in ein Wirtstier (*Pieris rapae*, Kleiner Kohlweißling) pro Pflanze und fliegt deshalb viele Pflanzen an. Die Erfahrungen entsprechen dem Typ des „verteilten Lernens“. In kürzlich publizierten Untersuchungen konditionierten die holländischen Biologen Smid und Kollegen (Smid et al. 2007) die zwei Arten darauf, ihre Eier in Kohlweißlingsraupen zu legen, die sich auf Blättern der Brunnenkresse befanden, die nicht gern von naiven Wespen angeflogen werden. Um die Art der Konsolidierung des Langzeitgedächtnisses zu untersuchen, wurden einem Teil der Versuchstiere die Antibiotika Actinomycin oder Anisomycin gegeben, wobei Actinomycin die Gentranskription und Anisomycin die Proteinsynthese hemmt, und beide Gruppen wurden mit Kontrollen verglichen.

Die Untersuchungen ergaben, dass *C. glomerata* einen einzigen „massierten“ Lernakt benötigte, um die Assoziation von Pflanze (Kresse) und Wirtstier (Raupe) zu lernen, während

C. rubecola drei auseinanderliegende, also „verteilte" Lernakte brauchte. Außerdem wurde bei *C. glomerata* wurde eine von der Proteinsynthese *abhängige* Konsolidierung des Langzeitgedächtnisses gefunden, bei *C. rubecola* hingegen zwei parallel verlaufende Prozesse der Konsolidierung eines LZG, und zwar eine von der Proteinsynthese *unabhängige* und eine davon *abhängige* Konsolidierung, wobei diese Parallelität für circa drei Tage anhielt. Dies legt nahe, dass es unterschiedliche Arten der Ausbildung eines Langzeitgedächtnisses bei Insekten und sogar bei nahe verwandten Insektenarten gibt.

Untersuchungen meiner Bremer Kollegen Thiel und Hoffmeister (2009) zum Legeverhalten von parasitischen Wespen zeigen ein erstaunlich „rationales" Entscheidungsverhalten, in das Informationen über die Verbreitung und den Aufenthaltsort des Wirts, das geeignete Larvenstadium des Wirts, den „Belegungsstatus" (ob schon parasitiert oder noch nicht) eingehen. Beim Suchverhalten müssen je nach Wirtsvorkommen komplexe „Entscheidungen" über die Fortsetzung oder den Abbruch getroffen werden, die Optimierungsmodellen sehr nahe kommen. Dies zeigt, dass diese Tiere trotz ihres winzigen Gehirns zu einem flexiblen Legeverhalten fähig sind.

Bienen können klassisch ebenso wie operant konditioniert werden, während merkwürdigerweise bei Taufliegen klassische Konditionierung schwer ist. Dies zeigt übrigens, dass klassische und operante Konditionierung zwei unterschiedliche Formen assoziativen Lernens darstellen und dass operante Konditionierung nicht etwa „komplexer" oder höherwertig ist als klassische Konditionierung.

Operante Konditionierung haben der Würzburger Neurobiologe Martin Heisenberg und seine Kollegen bei *Drosophila* nachgewiesen. Eine Taufliege wurde so an einer Vorrichtung festgeklebt, dass sie mit Beinen, Flügeln und Körper bestimmte Bewegungen machen konnte, wodurch sich die Umwelt bzw. Teile davon um sie herum zu bewegen begannen. Wurde die Taufliege plötzlich einer gefährlichen Temperaturerhöhung ausgesetzt, zappelte sie zunächst wild herum, bis sie eine bestimmte Bewegung ausführte, durch die die Hitzequelle abgestellt wurde. Entsprechend dem Schema der operanten Konditionierung (hier einer negativen operanten Konditionierung) führte die Taufliege immer häufiger genau die Bewegung aus, die zum Erfolg führte.

Lernen, kognitive Leistungen und Intelligenz bei Cephalopoden

Wie wir gehört haben, besitzen einige Cephalopoden-Gruppen, nämlich Kalmare und Kraken, ein großes und kompliziert gebautes Gehirn. Dies passt gut mit der räuberischen Lebensweise dieser Tiere zusammen, denn räuberische Tiere haben im Durchschnitt größere und kompliziertere Gehirne als nichträuberische. Es ist also zu erwarten, dass *Octopus* mit seinen 500 Millionen Neuronen im größten und kompliziertesten Gehirn unter den Wirbellosen ein auffallend intelligentes Verhalten zeigt.

Die langjährige Arbeit des britischen Zoologen J. Z. Young (1907–1997) brachte nicht nur Aufschluss über die Anatomie des Nervensystems von Cephalopoden – und besonders von Kraken, die Young hauptsächlich in der berühmten Stazione Zoologica von Neapel untersuchte –, sondern wies auch hohe kognitive Leistungen nach, die Young dazu veranlassten, *Octopus* in die Nähe der intelligentesten Wirbeltiere (Säuger und Vögel) zu stellen. Immerhin war das Körper-Gehirn-Verhältnis von *Octopus* vergleichbar mit dem mancher Säuger und Vögel. Angespornt durch die Arbeiten von Young hielt man *Octopus* schließlich für eine wahre Intelligenzbestie.

Beachtliche Leistungen von *Octopus* wurden in der Tat im Bereich der räumlichen Orientierung nachgewiesen. *Octopus* merkte sich nicht nur gut, wo es schmackhaftes Futter gab und wie man verlässlich dorthin kommt, sondern er schlug auf dem Rückweg auch kürzere Wege ein, die er noch nie geschwommen war. Solche Leistungen zeigen, dass ein Tier ein gutes räumliches Gedächtnis besitzt. Ob man hieraus die Existenz einer „mentalen räumlichen Karte" ableiten kann, ist genauso unklar wie bei der Honigbiene. Man könnte die Leistung von *Octopus* ebenfalls als eine Art Wegintegration ansehen, die sich bei vielen Tieren findet, zum Beispiel bei Landkrabben oder bei Ameisen und ganz allgemein bei fliegenden Insekten. Andere Beobachtungen und Experimente zeigen, dass *Octopus* seinen Siphon dafür benutzt, um in und vor seiner Höhle „reinen Tisch" zu machen und Sand und Unrat wegzublasen. Auch konnte man beobachten, dass die Tiere ihre Heimstatt gelegentlich durch Herbeiholen und Aufschichten von kleinen Steinen gegen Eindringlinge schützen. Dies wird von einigen *Octopus*-Spezialisten als Anzeichen für „Werkzeuggebrauch" angesehen. Schließlich zeigen Kraken auch die Neigung, mit Plastikflaschen herumzuspielen, indem sie solche Flaschen mit dem Wasserstrom des Siphons herumstoßen, und sie sind in der Lage, Schraubdeckel von Gläsern aufzudrehen, die mit Krabben gefüllt sind. All dies geht allerdings nur wenig über die Künste anderer wirbelloser Tiere, beispielsweise beim Bauen von Ameisen-, Bienen- oder Termitennestern, hinaus.

In Experimenten der amerikanischen Zoologin Jean Boal lernte *Octopus* relativ schnell, einem komplizierten Labyrinth zu entkommen, und das Tier behielt diese Erfahrung für eine Woche im Gedächtnis. Auch konnte *Octopus* Aufgaben im Bereich der Objekt- und Mustererkennung meistern, wobei die Leistungen aber eher bescheiden ausfielen und nicht über die eines Knochenfischs hinausgingen. Generell gilt für die *Octopus*-Forschung: Je mehr man forschte, desto nüchterner fielen die Ergebnisse aus, und es zeigte sich, dass *Octopus* zwar ganz gut lernen kann, aber von einem Säugetier wie der Laborratte weit in den Schatten gestellt wird.

In diese Phase der Ernüchterung hinein platzte im Jahre 1992 ein Artikel in der Zeitschrift „Science“ aus der Feder der beiden italienischen Zoologen Graziano Fiorito und Pietro Scotto von der erwähnten Stazione Zoologica in Neapel. Die beiden schrieben, dass *Octopus* zu *Einsichtslernen durch Zuschauen* fähig sei. Das Experiment verlief folgendermaßen: Eine Gruppe von Kraken wurde durch Belohnung und Bestrafung trainiert, von roten und weißen Kugeln entweder nur die roten oder nur die weißen auszuwählen. Nachdem die Tiere dies gelernt hatten, durften andere Tiere zuschauen – die Autoren berichteten, dass diese Tiere dabei zunehmend aufmerksamer wurden! Wenn diese Zuschauer-Tiere dann selbst vor die Wahl zwischen den beiden Kugeltypen gestellt wurden, dann nahmen diejenigen, welche die Tiere mit einer Präferenz für rote Kugeln beobachtet hatten, solche Kugeln hochsignifikant häufiger, obwohl sie nie hierfür belohnt worden waren. Bei denjenigen, die Artgenossen mit einer Präferenz für weiße Kugeln zugeschaut hatten, fielen die Experimente entsprechend anders aus.

Verhaltensforscher reagierten auf diesen Bericht teils „elektrisiert“, teils skeptisch, denn ein „Lernen durch Zuschauen“ war bisher nur bei den intelligentesten Tieren gefunden worden, bei Menschenaffen und bei Menschen. Was die skeptischen Experten störte, waren einerseits viele methodische Bedenken und außerdem die Tatsache, dass eine solche Fähigkeit bei den hochsozialen Menschenaffen und Menschen durchaus sinnvoll ist, nicht aber bei *Octopus*, der höchst unsozial lebt, sich nur zur Paarung mit anderen Kraken trifft (auch die Paarung läuft wenig empathisch ab!) und seine Eltern und Kinder nie sieht. Es musste sich also um eine Fähigkeit handeln, die *Octopus* in seiner Lebenswelt überhaupt nicht benötigt. Aber warum sollte es das nicht geben? Schließlich können Schimpansen lernen, über Gebärdensprachen und Tastaturen mit Menschen und angeblich sogar untereinander zu kommunizieren, obwohl sie dies anschließend nicht in einem Maße tun, wie es die meisten Menschen tun würden.

Der bereits erwähnten Zoologin Boal gelang es in der Folgezeit nicht, die Ergebnisse der italienischen Autoren zu reproduzieren. Allerdings publizierten Fiorito und Chichery 1995, dass eine Entfernung des Vertikallobus (Kapitel 6) die Fähigkeit zum „Lernen durch Zuschauen“ beseitigt. Unklar ist bis heute, wie die beeindruckenden Originalergebnisse von Fiorito und Scotto zustande kamen und ob sie verlässlich sind. Wiederum einige Jahre später (1998) publizierten Fiorito und der amerikanische Lernforscher Biederman zusammen mit anderen Autoren einen Artikel über das *Octopus*-Lernverhalten im Zusammenhang mit dem Aufschrauben des Glases, in dem von einem schwachen Übungseffekt berichtet wird. Inzwischen beurteilt Biedermann dies allerdings wieder sehr skeptisch.

Ort für Lernen und Gedächtnisbildung ist beim Kraken offenbar der Vertikallobus. Es wurden auch neurophysiologische Experimente durchgeführt, in denen der Vertikallobus über das Nervenbündel, das vom medianen superioren frontalen Lobus (MSF) zum Vertikallobus zieht, gereizt wurde und es konnten LTP-artige Prozesse nachgewiesen werden, die allerdings keine NMDA-Rezeptoren erforderten. Das Durchtrennen des Bündels beeinträchtigte nur das Langzeitgedächtnis, nicht jedoch das Kurzzeitgedächtnis (Boycott und Young 1955; Hochner et al. 2006; Shomrat et al. 2008).

Was sagt uns das?

Wirbellose – das sind mehr als 95 Prozent aller Tiere – zeigen in ihrer großen Mehrheit ein relativ einfaches, auf Reflexen und Instinktverhalten aufgebautes Verhalten. Einfache nichtassoziative Lernformen wie Habituation und Sensitivierung sind universell verbreitet, ebenso klassische Konditionierung, deren Effekt bei Schnecken, Cephalopoden und Arthropoden nachgewiesen wurde. Klassische und operante Konditionierung sind vornehmlich bei Insekten und hier bei den Hymenopteren (Bienen, parasitoide Wespen), Dipteren (Taufliegen) sowie bei *Octopus* nachgewiesen. Bei Kraken gibt es möglicherweise Nachahmungslernen.

Insgesamt ergeben die gesicherten Daten über das Lernverhalten und andere kognitive Fähigkeiten von Octopus ein – verglichen mit früheren Erwartungen – eher realistisches Bild, wobei sie aber immer noch über denen der meisten anderen Wirbellosen, mit Ausnahme der Bienen, liegen. Die Leistungen von Octopus und Biene sind nicht in jeder Hinsicht vergleichbar, weil der Krake über seine langen Arme eine viel höhere Manipulationsfähigkeit besitzt als die Biene. Allerdings kann Octopus nicht fliegen, weshalb die Fähigkeiten zur räumlichen Navigation nicht so ausgeprägt sein müssen, und er zeigt keinerlei Sozialverhalten.

Insekten und Kraken besitzen die komplexesten Gehirne unter den Wirbellosen, was zumindest qualitativ mit den Unterschieden in den kognitiven Leistungen übereinstimmt. Allerdings sind zwischen beiden Tiergruppen die Unterschiede in Größe und Neuronenzahl gewaltig. Bei Taufliegen sind es gerade einmal 200 000 Neuronen im gesamten Gehirn, bei Bienen eine Million – die parasitoiden Wespen liegen sicherlich dazwischen. Dem stehen rund 40 Millionen Neuronen im Gehirn von *Octopus* gegenüber. Mit diesem Problem werden wir uns noch befassen müssen.

8
Der Weg zu den Wirbeltieren

Die Deuterostomier (Neu- oder Zweitmünder) sind die Schwestergruppe der Protostomier. Letztere zeichnen sich unter anderem dadurch aus, dass ihr Nervensystem auf der Bauchseite liegt und deshalb „Bauchmark“ genannt wird, während das Nervensystem bei den Deuterostomiern im Rückenbereich angesiedelt ist und deshalb „Rückenmark“ heißt. Eine Ausnahme bilden die Stachelhäuter (*Echinodermata*), die – wahrscheinlich unabhängig von den Hohltieren – ein radiärsymmetrisches Nervensystem ausgebildet haben. Eine Darstellung der Verwandtschaftsverhältnisse der zu den Deuterostomiern gehörenden Taxa liefert Abbildung 22.

Die Grundorganisation der Protostomier und der Deuterostomier scheint fundamental verschieden zu sein, und dies könnte bedeuten, dass sich diese beiden großen Tiergruppen unabhängig aus unterschiedlichen schwammartigen Vorfahren entwickelt und parallel einen bilateralen Körperbau ausgebildet haben. Doch schon früh in der Evolutionsforschung wurde die Ansicht vertreten, dass Protostomier und Deuterostomier in ihrem Grundbauplan ähnlicher sind, als es den Anschein hat. Der französische Biologe Etienne Geoffroy St. Hilaire hatte die Idee, dass man die langgestreckten Wirbellosen (also die „Würmer“) nur 180 Grad um die Längsachse drehen muss, um sie mit den Chorda- bzw. Wirbeltieren „in Deckung“ zu bringen: Damit wird das Bauchmark zum Rückenmark. Soll es also für den wirbellosen Vorfahren der Wirbeltiere zweckmäßig gewe-

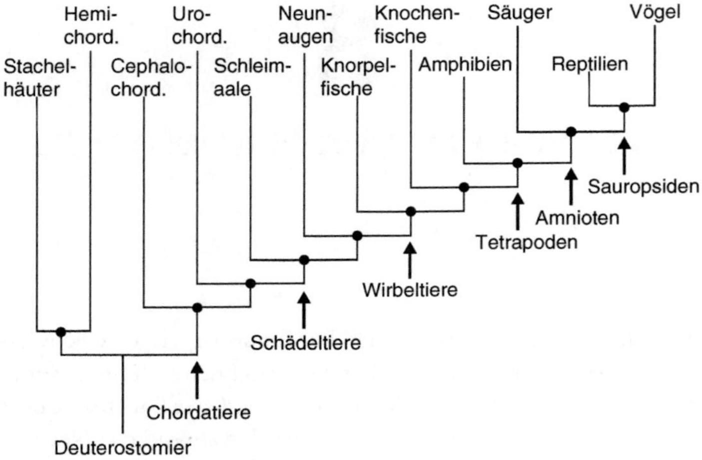

Abb. 22 Verwandtschaftsverhältnisse der Deuterostomier. Erläuterungen im Text.

sen sein, Rückenschwimmer zu werden? So könnte es tatsächlich gewesen sein, denn beim Lanzettfischchen, das als lebendes Fossil der Chordatiere angesehen, beobachtet man beides: Bauchschwimmen und Rückenschwimmen.

Vor einigen Jahren wurde Geoffroy St. Hilaires Theorie im Zuge des stürmischen Fortschritts der Entwicklungsgenetik wieder interessant, als nämlich Forscher begannen, zwei nur sehr entfernt verwandte Tierarten, die Taufliege *Drosophila* und den Krallenfrosch *Xenopus*, auf diejenigen Entwicklungsgene hin zu untersuchen, die den jeweiligen Bauplan des Körpers und des Gehirns festlegen. Sie stellten zu ihrem großen Erstaunen fest, dass diese Gene bei beiden Tierarten weitgehend übereinstimmen. Homologien auf der Ebene der Wachstumsgene und -faktoren gibt es im Hinblick auf die Kopf-Schwanz-Organisation, auf die Segmentierung des Körpers und des Nervensystems bzw. Gehirns, die Ausbildung von Nervenzellen und ihren Anhängen und sogar auf die Ausbildung von Augen.

Innerhalb des Nervensystems bestimmen sogenannte *Hox-Gene* bei *Drosophila* die Ausbildung von Bauchmark und Tritocerebrum und bei *Xenopus* die Ausbildung von Rückenmark und Nachhirn, während *Nicht-Hox-Gene* bei Insekten die Ausbildung der vorderen Gehirnteile (Proto- und Deutocerebrum) und bei Chorda- bzw. Wirbeltieren die Entwicklung von End-, Zwischen- und Mittelhirn festlegen. Dazwischen liegt bei beiden Tiergruppen eine sogenannte *Pax-Region*, die im Wirbeltiergehirn die isthmische Region des Hirnstamms definiert (Farris 2008). Dieselben Zuordnungen hat man inzwischen bei praktisch allen anderen Bilateria und in Vorstufen sogar bei Schwämmen, Nesseltieren und Stachelhäutern gefunden – also bei Tieren, die gar keinen bilateralen Körperbau haben. Entsprechend könnte es für alle *Bilateria* und ihre Nervensysteme bzw. Gehirne einen *gemeinsamen Bauplan* für ein dreiteiliges Gehirn geben.

Eine solche Sichtweise vereinfacht viele Probleme der Evolution der Nervensysteme und Gehirne radikal, sie wirft aber auch einige neue Probleme auf. Selbst wenn die Homologie der Gene feststeht, so kann es immer noch sein, dass die von ihnen kontrollierten Regionen des Nervensystems bzw. Gehirns unabhängig voneinander entstanden sind. Dieselben oder sehr ähnliche Gene können nämlich bei unterschiedlichen Tiergruppen sehr unterschiedliche Dinge tun, das heißt einen Funktionswechsel durchlaufen. Es kann aber auch sein, dass auch die Strukturen homolog sind. In diesem Fall wären Zentralnervensystem und Gehirn aller Bilateria ein einziges Mal entstanden, bei den sogenannten „Urbilateria" (Reichert 2007), und alles andere wären evolutive Abwandlungen. Allerdings gibt es alternative Konzepte, die zwar nicht die Existenz von Organisatorgenen für die Nervensysteme der Bilateria oder sogar aller echten Vielzeller bezweifeln, aber die Existenz eines Urzentralnervensystems und -gehirns der Bilateria hinterfragen (Moroz 2009). Nach dieser Meinung sind Zentralnervensysteme mindestens dreimal unabhängig aus diffusen Nervensystemen entstanden, nämlich erstens bei den Lophotrochozoa, zweitens bei den Ecdysozoa und drittens bei den Chordatieren. Danach würde das nichtzentralisierte Nervensystem der Stachelhäuter einen eigenständigen Primärzustand und keine sekundäre Reduktion eines primär bilateralsymmetrischen Zentralnervensystems darstellen (siehe unten).

Eine wichtige Frage ist, *wie* dieselben Gene zu ganz unterschiedlichen Strukturen führen können. So ist das Insektengehirn in den meisten Details anders aufgebaut als das Wirbeltiergehirn, und das Insektenauge hat keinerlei Ähnlichkeit mit dem Wirbeltierauge, und trotzdem liegen beiden dieselben Entwicklungsgene zugrunde. Man muss also annehmen, dass diese Gene nicht die genaue Struktur vorgeben, sondern nur ganz allgemeine Organisationsfaktoren wie „Bilde ein dreiteiliges Gehirn aus!“ oder „Lass ein lichtempfindliches Organ entstehen!“, und dass es anderen, spezifischeren Genen und epigenetischen Mechanismen überlassen bleibt, *welche* Strukturen genau ausgebildet werden, also zum Beispiel ein Pigmentfleck, ein einfaches Grubenauge, ein Komplexauge oder ein Wirbeltierauge. Jeder Student der Biologie lernt immer noch, dass die Linsenaugen von *Octopus* und die von Wirbeltieren trotz großer Ähnlichkeit nicht miteinander homolog sind, sondern *konvergente*, das heißt unabhängige Entwicklungen darstellen. Das sieht man unter anderem daran, dass die einzelnen Strukturen wie Hornhaut, Linse und Photorezeptoren unterschiedlicher embryonaler Herkunft sind und das Linsenauge von *Octopus* ein everses, das Wirbeltierauge dagegen ein inverses Auge ist. Jetzt aber stellt sich heraus, dass beiden Augentypen dieselben „Urgene“ zugrunde liegen, genau wie dem Komplexauge der Insekten. Überdies gibt es auch bei den Wirbellosen sowohl everse als auch inverse Augen, was bedeutet, dass dieses Merkmal nicht sehr stabil ist. Diese Problematik wird die Entwicklungs- und die Evolutionsbiologie noch eine ganze Zeit lang beschäftigen.

Die Deuterostomier umfassen zum einen die Stachelhäuter (*Echinodermata*), die Kiemenlochtiere (*Hemichordata*) sowie die nur eine Gattung umfassenden und ziemlich rätselhaften *Xenoturbellaria* (in Abbildung 22 nicht dargestellt). Zum anderen zählen zu ihnen die Chordatiere (*Chordata*), die sich aus den Schädellosen (*Cephalochordata*), den Manteltieren (*Urochordata*, auch *Tunicata* genannt) und den Schädeltieren (*Craniata*, also diejenigen Tiere, die einen Schädel, lateinisch *cranium*, besitzen) zusammensetzen. Zu den Schädeltieren gehören die Schleimaale (*Myxinoidea*) und die Wirbeltiere (*Vertebrata*), die neben den Neunaugenartigen (*Petromyzontida*) alle anderen Wirbeltierklassen (Knorpelfische, Knochenfische, Amphibien, Säuger, Reptilien und Vögel) umfassen.

Stachelhäuter

Die ersten Stachelhäuter (*Echinodermata*) stammen aus später präkambrischer Zeit, sind also vermutlich bald nach der Auftrennung in Protostomier und Deuterostomier entstanden. Zu den Stachelhäutern gehören Seelilien (*Crinoidea*), Seesterne (*Asteroidea*), Schlangensterne (*Ophiuroidea*), Seeigel (*Echinoidea*), Seewalzen bzw. Seegurken (*Holothuroidea*), die zusammen circa 7000 Arten bilden. Sie sind alle fünfstrahlig-radiärsymmetrisch wie der bekannte Seestern und haben entsprechend ein radiärsymmetrisches Nervensystem.

Es wird mehrheitlich angenommen, dass die Stachelhäuter nicht direkt von den ebenfalls radiärsymmetrisch gebauten Hohltieren abstammen. Vielmehr glaubt man, dass ihr radiärsymmetrischer Körperbau sekundär ist und die Vorfahren der *Echinodermata* bilateralsymmetrisch gebaut waren wie alle *Bilateria*. So weist ihr Nervensystem viele Merkmale der sekundären Vereinfachung im Zusammenhang mit einer sessilen oder langsam kriechenden Lebensweise auf. Dies wird besonders durch die Tatsache unterstrichen, dass die unterschiedlichen Formen der freischwimmenden Stachelhäuterlarven alle bilateralsymmetrisch gebaut sind, und dass sich die radiärsymmetrische Form des Körpers erst beim Übergang zur sessilen Lebensweise der Individuen ausbildet. Es gibt aber auch, wie erwähnt, die alternative Sichtweise, dass das radiärsymmetrische Nervensystem der Stachelhäuter primär und nicht sekundär vereinfacht ist.

Ähnlich den Coelenteraten besitzen die Stachelhäuter zwei Nervensysteme. Das erste ist ein *ektoneurales* Nervensystem, das den Mund umgibt. Von hier aus ziehen Nervenstränge in die Arme, sofern solche vorhanden sind; ebenso ist ein Nervenplexus vorhanden, der eng mit der Haut verbunden ist und mit chemo-, mechano- und photorezeptiven Sinneszellen der Haut in Verbindung steht. Das zweite ist ein *hyponeurales*, rein motorisches System. Nach Auffassung von Experten sind beide Nerventeilsysteme unterschiedlicher embryonaler Herkunft (ektodermal bzw. mesodermal). Die Ähnlichkeit mit dem doppelten Nervensystem der Medusen (Kapitel 6) ist frappierend.

Hemichordaten

Die Kiemenlochtiere (*Hemichordata*, knapp 100 Arten) sind wurmartige oder sessile meeresbewohnende Tiere, die einige Millimeter bis 2,5 Meter Länge erreichen und einen unsegmentierten Körper besitzen. Hauptgruppe sind die Eichelwürmer (*Enteropneusta*). Sie fressen das im Sediment enthaltene organische Material oder sind Strudler. Sie wurden lange Zeit als direkte Vorläufer der Chordatiere angesehen (daher der Name „Hemi-Chordaten“), sie sind aber aus heutiger Sicht näher mit den Echinodermen verwandt als mit den Chordaten. Die Eichelwürmer besitzen als charakteristisches Merkmal ein *Stomochord*, das eine Ausstülpung des Darms in den Mundlappen darstellt. Diese Struktur galt früher als möglicher Vorläufer der *Chorda dorsalis*, also der elastischen, stabförmigen Stützstruktur der Chordatiere. Beide Strukturen haben aber keinerlei weitere Ähnlichkeit miteinander, so dass diese Ansicht heute nicht mehr vertreten wird. Die kleinere Gruppe der Hemichordaten, die Flügelkiemer (*Pterobranchia*) sind kleine, sessile und in Kolonien lebende Tiere, die mit Tentakeln ihre Nahrung herbeistrudeln.

Das Nervensystem der Hemichordaten besteht im Wesentlichen aus einem bauch- und einem rückseitigen Nervenstrang, die im Kopflappen und ringförmig um den Darm herum verbunden sind. Der rückseitige Nerv verläuft bei den Eichelwürmern in einer speziellen Falte im Kragen. Dieser hohle Nervenstrang, das „Kragenmark" der Eichelwürmer, wird vor allem wegen seiner embryonalen Entstehung manchmal als homolog zum Rückenmark der Chordaten angesehen; diese Meinung ist aber umstritten. Andere Autoren nehmen an, dass sich dieses sehr einfache Zentralnervensystem unabhängig von allen anderen aus einem diffusen Nervennetz entwickelt hat (Moroz 2009).

Chordatiere – Craniaten – Wirbeltiere

Die Chordatiere (*Chordata*, circa 60 000 Arten, mehr als die Hälfte davon Knochenfische) umfassen die Manteltiere (*Urochordata*), die Schädellosen (*Cephalochordata*) und die Schädeltiere (*Craniata*). Allen gemeinsam ist die *Chorda dorsalis* („*Rückensaite*", auch *Notochord* genannt). Sie ist ein elastischer Stab, der die Rückenpartie der Tiere unterhalb des Rückenmarks durchzieht und sie in der Längsachse stabilisiert. Die Chordatiere haben entsprechend einen länglichen Körperbau. Obwohl kein Zweifel besteht, dass die Chordata mit den Echinodermata, den Hemichordata und den Xenoturbellaria verwandt sind, ist ihre weitere stammesgeschichtliche Beziehung unklar, und deshalb gibt es auch keine klaren Vorstellungen über den gemeinsamen Vorfahren beider Gruppen oder den gemeinsamen Vorfahren aller Chordaten. Die ersten Chordatiere entstanden bereits im Kambrium, vielleicht sogar im Präkambrium.

Die Urochordaten (etwa 2100 Arten) haben wie alle Deuterostomier eine frei bewegliche Larve, sind aber wie die Stachelhäuter im Erwachsenenstadium sessil und ernähren sich durch das Filtrieren von Nahrung aus dem Meerwasser. Die Chorda dorsalis ist auf den Schwanzbereich beschränkt. Das Nervensystem und die Sinnesorgane sind sehr einfach gebaut, offenbar sekundär als Folge der sessilen Lebensweise.

Die Cephalochordaten (24 Arten) mit ihrem bekanntesten Vertreter, dem Lanzettfischchen (*Branchiostoma,* früher *Amphioxus* genannt), sind dagegen lebenslang frei beweglich und besitzen eine durchgängige Chorda dorsalis und ein dorsales Nervenrohr. *Branchiostoma* ist ein vier bis sechs Zentimeter langes, durchscheinendes, fischartiges Tier ohne einen sichtbaren Kopf und ohne paarige Sinnesorgane. Es lebt weltweit in flachem Meerwasser, hält sich meist im Sand vergraben auf, aus dem es nur mit seinem Vorderende herausragt, um Nahrungspartikel aus dem Wasser zu filtern. Sein Mund ist von Zirren umgeben, mit denen es größere Nahrungspartikel ertasten und packen kann.

Das Nervensystem von *Branchiostoma* besteht aus 20000 Neuronen und sieht mit seinem Neuralrohr und seinem nur mäßig entwickelten Hirnbläschen (*Cerebralvesikel*) auf den ersten Blick ziemlich undifferenziert aus. Es weist aber aufgrund neuerer Erkenntnisse zur Expression von Entwicklungsgenen bereits wichtige Teile des Craniaten- bzw. Wirbeltiergehirns auf (Holland und Short 2008). Ein Nach- oder Rautenhirn (Rhombencephalon) existiert eindeutig, da hier die typischen *Hox*- und *Parahox*-Gene exprimiert werden, obwohl es – trotz der Anwesenheit der entsprechenden Gene – noch keine Segmentierung in Rhombomere aufweist (Kapitel 9). Allerdings gibt es segmental angeordnete Motorneuronen. Darüber hinaus sind nach Meinung der meisten Autoren ein Mittelhirn (Mesencephalon) und Teile eines Vorderhirns vorhanden, zumindest in Form eines Zwischenhirns (Diencephalon). Umstritten ist hingegen, ob es ein Endhirn (Telencephalon) oder wenigstens Teile davon gibt.

Manche Autoren nehmen an, dass zumindest ventrale Teile des späteren Telencephalons der Craniaten vorhanden sind, denn typische prosencephale Gene wie *Pax6, Six3/6* und *OTX* werden exprimiert. Ein wichtiger Unterschied besteht darin, dass *Branchiostoma* wie alle Craniaten eine Neuralplatte, aber keinen Neuralwulst (siehe unten) besitzt, obwohl entsprechende Gene vorhanden zu sein scheinen.

Die Gruppe der *Craniaten* umfasst die Schleimaale (*Myxinoidea*) und die Wirbeltiere (*Vertebrata*), einschließlich der Neunaugen. Wie der Name „Craniata" ausdrückt, besitzen diese Tiere einen Kopf bzw. Schädel (*Cranium*). Nach Northcutt und Gans (1983) sind die Ausbildung einer *Neuralleiste*, von *Plakoden* und in diesem Zusammenhang das Entstehen eines *Kopfes* und der dazugehörigen Sinnesorgane die Schlüsselereignisse in der Evolution der Craniaten. Zellen der bei diesen Tieren neu entstandenen Neuralleiste dringen in den embryonalen Körper ein und werden unter anderem zum Kiemen- oder Branchialskelett, zum Kopfskelett, zum peripheren Nervensystem, zu Pigmentzellen (Melanocyten) und zum Nebennierenmark.

Plakoden sind Verdickungen des Ektoderms, aus denen unter anderem Sinnesepithelien hervorgehen. Man unterscheidet eine olfaktorische Plakode, aus der sich das olfaktorische Epithel entwickelt, eine Adenohypophysenplakode, aus der sich der Vorderlappen der Hirnanhangsdrüse (*Adenophypophyse*) entwickelt, eine optische Plakode, aus der die Augenlinse gebildet wird, eine Trigeminusplakode, die sich zu sensorischen Ganglien des Kopfes entwickelt, eine otische Plakode, die zum Innenohrepithel wird, eine Epibranchialplakode, aus denen andere sensorische Ganglien des Kopfes werden, und schließlich – sofern vorhanden – die Plakoden des Seitenliniensystems. Diese Plakoden werden zum Ausgangspunkt für die Entstehung von Augen und Riechepithelien, eines Innenohrs, eines mechano- und elektrorezeptiven Seitenliniensystems sowie eines muskularisierten Branchialskeletts, das die Bildung eines Kieferapparats ermöglicht und damit völlig neue Möglichkeiten der Nahrungsaufnahme und des Beutefangs eröffnet. Einige Autoren nehmen an, dass diese Neuerungen im Wettbewerb der frühen Vertebraten mit den damals existierenden Invertebraten, wie zum Beispiel den Cephalopoden, auftraten.

Im Folgenden werden die Schleimaale und die Wirbeltiere kurz beschrieben. Die Darstellung ihrer Gehirne schließt sich im nächsten Kapitel an.

Schleimaale (Myxinoidea)

Die Schleimaale wurden früher mit den Neunaugen (*Petromyzontida*) zum Taxon der Kieferlosen (*Agnatha*) oder Rundmäuler (*Cyclostomata*) zusammengefasst, doch heute behandelt man sie als eigene Klasse, *Myxinoidea* (22 Arten), und als Schwestergruppe der Wirbeltiere, einschließlich der Neunaugen.

Schleimaale sind aalförmige Tiere (allerdings mit den Aalen nicht näher verwandt) und leben in Küstengewässern. Vorformen traten bereits im frühen und mittleren Kambrium vor etwa 530 Millionen Jahren auf. Schleimaale tragen keine Schuppen, sondern schützen sich durch eine Schleimschicht, der sie ihren Namen verdanken. Das Vorderende der Tiere ist durch Tentakeln, Mund- und Nasenöffnung und überwachsene Augen ohne Linsen gekennzeichnet, wobei ungeklärt ist, ob dies ein ursprüngliches oder ein abgeleitetes Merkmal darstellt. Über die Haut verstreut finden sich Lichtsinneszellen. Die Hauptsinne sind jedoch der Geruchs- und der Tastsinn. Schleimaale erbeuten aquatische Kleinorganismen, fressen Aas oder leben räuberisch-parasitär, indem sie sich an lebende Fische anheften und sie annagen. Die Tiere haben einen sehr großen Riechkolben (*Bulbus olfactorius*), weisen aber kein Seitenliniensystem auf, wie es für die anderen „Fische" typisch ist. Sie besitzen jedoch Mechanorezeptoren mit ähnlicher Funktion an den Tentakeln und Geschmacksrezeptoren. Ihr Vestibularapparat weist nur zwei Bogengänge auf, nicht drei wie der der Wirbeltiere.

Die Wirbeltiere (*Vertebrata*, rund 51 000 Arten) umfassen die Klasse der Neunaugenartigen (*Petromyzontida*, 38 Arten) und die Großklasse der Kiefertragenden (*Gnathostomata*). Diese gliedern sich in die Klassen Knorpelfische (*Chondrichthyes*), Knochenfische (*Osteichthyes*), Amphibien (*Amphibia*), Säuger (*Mammalia*) und Sauropsiden (traditionell: Reptilien, *Reptilia*, und Vögel, *Aves*). Amphibien, Säuger und Sauropsiden werden als „Landwirbeltiere" oder „Vierfüßer" (*Tetrapoda*) zusammengefasst. Neunaugen, Knorpel- und Knochenfische sowie Amphibien bilden die „Anamnier" (Tiere ohne Amnion, das heißt Eihülle), Säugetiere und Sauropsiden die „Amnioten" (Tiere mit einem Amnion).

Die Vorfahren der heutigen Wirbeltiere waren die im oberen Silur lebenden *Ostracodermi* („Knochenhäuter") mit einem Knochenpanzer, aber ohne Kiefer und knöchernes Innenskelett, die ihrerseits flossenlose Vorläufer im Kambrium und Ordovizium hatten. Die im Devon lebenden Ostracodermen besaßen paarige Brustflossen. Am Ende des Devons verschwand die gesamte Gruppe.

Neunaugen (Petromyzontida)

Die fischartigen Neunaugen gelten als die „primitivste" Gruppe der lebenden Wirbeltiere. Ihren Namen erhielten sie, weil man die Öffnungen der Kiemen neben den eigentlichen Augen und dem unpaaren Scheitelauge als weitere Augen ansah. Erwachsene Tiere leben meist im Ozean und wandern zur Brutzeit in die Flüsse, wo sie ablaichen. Die Larven (deutsch Querder, lateinisch *Ammocoetes* genannt) leben in Sand und Schlamm, sind Filterer und wandern als junge Erwachsene wieder ins Meer. Einige Neunaugenarten sind jedoch zu reinen Flußbewohnern geworden, zum Beispiel das Fluss-Neunauge *Lampetra fluviatilis*.

Wie die Schleimaale haben die Neunaugen keine Kiefer, ihr Mund ist ein Saugmund mit einer Raspelzunge, mit dem sie sich an lebenden Fischen festsaugen und diese wie die Schleimaale annagen. Sie leben also ebenfalls rein räuberisch-ektoparasitisch. Im Gegensatz zu den Schleimaalen besitzen sie gut ausgebildete Sinnesorgane: ein unpaares Nasenloch und Riechepithel, paarige Augen, ein unpaares Pinealorgan (Scheitelauge), ein paariges auditorisches und vestibuläres Innenohr mit drei Bogengängen und ein mechanorezeptives Seitenliniensystem mit relativ einfachen Epidermalneuromasten (Kapitel 10).

Knorpelfische (Chondrichthyes)

Die Knorpelfische umfassen Haie (*Selachii*, rund 500 Arten) und Rochen (*Batoidea*, rund 600 Arten), die zu den Elasmobranchiern zusammengefasst werden, sowie die Seekatzen (Chimären, *Holocephali*, 34 Arten). Letztere werden als die stammesgeschichtlich ältere Gruppe angesehen, von der sich vor etwa 350 Millionen Jahren die Elasmobranchier abspalteten. Knorpelfische unterscheiden sich von ihren im Silur lebenden Vorfahren, den Placodermi oder Panzerfischen, durch ein rein knorpeliges Skelett. Dabei handelt es sich um ein abgeleitetes Merkmal: Ihre Vorfahren besaßen ein Knochenskelett. Man vermutet, dass das leichtere Knorpelskelett bei diesen Tieren den Auftrieb vergrößern soll, denn Knorpelfische müssen sich ständig bewegen, um nicht abzusinken, da sie keine Schwimmblase besitzen wie die Knochenfische.

Die drei Gruppen von Knorpelfischen unterscheiden sich deutlich in ihrem Körperbau. Während die Haie und die Chimären fischähnlich sind, haben die Rochen einen Körper mit großen, flachen Anhängen ausgebildet – offenbar in Anpassung an das Leben auf dem Meeresboden, ähnlich wie die Plattfische. Haie können mit 17 Meter Länge eine beträchtliche Größe erreichen und damit die größten Knochenfische übertreffen. Während Rochen allgemein Filterer sind und sich von kleinen Invertebraten ernähren, leben Haie häufig als Räuber oder Aasfresser; allerdings sind die größten Haie Planktonfresser und für den Menschen ungefährlich.

Haie (*Selachii*) und Rochen (*Batoidea*) bewohnen mit einer einzigen Ausnahme (dem Grundhai *Carcharhinus leucas*, der in großen Seen und Flüssen lebt) die Ozeane. Einige Gruppen, die galeomorphen Haie und die myliobatiformen Rochen, haben unabhängig voneinander große und komplexe Gehirne ausgebildet. Haie und Rochen sind hervorragend mit Sinnesorganen ausgestattet. Hierzu gehören ein ausgezeichneter Geruchssinn, der sich in großen Riechkolben ausdrückt, die zum Teil weit ausgelagert und über einen Stiel mit dem Telencephalon verbunden sind, ein ebenso hervorragender Geschmackssinn mit Rezeptoren im Mund und in den Kiemen, große und sehr bewegliche Augen, deren Photorezeptoren allerdings meist aus Stäbchen bestehen, ein gut entwickeltes Innenohr für das Hören und den Gleichgewichtssinn sowie zwei Arten von Seitenliniensystemen, ein mechanorezeptives für die Wahrnehmung von Wasserbewegungen und ein elektrorezeptives. Davon werden wir Genaueres in Kapitel 10 hören. Interessanterweise haben die Knorpelfische, anders als einige Knochenfische, neben dem elektrorezeptiven Seitenliniensystem kein schwachelektrisches Echoortungssystem ausgebildet. Zitterrochen besitzen jedoch ein starkelektrisches Organ, das aus Muskelscheiben aufgebaut ist und mit dem die Tiere starke elektrische Schläge austeilen und damit Beutetiere lähmen oder töten können.

Knochenfische (Osteichthyes)

Die Knochenfische bilden mit über 26 000 Arten die größte und vielfältigste Gruppe der Wirbeltiere. Sie umfassen als wiederum größte Gruppe die Strahlenflosser (*Actinopterygii*), daneben die Armflosser (*Brachiopterygii*) und die Fleisch- oder Muskelflosser (*Sarcopterygii*), die sich in Lungenfische (*Dipnoi*) und Quastenflosser (*Crossopterygii*) aufteilen. Die Brachiopterygier bestehen aus einer einzigen Familie, den Flösselhechten (*Polypteridae*). Diese haben zwei lange, verdickte Brustflossen, die sie zur Vorwärtsbewegung nutzen können. Außerdem besitzen sie Lungen und können Luft atmen. Dies ermöglicht es den Fischen, in trüben, schlammigen und daher sauerstoffarmen Gewässern des tropischen Afrika zu leben.

Die Strahlenflosser (*Actinopterygii*) werden in drei Überordnungen eingeteilt, *Chondrostei*, *Holostei* und *Teleostei*, wobei letztere die größte Gruppe bilden und als „moderne" Knochenfische gelten, während die ersten beiden Gruppen als ursprünglicher angesehen werden. Die Chondrostei umfassen 25 Arten, die sich in die Störartigen (*Acipenseridae*) und in die Löffelstörartigen (*Polyodontidae*) unterteilen. Die Störe haben langgestreckte Körper mit langen Schnauzen und lang ausgezogenen Hinterflossen. Ähnlich wie die Knorpelfische, deren Knochengerüst sekundär durch Knorpelgewebe ersetzt wurde, ist das Skelett der Chondrostei fast vollständig verknorpelt. Sie haben relativ kleine Augen, aber ein sehr gut ausgebildetes Geruchs- und Geschmackssystem. Überdies besitzen sie ein mechanorezeptives und ein elektrorezeptives Seitenliniensystem, die große Ähnlichkeit mit denen der Knorpelfische aufweisen. Die Löffelstöre tragen ihren Namen wegen einer löffelartigen Verbreiterung ihres Mauls. Deren Oberfläche ist mit elektrorezeptiven ampullären Organen übersät (Kapitel 10). Das Gehirn zeichnet sich im Zusammenhang mit den Seitenliniensystemen durch ein hochentwickeltes Kleinhirn aus, ist ansonsten aber relativ einfach gebaut; wie alle Strahlenflosser weist es ein everses dorsales Telencephalon auf (Kapitel 9).

Die *Holostei* werden als urtümliche Knochenfische angesehen und umfassen zwei Gruppen, nämlich die *Lepisosteiformes* oder Knochenhechtartigen und die *Amiiformes* oder Kahlhechtartigen. Die Knochenhechte (nicht zu verwechseln mit den „echten" Hechten, die Teleosteer sind) haben langgestreckte, die Kahlhechtartigen etwas kompaktere Körper, die mit Ganoidschuppen bedeckt sind statt wie bei den Teleosteern mit Cycloid- und Ctenoidschuppen.

Die „echten“ Knochenfische (*Teleostei*) bilden mit etwa 26 000 Arten die größte und vielfältigste Wirbeltiergruppe. Wesentliche Merkmale der Teleosteer sind die gasgefüllte Schwimmblase als Steuerungsorgan für den Auftrieb und eine spezialisierte Rumpfmuskulatur für schnelle Fortbewegung.

Zu den Teleosteern zählen unter anderem die *Osteoglossomorpha* (das heißt „Fische mit knöcherner Zunge“) als die wohl ursprüngliche Gruppe, die *Elopomorpha*, zu denen beispielsweise die Aalartigen gehören, die *Clupeomorpha* (Heringsartigen), die *Ostariophysi* (unter anderem die Karpfenartigen) und die *Euteleostei*, denen die große Gruppe der *Percomorpha* (Barschartigen) zugerechnet wird. Letztere gelten zusammen mit den Buntbarschen (*Cichlidae*) als die am stärksten evoluierten Knochenfische, und viele ihrer Arten sind erst vor etwa 100 000 Jahren entstanden, vor allem in den großen afrikanischen Seen, und bilden somit die „modernsten“ Wirbeltiere. Auf die Ausstattung der Teleosteer mit Sinnessystemen gehe ich in Kapitel 10 genauer ein.

Lungenfische entstanden sehr früh in der Geschichte der Wirbeltiere, im unteren Devon, und erfuhren den Höhepunkt ihrer Existenz im oberen Devon und im Karbon. Von einer größeren Zahl weltweit verbreiteter Arten sind heute noch sechs übrig geblieben, zu denen der Australische Lungenfisch *Neoceratodus fosteri*, der Afrikanische Lungenfisch *Protopterus* mit zwei Arten (*P. dolloi* und *P. annectens*) sowie der Südamerikanische Lungenfisch *Lepidosiren paradoxa* gehören.

Die heute lebenden Lungenfische sind überwiegend Flussbewohner und in der Lage, größere Trockenperioden zu überdauern, indem sie sich eingraben und über ein kleines Loch in ihrem „Schutzraum“ Luft über Lungen einatmen. Lungenfische haben kleine Augen, aber ein gut entwickeltes Geruchssystem sowie ein mechanorezeptives und ein elektrorezeptives Seitenliniensystem.

Die Gruppe der Quastenflosser ist durch eine Art, *Latimeria chalumnae* (englisch *coelacanth*), möglicherweise auch durch zwei Arten vertreten. Lange glaubte man, die Quastenflosser seien vor 70 Millionen Jahren, also gegen Ende des Mesozoikums, ausgestorben, bis man im Jahre 1938 vor der Ostküste Afrikas ein Exemplar entdeckte, das den Namen *Latimeria chalumnae* erhielt. Dies rief weltweites Interesse hervor, denn man glaubte, dass man eine lebende Version des unmittelbaren Vorfahren der Landwirbeltiere vor sich habe. Inzwischen wurden einige Hundert Exemplare entdeckt und auch in ihrem natürlichen Lebensraum untersucht. Auffallend sind die fleischigen namengebenden „Quastenflossen" an der Unterseite hinter dem Kopf, die die Tiere beim Schwimmen – ähnlich wie die Landwirbeltiere und im Gegensatz zu anderen Fischen – abwechselnd bewegen. Allerdings benutzen sie diese Flossen nicht, wie man erwarten könnte, bei der Fortbewegung auf dem Meeresgrund. Sie können also nicht, wie man eine Zeitlang meinte, als ursprüngliches Modell für die Fortbewegung der Landwirbeltiere dienen.

Amphibien (Amphibia)

Moderne Amphibien werden unter der Bezeichnung *Lissamphibia* („glatthäutige Amphibien") zusammengefasst. Diese Gruppe setzt sich aus drei Ordnungen zusammen: Frösche oder Froschlurche (*Anura*) mit 29 Familien und circa 5 100 Arten, Salamander oder Schwanzlurche (*Urodela* oder *Caudata*) mit 10 Familien und derzeit 545 beschriebenen Arten und Blindwühlen (*Gymnophiona*, zuweilen auch *Caecilia* genannt) mit sechs Familien und rund 170 Arten. Frösche sind weltweit verbreitet, Salamander nur in der nördlichen Hemisphäre Eurasiens sowie in Nord- und Mittelamerka bis in den nördlichen Teil Südamerikas. Blindwühlen gibt es nur in den Tropen und Subtropen Eurasiens und Amerikas.

Die meisten Experten gehen heute davon aus, dass die *Lissamphibia* eine monophyletische Gruppe bilden und am nächsten mit den Lungenfischen verwandt sind. Die lebenden Dipnoer bilden demnach die Schwestergruppe der heutigen Amphibien und damit aller Landwirbeltiere. Die ersten Landwirbeltiere, die Labyrinthodontier (so genannt wegen ihrer gefurchten Zahnoberflächen), zu denen auch der entfernt an ein Krokodil erinnernde *Ichthyostega* gehört, traten im oberen Devon auf und entwickelten sich auf eine nicht genau bekannte Weise zu den modernen Amphibien, wobei die Gruppe der *Temnospondyli* möglicherweise die eigentliche Ursprungsgruppe gewesen ist.

Die stammesgeschichtliche Beziehung der drei Amphibienordnungen ist umstritten. Die meisten Autoren nehmen heute aufgrund morphologischer und molekularer Daten an, dass Salamander und Blindwühlen enger miteinander verwandt sind als beide mit den Fröschen. Während Salamander hinsichtlich ihres Körperbaus den ursprünglichen Amphibien ähneln, erfuhren die Frösche einen starken Umbau ihres Körpers, in dem die Wirbelsäule stark verkürzt wurde und sich die Hinterbeine enorm vergrößerten, was den meisten von ihnen eine beträchtliche Sprungkraft ermöglicht. Die Blindwühlen schließlich entwickelten zusammen mit ihrem unterirdischen, grabenden Leben einen stark verknöcherten Schädel und verloren ihre Gliedmaßen.

Reptilien (Reptilia)

Die traditionelle Wirbeltierklasse der Reptilien (*Reptilia*, rund 7300 Arten) umfasste vier Gruppen, nämlich die Schildkröten (*Chelonia*, 290 Arten), die Brückenechsen (*Rhynchocephalia*, zwei Arten, *Sphenodon punctatus* und *S. guentheri*), die Gruppe der Eidechsen, Schlangen, Geckos und Amphisbaenen (*Squamata*, über 7000 Arten) und die Gruppe der Krokodile und Alligatoren (*Crocodylia*, etwa 20 Arten). Allerdings ist die Klasse Reptilia nach neuerer Sicht keine monophyletische, sondern eine *paraphyletische* Gruppe, weil die Krokodile enger mit den Vögeln verwandt sind als mit den übrigen Reptilien (Kapitel 2 und Abbildung 2). Die Krokodile werden zusammen mit den ausgestorbenen Dinosauriern und den Vögeln zur Gruppe der *Archosauria* zusammengefasst und innerhalb der Diapsiden den *Lepidosauria* gegenübergestellt, zu denen die Brückenechsen und die Squamaten gehören. Die Schildkröten (Anapsiden) werden inzwischen als Außengruppe der Diapsiden betrachtet. Schildkröten wurden früher als eine relativ ursprüngliche Gruppe angesehen und gelten heute eher als abgeleitet. Schildkröten, Lepidosaurier (Brückenechse und Sqamaten) und Archosaurier (Krokodile und Vögel) werden zusammen als *Sauropsiden* bezeichnet. Die Sauropsiden bilden innerhalb der Amnioten die Schwestergruppe der Säugetiere. Im Folgenden werde ich der Einfachheit halber weiter von Reptilien sprechen, der Leser möge dabei aber berücksichtigen, dass es sich hierbei um keine monophyletische, sondern eine paraphyletische Gruppe handelt (Kapitel 2).

Als wichtiges Unterscheidungsmerkmal der Amnioten galt bis vor kurzem das Vorhandensein bzw. die Zahl von Öffnungen („Apsen“) am seitlichen Schädel. Das Fehlen solcher Öffnungen bei den Schildkröten (also eine „Anapsie“) wurde als ursprüngliches Merkmal gewertet und das Vorhandensein zweier Fenster (also eine „Diapsie“) bei allen anderen Reptilien als ein abgeleitetes Merkmal. Säugetiere und ihre reptilienartigen Vorfahren haben bzw. hatten nur eine Öffnung, die als Verschmelzung der beiden Öffnungen der diapsiden Reptilien und daher als „Synapsie“ angesehen wurde. Heute glaubt man aber mehrheitlich, dass das Fehlen eines seitlichen Fensters im Schädel der Schildkröten ein abgeleitetes und kein ursprüngliches Merkmal ist.

Die ersten reptilienartigen Landwirbeltiere traten im Unterkarbon vor etwa 320 Millionen Jahren auf. Die auffallendsten

Merkmale der Reptilien gegenüber den Amphibien sind die schuppige Haut (die vielleicht aber auch ein Erbe der ausgestorbenen Amphibien ist), die Höherstellung der Gliedmaßen und des Rumpfes, die insbesondere bei den Eidechsen eine sehr effektive Bewegungsweise ermöglicht, und die strikt terrestrische Art der Eiablage und Eientwicklung mit einem Ei, das wie bei Säugern ein Amnion (Eihülle) besitzt – daher die für die Sauropsiden und Säuger gemeinsame Bezeichnung „Amnioten". Eidechsen und Krokodile ähneln den Reptilienvorfahren am meisten, während Schildkröten und Schlangen dramatische Veränderungen des Körperbaues erfahren haben. Bei den Schildkröten flachte sich der Körper stark ab und entwickelte starke Knochen- und Hornplatten, die zu dem typischen Panzer zusammenwachsen, in den Kopf und Schwanz hineingezogen werden können. Die Schlangen haben, von eidechsenartigen Vorfahren ausgehend, einen sehr schlanken, langen Körper entwickelt und die Gliedmaßen verloren, offenbar im Zusammenhang mit einer grabenden Lebensweise. Die Augen wurden dabei stark reduziert oder gingen ganz verloren und wurden später neu entwickelt, was an vielen Unterschieden zu den Augen der heutigen Eidechsen erkennbar wird. Eine ähnlich starke Reduktion hat das Innenohr erfahren, das im Wesentlichen nur tiefe Frequenzen wahrnehmen kann.

Vögel (Aves)

Die Vögel bilden mit 9700 Arten die zweitgrößte Gruppe der Wirbeltiere und werden heute mit den Krokodilen zur Sauropsidengruppe der Archosaurier zusammengefasst. Ihre Abstammung von krokodilartigen Reptilienvorfahren liegt im Dunkel. Der bekannte *Archaeopteryx* lebte im oberen Jura, also vor circa 150 Millionen Jahren, und wird als Übergangsform angesehen. Er hatte noch einen reptilienartigen Körper und kein verknöchertes Brustbein, er trug im Ober- und Unterkiefer Zähne, besaß einen langen Schwanz und bereits ein Federkleid, das vermutlich primär der Wärmeisolation diente. Außerdem hatte er zu Flügeln umgebaute Vorderextremitäten, die nach Ansicht einiger Experten anfangs dem Fangen von Insekten dienten und zumindest einen Gleitflug ermöglichten.

Die heutigen Vögel werden in 28 Ordnungen eingeteilt, die von Nandus und Straußen (*Struthioformes*) über Pelikane (*Pelecaniformes*), Störche (*Ciconiiformes*), Enten, Gänse und Schwäne (*Anseriformes*), Hühnervögel (*Galliformes*), Greifvögel (*Falconiformes*), Taubenvögel (*Columbiformes*), Papageien (*Psittaciformes*), Eulen (*Strigiformes*) und Spechte (*Piciformes*) bis zu der bei weitem größten Gruppe, den Sperlingsvögeln (*Passeriformes*, rund 5 700 Arten), reichen, die alle Singvögel umfasst und neben den Papageien als die entwickeltste Gruppe der Vögel angesehen wird.

Auffallendstes Merkmal der Vögel ist neben der Warmblütigkeit (*Homoiothermie*), die vielleicht schon bei einigen Dinosauriern verbreitet war, das Federkleid und die Fähigkeit zum Fliegen. Eine weitere evolutive Neuerung, die den Dauerflug als metabolisch sehr anspruchsvolle Tätigkeit erst ermöglichte, war die Vogellunge, die kein abwechselndes Ein- und Ausatmen benötigt und damit eine kontinuierliche Sauerstoffversorgung ermöglicht. Vögel verfügen über einen hochentwickelten Gesichtssinn, einige, zum Beispiel Eulen, besitzen einen hervorragenden Hörsinn, andere, wie die Enten, einen hochentwickelten Tastsinn (an der Schnabelspitze), Tauben einen guten Geruchssinn; Zugvögel haben einen Magnetsinn entwickelt, der es ihnen ermöglicht, nach dem Erdmagnetfeld zu navigieren.

Säugetiere (Mammalia)

Die Säugetiere (rund 4 500 Arten) sind eine überraschend alte Gruppe von Wirbeltieren. Ihre ersten Vorfahren, die von Cotylosaurier-Reptilien abstammten, traten schon vor etwa

225 Millionen Jahren im Trias auf. Sie führten aber bis gegen Ende des Mesozoikums ein unscheinbares Leben. Eine wichtige Reptilien-Säuger-Zwischenform waren die Therapsiden, die vor 250 bis 180 Millionen Jahren lebten. Diese zeigten aber anders als die große Gruppe der Archosaurier keine Tendenz zum Gehen auf zwei Beinen (Bipedalismus), sondern behielten einen konsequenten Vierfüßergang bei. Es kam dann zu einem Massenaussterben dieser Säugervorfahren im Perm und in der Trias. Im weiteren Laufe des Mesozoikums setzte vor etwa 170 Millionen Jahren die Entwicklung eines moderneren Säugetiertyps ein: die Multituberculaten, die kleine Körper und eine nächtliche oder baumbewohnende Lebensweise (oder beides) besaßen. Die Aufspaltung in *Protheria* und *Theria* erfolgte wahrscheinlich vor rund 150 Millionen Jahren, die Aufteilung der Theria in *Metatheria* und *Eutheria* vor etwa 125 Millionen Jahren oder früher. Die große Zeit der Säuger brach vor circa 70 Millionen Jahren gegen Ende der Kreidezeit und schließlich mit dem Verschwinden der Dinosaurier vor 65 Millionen Jahren an.

Zu den Hauptmerkmalen der Säuger gehören das Haarkleid, die Entwicklung des Embryos im Körperinneren und – mit Ausnahme der Kloakentiere – die Geburt (mehr oder weniger) voll entwickelter Jungtiere, die namengebende spezielle Ernährungsform der neugeborenen Nachkommen (das Säugen), eine heterodonte Bezahnung mit unterschiedlichen Typen von Zähnen, die Entwicklung eines neuen Unterkiefers (Dentale) und in diesem Zusammenhang eines neuen Innenohrs.

Die erste Unterklasse der Säugetiere umfasst die Ursäuger (*Protheria*) mit der einzigen Ordnung der Kloakentiere (*Monotremata*). Hierzu gehören das Schnabeltier (*Ornithorynchus*) und der Schnabeligel (*Echidna*). Diese Tiere legen Eier, wobei dies vermutlich ein abgeleitetes Merkmal ist und nichts mit dem Eierlegen der Reptilien und Vögel zu tun hat. Die geschlüpften Jungtiere werden wie bei allen Mammaliern gesäugt, nachdem sie in den Brutbeutel gelangt sind.

Die zweite Unterklasse, die Beuteltiere oder Beutelsäuger (*Metatheria*, *Marsupialia*), umfasst sechs Überfamilien mit insgesamt circa 250 Arten, wobei eine Gruppe, die *Australidelphia* (72 Arten, darunter die Kängurus) in Australien beheimatet sind, und eine andere Gruppe, die *Ameridelphia* (zum Beispiel das Opossum *Didelphis*), die in Nord- und Südamerika leben. Beide Kontinente waren während der Entwicklung der Beuteltiere noch verbunden. Beuteltiere waren früher weltweit verbreitet und wurden später von den Eutheria oder Placentalia weitgehend verdrängt. Auffallendes und namensgebendes Merkmal ist der Besitz eines Brutbeutels, in den die neugeborenen Beuteltiere hineinwandern und sich an den dort befindlichen Zitzen festsaugen.

Die Placentatiere (*Eutheria* oder *Placentalia*) entstanden wahrscheinlich vor etwa 100 Millionen Jahren und führten lange Zeit parallel zu den damaligen Beuteltieren ein relativ bescheidenes Leben als Insektenfresser. Alle heute lebenden Säugertaxa existierten schon kurz vor dem Ende des Mesozoikums. Hauptmerkmal der Placentatiere ist die Ausbildung eines Uterus mit einer Placenta als Nährschicht. Die Körper und insbesondere die Gliedmaßen zeigen eine große Variationsbreite, von der Ausbildung von Beinen für schnelles Laufen wie bei den Huftieren, dem Umbau der Vorderextremitäten zum Fliegen bei Fledermäusen und Flughunden, zu Grabschaufeln bei den Maulwürfen oder zu Schwimmflossen bei verschiedenen wasserlebenden Säugern wie Robben und Walen.

Die placentalen Säugetiere werden nach neuester Taxonomie in vier Überordnungen eingeteilt. Die erste Überordnung *Afrotheria* umfasst unter anderem die Ordnungen Tenrekartige (*Afrosoricida*, sie gehörten früher zu der aufgelösten Ordnung der „Insektivoren“), Röhrenzähner (*Tubulidentata*, Erdferkel), Schliefer (*Hyracoidea*), Rüsseltiere (*Proboscidea*, mit den Elefanten, *Elephantidae*, als einziger Familie; drei Arten) und Seekühe (*Sirenia*). Die zweite Überordnung umfasst die Nebengelenktiere (*Xenarthra*). Die dritte Überordnung *Euarchontoglires* umfasst die Ordnungen Spitzhörnchen (*Scandentia*), Riesengleiter (*Der-

moptera), Primaten (*Primates,* mehr als 400 Arten, siehe unten), Nagetiere (*Rodentia,* rund 2300 Arten) und Hasenartige (*Lagomorpha*). Die vierte Überordnung *Laurasiatheria* schließlich umfasst die Ordnungen Insektenfresser (*Eulipotyphla,* darunter Igel und Spitzmäuse, die früher zu den „Insektivoren" gehörten), Fledertiere bzw. Fledermäuse (*Chiroptera,* rund 1100 Arten), Schuppentiere (*Pholidota*), Raubtiere (*Carnivora,* rund 270 Arten), Unpaarhufer (*Perissodactyla,* 17 Arten, zum Beispiel Pferde, Nashörner und Tapire), Paarhufer (*Artiodactyla,* rund 150 Arten, darunter Rinder, Schweine, Ziegen, Schafe, Kamele, Hirsche, Antilopen) und Wale (Cetacea, rund 80 Arten). Diese neue Systematik ist interessant, weil „unsere" Ordnung, die Primaten, in die Nähe der Spitzhörnchen und der Nagetiere gerückt wird und die Ordnung der Wale in die Nähe der Paarhufer. Die Ordnung der Insektivoren wurde zugunsten zweier neuer Ordnungen (*Afrosoricida* und *Eulipotyphla*) aufgelöst, weil sich herausstellte, dass einige Vertreter dieser Ordnung, wie der Tenrek, nicht enger mit den anderen Vertretern, zum Beispiel den Spitzmäusen oder dem Igel, verwandt sind.

Die Ordnung der Primaten ist für uns besonders interessant. Generell werden die heutigen Primaten eingeteilt in die Feuchtnasenaffen (*Strepsirrhini*), zu denen die Lemuren oder „Halbaffen" gehören, die Loriartigen (*Lorisiformes*) und die Trockennasenaffen (*Haplorrhini*). Letztere untergliedern sich in die Koboldmakis (*Tarsiiformes*) und die eigentlichen Affen (*Anthropoidea*). Als eigentliche Affen bezeichnet man die Neuweltaffen (*Plathyrrhini*), zu denen unter anderem die Klammerschwanzaffen, die Krallenaffen und die Kapuzineraffen gehören, und die Altweltaffen (*Catarrhini*). Letztere umfassen die Gruppen der geschwänzten Altweltaffen (*Cercopithecoidea*), zu denen die Meerkatzenverwandten (zum Beispiel Makaken, Paviane, Languren) und die Menschenartigen (*Hominoidea*) gehören. Zu den Hominoidea schließlich gehören die Gibbons (*Hylobatidae*) und die Menschenaffen im engeren Sinne (*Hominidae*): die Orang-Utans, die Gorillas, die Schimpansen und auch unsere Art *Homo sapiens.*

Was sagt uns das?

Wir haben uns in diesem Kapitel mit der zweiten großen Gruppe der Tiere, den Deuterostomiern, befasst, die jedoch wesentlich weniger Arten aufweist als die erste, die Protostomier mit den „Wirbellosen". Diese Gruppe ist nichtsdestoweniger interessant, weil wir Menschen dazugehören, denn wir sind in absteigender Taxonomie Deuterostomier, Chordatiere, Wirbeltiere, Säugetiere, Primaten, Menschenartige und schließlich Vertreter der Gattung *Homo* und bilden die Art *Homo sapiens*. Zoologisch gesehen fügen wir uns also bruch- und nahtlos in das Tierreich ein. Diese Erkenntnis ist schon sehr alt und verfestigte sich spätestens im 18. Jahrhundert. Um eine solche offenbare Beleidigung des menschlichen Selbstverständnisses zu mildern, ging man davon aus, dass der Geist des Menschen diesen Rahmen sprengt, und man begann im darauf folgenden Jahrhundert im menschlichen Gehirn nach Gründen für diese Einzigartigkeit zu suchen. Wir werden in den folgenden Kapiteln sehen, ob und inwieweit man hierbei bis heute fündig wurde.

9

Das Wirbeltiergehirn und seine Herkunft

Der Grundaufbau des Wirbeltiergehirns

Der Grundaufbau des Craniaten- bzw. Wirbeltiergehirns weist nach Meinung einiger Experten eine ursprüngliche Dreiteilung in Vorderhirn (*Prosencephalon*), Mittelhirn (*Mesencephalon*) und Rautenhirn (*Rhombencephalon*) auf. Eine solche Dreiteilung könnte für Protostomier und Deuterostomier plesiomorph sein (Hirt und Reichert 2007). Aus dem hypothetisch dreiteiligen „Urhirn" der Wirbeltiere hat sich danach das fünfteilige Gehirn entwickelt (und tut das noch heute im Laufe der Embryonalentwicklung), indem sich das Vorderhirn in Endhirn (*Telencephalon*) und Zwischenhirn (*Diencephalon*) aufgliedert und das Rautenhirn in Hinterhirn (*Metencephalon* mit Kleinhirn) und verlängertes Mark (*Myelencephalon*, *Medulla oblongata*) (Abbildungen 23, 24; Farbtafeln). Das Mittelhirn bleibt ungeteilt; unklar ist allerdings die Zugehörigkeit der schmalen *isthmischen Region* zwischen Medulla oblongata und Mittelhirn. Mittelhirn, isthmische Region und Medulla oblongata werden gewöhnlich als „Hirnstamm" bezeichnet. Diese Einteilung findet sich bei allen Wirbeltieren so, wie Abbildung 24 zeigt. Abbildung 25 zeigt repräsentative Querschnitte durch das Gehirn eines Frosches als Beispiel für die Grundorganisation des Gehirns eines Landwirbeltiers.

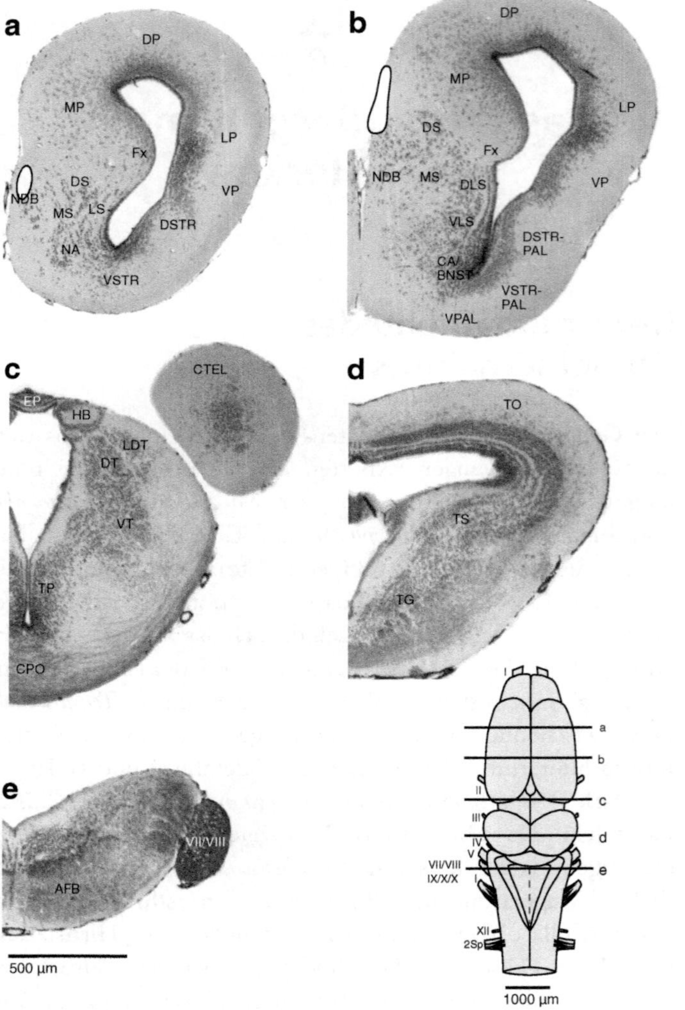

Abb. 25 Querschnitte durch das Gehirn des Frosches *Bombina orientalis*. Die Schnittebenen a–e sind in der Dorsalansicht des Gehirns rechts unten angegeben. a) Rostrales Endhirn auf Höhe des Nucleus accumbens, b) zentrales Endhirn auf Höhe des dorsalen

Uneinigkeit besteht auch hinsichtlich der genaueren Längs- und Quereinteilung des Wirbeltiergehirns. Zwar wird allgemein eine Einteilung des gesamten Mittel- und Hinterhirns in vier große Längszonen akzeptiert, nämlich eine Boden-, eine Grund-, eine Flügel- und eine Dachplatte, wobei die beiden ersteren von den beiden letzteren durch den *Sulcus limitans* („Grenzfurche", zuerst beschrieben vom Leipziger Neuroanatomen Wilhelm His) getrennt werden. Nach His enthalten Boden- und Grundplatte vornehmlich die motorischen Anteile des Gehirns, Flügel- und Dachplatte vornehmlich die sensorischen Anteile. Abgesehen vom Rückenmark sind diese vier Longitudinalzonen im verlängerten Mark am deutlichsten zu erkennen, wo der Sulcus limitans die somato- und die viscerosensorische Zone von der viscero- und der somatomotorischen Zone trennt. Im Mittelhirn trennt er den dorsalen Teil mit dem Tectum opticum und dem Torus semicircularis vom Tegmentum als ventralem Teil.

Inzwischen wird allgemein akzeptiert, dass der Hirnstamm neben neben den Längszonen in Querzonen, die sogenannten *Neuromere*, unterteilt ist. Ausgangspunkt waren die Untersuchun-

---

und ventralen Striatums, c) Zwischenhirn auf Höhe der Habenula und der postoptischen Kommissur, d) Mittelhirn, e) rostrale Medulla oblongata auf Höhe des Eintritts des VII. Hirnnerven. AFB = absteigende Faserbündel, CA-BNST = zentraler Amygdala-Nucleus interstitialis der Stria terminalis, CPO = Commissura postoptica, CTEL = caudales Telencephalon, DLS = dorsales laterales Septum, DS = dorsales Septum, DP = dorsales Pallium, DSTR = dorsales Striatum, DSTR-PAL = dorsales Striatopallidum, DT = dorsaler Thalamus, EP = Epiphyse, Fx = Fornix, HB = Habenula, LP = laterales Pallium, LS = laterales Septum, LDT = lateraler dorsaler Thalamus, MP = mediales Pallium, MS= mediales Septum, NA = Nucleus accumbens, NDB = Nucleus des diagonalen Bandes von Broca, TG = Tegmentum, TO = optisches Tectum, TP = Tuberculum posterius, TS = Torus semicirularis, VLS = ventrales laterales Septum, VP = ventrales Pallium, VPAL = ventrales Pallidum, VSTR = ventrales Striatum, VSTR-PAL = ventrales Striatopallidum, VT = ventraler Thalamus, II–XII = 2.–12. Hirnnerv, 2SP = 2. Spinalnerv.

gen der schwedischen Entwicklungsneurobiologen Bergquist und Källén in den zwanziger Jahren des vorigen Jahrhunderts. Danach besteht das Rautenhirn aus einer Reihe von Segmenten, den *Rhombomeren,* deren genaue Zahl allerdings umstritten ist bzw. von Tiergruppe zu Tiergruppe variiert. Das bekannte Modell von Puelles und Rubenstein (1993, 2003) geht von sieben Rhombomeren aus, die durch die Expression der *Hox*-Genfamilie gekennzeichnet sind. Das Mittelhirn bildet ein einziges Neuromer und wird durch das isthmische Neuromer vom Rhombencephalon getrennt (Abbildung 26; Farbtafel).

Führende Neuroanatomen der ersten Hälfte des 20. Jahrhunderts wie C. Judson Herrick gingen davon aus, dass sich die oben beschriebenen Längszonen des Hirnstamms zumindest in das Zwischenhirn fortsetzen. Entsprechend teilte man das Zwischenhirn ebenfalls in vier Längszonen ein, nämlich den Epithalamus, den dorsalen Thalamus, den ventralen Thalamus und den Hypothalamus. Der Sulcus limitans von His trennte demnach im Zwischenhirn den dorsalen vom ventralen Thalamus. Demgegenüber gingen bereits Bergquist und Källén davon aus, dass das Zwischenhirn aus Neuromeren, hier *Prosomere* genannt, aufgebaut ist und sich gleichzeitig mit dem Endhirn nach unten abbiegt (Abbildung 26). Puelles und Rubenstein übernahmen diese Einteilung des Diencephalons oder „primären Prosencephalons“ in drei Prosomere P1, P2, P3. Dabei entspricht P1 der prätectalen bzw. posterioren thalamischen Region, P2 dem dorsalen Thalamus und P3 dem ventralen Thalamus der traditionellen Nomenklatur. Nach Meinung von Puelles und Rubenstein gehört der Hypothalamus zusammen mit der präoptischen Region zum Telencephalon, obwohl er den unteren Teil des Zwischenhirns zu bilden scheint. Sie erklären dies dadurch, dass die drei Neuromere des Diencephalons zusammen mit dem Telencephalon eine Rotation nach unten machen, was dazu führt, dass P1 fast senkrecht zur gedachten Längsachse des Gehirns steht, P2 („dorsaler Thalamus“) schon etwas nach vorn geneigt ist und P3 („ventraler Thalamus“) schräg liegt.

Während diese Gliederung des Zwischenhirns in drei Prosomere inzwischen allgemein akzeptiert ist, gibt es Unklarheiten hinsichtlich der Aufgliederung des Telencephalons als *sekundäres Prosencephalon*. Puelles und Rubenstein gehen in ihrem revidierten Modell von einer gemischten Organisation des sekundären Prosencephalons aus, indem der hintere Teil in zwei Prosomere (P4, P5) eingeteilt wird, die den dorsalen und den ventralen Hypothalamus einschließlich der präoptischen Region bilden und durch die Rotation des Vorderhirns unter den ventralen Thalamus zu liegen kommen, ebenso wie das Prosomer P6, das die Region des Augenstiels repräsentiert und damit den eigentlichen rostralen Pol des Gehirns (Abbildung 26). Der vordere, eigentlich obere Teil des Telencephalon weist dagegen nach Meinung der Autoren eine *nicht*neuromere Gliederung in vier palliale Regionen, nämlich ein mediales (MP), dorsales (DP), laterales (LP), ventrales Pallium (VP) und zwei bis drei subpalliale Regionen, nämlich Striatum (Str), Pallidum (pa) und eventuell entopedunkulares Areal auf, deren caudale Teile jeweils Anteile des Amygdala-Komplexes bilden (Pombal et al. 2009).

Nach dieser Erläuterung des Grundaufbaus des Wirbeltiergehirns sollen die einzelnen Teile kurz besprochen werden. Ich werde mich dabei allerdings auf die wesentlichen bzw. auffallenden Merkmale beschränken.

Medulla oblongata

Die Medulla oblongata ist, wie in Abbildungen 23 und 24 (Farbtafel) gezeigt, der Ursprungsort aller motorischen Nerven und Zielgebiet für die sensorischen Hirnnerven III bis XII (der erste Nerv, *Nervus olfactorius* oder Riechnerv, tritt ins Telencephalon ein, der zweite Nerv, *Nervus opticus* oder Sehnerv, ins Zwischenhirn): Dabei handelt es sich um den *Nervus oculomotorius* (Augenmuskelnerv), den *N. trochlearis* (ebenfalls Augenmuskelnerv), den *N. trigeminus* (Gesichtsnerv), den

N. abducens (weiterer Augenmuskelnerv), den *N. facialis* (Gesichtsnerv), den *N. stato-acusticus* (Gleichgewichts- und Hörnerv), den *N. glossopharyngeus* (Zungennerv), den *N. vagus* (Vagusnerv), den *N. accessorius* (akzessorischer Nerv) und den *N. hypoglossus* (Unterzungennerv). Den Schleimaalen fehlen die Augenmuskelnerven und die dazu gehörigen Muskeln; beide treten erst bei den Neunaugen auf.

In der Medulla oblongata befinden sich primäre und sekundäre Schalt- und Verarbeitungsstellen somatosensorischer und viscerosensorischer (von den Eingeweiden kommender) Information, und sie erhält einen sensorischen Eingang vom Innenohr (auditorische und vestibuläre Information) und – soweit vorhanden – vom mechanorezeptiven und elektrorezeptiven System (Kapitel 10). Zugleich ist sie Ausgangspunkt der motorischen Anteile des fünften bis siebten sowie neunten bis zwölften Hirnnervs (der achte Hirnnerv, der *N. stato-acusticus*, ist rein sensorisch). Die Medulla oblongata enthält daneben Netzwerke bzw. Zentren für die Kontrolle lebenswichtiger Funktionen wie Atmung und Kreislauf sowie – als reticuläre Formation – für Wachheit und Aufmerksamkeit. Schließlich ist die Medulla oblongata die Konvergenzzone zahlreicher absteigender Nervenbahnen von allen Teilen des Gehirns.

Die für kognitive Funktionen wichtige *reticuläre Formation* zieht sich durch die rostrale Medulla oblongata und setzt sich in das isthmische Tegmentum des Mittelhirns fort. Wie der Name sagt, handelt es sich um eine netzartige Struktur aus Nervenzellen, allerdings durchsetzt mit anatomisch abgrenzbaren Kernen. Sie wird eingeteilt in eine mediane (das heißt auf der Mittellinie des Gehirns liegende), eine mediale und eine laterale Zone. Die mediane Zone ist charakterisiert durch die sogenannten Raphe-Kerne (das griechische Wort *raphe* bedeutet „Naht"). Die vorderen *Raphe-Kerne*, die den Neurotransmitter Serotonin produzieren, sind entsprechend Ursprungsort aufsteigender serotoninhaltiger Faserbündel, die zu fast allen wichtigen limbischen Zentren des Gehirns ziehen, die absteigenden Faserbündel ziehen weiter zum Rückenmark. In der lateralen Zone der reticulären Formation liegt der *Locus coeruleus*, der Noradrenalin produzierende Zellen enthält und entsprechend noradrenalinhaltige Faserbündel in viele limbische und assoziative Zentren des Gehirns schickt.

Trotz ihres konservativen Grundaufbaus hat die Medulla oblongata bei Teleosteer-Knochenfischen mehrere spektakuläre Ausgestaltungen erfahren – zum Beispiel den *Vaguslobus* der Karpfenartigen (Cypriniden, zu denen auch der Goldfisch gehört). Der Vaguslobus stellt eine Weiterentwicklung des *Nucleus ambiguus* der Wirbeltiere dar, der mit dem Nervus glossopharyngeus und dem N. vagus verbunden ist und über die Innervation des Mundraums und der Zunge mit dem Geschmackssinn zu tun hat. Dieser hat sich bei den Karpfenartigen enorm entwickelt, und entsprechend groß und komplex ist der Vaguslobus. Er weist bis zu 15 Zell- und Faserschichten auf und kann bis zu 20 Prozent des gesamten Gehirnvolumens ausmachen. Ein anderer auffälliger Geschmacks- und Tastkern ist der Facialislobus, der mit dem Facialisnerv (und teilweise mit dem Trigeminusnerv) assoziiert ist und ebenfalls für die Innervation des Mundraums sowie der Lippen zuständig ist. Er ist besonders groß bei den Karpfenartigen (zusätzlich zum Vaguslobus) und bei den Welsen, die Geschmacksrezeptoren überall auf der Haut tragen, aber auch beim japanischen Kugelfisch (Fugu) und einigen anderen Knochenfischen. Ebenso spektakulär ist eine andere Struktur der Medulla oblongata, die sich bei elektrosensitiven Knochenfischen, den Gymnotiden und den Mormyriden, findet, nämlich der Lobus des elektrosensorischen Systems (ELL). Bemerkenswerterweise hat sich die Elektrorezeption bei den Gymnotiden und den Mormyriden unabhängig entwickelt, und das gilt auch für den Aufbau des elektrosensorischen Systems in den beiden Tiergruppen. Beide ELL-Systeme jedoch hängen eng mit der Vergrößerung einer weiteren spektakulären Struktur zusammen, der Valvula cerebelli (siehe unten sowie Kapitel 10 und Nieuwenhuys et al. 1998).

Kleinhirn

Das Kleinhirn ist ein Teil des dorsalen Rautenhirns. Im ursprünglichen Zustand ist es ein Verarbeitungszentrum von Informationen aus dem Gleichgewichtssystem (*Vestibulocerebellum*) und dem mechanosensorischen System einschließlich des Seitenliniensystems (*Spinocerebellum*). Diesem Teil entsprechen die Seitenteile (Aurikel) des Knorpelfisch-Kleinhirns, der Lobus caudalis der Knochenfische und der Flocculus-Nodulus des Säugergehirns. Ein *Corpus cerebelli* (bei Säugern *Vermis*, „Wurm", genannt) tritt bei den kiefertragenden Wirbeltieren hinzu. Nur bei Säugern finden sich seitlich vom Vermis die *Kleinhirnhemisphären.* Eine evolutive Neuerung ist auch die *Valvula cerebelli* der Strahlenflosser (Abbildung 24f). Bei allen Wirbeltieren mit Ausnahme der Neunaugen hat die Rinde (Cortex) des Kleinhirns einen einheitlichen dreischichtigen Aufbau und besteht aus einer tiefliegenden kleinzelligen Körnerschicht, einer mittleren Schicht mit großen Purkinjezellen und einer oberflächlichen Molekularschicht. Diesem sehr gleichförmigen zellulären Grundaufbau (*Cytoarchitektur*) des Kleinhirns steht eine große Vielfalt in Größe und feinerer Ausgestaltung gegenüber.

Der Haupteingang zum Kleinhirn entstammt der Medulla oblongata und enthält Fasern des Trigeminus- und des Trochlearisnervs, des Vestibular-Kernkomplexes (zuständig für das Gleichgewicht) und des Glossopharyngeus (Geschmack) der sensomotorischen unteren Olive sowie primäre und sekundäre Afferenzen aus dem somatosensorischen System. Absteigende Bahnen ziehen in die laterale Medulla oblongata und erreichen vornehmlich den Vestibular-Kernkomplex, steigen aber auch in das Rückenmark ab. Eine kleine, aber wichtige Projektion zieht zum Gebiet des Oculomotorius im Mittelhirntegmentum; es bestehen reziproke Verbindungen mit dem Nucleus ruber, der für die gröberen Körperbewegungen zuständig ist. Diese Verbindungen sind wichtig für die sensomotorische Integration bei der Körperhaltung, der Bewegungssteuerung des Körpers, der Beutefangsteuerung und den unwillkürlichen (optokinetischen) Augenbewegungen, die beim Kopfdrehen auftreten.

Ein Kleinhirn ist bei Schleimaalen nicht vorhanden oder zumindest nicht sichtbar (Abbildung 24a). Offenbar werden bei diesen Tieren, die ziemlich gut schwimmen können, die Bewegungsleistungen „autonom" durch das Rückenmark erbracht. Allerdings fehlt den Schleimaalen ein elektrorezeptives System. Die Verarbeitung von Informationen aus diesem System ist ein wesentlicher Bestandteil der Funktionen des Kleinhirns bei Knorpel- und Knochenfischen. Das Cerebellum der Neunaugen ist verhältnismäßig klein und besteht aus einem dünnen Band, das den vierten Hirnventrikel überspannt (Abbildung 24b). Es zeigt nicht den typischen dreischichtigen Aufbau.

Das Kleinhirn der Knorpelfische variiert stark in Größe und Faltungsgrad (Abbildung 24c,d). Einige Gruppen von Haien (zum Beispiel die *Squaliformes*) und Rochen (wie die *Torpediniformes* und *Rajiformes*) besitzen kleine bis mittelgroße und wenig gefaltete Kleinhirne, während andere Haie (vornehmlich die *Galeomorphii*) und Rochen (die *Myliobatiformes*) unabhängig voneinander große bis sehr große und stark gefaltete Kleinhirne ausgebildet haben, die sich nach vorn über das Tectum des Mittelhirns erstrecken. Dies korreliert gut mit Unterschieden in der Lebensweise beider Gruppen. Zur ersteren gehören bodenlebende und wenig agile Knorpelfische, zur zweiten hochaktive und in der „Wassersäule" des Meeres lebende Tiere (Lisney et al. 2008). Interessanterweise gilt dies auch für die jeweilige Größe des Endhirns beider Gruppen (siehe unten).

Das Kleinhirn vieler Knochenfische (Abbildung 24e,f) ist noch spektakulärer als das einiger Knorpelfische. Generell besitzt es ein großes Corpus cerebelli, das aus bis zu vier Teilen (Loben) besteht, und eine nur bei Knochenfischen existente Struktur, die Valvula cerebelli. Die Rinde des Corpus cerebelli ist wie bei allen Wirbeltieren dreischichtig. Die Cytoarchitektur ist jedoch gerade bei schwachelektrischen Fischen (Gymnotiden und Mormyriden) noch komplexer als bei Säugern.

Die *Valvula cerebelli* ist eine rostrale Ausstülpung des Corpus cerebelli, die sich nur bei Teleosteern und bei den elektrosensorischen Fischen findet, und hier wiederum bei den Mormyriden, bei denen sie besonders groß ist und den gesamten dorsalen Teil des Gehirns überdeckt (Abbildung 24f). Die typische Dreischichtung der Rinde des Corpus cerebelli ändert sich in weiten Teilen der Valvula dahingehend, dass die Körnerschicht nicht unter, sondern seitlich der Molekularschicht liegt und die Körnerzellen ihre unzähligen Fasern also gleich parallel zur Oberfläche und nicht T-förmig gegabelt aussenden. In der Valvula werden mechanorezeptive und elektrorezeptive Informationen verarbeitet.

Unter den Amphibien besitzen die Frösche ein einfach gebautes, aber deutlich entwickeltes Kleinhirn, während es bei Salamandern oft sehr klein ist und bei der dritten Ordnung der Amphibien, den Blindwühlen, fehlt (Abbildung 24g,h). Das Kleinhirn der Reptilien (Abbildung 24i) entspricht in seinem Grundaufbau dem allgemeinen Wirbeltiermuster: ein großes Corpus cerebelli und ein kleiner Flocculus. Die Gesamtgröße des Kleinhirns variiert stark und ist am kleinsten bei den extremitätenlosen Reptilien und am größten bei den Krokodilen, wo es in drei Lappen gegliedert ist. Vögel besitzen ein – verglichen mit dem Gesamtgehirn – großes Kleinhirn (Abbildung 24j) mit einem im Mittelteil stark gefalteten, seitlich abgeflachten Teil und einer gleichförmig aufgebauten dreischichtigen Rinde. Der größte Teil entspricht dem Vermis (Wurm) der Säuger, die Aurikel entsprechen Flocculus und Paraflocculus.

Das Kleinhirn der Säuger (Abbildung 24k,l), einschließlich des Menschen, zeigt einen gegenüber den anderen Wirbeltieren stark abgewandelten dreiteiligen Aufbau. Der erste Teil, das *Vestibulocerebellum*, besteht aus dem Lobus flocculo-nodularis und entspricht den Aurikeln der anderen Wirbeltiere. Er ist mit den Kernen des Gleichgewichtsorgans eng verbunden und zuständig für die Gleichgewichtsmotorik. Der zweite Teil ist das *Spinocerebellum*, das den mittleren Teil des Kleinhirns, den *Vermis*, und die angrenzenden Teile der beiden Kleinhirnhemisphären umfasst und dem Corpus cerebelli der anderen Wirbeltiere homolog ist. Es empfängt die spinocerebellären Bahnen, die Informationen über den Spannungszustand der Muskeln und Sehnen vermitteln. Es ist daher auch zuständig für die Stütz- und Haltemotorik. Der dritte Teil, das *Cerebrocerebellum*, auch *Neocerebellum* oder *Pontocerebellum* genannt, ist eine Neubildung der Säuger. Es nimmt den größten, seitlichen Teil der Kleinhirnhemisphären ein und ist zur selben Zeit entstanden wie die Großhirnrinde der Säuger. Dieser Teil erhält über die Brückenkerne (so genannt, weil sie in der „Brücke", Pons, sitzen, siehe unten) Informationen aus dem motorischen und dem prämotorischen Cortex und ist für die Feinmotorik und deren „glatten" Ablauf zuständig.

Die Rinde des Cerebellums der Säuger ist bei den meisten Arten stark gefaltet, weist aber die klassische dreischichtige Struktur auf, nämlich eine tiefliegende *Körnerzellschicht*, in der sich bei großhirnigen Säugern viele Milliarden kleiner Körnerzellen und weitaus weniger zahlreiche größere Golgizellen befinden, eine darüberliegende *Purkinjezellschicht*, in der sich beim Menschen rund 80 000 sehr große Purkinjezellen mit ihren flachen, spalierobstartigen Dendritenbäumen befinden, und eine oberflächliche *Molekularschicht*. Diese enthält Stern- und Korbzellen, die Dendritenbäume der Purkinjezellen und die Axone der Körnerzellen, die das Parallelfasersystem bilden (siehe unten). In der Tiefe des Cerebellums liegen die *Kleinhirnkerne* als Ausgangsstationen des Kleinhirns.

Innerhalb der Säuger gibt es große Unterschiede in Größe und Gestalt des Kleinhirns. Die am geringsten entwickelten Kleinhirne mit nur kleinen Hemisphären besitzen die Kloakentiere, deren Kleinhirn dem der Vögel ähnelt. Auch Beuteltiere, Insektenfresser und Huftiere haben Hemisphären, die nicht über die Größe des Vermis hinausgehen. Bei Nagern und Raubtieren findet man größere Hemisphären, und über die größten Hemisphären verfügen Primaten, einschließlich des Menschen, sowie Elefanten und Wale, und zwar proportional zur Größe des Isocortex, mit dem die Kleinhirnhemisphären und die Brücke eng verbunden sind.

Mittelhirn

Das Mittelhirn setzt sich aus der isthmischen Region, dem Tegmentum und der dorsal davon liegenden Torus- und Tectumregion zusammen (Abbildung 25d). Die *isthmische Region* ist durch den Sulcus isthmi vom Tegmentum getrennt und liegt direkt vor dem Corpus cerebelli. Hier befindet sich der *Nucleus isthmi* (*Nucleus parabigeminalis* der Säuger), der bei allen Wirbeltieren reziprok und topographisch, das heißt mit einer Punkt-zu-Punkt-Zuordnung, mit dem Tectum (*Colliculi superiores* der Säuger) verbunden ist und die Aktivität der beiden Tectum-Hemisphären koordiniert, etwa im Zusammenhang mit der Orientierung von Augen-, Kopf- und Handbewegungen und mit der Tiefenwahrnehmung.

Das *Tegmentum* besitzt vornehmlich prämotorische Funktionen. Im ventralen Teil liegen die motorischen Kerne des Nervus oculomotorius (III. Hirnnerv) und des Nervus trochlearis (IV. Hirnnerv). Im dorsalen Teil befinden sich der Nucleus des Fasciculus longitudinalis medialis und der dorsale tegmentale Nucleus, die enge Verbindungen mit dem Tectum bzw. dem Colliculus superior besitzen und vestibuläre Funktionen haben, besonders bei der Koordination von Kopfbewegungen. Das Tegmentum enthält eine Reihe weiterer Kerne wie den dorsalen und den ventralen tegmentalen Kern und den tegmentalen pedunculopontinen Kern. Sie bilden ein wichtiges Bindeglied zwischen den limbischen Zentren des Zwischen- und des Endhirns (zum Beispiel Amygdala, limbische Cortexareale, siehe unten), dem periaquäduktalen Grau, der reticulären Formation und den visceralen Gebieten in der Medulla oblongata im Zusammenhang mit der emotionalen und vegetativen Steuerung des Körpers und des Verhaltens.

Das Tegmentum enthält die *Substantia nigra*, die als Teil der Basalganglien angesehen wird und zusammen mit dem nahegelegenen *ventralen tegmentalen Areal* dopaminproduzierende Neuronen besitzt. Beide sind Mittelhirnbestandteile des limbischen Systems und hängen eng mit den limbischen Arealen im Zwischen- und im Endhirn zusammen. Besonders wichtig sind die Verbindung der Substantia nigra zum dorsalen Corpus striatum im Zusammenhang mit der dopaminvermittelten Steuerung der Willkürmotorik und die Verbindung des ventralen tegmentalen Areals zum Nucleus accumbens (einem Teil des ventralen Corpus striatum) im Zusammenhang mit der dopaminvermittelten Belohnung und Motivation.

Der *Torus semicircularis* (*Colliculus inferior* der Säuger) liegt im dorsalen Mittelhirn unterhalb des Mittelhirndachs (*Tectum mesencephali*, Abbildung 25d). Er ist eine wichtige Schaltstelle des auditorischen, mechano- und elektrorezeptiven Systems zwischen Medulla oblongata, Kleinhirn und Zwischenhirn. Er zeigt durchweg eine Laminierung bzw. Kernbildung, wobei verschiedene Schichten bzw. Kerne unterschiedliche Sinnesmodalitäten empfangen und verarbeiten.

Der Torus semicircularis der Fische entspricht in seiner Größe und Komplexität dem jeweils vorhandenen Entwicklungs- und Leistungsgrad des auditorischen, mechano- und elektrosensorischen Systems. Bei Teleosteern ohne elektrorezeptives System beschränkt sich der Torus auf die Verarbeitung von Informationen aus dem auditorisch-vestibulären System und der mechanorezeptiven Seitenlinie. Bei den passivelektrischen Fischen wie dem Katzenhai (*Ictalurus*) kommt die Verarbeitung von Informationen aus dem elektrorezeptiven System hinzu. Bei den Mormyriden und Gymnotiden, die das elektrorezeptive System „aktiv“ zu Ortung und Kommunikation benutzen, untergliedert sich der dorsale Torus in viele weitere Gebiete, die der Verarbeitung der Ortungssignale aus dem elektrorezeptiven Seitenliniensystem dienen. Wie in Abbildung 27 gezeigt,

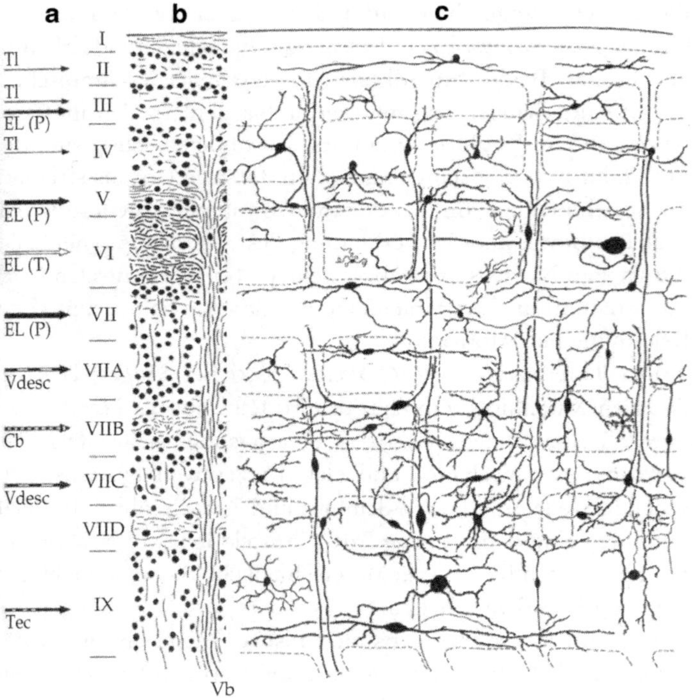

Abb. 27 Aufbau des Torus semicircularis beim elektrischen Fisch *Eigenmannia virescens* (Grüner Messerfisch, Gymnotiformes). Man beachte die extreme Schichtenbildung. a) Afferenzen aus verschiedenen Hirnteilen in unterschiedliche Schichten des Torus, b) Darstellung des laminaren Aufbaus des Torus anhand einer Bodian-Färbung, c) Cytoarchitektur des Torus anhand einer Golgi-Färbung. Cb = Kleinhirn, EL(P)/EL(T) = elektrosensorische P- und T-Typ-Afferenzen, Vdesc = Nucleus descendens des Trigeminus-Nervs, Tec = Tectum opticum, Tl = Torus longitudinalis. (nach Striedter 2005)

erhalten sie ihre Hauptafferenzen aus dem elektrosensorischen Lobus lateralis und dem Cerebellum und weisen ebenfalls eine hochkomplexe Struktur mit insgesamt zwölf Schichten und 48 unterschiedlichen Zelltypen auf. Im Torus werden die Signale aus den unterschiedlichen Körperpartien der elektrischen Seitenlinie verarbeitet und mit den selbst produzierten Ortungs- und Kommunikationslauten verglichen (Kapitel 10). Hinzu kommen visuelle Informationen aus dem Tectum.

Bei Amphibien stellt der Torus das wichtigste Verarbeitungszentrum für auditorische, vibratorische und vestibuläre Afferenzen sowie Afferenzen aus dem Seitenliniensystem (sofern vorhanden) dar. Er ist relativ groß bei Fröschen, insbesondere bei solchen mit ausgeprägter akustischer Kommunikation, und weist insgesamt fünf unterschiedliche Bereiche auf, die teils in Kernen und teils in Schichten organisiert sind. Bei Salamandern und Blindwühlen, die keine Laute produzieren, besteht der Torus aus einer wenig strukturierten Zellschicht entlang des Ventrikels.

Das *Tectum mesencephali* ist bei allen Anamniern, allen Sauropsiden und vielen Säugern das wichtigste somatosensorische, visuelle und auditorische Integrationszentrum des Gehirns. Es weist bei den meisten Wirbeltieren eine *laminare* Organisation auf, bei der sich Zell- und Faserschichten abwechseln, die unterschiedliche Ein- und Ausgänge haben.

Das Tectum der *Neunaugen* und der *Knorpelfische* ist gut entwickelt, zeigt aber mit sechs eher diffusen Schichten nicht die präzise Lamination, die man bei Fröschen und Knochenfischen findet. Bei den Teleosteern sind sieben bis neun Schichten erkennbar, in denen bis zu 15 unterschiedliche Typen von Tectumneuronen verteilt sind. Der Haupteingang wird vom Nervus opticus gebildet, der bei manchen Fischen fast eine Million Fasern umfassen kann. Der zweitstärkste Eingang stammt bei den Knochenfischen aus dem Torus longitudinalis, der sich entlang der Mittellinie des Tectums hinzieht und nur bei Strahlenflossern vorkommt. Es wird angenommen, dass hierüber Informationen über Augenbewegungen und Augenstellung sowie vom mechano- und elektrorezeptiven System ins Tectum gelangen und mit visuellen Bewegungsinformationen verglichen werden.

Bei den Fröschen besteht das Tectum aus insgesamt acht Zell- und Faserschichten (Abbildung 25d). Das Fehlen einer solchen vielfachen Schichtung bei Salamandern und Lungenfischen ist offenbar die Folge einer sekundären Vereinfachung (Dicke und Roth 2007). Primäre visuelle Afferenzen ziehen von der Retina in die oberen Schichten ein, sekundäre vom Thalamus, dem Prätectum und dem Nucleus isthmi. Akustische und – sofern vorhanden – mechano- und elektrosensorische Afferenzen sowie modulierende Afferenzen vom Telencephalon, Diencephalon und vom Hirnstamm ziehen dagegen in die tieferen Schichten. Diese Schichten sind auch Ausgangsort absteigender motorischer Bahnen zum Hirnstamm und Rückenmark.

Bei Sauropsiden einschließlich der Vögel ist das Tectum entsprechend der Bedeutung des Sehsystems für diese Tiere hochentwickelt. Vierzehn Schichten werden unterschieden, von denen die oberflächlichen Schichten die Hauptafferenzen von der Retina erhalten. Diese vermischen sich mit visuellen Afferenzen aus Thalamus, Prätectum, Hypothalamus und dem basalen optischen Nucleus. Nichtvisuelle Afferenzen stammen vom Striatopallidum, von der reticulären Formation, vom Mittelhirntegmentum und vom Trigeminussystem.

Das Mittelhirndach der Säuger wird von der Vierhügelplatte (*Corpora quadrigemina*) gebildet. Sie besteht aus den vorderen und den hinteren Hügeln (*Colliculi superiores* und *Colliculi inferiores*). Die Colliculi superiores entsprechen dem Tectum der übrigen Wirbeltiere und spielen eine wesentliche Rolle bei visuell und auditorisch ausgelösten Blick- und Kopfbewegungen sowie bei gerichteten Hand- und Armbewegungen und entsprechenden Aufmerksamkeitsleistungen. Die Colliculi inferiores sind wichtige Zentren des Hörsystems. Das Mittelhirndach der Säuger ist gegenüber dem der anderen Wirbeltiere relativ klein und wahrscheinlich reduziert – offenbar im Zusammenhang mit der Verlagerung wichtiger visueller und auditorischer Funktionen in den Isocortex.

Zwischenhirn

Das Zwischenhirn enthält bei Wirbeltieren wichtige Umschaltstationen aufsteigender sensorischer und absteigender motorischer Informationen zwischen Hirnstamm und Endhirn. Es wird von den Hirnwänden geformt, die den dritten Hirnventrikel umschließen, und gliedert sich klassischerweise in Epithalamus, Thalamus, und Hypothalamus. Der Thalamus wiederum wird eingeteilt in einen dorsalen und einen ventralen Thalamus sowie ein Tuberculum posterius (Abbildung 25c). Dieser horizontalen Gliederung des Diencephalons steht die von Puelles und Rubenstein vorgeschlagene und bereits erwähnte Einteilung in drei diencephale „Prosomere" gegenüber. Die klassische Einteilung in Epithalamus, dorsalen und ventralen Thalamus einschließlich des posterioren Tuberculums und eine hypothalamische Region wird allerdings von den meisten Autoren nach wie vor verwendet, und deshalb werde ich mich im Folgenden sprachlich hauptsächlich daran orientieren.

Das Zwischenhirn der Knorpel- und Knochenfische

Das Zwischenhirn der Knorpelfische ist im Vergleich zu den übrigen Teilen des Gehirns dieser Tiere unscheinbar, weist aber die für alle Wirbeltiere wichtige Funktion als Umschaltstation sensorischer Bahnen auf. So projiziert das mechanorezeptive Seitenliniensystem sowohl zum dorsalen Thalamus als auch zur lateralen Zone des Tuberculum posterius, das elektrorezeptive

System dagegen zum ventralen Thalamus, zum lateralen Tuberculum posterius sowie zum Hypothalamus. Das somatosensorische System projiziert zum dorsalen Thalamus. Visuelle Afferenzen von der Retina enden entweder direkt oder indirekt über den ventralen Thalamus im anterioren Kern. Der zentrale posteriore Kern erhält auditorische Informationen aus dem Torus semicircularis. Der dorsale Thalamus sendet entsprechende Informationen zum Telencephalon, die aber nach neuen Erkenntnissen *multimodal,* nicht unimodal sind (Hofmann und Northcutt 2008).

Das Zwischenhirn der Knochenfische weist einige Besonderheiten auf. Der zentrale Teil des Prätectums empfängt statt des dorsalen Thalamus die meisten Afferenzen von der Retina und ist eng mit dem Kleinhirn verbunden. Seine Funktion ist vornehmlich die Integration von Seh- und Gleichgewichtsinformation. Bei den schwachelektrischen Gymnotiden befindet sich in der prätectalen Region der Nucleus electrosensorius, der seinen Haupteingang vom Torus semicircularis erhält und bei der Elektrokommunikation eine wichtige Rolle spielt (Kapitel 10). Der dorsale Thalamus gliedert sich in einen anterioren, einen zentralen und einen posterioren Teil. Der anteriore dorsale thalamische Nucleus erhält über den prätectalen Nucleus electrosensorius Afferenzen vom elektrorezeptiven System. Unklar ist auch hier, ob er direkte visuelle Afferenzen von der Retina erhält; auch projiziert er anders als bei anderen Wirbeltieren *nicht* in das Pallium des Telencephalons. Insgesamt spielt bei Teleosteern der dorsale Thalamus eine vergleichsweise geringe Rolle bei der Weiterleitung sensorischer Informationen vom Hirnstamm in das Endhirn. Die stärksten Projektionen vom Diencephalon zum Endhirn und speziell zum Pallium gehen nämlich nicht vom dorsalen Thalamus aus, sondern von einem Kerngebiet in der Region des Tuberculum posterius, das *Praeglomerulosus-Komplex* genannt wird (Wullimann und Vernier 2007). Im lateralen Nucleus praeglomerulosus enden aufsteigende akustische, mechanorezeptive und zum Teil elektrorezeptive Erregungen von den akustischen, mechano- bzw. elektrorezeptiven Kernen der Medulla oblongata oder vom Torus semicircularis. Visuelle Afferenzen stammen vom Tectum opticum, gustatorische vom Nucleus visceralis secundarius im Hirnstamm. Der laterale präglomeruläre Kern projiziert hauptsächlich zum dorsalen, aber auch zum medialen und zum lateralen Teil der Pars dorsalis des Palliums (siehe unten). Diese Teile projizieren zum lateralen Nucleus praeglomerulosus zurück.

Bei den schwachelektrischen Mormyriden gibt es einen Kernkomplex aus dem sogenannten dorsalen anterioren praetectalen und ventralen thalamischen Nucleus, die zusammen dem Praeglomerulosus-Komplex anderer Knochenfische zu entsprechen scheinen. Dieser Kernkomplex erhält Erregungen vom Torus semicircularis und zusätzlich vom Cerebellum, und schickt Fasern zum Corpus cerebelli und zur Valvula cerebelli zurück. Er projiziert zum dorsalen Telencephalon und erhält Projektionen von dort zurück. Eine solche Verbindung hat sich offenbar im Kontext einer telencephalen Kontrolle der Elektrorezeption und Elektrokommunikation entwickelt.

Das Zwischenhirn von Amphibien und Sauropsiden

Im dorsalen Thalamus der Amphibien lassen sich ein anteriorer, ein zentraler und ein posteriorer (prätektaler) Kern unterscheiden (Abbildung 25c), die alle eng am Ventrikel liegen, sowie ein lateraler Kern mit einem anterioren, einem zentralen und einem posterioren (prätektalen) Teil. Der ventrale Thalamus besteht aus einem periventrikulären Kern und einer Reihe von migrierten Kernen. Diese Kerne im dorsalen und ventralen Thalamus stellen sensorische, motorische und limbische Umschaltstationen zwischen dem Hirnstamm und dem Endhirn dar. Die primären visuellen Afferenzen aus der Retina gelangen *nicht* oder nur zum geringen Teil bis zu den Kernen des dorsalen Thalamus, sondern sie enden überwiegend im ventralen Thalamus und werden dort zum anterioren Kern des dorsalen Thalamus umgeschaltet (Dicke und Roth 2007). Sie erreichen dann, wie in Abbildung 28 dargestellt, über das *mediale* Vorderhirnbündel das mediale und dorsale Pallium, wobei diese Projektionen neben visuellen In-

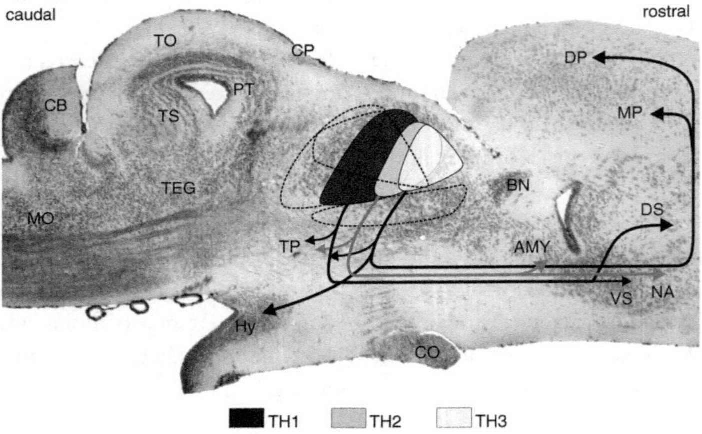

Abb. 28 Projektionen von Kerngebieten im dorsalen und ventralen Thalamus des Frosches *Bombina orientalis* (Chinesische Rotbauchunke) aufgrund von intrazellulären Injektionen des Farbstoffs Biocytin. Dargestellt ist ein Längsschnitt durch das Gehirn von der Mitte des Endhirns bis zum hinteren Rand des Kleinhirns. Der vordere Teil des anterioren dorsalen Thalamus (TH3) projiziert über das *mediale Vorderhirnbündel* zum medialen (MP) und dorsalen Pallium (DP) sowie zum Hypothalamus (Hy), der hintere Teil (TH2) projiziert zur Amygdala (AMY) und zum Nucleus accumbens (NA), der zentrale dorsale Thalamus (TH1) projiziert über das *laterale Vorderhirnbündel* zum dorsalen (DS) und ventralen Striatum (VS). Alle drei Gebiete projizieren auch zum Tuberculum posterius (TP). BN = Nucleus interstitialis der Stria terminalis, CB = Cerebellum, CO = Chiasma opticum (Sehnervkreuzung), CP = Commissura posterior, MO = Medulla oblongata, PT =Prätectum, TEG = Tegmentum, TO = Tectum opticum, TS = Torus semicircularis. (nach Roth et al. 2003)

formationen auch somatosensorische und auditorische Informationen enthalten. Der zentrale dorsale Kern des Thalamus erhält auditorische Afferenzen vom Torus semicircularis und projiziert über das *laterale* Vorderhirnbündel zur lateralen Amygdala und zum Striatopallidum. Diese zweifache Projektion zum Telencephalon über das mediale Vorderhirnbündel einerseits und über das laterale Vorderhirnbündel andererseits wird zum Ausgangspunkt für die Entwicklung der thalamotelencephalen Bahnen bei den Sauropsiden und den Säugern (siehe unten).

Im Zwischenhirn der Sauropsiden, also der Reptilien und Vögel, beherbergt der Epithalamus das Pinealorgan und bei den meisten Eidechsen ein Parietalauge. Der dorsale und der ventrale Thalamus der Reptilien wird dominiert vom Nucleus rotundus, der eine zentrale Position einnimmt und Hauptempfänger visueller Afferenzen aus dem Tectum ist. Er projiziert zum „anterioren dorsalen ventrikulären Kamm" (aDVR, nach der englischen Bezeichnung *anterior dorsal ventricular ridge*) im lateralen dorsalen Telencephalon, von dem noch ausführlich die Rede sein wird. Ventromedial sitzt der Nucleus reuniens (bei Vögeln Nucleus ovoidalis genannt), der auditorische Informationen vom Torus semicircularis empfängt, somatosensorische Informationen aus dem Hirnstamm enden im Nucleus-medialis-Komplex. Beide Kerne projizieren zum aDVR. Der seitlich sitzende Nucleus geniculatus lateralis, auch dorsolateraler optischer Nucleus genannt (DLON), ist bei den Reptilien der einzige dorsale thalamische Kern, der direkte retinale Afferenzen erhält und unimodal visuell zum dorsalen Cortex projiziert.

Der dorsale Thalamus der Vögel ist sehr ähnlich aufgebaut. Auch hier dominiert der Nucleus rotundus, der visuelle Informationen vom Tectum empfängt und über das *laterale* Vorderhirnbündel zum Nidopallium, dem Homologon des aDVR der Reptilien, sendet, genauer zum rostralen Teil, *Entopallium* (früher *Ectostriatum*) genannt. Diese Projektion ist bei Vögeln im Gegensatz zu den Reptilien retinotop organisiert. Direkten retinalen

Eingang erhält der dorsolaterale optische Nucleus (DLON), der über das *mediale* Vorderhirnbündel zum Wulst als dem visuellen Teil des Hyperpalliums projiziert und als homolog zum Corpus geniculatum laterale der Säuger angesehen wird (siehe unten). Wir finden bei den Vögeln also *zwei* visuelle Bahnen, eine mediale Bahn zum Wulst und eine laterale zum Entopallium, die – wie wir noch sehen werden – unterschiedliche Funktionen haben. Somatosensorische Bahnen vom Hirnstamm enden im Nucleus dorsalis intermedius ventralis anterior (DIVA), der zum rostralen Teil des Wulsts projiziert. Afferenzen von den auditorischen Bereichen des Hirnstamms erhält der Nucleus ovoidalis; dieser projiziert zum „Feld L" des Nidopalliums. Die somatosensorischen und die auditorischen Bahnen gehen also getrennte Wege.

Es liegen demnach bei Sauropsiden *zwei* unterschiedliche sensorische Bahnen vom dorsalen Thalamus zum dorsalen Telencephalon vor, nämlich zum einen eine visuelle und somatosensorische Bahn, die vornehmlich vom dorsolateralen Kernkomplex ausgeht und über das *mediale* Vorderhirnbündel zum medialen und zum dorsalen Pallium bzw. Cortex zieht, und zum zweiten eine visuelle und auditorische Bahn, die von Nucleus rotundus und Nucleus reuniens/medialis über das *laterale* Vorderhirnbündel zum aDVR bzw. Entopallium (siehe unten) zieht. Die Besonderheit dieser zwei Bahnen bei den Sauropsiden wird uns noch beschäftigen.

Das Zwischenhirn der Säuger

Der *Thalamus* der Säuger ist im Vergleich zu dem anderer Wirbeltiere enorm differenziert und wegen der starken Ausdehnung des Endhirns tief ins Innere des Gehirns gewandert (Abbildung 29). Die Kerne und Kernbereiche des *dorsalen Thalamus* werden eingeteilt in *palliothalamische* und *truncothalamische* Kerne. Deren Projektionen zur Großhirnrinde sind in Abbildung 30 darge-

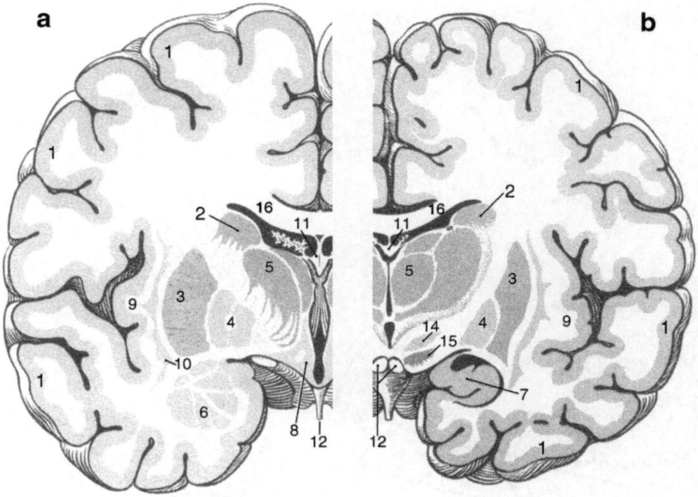

Abb. 29 Querschnitte durch das menschliche Gehirn: a) auf Höhe des Hypothalamus, der Amygdala und des Striatopallidums, b) auf Höhe des Hippocampus und des Thalamus. 1 Großhirnrinde, 2 Nucleus caudatus, 3 Putamen, 4 Globus pallidus, 5 Thalamus, 6 Amygdala, 7 Hippocampus, 8 Hypothalamus, 9 insulärer Cortex, 10 Claustrum, 11 Fornix (Faserbündel), 12 Mammillarkörper (Teil des Hypothalamus), 13 Infundibulum (Hypophysenstiel), 14 Nucleus subthalamicus, 15 Substantia nigra, 16 Balken (Corpus callosum). (aus Roth 2009)

stellt. Die *palliothalamischen* Kerne sind Umschaltstationen von unimodalen sensorischen Eingängen von subcorticalen Zentren zu eng umgrenzten funktionalen Cortexgebieten; sie erhalten von denselben Gebieten rücklaufende Erregungen, die zusammen mit den aufsteigenden Bahnen das sogenannte *thalamocorticale System* bilden (Abbildung 30). Bei den palliothalamischen Kernen unterscheidet man die *anteriore*, die *mediale* und die *laterale Kerngruppe*, das *Pulvinar*, den *medialen Kniehöcker* (Corpus geniculatum mediale) und den *lateralen Kniehöcker* (Corpus geniculatum laterale).

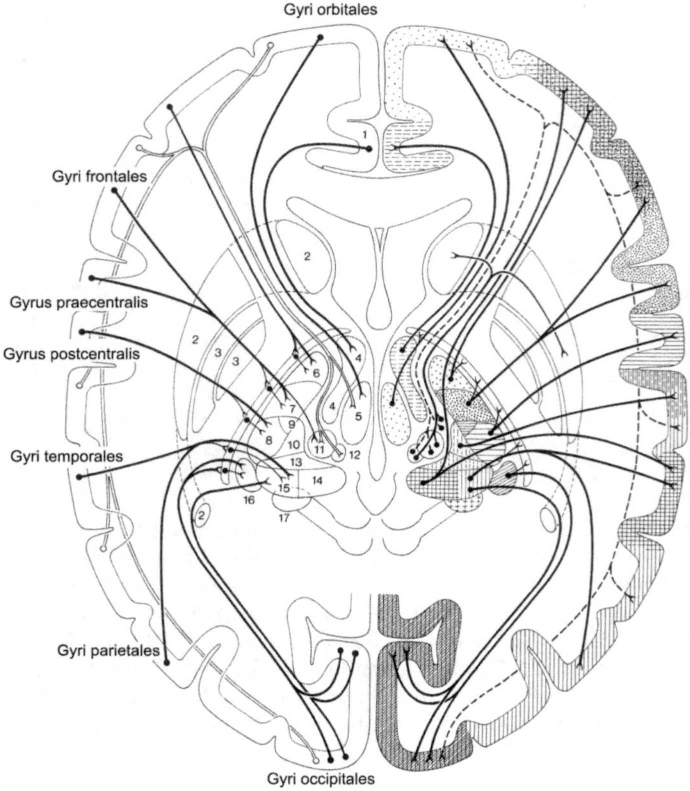

Abb. 30 Schema des thalamocorticalen Systems in einem Horizontalschnitt durch das menschliche Gehirn (oben ist vorn, unten ist hinten). In der Mitte sind die verschiedenen thalamischen Kerne sowie andere wichtige subcorticale Zentren abgebildet, außen die verschiedenen Areale der Großhirnrinde mit den wichtigsten Hirnwindungen (Gyri). Rechts: Projektionen der thalamischen Kerne zur Großhirnrinde. Links: Projektionen von Hirnrindenarealen zu thalamischen Kernen. 1 Gyrus cinguli, 2 Corpus striatum, 3 Globus pallidus, 4 Nucleus anterior thalami, 5 Nucleus medialis thalami, 6 Nucleus ventralis anterior, 7 Nucleus ventralis lateralis, 8 Nucleus ventralis posterior, 9 Nucleus ventralis posterior, pars parvocellularis, 10 Nucleus lateralis posterior, 11 Nucleus centromedianus, 12

Der Hauptkern der *anterioren* Kerngruppe ist der Nucleus anterior thalami. Er ist eine wichtige Schaltstelle des limbischen Systems und insbesondere des emotionalen Gedächtnissystems. Die *mediale Kerngruppe* hat wie die anteriore Kerngruppe mit *emotionaler Verhaltenssteuerung* und *Verhaltensbewertung* zu tun und steht ebenfalls in enger Verbindung mit dem limbischen System. Die *laterale* Kerngruppe ist die Umschaltstelle somatosensorischer Informationen aus dem Körper zu entsprechenden Teilen der Großhirnrinde, das heißt zum somatosensorischen Cortex. Das *Pulvinar* ist der größte thalamische Kern und spielt für die visuelle und die auditorische Aufmerksamkeitssteuerung eine wichtige Rolle, aber auch für Sprache und symbolisches Denken; es projiziert zum hinteren parietalen Cortex. Der *mediale Kniehöcker* (Corpus geniculatum mediale), der sich caudal an das Pulvinar anschließt, ist die thalamische Umschaltstation der Hörbahn. Er erhält Afferenzen aus dem Colliculus superior bzw. inferior sowie aus den Cochleariskernen und projiziert zu den Heschl'schen Querwindungen des temporalen Cortex. Der *laterale Kniehöcker* (Corpus geniculatum laterale) ist die visuelle Umschaltstation für Fasern des optischen Nervs; von hier aus ziehen Projektionen zum visuellen Cortex im Hinterhauptslappen; davon werden wir im nächsten Kapitel mehr hören.

Die truncothalamischen Kerne haben sowohl limbische als auch modulatorische Funktionen. Zu diesem Teil des Thalamus gehören die *intralaminären Kerne* sowie die *Mittellinienkerne*. Sie spielen bei der Regulation von Wachheits-, Bewusstseins- und Aufmerksamkeitszuständen eine wichtige Rolle, und zwar aufgrund der Afferenzen von den reticulären Kernen und ihrer Projektionen zum präfrontalen und zum parietalen Cortex.

Nucleus parafascicularis, 13 Pulvinar, pars anterior, 14 Pulvinar, pars medialis, 15 Pulvinar, pars lateralis, 16 lateraler Kniehöcker, 17 medialer Kniehöcker. (aus Nieuwenhuys et al. 1991)

Endhirn

Das Endhirn (*Telencephalon*) besteht bei allen Wirbeltieren und den Schleimaalen aus einem vorderen paarigen Teil, den beiden Endhirnhemisphären, und einem hinteren unpaaren Teil (*Telencephalon impar*), der zum Zwischenhirn überleitet (Abbildung 23, 24). Es gliedert sich in ein *Pallium*, das um den oberen Teil der Endhirnventrikel angeordnet ist, und ein *Subpallium*, das den unteren Teil der Endhirnventrikel umgibt (Abbildung 25a,b). Das *Subpallium* wiederum gliedert sich in einen ventromedialen Teil, der hauptsächlich von der *septalen Region* einschließlich des *basalen Vorderhirns* eingenommen wird, einen ventralen Teil, der vom *Nucleus accumbens* und dem *ventralen Striatopallidum* gebildet wird, und einen ventrolateralen Teil, der das *dorsale Striatopallidum* umfasst. Im hinteren, unpaaren Teil des Subpalliums findet sich eine *vegetative Amygdala* (bei Säugetieren „zentrale" Amygdala genannt) als Fortsetzung des ventralen Striatopallidums.

Innerhalb des *Palliums* sind bei allen Wirbeltieren ein *mediales*, ein *dorsales* und ein *laterales* Pallium vorhanden. Ein *ventrales* Pallium findet sich erst bei den Landwirbeltieren (Abbildung 25a,b). Zum Pallium gehören auch Teile der Amygdala, nämlich die olfaktorische (bei Säugern *corticale*) Amygdala als Teil des lateralen Palliums, die vomeronasale (bei Säugern *mediale*) Amygdala als Teil des ventralen Palliums und die nur bei Säugern vorhandene *basolaterale* Amygdala. Dem Pallium vorgelagert (zum Teil durch Stiele davon abgesetzt) sind die Riechkolben (*Bulbi olfactorii*). Obgleich sich diese Grundorganisation des Endhirns bei allen Wirbeltieren findet, gibt es deutliche Variationen des Palliums bei den Knochenfischen, Vögeln und Säugetieren.

Das Endhirn der „Fische" und der Amphibien

Das Endhirn der Schleimaale und der Neunaugen ist gekennzeichnet durch Riechkolben, die bei den Neunaugen größer sind als der Rest des Telencephalons und die so die Bedeutung des olfaktorischen Systems für diese Tiere widerspiegeln (Abbildung 24a,b). Bei den Schleimaalen sind die Endhirnventrikel fast vollständig reduziert, bei den Neunaugen sind sie klein, aber gut sichtbar.

Innerhalb der Knorpelfische gibt es deutliche Unterschiede in Größe und Struktur des Endhirns. Die squalomorphen Haie, die Chimären und die torpediniformen und rajiformen Rochen zeigen ein mäßig großes und *evaginiertes* (ausgestülptes, siehe unten) Endhirn (Abbildung 24c). Das Pallium dieser Tiere gliedert sich in ein *mediales Pallium* mit einer starken Migration von Nervenzellen ohne erkennbare Schichtung, ein ausgedehntes *dorsales Pallium* mit einer deutlichen Gliederung in drei Zellschichten und ein *laterales Pallium*, an das sich die häufig langen Stiele anschließen, welche die massiven olfaktorischen Bulbi tragen.

Das Telencephalon der *galeomorphen Haie* und der *myliobatiformen Rochen* ist hingegen groß, ebenso wie das Kleinhirn (Abbildung 24d), und reicht an die Verhältnisse bei den Säugern heran (Hofmann und Northcutt 2008). Seitlich am rostralen lateralen Pallium setzen die großen olfaktorischen Bulbi an, die hier nicht von langen Stielen getragen werden; im lateralen Pallium werden entsprechend olfaktorische Informationen verarbeitet. Der dorsomedial gelegene Teil des Palliums erhält zahlreiche aufsteigende Bahnen von Thalamus, Tuberculum posterius, Hypothalamus und den tegmental-isthmischen neuromodulatorischen (das heißt noradrenergen, dopaminergen, serotonergen) Kernen. In der Mitte des Telencephalons befindet sich ein für diese Tiere typischer *Zentralkern*, der offenbar durch Verschmelzung des dorsalen und des medialen Palliums beider Hemisphären des Telencephalons entstanden ist. Dieser Zentralkern erhält massive aufsteigende Informationen vom visuellen System sowie von den Seitenlinien, vom somatosensorischen und eventuell vom auditorischen System, und von dort steigen lange Bahnen zum Thalamus, zum optischen Tectum und zur Medulla oblongata ab.

Eine Besonderheit des Endhirns der Haie ist ein Kernkomplex im hinteren unteren Telencephalon, *Area basalis* genannt. Wie kürzlich nachgewiesen wurde, enthält dieser Kernkomplex massive olfaktorische Erregungen und projiziert seinerseits zum dorsomedialen Teil des Palliums zurück (Hofmann und Northcutt 2008). Eine solche olfaktorische Verarbeitungsbahn findet sich nur bei den Haien und unterstreicht die große Bedeutung des Geruchssystems dieser Tiere. Das dorsomediale Pallium projiziert dann in der für Wirbeltiere „üblichen" Weise zum Hypothalamus. Elektrophysiologische Messungen zeigen unimodale olfaktorische, aber auch vermischte sensorische Antworten anderer Sinnessysteme, wobei die olfaktorische Informationsverarbeitung eindeutig dominiert. Entsprechend gibt es bei Haien *keine unimodalen*, das heißt getrennten visuellen, auditorischen, somatosensorischen Bahnen vom dorsalen Thalamus zum Endhirn.

Der Aufbau des Endhirns der Knochenfische, namentlich der Strahlenflosser (*Actinopterygii*), und die mögliche Homologie seiner pallialen Teile zum Endhirn der anderen Wirbeltiere sind Gegenstand langer Diskussionen und Kontroversen. Das dorsale Telencephalon der Actinopterygier zeigt nämlich auf den ersten Blick keine Ähnlichkeit mit dem geschilderten „Standardaufbau". Vielmehr liegt hier im Querschnitt scheinbar eine in zwei Hemisphären gegliederte kompakte Zell- und Fasermasse vor, die dorsal von einem dünnen neuroepithelialen Häutchen überdeckt ist. Diese Unterschiede werden von Fachleuten dadurch erklärt, dass die Endhirne der Knochenfische ein nach außen gewendetes, *evertiertes* Pallium besitzen, die der anderen Wirbeltiere dagegen ein *evaginiertes*, also nach außen gestülptes.

Wie in Abbildung 31 zu erkennen ist, beulen sich bei der *Evagination* die seitlichen Wände des Telencephalons (1–3) aus, verdicken sich und gliedern sich in die bereits genannten dorsalen pallialen und ventralen subpallialen Teile um die Seitenventrikel herum. Bei der *Eversion* hingegen lagern sich die subpallialen Anteile (1–2) an der Mittellinie an, während sich die darüber lie-

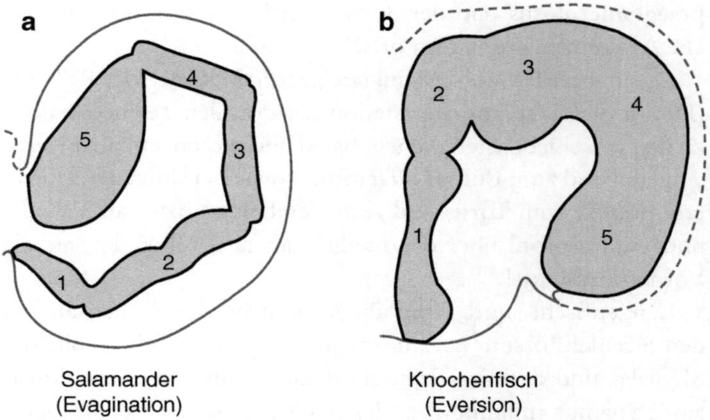

Abb. 31 Evagination vs. Eversion des Endhirns. a) Evaginiertes Telencephalon am Beispiel des Salamanders, b) evertiertes Telencephalon der Knochenfische. Die Ziffern geben die Hauptregionen des Telencephalons an: 1 ventromediales Subpallium, 2 ventrolaterales Subpallium (Striatopallidum), 3 laterales Pallium, 4 dorsales Pallium, 5 mediales Pallium. (nach Nieuwenhuys et al. 1998)

genden pallialen Teile (3–5) hakenförmig nach außen und dann nach unten krümmen. Dies hat zur Folge, dass das mediale Pallium des *evertierten* Telencephalons ganz lateral und zunehmend ventral zu liegen kommt. Entsprechend gibt es eine (neue) „mediale Zone“ (Dm), an die sich nach lateral eine „zentrale Zone“ (Dc) und eine „laterale Zone“ (Dl) sowie nach hinten und unten eine dorsoposteriore Zone (Dp) anschließen. Nach Wullimann und Vernier (2007) erhält der posteriore dorsale Teil (Dp) olfaktorische Afferenzen und entspricht demnach dem lateralen olfaktorischen Pallium aller Wirbeltiere. Der dorsolaterale Teil (Dl) erhält überwiegend visuelle Afferenzen vom Nucleus praeglomerulosus (siehe oben), der laterale, der zentrale und der mediale Teil Erregungen vom mechanorezeptiven System, der dorsolaterale und der dorsomediale Teil Erregungen vom auditorischen System über den Torus semicircularis. Der Nucleus praeglomerulosus und der dorsomediale Teil erhalten zusätzliche Afferenzen vom gustatorischen System.

Die in ihrer Homologie unklare „zentrale Zone" des Palliums (Dc) ist die Hauptausgangsstation des dorsalen Telencephalons zu den verschiedensten diencephalen und mesencephalen Kerngebieten und zum Bulbus olfactorius sowie bei einigen Teleosteern indirekt zum Torus und zum Cerebellum bzw. zur Valvula, und zwar sowohl über das mediale als auch über das laterale Vorderhirnbündel.

Lungenfische und Amphibien besitzen im Gegensatz zu den Strahlenflossern ein „normales" *evaginiertes* Telencephalon. Mediales und dorsales Pallium erhalten vom anterioren dorsalen Thalamus multimodale, das heißt gemischte visuelle, auditorische und somatosensorische Informationen. Das laterale Pallium ist Ort der Verarbeitung olfaktorischer Erregungen, während das ventrale Pallium vomeronasale Informationen verarbeitet. Wie Abbildung 25a,b zeigt, gibt es im Bereich des medialen Palliums eine extensive, zum dorsalen und zum lateralen Pallium abnehmende Migration von Neuronen, die aber keinerlei Schichtenbildung zeigt.

Das Endhirn der Sauropsiden

Das Pallium der Reptilien (Abbildung 32) gliedert sich in einen medialen (Cxm), einen dorsomedialen (Cxdm), einen dorsalen (Cxd) und einen lateralen Cortex (cxl). Der Cortex weist teilweise einen dreischichtigen Aufbau auf, der jedoch nur im Bereich des medialen und des dorsal-dorsomedialen Cortex deutlich ausgeprägt; er ist aber nicht durchgängig und offenbar unabhängig vom Isocortex der Säuger entstanden. Der mediale Cortex der Reptilien ist homolog zum medialen Pallium der meisten anderen Wirbeltiere sowie dem Hippocampus der Säuger, der dorsale Cortex der Reptilien entspricht dem dorsalen Pallium der anderen Wirbeltiere. Der laterale Cortex ist homolog zum

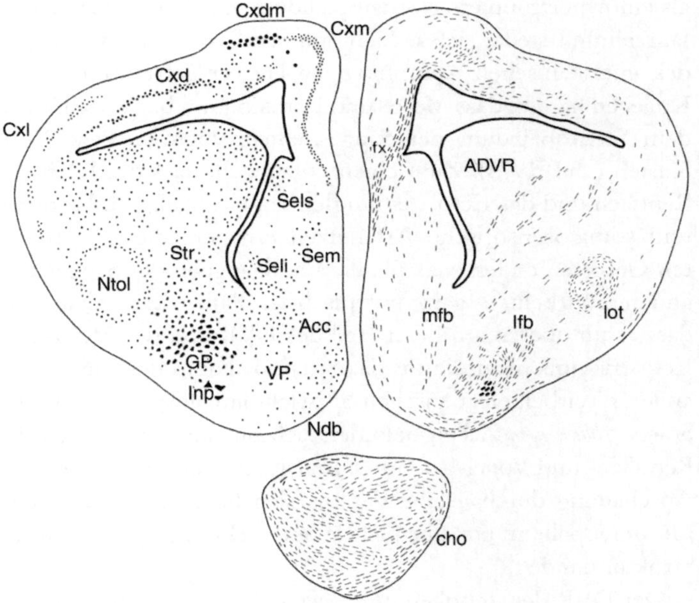

Abb. 32 Schnitt durch das Endhirn der Echse *Tupinambis teguixin* auf Höhe des Striatums. Der anteriore dorsale ventrikuläre Kamm (ADVR) ragt deutlich in den Endhirnventrikel hinein. Acc = Nucleus accumbens, cho = Chiasma opticum (Sehnervkreuzung), Cxd = Cortex dorsalis, Cxdm = Cortex dorsomedialis, Cxl = Cortex lateralis, Cxm = Cortex medialis, fx = Fornix, GP = Globus pallidus, inp = Nucleus intrapeduncularis, lfb = laterales Vorderhirnbündel, mfb = mediales Vorderhirnbündel, lot = lateraler olfaktorischer Trakt, Ndb = Nucleus des diagonalen Bandes von Broca, Ntol = Nucleus des Tuberculum olfactorium, Seli = unteres laterales Septum, Sels = oberes laterales Septum, Sem = mediales Septum, Str = Striatum, VP = ventrales Pallidum. (nach Nieuwenhuys et al. 1998)

lateralen Pallium der Amphibien, da hier die sekundären olfaktorischen Afferenzen aus dem olfaktorischen Bulbus enden.

Der bereits erwähnte *dorsale ventrikuläre Kamm* (DVR) ist eine Struktur, die sich nur bei Reptilien findet. Früher sah man ihn als ein hypertrophiertes Striatopallidum an. Bereits vor einigen Jahrzehnten stellte sich jedoch aufgrund von Untersuchungen des amerikanischen Neurobiologen Harvey Karten und seiner Kollegen heraus, dass Meso- und Ectostriatum bei Vögeln nicht dem Striatopallidum der Säuger entsprechen (Karten 1969; Karten et al. 1973). Zum einen ergab sich, dass der DVR der Reptilien und das Ectostriatum der Vögel visuelle, auditorische und somatosensorische Afferenzen erhalten, die in getrennten Gebieten enden, was für die Basalganglien der Säuger und anderer Wirbeltiere ganz untypisch ist. Außerdem zeigte sich, dass es im oberen, größeren Teil des DVR und des Meso- und Ectostriatums nicht die für das Striatopallidum der Säuger und anderer Wirbeltiere typischen acetylcholinhaltigen Zellen gibt. Solche *cholinergen* Zellen befinden sich nur im unteren Teil des Reptilien- und Vogel-Endhirns. Inzwischen hat sich deshalb die Anschauung durchgesetzt, dass es sich beim DVR und beim Mesonidopallium um eine palliale und nicht um eine subpalliale Struktur handelt.

Der DVR der Reptilien unterteilt sich in einen größeren anterioren (aDVR; Abbildung 32) und einen kleineren posterioren Teil (pDVR). Letzterer enthält den Amygdala-Komplex, auf den hier nicht weiter eingegangen werden soll. Der aDVR erhält im lateralen Teil visuelle Afferenzen vom thalamischen Nucleus rotundus. Bei Schlangen mit Infrarotortung (zum Beispiel der Klapperschlange, Kapitel 10) enden die entsprechenden Afferenzen ebenfalls hier. Somatosensorische Afferenzen enden im zentralen, auditorische Informationen im medialen Bereich des aDVR.

Das große dorsale Telencephalon der Vögel zeigt im Querschnitt weder Ähnlichkeiten mit dem der Reptilien noch mit dem der Säuger (Abbildung 33a,b). Medial ist ein schmaler vertikal verlaufender Ventrikel zu erkennen, an den sich lateral eine große Masse von Zellen und Fasern anschließt, die von medial nach lateral von einigen dünnen zellarmen Bändern durchzogen sind. Dies führte vor etwa hundert Jahren zu der Auffassung, dass der gesamte laterale Teil des Telencephalons der Vögel den

Basalganglien der Sänger entspreche. Man unterschied ein ventrales Palaeostriatum augmentatum – sozusagen eine Urform des Striatums, ein „neues“ Striatum, entsprechend „Neostriatum“ genannt, und darüber ein Hyperstriatum, dessen Funktion jedoch rätselhaft blieb. Nur den mediodorsal vom Hyperstriatum liegenden „Wulst“ (als Teil des „Hyperstriatum accessorium“) mit visuellen Funktionen ließ man als kümmerlichen Rest eines Cortex gelten. Diese Anschauung gilt mittlerweile als endgültig widerlegt. Vor wenigen Jahren einigte sich eine Kommission von Fachleuten auf eine Umbenennung der problematischen Gebiete, so dass das frühere Neostriatum jetzt *Nidopallium* und das frühere Hyperstriatum ventrale jetzt *Mesopallium* heißt (Reiner et al. 2004). Das „Hyperstriatum accessorium“, dem der „Wulst“ als vorderer Teil zugehört, benannte man in *Hyperpallium* um. Das Nidopallium umschließt in seinem vorderen Teil das *Entopallium* (früher „Ectostriatum“). Dort enden die visuellen Afferenzen vom thalamischen Nucleus rotundus. Im „Feld L“ des Nidopalliums enden auditorische Afferenzen aus dem Nucleus ovoidalis.

Das oberhalb vom Nidopallium liegende *Hyperpallium* mit seinem vorderen Teil, dem „Wulst“, wird in verschiedene Bereiche eingeteilt, in denen visuelle und somatosensorische Bahnen enden. Cytoarchitektonisch zeigt der Wulst eine irreguläre Anordnung von Projektions- und Interneuronen, wobei die Projektionsneuronen in ihrer Gestalt keinerlei Ähnlichkeit mit den Pyramidenzellen des Säugercortex aufweisen (Tömböl et al. 1988).

Entsprechendes findet sich im gesamten Nidopallium einschließlich des Entopalliums. Es zeigt keinerlei Laminierung und enthält relativ gleichförmig aussehende Neuronen. Der Haupttyp der Projektionsneuronen wird von multipolaren, mittelgroßen Neuronen gebildet, deren Dendriten mäßig bis stark mit Dornen besetzt sind. Interneuronen haben wenig verzweigte glatte Dendriten. Thalamische Afferenzen mit sehr dickem Durchmesser erreichen das Entopallium von ventromedial und verzweigen sich sehr schnell. Diese sekundären

a

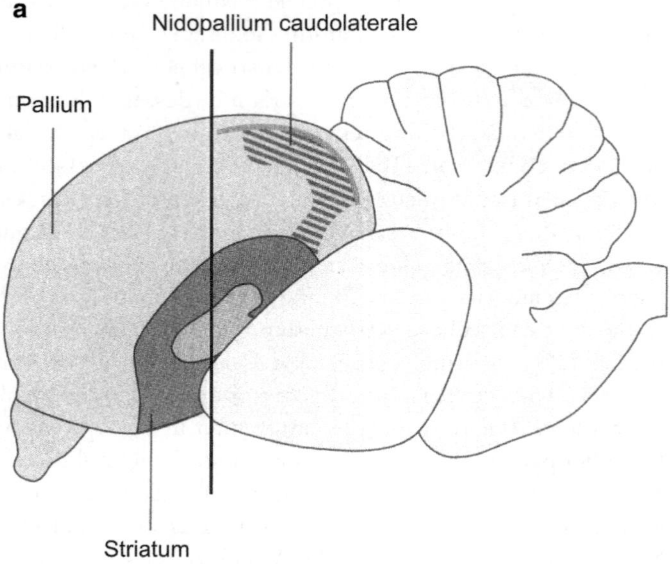

b

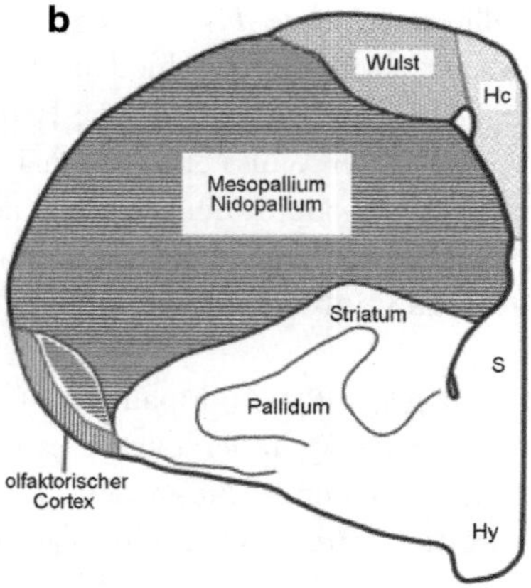

Abb. 33 a) Seitenansicht des Gehirns der Taube. Das Endhirn gliedert sich in ein Pallium und ein Striatopallidum. Ein besonderer pallialer Bereich ist das Nidopallium caudolaterale. b) Schnitt

Fortsätze ziehen geradeaus weiter, verzweigen sich weiter und bilden ein sehr regelmäßiges Netzwerk, wobei sie ähnlich wie die thalamischen Afferenzen des Säugercortex sowohl mit den Projektionsneuronen als auch mit den Interneuronen Kontakte bilden. Daneben gibt es einen weiteren Typ von Afferenzen mit dünnerem Durchmesser, die aber auch relativ gerade einziehen. Dieser sehr geordneten Eingangsstruktur steht allerdings keine laminare Anordnung von Neuronen gegenüber, wie sie für den Säugercortex typisch ist.

Ein besonders interessanter Teil des Nidopalliums ist das *Nidopallium caudolaterale* (früher „Hyperstriatum caudolaterale" genannt), abgekürzt NCL, das – wie sein lateinischer Name sagt – im seitlichen hinteren Teil des Nidopalliums lokalisiert ist (Abbildung 33). Es ähnelt in seiner Funktion stark dem dorsolateralen präfrontalen Cortex der Säuger (dlPFC, siehe unten), obgleich es weder mit ihm homolog noch ihm strukturell ähnlich ist, denn es ist wie das ganze Mesonidopallium ungeschichtet. Wie der Bochumer Biopsychologe Onur Güntürkün und seine Mitarbeiter in den vergangenen Jahren gezeigt haben, steht es wie der präfrentale Cortex (PFC) der Säuger mit Arbeitsgedächtnis, Handlungsplanung, Verhaltensflexibilität und Kreativität einschließlich des wichtigen „Umlernens" von Regeln, also ganz allgemein mit „Intelligenz" in Zusammenhang. Der funktionalen Übereinstimmung entsprechen weitere Ähnlichkeiten, insbesondere die Tatsache, dass das NCL genauso wie der PFC der Säuger einen massiven Eingang von dopaminergen Zellen aus dem Nucleus accumbens und dem ventralen tegmentalen Areal erhält.

---

durch das Endhirn in der in a) angedeuteten Ebene. Der größte Teil des Palliums besteht aus dem Mesonidopallium. Mediodorsal davon befindet sich der „Wulst" als Teil des Hyperpalliums. Unter dem Mesonidopallium befindet sich das Striatum und das Pallidum. Weitere Erläuterungen im Text. Hc = Hippocampus, S = Septum, Hy =Hypothalamus. (nach Reiner et al. 2005)

Das Endhirn der Säuger

Das Endhirn der Säuger ist vergleichsweise groß und umfasst bei einigen Gruppen wie Primaten, Elefanten, Walen und Delphinen bis zu 80 Prozent des Gesamtgehirns. Dem Pallium der anderen Wirbeltiere entsprechen der Cortex (Iso- oder Neocortex, Hippocampus, limbischer und olfaktorischer Cortex) sowie die pallialen Anteile der Amygdala. Das Subpallium gliedert sich im Wesentlichen in den Striatopallidum-Komplex, den subpallialen Amygdala-Komplex und die septale Region einschließlich des basalen Vorderhirns. Im Folgenden werde ich nur auf den Cortex und den eng mit ihm verbundenen Hippocampus eingehen (Abbildung 29, 36; Farbtafel).

Der dreischichtige *Hippocampus* befindet sich im Gehirn der Primaten am unteren inneren Rand des Temporallappens (Abbildung 29b). Er steht mit allen Teilen des Isocortex über den entorhinalen Cortex in Verbindung und erhält daneben direkte Erregungen vom basalen Vorderhirn, von der Amygdala und anderen subcorticalen limbischen Zentren. Der Hippocampus und der ihn umgebende ento- und perirhinale Cortex werden als *Organisatoren* des deklarativen Gedächtnisses angesehen, das beim Menschen die bewusste Repräsentation und Berichtbarkeit von Wissensinhalten einschließt.

Der *orbitofrontale Cortex* ist der einzige isocorticale, das heißt sechsschichtige Teil des limbischen Systems. Er ist beim Menschen der über den Augenhöhlen (Orbita) liegende Teil des Stirnhirns. Bei vielen Säugern verarbeitet er olfaktorische und gustatorische Informationen. Beim Menschen befasst sich der orbitofrontale Cortex zusätzlich mit den emotionalen und motivationalen Aspekten der Verhaltensplanung, insbesondere mit der Frage, ob diejenigen Handlungen, die erwogen und geplant sind, positive oder negative Konsequenzen nach sich ziehen werden. Der *Gyrus cinguli* ist ein Teil des medialen frontalen Cortex und besteht aus einem vorderen Teil, dem *Gyrus cinguli anterior*, und einem hinteren Anteil, dem Gyrus cinguli posterior.

Der obere und hintere Teil des cingulären Cortex ist eher sensorisch und kognitiv dominiert und hat unter anderem mit Augenbewegungen und visueller Aufmerksamkeit zu tun. Der untere und vordere Teil ist an der Steuerung der Aufmerksamkeit, der Fehlererkennung, der Fehlerkorrektur und der längerfristigen Einschätzung von Gewinn und Verlust bei Entscheidungen beteiligt. Der *insuläre Cortex* (auch einfach *Insula* genannt) befindet sich tief eingesenkt zwischen dem Frontal-, dem Temporal- und dem Parietallappen und ist von außen nicht sichtbar. Er spielt zusammen mit dem cingulären Cortex bei der Schmerzwahrnehmung, der emotionalen Gesichtererkennung und der Empathie eine wichtige Rolle (Roth und Dicke 2006).

Der Aufbau des Isocortex

Der Isocortex der Säuger (Abbildung 36) wird in vier Lappen (*Lobi*, Singular *Lobus*) eingeteilt, und zwar den Hinterhauptslappen (*Lobus occipitalis*), den Schläfenlappen (*Lobus temporalis*), den Scheitellappen (*Lobus parietalis*) und den Stirnlappen (*Lobus frontalis*). Er ist sechsschichtig und relativ gleichförmig aufgebaut (Creutzfeldt 1983; Zilles 2006). Der dominierende Zelltyp sind die *Pyramidenzellen*; sie bilden rund 80 Prozent aller corticalen Neuronen (Abbildung 3 und 34). Pyramidenzellen sind ausschließlich erregend und die Projektionsneuronen des Cortex; ihre Axone verlassen die graue Substanz des Cortex und ziehen entweder zu subcorticalen Gebieten oder zu anderen Cortexarealen. Sie besitzen einen pyramidenartigen Zellkörper, der namensgebend ist. Die Dendriten der Pyramidenzellen sind dicht mit Dornenfortsätzen besetzt. Die Dendriten der in den oberen Cortexschichten lokalisierten Pyramidenzellen erreichen die Molekularschicht (siehe unten), wo sie sich rechtwinklig verzweigen. Die hierbei gebildeten *Horizontalfasern* reichen bei Primaten im Durchschnitt 100 bis 200 Mikrometer, bei großen

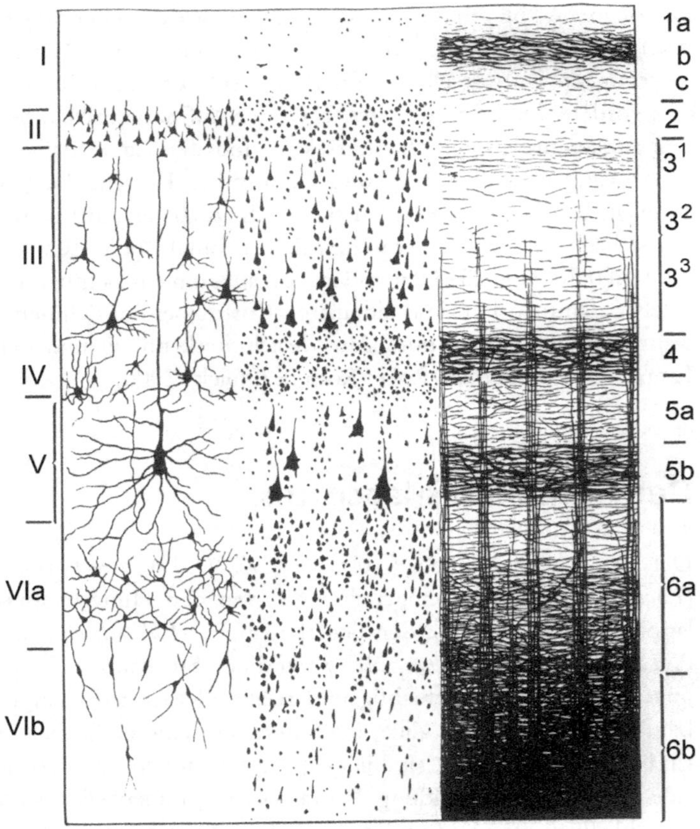

Abb. 34 Zellulärer Aufbau (Cytoarchitektur) der sechsschichtigen Großhirnrinde (Isocortex). Der linke Teil der Abbildung zeigt die Verteilung der wesentlichen Nervenzelltypen des Isocortex, vor allem Pyramidenzellen, in Golgi-Anfärbung. Der mittlere Teil zeigt die Verteilung der Nervenzellkörper in Nissl-Anfärbung. Rechts sind myelinisierte Fasern in Weigert-Anfärbung dargestellt. Links ist in römischen Ziffern die übliche sechsschichtige Unterteilung angegeben, rechts in arabischen Ziffern die genauere Unterteilung aufgrund der Nissl-Anfärbung. (nach Vogt und Brodmann, aus Creutzfeldt 1983)

Pyramidenzellen auch 400 Mikrometer weit. Die restlichen rund 20 Prozent corticaler Zellen sind Interneuronen. Hierunter fallen vor allem *Sternzellen*, daneben auch *Korbzellen*, *Kandelaberzellen* und *bipolare Zellen*. Das Ausbreitungsfeld der Dendriten der Sternzellen ist rund oder in horizontaler oder vertikaler Richtung längsgestreckt, ihre Axone sind kurz und verzweigen sich lokal. Ihre Oberfläche ist entweder glatt (*glatte Sternzellen*) oder mit nur wenigen Dornen besetzt. Diese dornenbesetzten Sternzellen haben ebenso wie die bipolaren Zellen und die Korbzellen *erregende* Funktion. Kandelaberzellen und glatte Sternzellen sind hingegen *inhibitorische* Interneuronen.

Bei der sechsschichtigen Struktur des Isocortex unterscheidet man von der Cortexoberfläche nach innen folgende Schichten (Abbildung 34): Schicht I, die *Molekularschicht*, enthält nur wenige Nervenzellen, vorwiegend apikale Dendriten und die bereits genannten Horizontalfasern der in tieferen Schichten lokalisierten Pyramidenzellen. Schicht II ist die *äußere Körnerschicht*; hier finden sich kleine Pyramidenzellen und zahlreiche Sternzellen („Körner"). Schicht III ist die *Pyramidenzellschicht*; sie enthält kleine und mittelgroße Pyramidenzellen sowie Interneuronen. Schicht IV ist die *innere Körnerschicht*; sie besteht vorwiegend aus Sternzellen und Sternpyramidenzellen. Schicht V heißt *ganglionäre Schicht*, da hier große Pyramidenzellen (die „Ganglienkugeln" früher Neuroanatomen) und Interneuronen zu finden sind. Schicht VI ist die *Spindelzellschicht* mit nur wenigen großen Pyramidenzellen und vielen Spindelzellen.

Die Masse der von außen kommenden Afferenzen des Isocortex stammen vornehmlich von den palliothalamischen Thalamuskernen (Abbildung 30). Diese enden im unteren Teil der Schicht III und vor allem in Schicht IV und verzweigen sich dort stark. Sie kontaktieren die dortigen kleinen Pyramidenzellen, aber auch die Interneuronen, die ihrerseits mit den Pyramidenzellen in teils exzitatorischer, teils inhibitorischer Verbindung stehen. Die Afferenzen von den truncothalamischen, besonders intralaminären, Kernen enden vorwiegend in den Schichten I und VI. Nichtthalamische, überwiegend *modulatorische* Afferenzen kommen aus der Amygdala, dem basalen Vorderhirn einschließlich des Septums (cholinerge Afferenzen), den Basalganglien, dem Hypothalamus, den Raphekernen (serotonerge Afferenzen), dem Locus coeruleus (noradrenerge Afferenzen) und dem mesolimbischen System (VTA, Nucleus accumbens, dopaminerge Afferenzen).

Die Efferenzen des Cortex übertreffen bei Primaten die Afferenzen an Zahl etwa um das Fünffache. Sie nehmen ihren Ausgang vornehmlich von Pyramidenzellen, deren Zellkörper in den Schichten V und VI liegen. Die meisten Efferenzen ziehen aus Schicht VI zum Thalamus, wobei bestimmte corticale Gebiete zu genau den Kernen zurückprojizieren, von denen sie Afferenzen erhalten. Diese rückläufigen Verbindungen bilden das bereits erwähnte *thalamocorticale System.* Andere Efferenzen des Cortex ziehen aus Schicht V zum Striatum und zur Amygdala sowie über die Pyramidenbahn zum Mittelhirn, zur Brücke und zu den prämotorischen und motorischen Zentren des verlängerten Marks und des Rückenmarks. Die weitaus meisten Faserzüge des Cortex stellen jedoch *intracorticale* Verbindungen dar, *Assoziationsfasern* genannt, deren Zahl in die Billionen geht.

Verschiedene Teile des Isocortex unterscheiden sich im Vorkommen der oben genannten unterschiedlichen Zelltypen (Pyramidenzellen, dornenbesetzte und glatte Sternzellen usw.), in der Zellkörpergröße und der Zelldichte, der Dicke der einzelnen Schichten und der Gesamtdicke zum Teil deutlich voneinander. Aufgrund dieser Unterschiede wird der Isocortex seit der grundlegenden Arbeit von Korbinian Brodmann zu Beginn des 20. Jahrhunderts in rund 50 Hirnrindenareale, sogenannte „Brodmann-Areale", eingeteilt. Diese werden mit „A" (für „Areal"), zuweilen auch „BA" (für „Brodmann-Areal"), bezeichnet und sind durchnummeriert (A1, A2, bzw. BA1, BA2 usw.) (Abbildung 35a,b). Diese rein auf morphologisch-cytologischen Beobachtungen gegründete Cortexfelder-Einteilung hat sich in späteren funktionalen Studien weitgehend bestätigt. Für die ver-

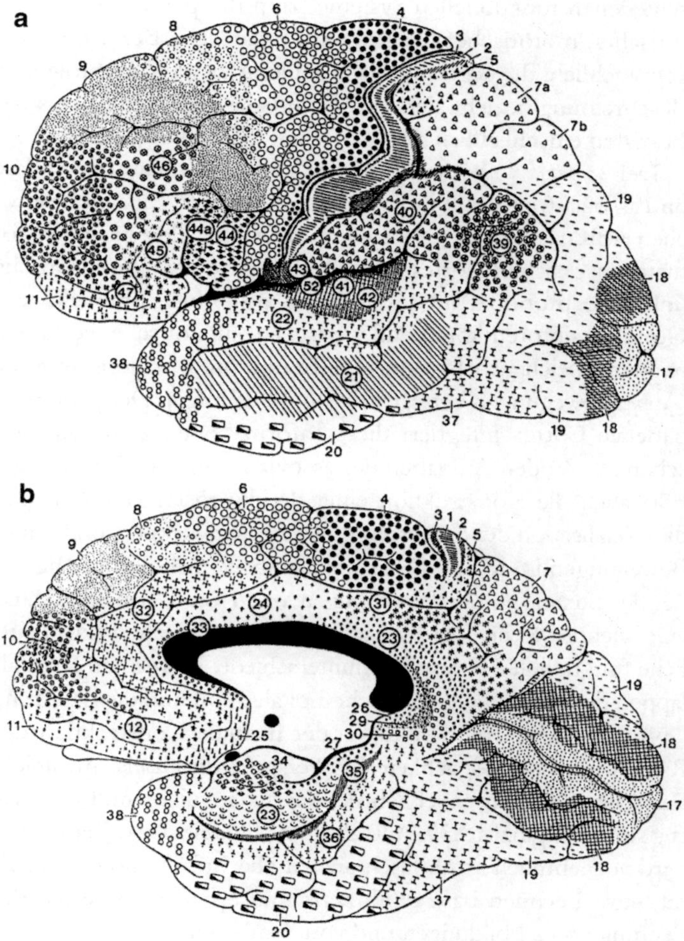

Abb. 35 Hirnrindenareale nach Korbinian Brodmann (1909). a) Seitenansicht, b) Innenansicht der Großhirnrinde. Die Zahlen geben die von Brodmann durchnummerierten Areale an. (aus Roth 2003)

schiedenen funktionellen Systeme (zum Beispiel visueller, auditorischer, motorischer Cortex) sind zusätzliche Bezeichnungen gebräuchlich, die gegebenenfalls genannt werden. Die folgende Beschreibung bezieht sich im Wesentlichen auf den Cortex der Primaten einschließlich des Menschen (Abbildung 36).

Der *occipitale Cortex* enthält ausschließlich primäre, sekundäre und assoziative visuelle Areale, die in Kapitel 10 genauer besprochen werden. Der *parietale Cortex* erhält über den primären somatosensorischen Cortex (A1–3) komplexe somatosensorische (inklusive propriozeptive, das heißt von Muskelspindeln und Gelenkrezeptoren kommende), visuelle, auditorische, vestibuläre (den Gleichgewichtssinn betreffende) und okulomotorische (Augenbewegungen betreffende) Informationen. Der posteriore parietale Cortex integriert diese Informationen zum „Körperschema". Zu den Aufgaben des assoziativen Parietallappens gehört auch die Konstruktion einer dreidimensionalen Welt und die Lokalisation der Sinnesreize, des eigenen Körpers und seiner Bewegungen im Raum. Der Parietallappen spielt darüber hinaus bei der Steuerung der Bewegungen von Kopf, Arm und Hand eine wichtige Rolle. Der Parietallappen des Menschen zeigt deutliche funktionale Hemisphärenunterschiede. Im rechten Parietallappen dominieren die räumliche Lokalisation und die räumliche Aufmerksamkeit, die konkrete oder mentale Konstruktion des Raums mit der Möglichkeit des Perspektivwechsels. Im linken Parietallappen (einschließlich des Gyrus angularis und des Gyrus supramarginalis A39, A40 als dem „Schreib-Lese-Zentrum") wird vornehmlich symbolisch-analytische Information verarbeitet, etwa Rechnen bzw. Arithmetik und Sprache sowie die Bedeutung von Abbildungen und von Symbolen.

Der *temporale Cortex* schließt in seinem oberen und mittleren Bereich die primären und sekundären auditorischen Regionen ein. Hier wird auch komplexe auditorische Information verarbeitet; dazu dient im menschlichen Gehirn – bei den meisten Personen in der linken Hemisphäre – das Wernicke-Sprachzentrum, das für einfaches Sprachverständnis zuständig ist. Ein entsprechendes Zentrum für intraspezifische Kommunikation wird bei allen untersuchten Säugetieren gefunden, ist also wohl stammesgeschichtlich alt (Kapitel 13). Der rechte untere und der rechte hintere Temporallappen haben bei Primaten generell mit dem Erkennen komplexer visueller Objekte und Situationen zu tun. Hierzu gehört das Erkennen von Körperteilen wie der Hand, des Gesichts oder von Gesichtspartien im sogenannten *Gyrus fusiformis*, aber auch die Unterscheidung zwischen belebten und unbelebten Objekten. An der Gesichtererkennung ist auch der obere temporale Cortex beteiligt.

Zum *frontalen Assoziationscortex* gehören der präfrontale und der bereits genannte orbitofrontale Cortex, das frontale Augenfeld (A8) und das supplementäre Augenfeld (A6), das supplementärmotorische Areal (SMA und prä-SMA als der mediale Teil von A6) und die Broca-Sprachregion (A44, A45). Im vorliegenden Zusammenhang soll nur der präfrontale Cortex besprochen werden.

Der *präfrontale Cortex* (PFC) umfasst die Areale A9, A10 und A46. Einige Autoren untergliedern den PFC wiederum in einen *dorsolateralen* und einen *ventrolateralen* Teil. Beide Teile des PFC erhalten unterschiedliche corticale und subcorticale Afferenzen. Der *dorsolaterale* PFC erhält körperbezogene Informationen aus dem posterioren parietalen Cortex über die Stellung und die Bewegung von Kopf, Nacken, Gesicht und Händen. Daneben bekommt er Informationen über Raumorientierung sowie räumliche Aspekte der Handlungsplanung, besonders im vordersten, dem *frontopolaren* Teil des PFC (A10), der nach Anschauung mancher Experten nur beim Menschen vorhanden ist (Wise 2008). Der *ventrolaterale* PFC empfängt hingegen vom Temporallappen Informationen über komplexe auditorische und visuelle Wahrnehmungen, zum Beispiel das Erfassen von Objekten und Szenen, sowie sprachbezogene Informationen aus dem linken Temporallappen (Wernicke-Sprachzentrum). Hier befindet sich beim Menschen auch, meist auf der linken Seite, das Broca-Sprachzentrum, das für grammatikalische und syntaktische Aspekte der Sprache zuständig ist (Kapitel 13).

Der präfrontal-frontopolare Cortex hat ganz allgemein mit zeitlich-räumlicher Strukturierung von Sinneswahrnehmungen und entsprechenden Gedächtnisleistungen zu tun, und zwar bei der Planung und Vorbereitung von Handlungen sowie beim Lösen von Problemen und in diesem Zusammenhang mit Erinnern, Vorstellen und Denken. Er ist auch Sitz des *Arbeitsgedächtnisses*, desjenigen Gedächtnisses, das im Zusammenhang mit Handlungsplanung für wenige Sekunden einen bestimmten Teil der Wahrnehmungen und die hiermit verbundenen Gedächtnisinhalte und Vorstellungen im Bewusstsein festhält. Es wird beim Menschen vornehmlich in den Arealen 9 und 46 lokalisiert.

Sind der Isocortex der Säuger und das Mesonidopallium der Vögel homolog?

Ein sechsschichtiger Isocortex ist ausschließlich bei Säugetieren vorhanden und wird als der Hauptträger der meist hohen kognitiven Leistungen dieser Tiere angesehen. Bei Vögeln gilt das Mesonidopallium als der entsprechende Hirnteil. Handelt es sich bei beiden um homologe oder konvergent entstandene „Intelligenzzentren"?

Renommierte Neurobiologen wie H. Karten, A. Reiner und O. Güntürkün meinen, dass das Mesonidopallium ebenso wie der aDVR der Reptilien (im Folgenden abgekürzt MNP-DVR) und der lateral-temporale Cortex der Säuger (im Folgenden abgekürzt LC) homolog sind und phylogenetisch-embryologisch dem lateralen Teil des *dorsalen* Palliums der Landwirbeltiere entsprechen sich aber morphologisch unterschiedlich entwickelten (Reiner et al. 2005; Abbildung 37a; Farbtafel). Während sich bei den Säugern eine laminierte Struktur ausbildete, nämlich der sechsschichtige temporale Cortex, fand bei Reptilien und Vögeln die Bildung einzelner Kerne statt, die zusammen den aDVR bzw. das Mesonidopallium bilden. Man nennt diese Interpretation „gemeinsamer Ursprung" (nämlich von LC und MNP-DVR).

Die Autoren weisen darauf hin, dass der LC und das MNP-DVR sehr ähnliche Ein- und Ausgangsverbindungen aufweisen. Tatsächlich erhält der LC der Säuger einen visuellen thalamischen Eingang, der vom Pulvinar ausgeht. Das Pulvinar wiederum erhält visuelle Erregungen, unter anderem vom Colliculus superior, der dem Tectum der übrigen Wirbeltiere entspricht. Genauso erhält bei Reptilien und Säugern der thalamische Nucleus rotundus, der dem Pulvinar homolog sein soll, visuelle Afferenzen vom Tectum und projiziert zum MNP-DVR. Daneben scheint es embryologische Argumente zu geben: Von einem „Proto-DVR" ausgehend wandern – so die Autoren – bei den Säugern während der Gehirnentwicklung bestimmte Vorläuferzellen nach außen und dann nach dorsal und nehmen die Sechsschichtigkeit des dorsalen Isocortex an. Diese embryonale Wanderung *unterbleibt* nach Meinung der Autoren bei Reptilien und Vögeln, und es bildet sich dort *keine* Laminierung aus, vielmehr entstehen einzelne Kerne– es kommt zur *Nukleisierung*.

Andere renommierte Neurobiologen wie L. Puelles, L. Medina und G. F. Striedter sind der Meinung, dass das MNP-DVR dem *lateralen* und dem *ventralen* Pallium und nicht dem dorsalen Pallium (bzw. seinem lateralen Teil) zuzuordnen ist (Medina 2007; Abbildung 37b). In diesem Fall entstammen der LC und das MNP-DVR *unterschiedlichem* phylogenetisch-embryologischen Material. Entsprechend haben sich LC einerseits und MNP-DVR andererseits unabhängig voneinander neu gebildet. Diese Auffassung nennt man entsprechend „Neubildung". Die Autoren führen ebenfalls embryologische Argumente ins Feld, vornehmlich Unterschiede im Muster der Genexpression. Bestimmte Transkriptionsfaktoren strukturieren während der frühen Entwicklung des Wirbeltiergehirns mit unterschiedlichen Gradienten das Pallium, wobei einige Faktoren für die jeweilige Ausbildung des medialen, des dorsalen und des lateralen Palliums typisch sind. Diese Faktoren fehlen jedoch in Teilen des ventralen Palliums. Dies wird als Anzeichen dafür angesehen, dass sich zumindest Teile des ventralen Palliums vom Rest des Palliums embryologisch deutlich unterscheiden und zum Ausgangspunkt der Bildung des DVR der Reptilien und schließlich des MNP der Vögel werden. Bei Säugern entwickelt sich das ventrale Pallium zu Strukturen wie der corticalen und der basolateralen Amygdala. Nach Meinung dieser Autoren haben LC und MNP-DVR also *keinen* gemeinsamen embryologischen Ursprung, und ihre partielle funktionale Ähnlichkeit stellt eine *konvergente* Entwicklung dar. Das MNP-DVR der Reptilien und Vögel ist danach vielmehr den corticalen Anteilen der Amygdala der Säuger homolog.

Für diese These spricht auch, dass es zwischen dem visuellen Isocortex der Säuger und dem visuell bestimmten Hyper- und Nidopallium der Vögel bedeutsame funktionelle Unterschiede gibt. Im primären visuellen Cortex der Säuger liegen Zellen, die einerseits bewegungsspezifisch und andererseits kontrast- und farbspezifisch sind, wie wir in Kapitel 10 erfahren werden. Ebenso gibt es dort Zellen, die die Grundlage der Tiefenwahrnehmung (*Stereopsis*) bilden. Bei der Taube, die ein gut entwickeltes visuelles System besitzt, finden sich im Wulst nur bewegungssensitive Zellen, während die visuellen Merkmale Orientierung, Kontrast, Farbe und Disparität im Nidopallium verarbeitet werden. Eine Schädigung des Wulsts beeinträchtigt nur die Bewegungs-, nicht aber die Form- und Farbwahrnehmung. Dies spricht gegen eine Gleichsetzung von Nidopallium und temporalem Cortex, da letzterer keine solchen primären visuellen Funktionen besitzt, die man stattdessen in V1 des occipitalen Cortex findet, mit dem das Nidopallium keinesfalls homolog ist.

Das *Nidopallium caudolaterale* (Ncl) gleicht zwar funktionell stark dem dorsolateralen präfrontalen Cortex der Säuger, insbesondere dem der Primaten, hier besteht aber kein Zweifel, dass es sich um analoge und *nicht* um homologe Strukturen handelt, denn – wenn überhaupt – müsste das NCL dem temporalen Cortex (TC) zuzurechnen sein und nicht dem frontalen Cortex. Das macht die funktionelle Ähnlichkeit noch interessanter.

Was sagt uns das?

Während die Wirbeltiere eine beeindruckende Verbreitung und Vielfalt der Lebensweisen aufweisen, stellt sich ihr Gehirn als ziemlich konservativ heraus. Sein fünfteiliger Grundtypus mit Endhirn, Zwischenhirn, Mittelhirn, Kleinhirn und verlängertem Mark ist vor circa 500 Millionen Jahren entstanden. Während man noch vor 20 Jahren davon ausging, dass bestimmte Kerne und Gebiete wie der noradrenerge Locus coeruleus oder die Substantia nigra bei bestimmten Tiergruppen „noch nicht" vorhanden waren, findet man solche Strukturen und ihre entsprechenden Funktionen heute bei allen Wirbeltieren.

Dramatische Unterschiede ergeben sich dagegen in der absoluten und relativen Gesamthirngröße und in den relativen Größen der einzelnen Hirnteile. Dies betrifft vor allem das Kleinhirn, das Mittelhirndach, den dorsalen Thalamus und das dorsale Endhirn, wobei diese Veränderungen vielfach unabhängig in den Wirbeltierklassen und sogar innerhalb der Klassen auf der Ebene der Familien entstanden sind. So weisen einige Gruppen von Knorpelfischen kleine, andere sehr große Kleinhirne auf, und einige Teleosteer haben riesige Kleinhirne ausgebildet. Auch innerhalb der Amphibien sind die Unterschiede zwischen Fröschen und Salamandern beträchtlich ebenso wie zwischen Säugetiergruppen – man denke an die riesigen Kleinhirne der Elefanten und Wale. Ähnliches gilt für das Tectum opticum und den Torus semicircularis bei Knochenfischen, Amphibien und Vögeln und natürlich für das dorsale Pallium bzw. den Cortex, die bescheiden klein oder riesengroß ausfallen können.

Die häufigste Art der Veränderung ist die schlichte Vervielfachung eines bestimmten modularen Aufbaus, wie dies bei vielen Kleinhirnen und Großhirnrinden der Säuger der Fall war; im Wesentlichen hat dies zu einem starken Flächenwachstum geführt, verbunden mit einer starken Einfaltung der Rinde. Dramatischer erscheint die Zunahme an struktureller Komplexität, wenn – meist in Kombination mit einer starken Volumenzunahme – im Tectum oder Torus statt zweier nun 15 Schichten und im dorsalen Thalamus statt drei Kernen nun 20 oder gar (wie bei Primaten) an die 100 Kerne vorhanden sind. Diese Zunahme geht in der Regel mit einer deutlichen Erhöhung der Zahl unterschiedlicher Neuronentypen einher. Solche Änderungen sind im

Falle des Kleinhirns, des Tectums und des Torus gut mit Änderungen in der Sensorik und in der Lebensweise in Verbindung zu bringen, die eine gesteigerte multisensorische Informationsverarbeitung benötigen.

Derartige Änderungen können im Hinblick auf Größe und Komplexität der Cytoarchitektur einzelner Hirnteile spektakulär sein. Erwähnt habe ich die starken Veränderungen des Vagus- und des Facialislobus bei einigen Knochenfischen im Zusammenhang mit einer deutlichen Steigerung des gustatorischen Systems etwa bei Karpfenartigen. Ein anderes Beispiel ist die enorme Vergrößerung und Komplizierung des elektrosensorischen Lobus lateralis und des Torus semicircularis bei den schwachelektrischen Mormyriden und Gymnotiden. Dasselbe gilt für die beeindruckende Komplexitätszunahme des optischen Tectums bei Knochenfischen und Vögeln.

Die meisten anderen spektakulären Neuerungen betreffen das Telencephalon, und hier vornehmlich den pallialen Teil, was dann auch zu Umstrukturierungen des dorsalen Thalamus führte. Bei den Strahlenflossern kommt es zu einer morphologischen Umgestaltung des Palliums, das hier eine Eversion anstelle einer Evagination erfahren hat. Innerhalb der Sauropsiden entwickelt sich aus dem lateralen bzw. ventralen Pallium der DVR, der sich bei Vögeln zum Mesonidopallium entwickelte, während bei Säugern stattdessen aus dem dorsalen Pallium ein sechsschichtiger Cortex entstand, der in einigen Gruppen sehr groß wird. Man könnte das Pallium als eine „evolutionäre Spielwiese" bezeichnen.

Mit der jeweiligen Umgestaltung des Endhirnpalliums ging auch eine Veränderung der thalamotelencephalen Bahnen einher. Im vermutlich ursprünglichen Zustand, wie er sich heute noch bei Neunaugen, Knorpelfischen und Amphibien findet, wird das Telencephalon von der Olfaktorik dominiert, während dorsale Medulla oblongata, Kleinhirn (plus Valvula) und Mittelhirndach (Tectum und Torus) für die Verarbeitung der übrigen Sinnesinformationen zuständig sind. Das Endhirnpallium empfängt in diesem Zustand, meist über den anterioren dorsalen Thalamus, multimodale und in geringem Maße auch unimodale Afferenzen, die jedoch nicht in primären sensorischen und topologisch organisierten Arealen des Palliums enden. Alles, was man bisher im Pallium der genannten Tiergruppen registriert hat, sind – abgesehen von der Olfaktorik – ausschließlich multimodale Antworten. Die weitere Verarbeitung dieser Informationen im Pallium ist bisher nicht verstanden; man kann vermuten, dass sie im Dienste der Gedächtnis-, Emotions- und Motivationsbildung steht, die dann über das dorsale und das ventrale Striatopallidum in die Handlungssteuerung einmündet.

Das Corpus geniculatum laterale der Säuger erhält einen direkten Eingang von der Retina und projiziert in den Hinterhauptscortex, wo sich die visuellen Areale befinden (Kapitel 10). Bei Vögeln gibt es den Nucleus-geniculatus-lateralis-Komplex, der wie bei Säugern einen direkten retinalen Eingang erhält und zu einem Teil des dorsomedialen Teils des Telencephalons, dem Hyperpallium, projiziert, hier „visueller Wulst" genannt. Diese Bahn stellt aber nicht die visuelle Hauptbahn dar, vielmehr ist dies die Projektion des Nucleus rotundus zum Entopallium. Bei Vögeln (mit Vorstufen bei Reptilien) und bei Säugern, eventuell auch bei einigen Knochenfischen, haben sich also unabhängig voneinander und auf sehr verschiedene Weise primäre sensorische Bahnen entwickelt, die vom dorsalen Thalamus zum Entopallium der Vögel und zum Cortex der Säuger ziehen. Damit wurde das Pallium, das zuvor Verarbeitungsort limbischer und assoziativer Information war, zusätzlich zur Stätte der Verarbeitung primärer sensorischer Information. Dieser mindestens zweimal unabhängig voneinander aufgetretene evolutive Schritt scheint die sensorisch-kognitiven Leistungen der entsprechenden Tiergruppen enorm gesteigert zu haben.

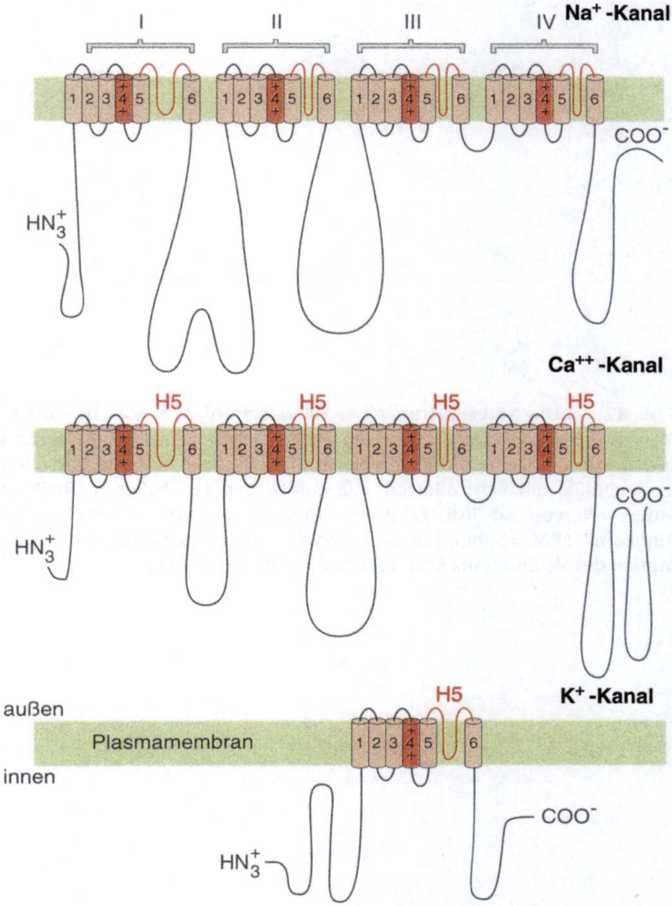

Abb. 5 Spannungsabhängige Ionenkanäle. Oben Na^+-Kanal, Mitte Ca^{++}-Kanal, unten K^+-Kanal. Der Na^+-Kanal und der Ca^{++}-Kanal enthalten vier sich wiederholende Domänen (I-IV) von sechs membrandurchspannenden Segmenten, der K^+-Kanal besitzt dagegen nur eine Domäne aus sechs Segmenten. Das Segment 4 (rot) fungiert als Spannungssensor und ist für die spannungsabhängige Öffnung des Kanals zuständig. Zwischen Segment 5 und 6 befindet sich die Kanalpore (H5). (aus Dudel et al. 1996/2000)

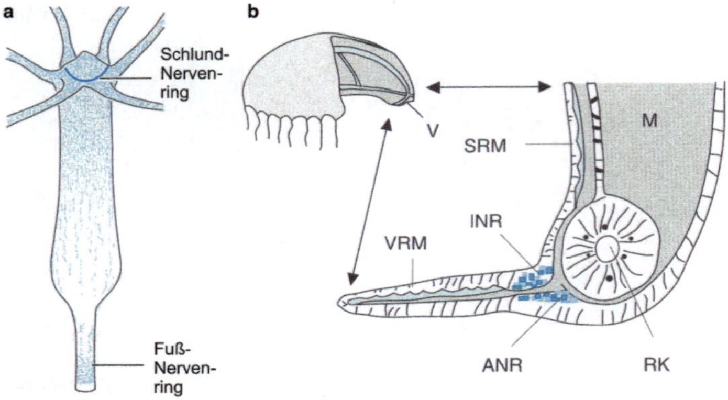

Abb. 12 a) Das Nervensystem eines Süßwasserpolypen. Man beachte den Nervenring um den Schlund und um den Fuß herum. Das übrige Nervensystem besteht aus einem diffusen Nervennetz. b) Schematische Darstellung einer Qualle mit vergrößertem Ausschnitt, der den äußeren (ANR) und inneren Nervenring (INR) zeigt. M = Mesogloea (innere Füllmasse), RK = Ringkanal, SRM = Subumbrellärer Ring, V = Velum (Schleier), VRM = Ringmuskel des Velums. (aus Roth und Wullimann 1996/2000)

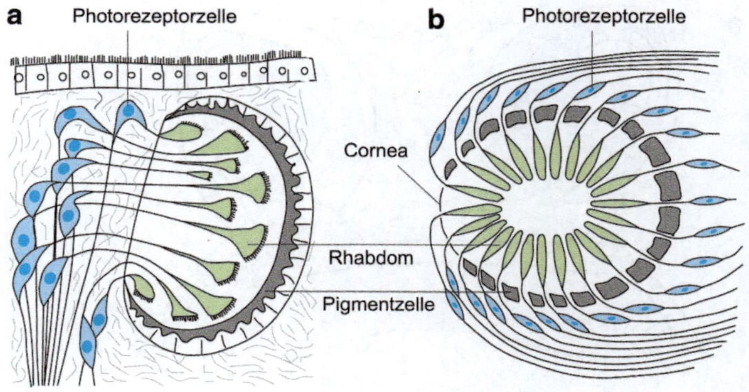

Abb. 14 Augen von Turbellarien. a) Inverses Pigmentbecherauge einer Süßwasserplanarie, b) everses Auge einer Landplanarie. (aus Roth und Wullimann 1996/2000)

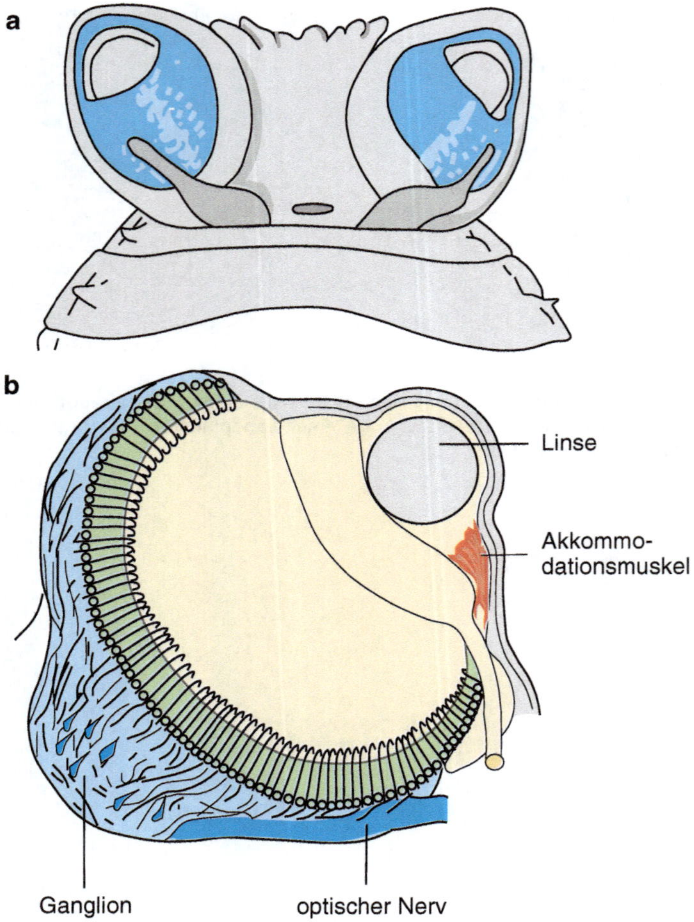

Abb. 15 Kameraauge mit Linsenakkommodationsmechanismus beim Polychäten *Alciope*. a) Ventralansicht, b) Schnitt durch die Augenachse. Man beachte den Akkommodationsmuskel. (aus Roth und Wullimann 1996/2000)

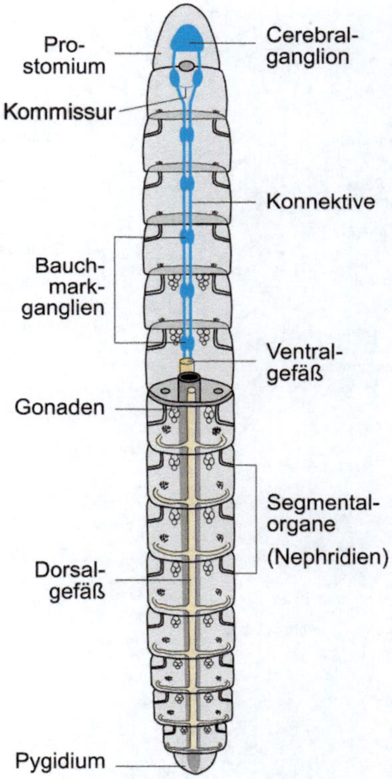

Abb. 16 Strickleiternervensystem der Anneliden. Weitere Erläuterungen im Text. Pygidium = After, Nephridien = Ausscheidungsorgane. (aus Roth und Wullimann 1996/2000)

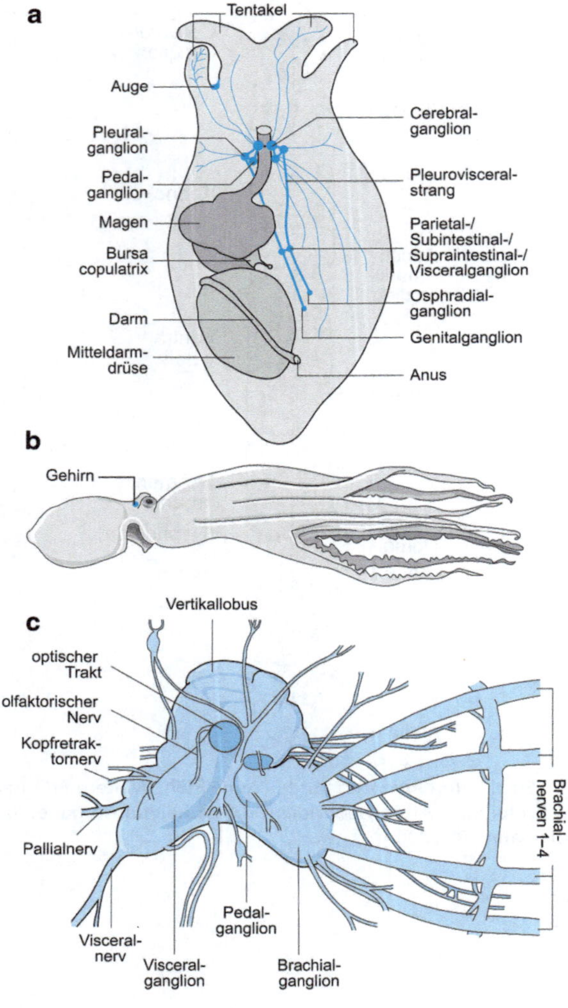

Abb. 17 a) Tetraneurales Nervensystem der Schnecke *Aplysia*, b) Seitenansicht von *Octopus* mit Lage des Gehirns, c) Seitenansicht des Gehirns von *Octopus*. Weitere Erläuterungen im Text. (aus Roth und Wullimann 1996/2000)

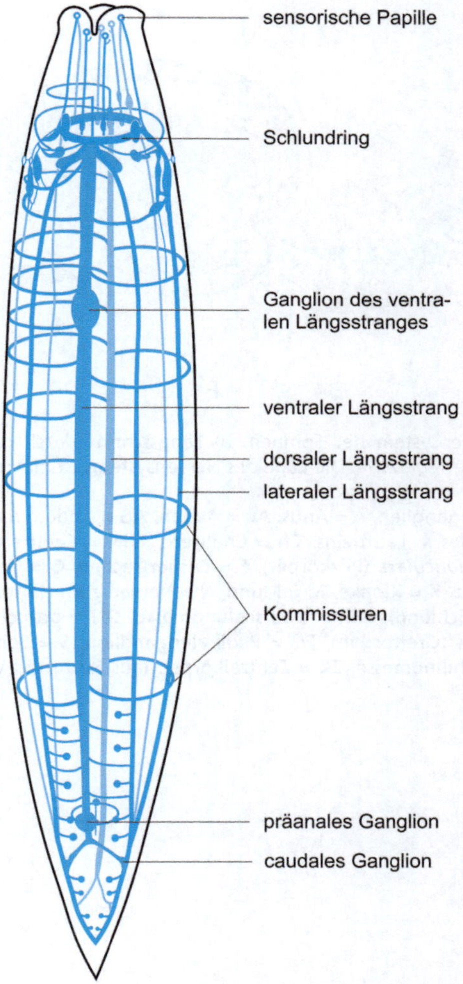

Abb. 19 Nervensystem des Spulwurms *Ascaris*. Weitere Erläuterungen siehe Text. (aus Roth und Wullimann 1996/2000)

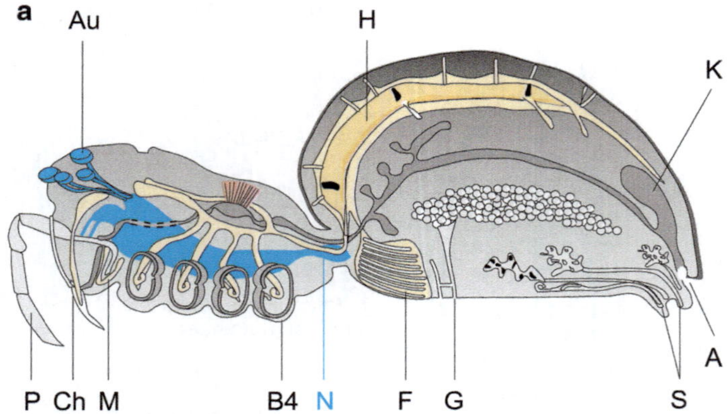

Abb. 20 Nervensystem der Spinnen. a) Längsschnitt durch den Körper der Hausspinne *Tegenaria*. Die Lage des Nervensystems ist blau markiert.

1–4 = Laufbeinganglien, A = Anus, Au = Augen, AG = Abdominalganglion, B4 = Ansatz des 4. Laufbeins, Ch = Chelicere, ChN = Chelicerennerv, CP = *Corpora pedunculata* (Pilzkörper), F = Fächertrachee, G = Gonadenöffnung, H = Herz, K = Kloake, M = Mund, N = Nerven zum Hinterleib, Oe = Oesophagus (Schlund), OM = Oberschlundmasse, ON = optische Nerven, P = Pedipalpus (Greiforgan), PG = Pedipalenganglion, S = Spinnwarzen, UM = Unterschlundmasse, Zk = Zentralkörper. (aus Roth und Wullimann 1996/2000)

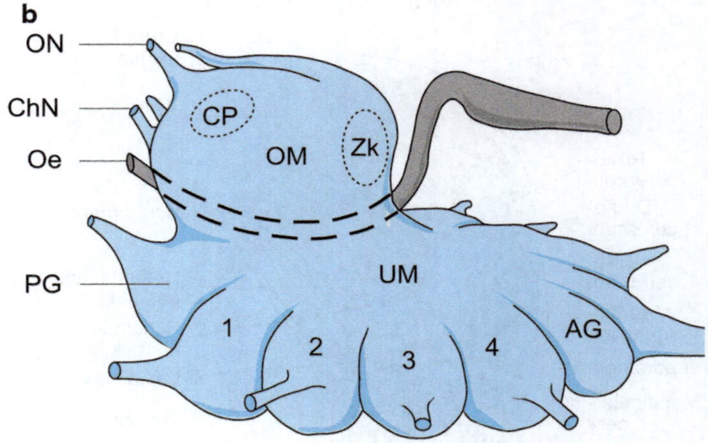

Abb. 20 b) Aufbau des Zentralnervensystems von *Tegenaria*, Seitenansicht.

a

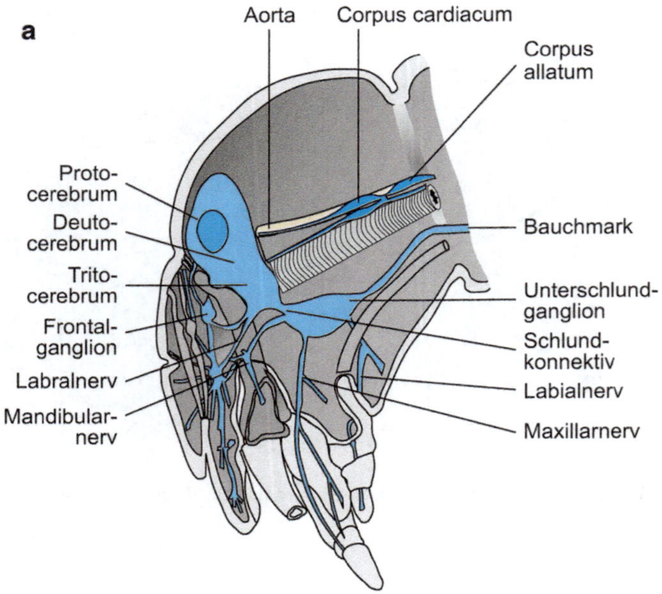

b

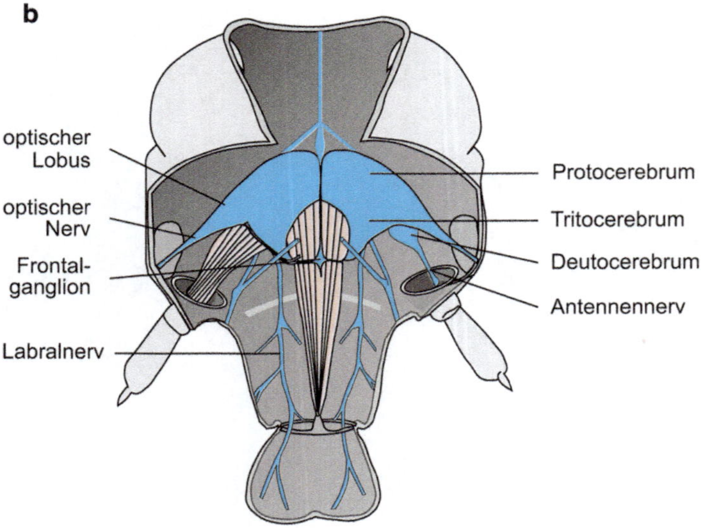

Abb. 21 Aufbau und Nerven des Insektengehirns. a) Längsschnitt des Kopfes. b) Ventralansicht des Kopfes. Ganglien und Nerven sind blau gezeichnet.

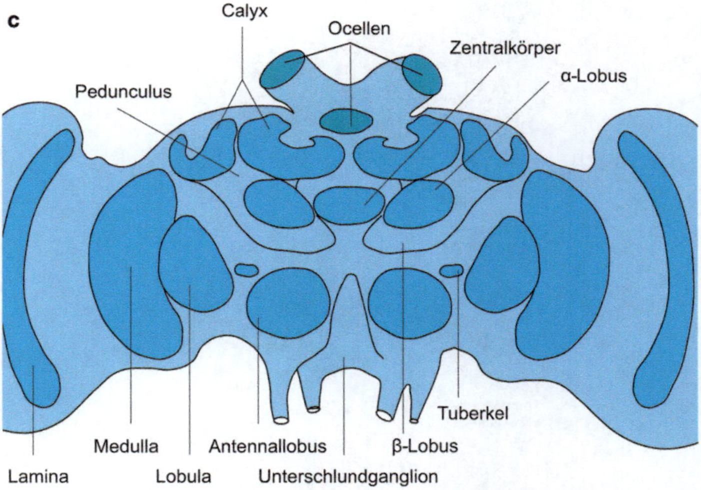

Abb. 21 c) Schema des Bienengehirns von dorsal. Weitere Erklärungen im Text. (aus Roth und Wullimann 1996/2000)

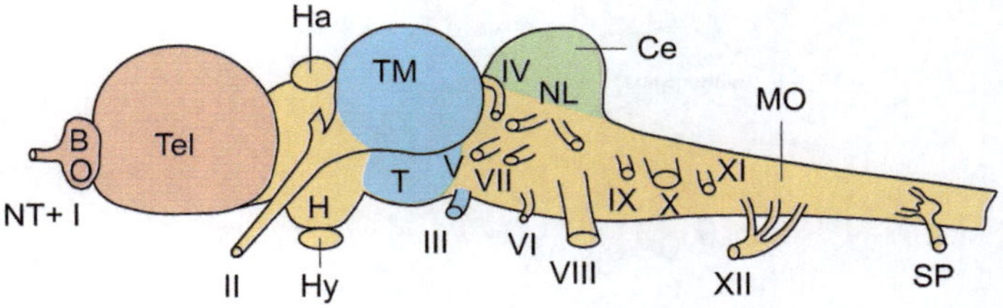

Abb. 23 Grundaufbau des Wirbeltiergehirns. BO = Bulbus olfactorius (Riechkolben), Ce = Cerebellum (Kleinhirn), H = Hypothalamus, Ha = Habenula, Hy = Hypophyse, MO = Medulla oblongata, NL = Lateralisnerven, NT = Nervus terminalis, SP = Spinalnerv, T = Tegmentum, Tel = Telencephalon (Endhirn), TM = Tectum mesencephali, I–XII = Hirnnerven. (aus Roth und Wullimann 1996/2000)

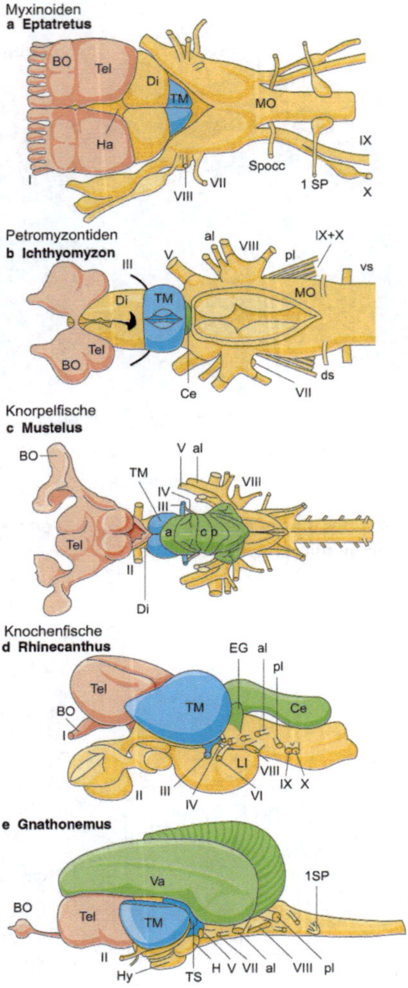

Abb. 24 a–j Serie von Wirbeltiergehirnen. a) Schleimaal, Dorsalansicht; b) Neunauge, Dorsalansicht; c) Knorpelfisch (Glatthai), Dorsalansicht; d) Knochenfisch (Drückerfisch), Seitenansicht; e) schwachelektrischer Fisch (Elefantenrüsselfisch *Gnathonemus*), Seitenansicht, f) Frosch, Seitenansicht; g) Alligator, Seitenansicht; h) Gans, Seitenansicht; i) Rattenigel (*Gymnura*), Seitenansicht; j) Pferd, Seitenansicht.

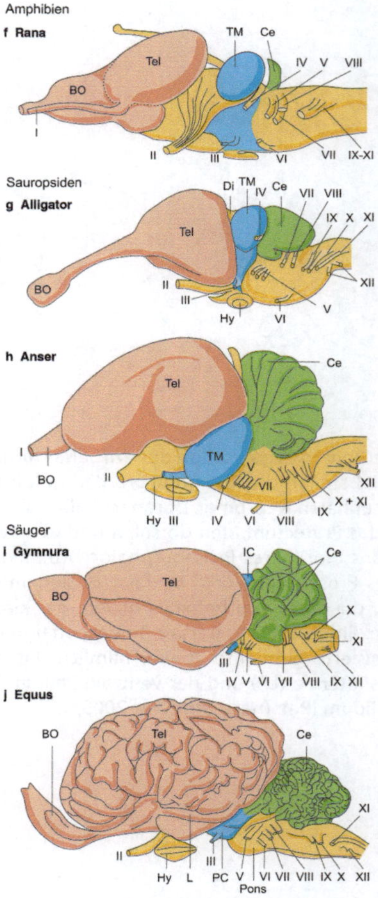

Farben Rosa: Telencephalon (Tel) und Riechkolben (BO), gelb: Diencephalon (Di) mit Hypothalamus (H), Habenula (Ha) und Hypophyse (Hy), Medulla oblongata (MO) mit Brücke (Pons) und Hirnnerven, blau: Mittelhirn mit Tectum (TM), Colliculus inferior (IC) und Torus semicircularis (TS), grün: Kleinhirn (Ce) mit Valvula cerebelli (Va, mit vorderem, zentralem und hinterem Teil, a, c, p).

II–XII = 2.–12. Hirnnerv, 1SP = 1. Spinalnerv, al = vordere Seitenlinie, pl = hintere Seitenlinie, Sp occ = spino-occipitaler Nerv, ds = dorsaler Spinalnerv, vs = ventraler Spinalnerv. Weitere Abkürzungen: EG = Eminentia granularis, L = laterales Pallium, LI = Lobus inferior, PC = Pedunculus cerebri. (nach Roth und Wullimann 1996/2000, verändert)

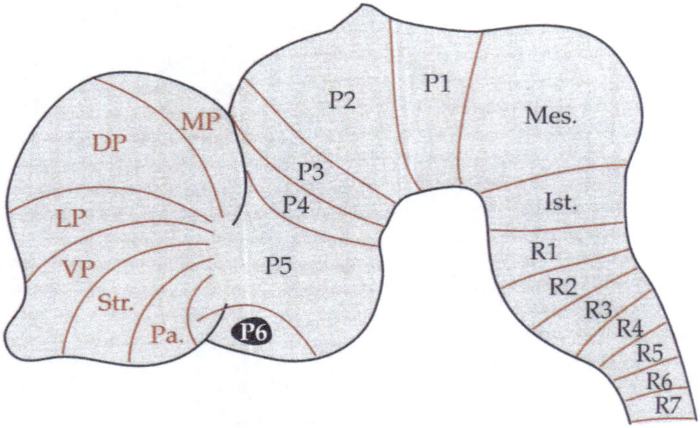

Abb. 26 Die Neuromer-Organisation des Wirbeltierhirns nach Puelles und Rubenstein. R7–R1 stellen die Rhombomere dar, gefolgt vom isthmischen und vom mesencephalen Neuromer. Daran schließen sich die drei Prosomere P1–3 an, die das Prätectum, den dorsalen und den ventralen Thalamus des Diencephalons („primäres Prosencephalon") bilden. Das Telencephalon („sekundäres Prosencephalon") umfasst in seinem ventralen Teil die Prosomere P4–6, die den Hypothalamus bilden, der klassischerweise zum Diencephalon gezählt wird. Das dorsale Telencephalon umfasst fünf nicht neuromer organisierte gebildete Zonen, nämlich das mediale (MP), das dorsale (DP), das laterale (LP) und das ventrale Pallium (VP), das Striatum (Str) und das Pallidum (Pa). (nach Striedter 2005)

a

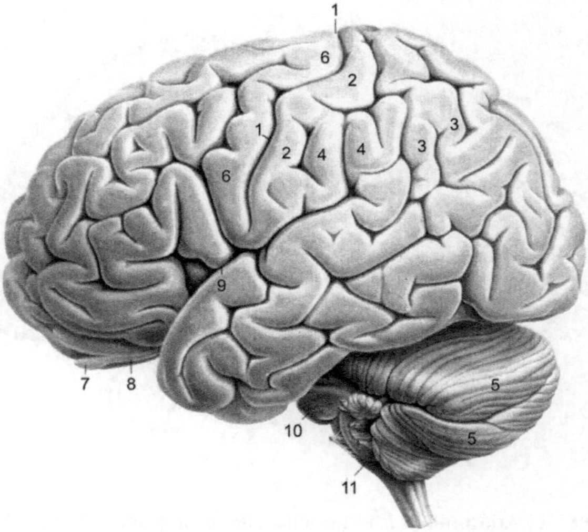

Abb. 36 a) Seitenansicht des menschlichen Gehirns. Sichtbar sind die Großhirnrinde mit ihren typischen Windungen (Gyri, Singular Gyrus) und Furchen (Sulci, Singular Sulcus) und das ebenfalls stark gefurchte Kleinhirn. 1 Zentralfurche (Sulcus centralis), 2 Gyrus postcentralis, 3 Gyrus angularis, 4 Gyrus supramarginalis, 5 Kleinhirn-Hemisphären, 6 Gyrus praecentralis, 7 Riechkolben (Bulbus olfactorius), 8 olfaktorischer Trakt, 9 Sulcus lateralis, 10 Brücke (Pons), 11 verlängertes Mark (Medulla oblongata).

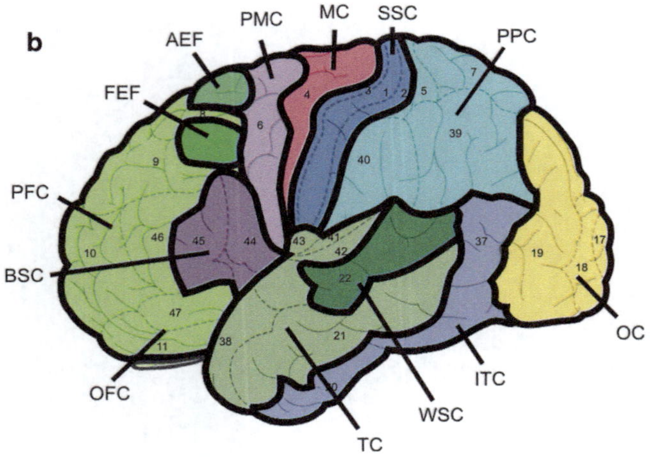

Abb. 36 b) Anatomisch-funktionelle Gliederung der seitlichen Hirnrinde. Die Zahlen geben die übliche Einteilung in cytoarchitektonische Felder nach K. Brodmann an. AEF = vorderes Augenfeld, BSC = Broca-Sprachzentrum, FEF = frontales Augenfeld, ITC = inferotemporaler Cortex, MC = motorischer Cortex, OC = occipitaler Cortex (Hinterhauptslappen), OFC = orbitofrontaler Cortex, PFC = präfrontaler Cortex (Stirnlappen), PMC = dorsolateraler prämotorischer Cortex, PPC = posteriorer parietaler Cortex, SSC = somatosensorischer Cortex, TC = temporaler Cortex (Schläfenlappen), WSC = Wernicke-Sprachzentrum. (nach Nieuwenhuys et al. 1991)

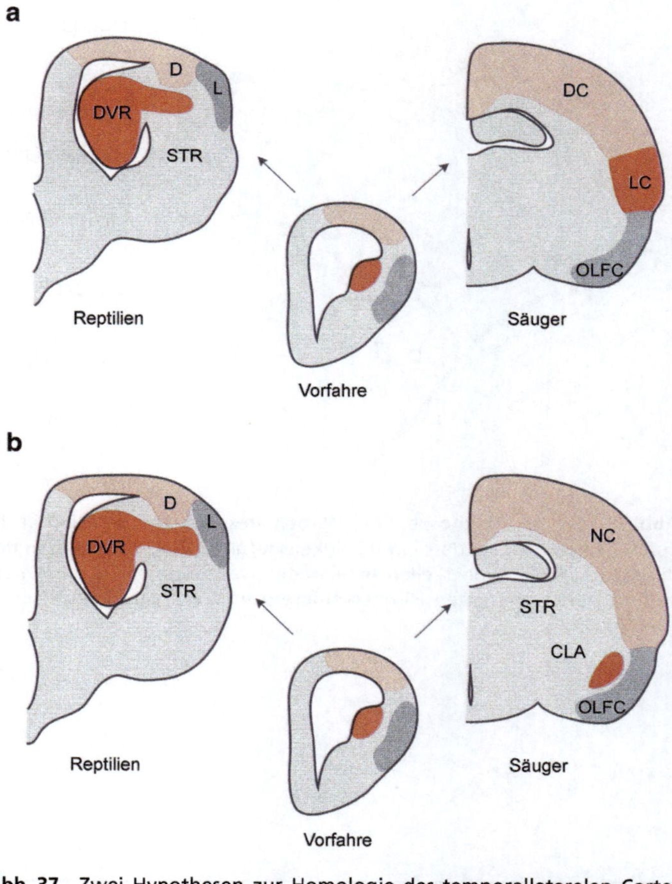

Abb. 37 Zwei Hypothesen zur Homologie des temporallateralen Cortex der Säuger (LC) und des dorsalen ventrikulären Kamms der Reptilien (DVR) bzw. des homologen Mesonidopalliums der Vögel. a) Hypothese des „gemeinsamen Ursprungs" des DVR der Sauropsiden und des lateralen Cortex der Säuger (LC) aus demselben embryonalen Material. b) Hypothese der unabhängigen „Neubildung" von LC und DVR. Weitere Abkürzungen: CLA = Claustroamygdalärer Komplex, D = dorsales Pallium, DC = dorsaler Cortex, L = laterales Pallium, NC = Neocortex, OLFC = olfaktorischer Cortex, STR = Striatum. Weitere Erläuterungen im Text. (nach Striedter 2005, verändert)

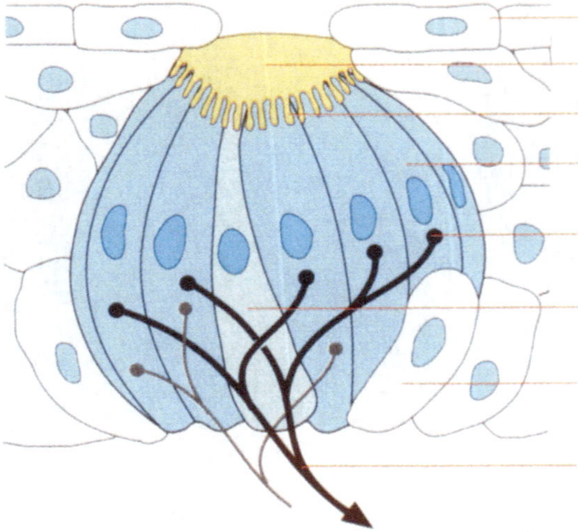

Abb. 38 Geschmacksknospe eines Wirbeltieres. Die Knospen sind in das Epithel eingesenkt, so dass ein flüssigkeitsgefüllter Porus entsteht, in den die Mikrovilli der Sinneszellen hineinragen. Jede Sinneszelle wird meist von mehreren afferenten Hirnnervenfasern innerviert. (aus Dudel et al. 1996/2000)

Abb. 41 Seitenlinienorgan von Knochenfischen und Amphibien. a1) Anordnung der Seitenlinien bei der Elritze (*Phoxinus phoxinus*). Kreise = Kanalporen, Punkte = Epidermalneuromasten. a2) Kopf eines blinden Höhlenfisches mit waagrecht und senkrecht stehenden Neuromastenreihen. a3) Schematischer Längsschnitt einer Seitenlinie mit Epidermal- und Kanalneuromasten, beide mit Cupulae. Ein sich näherndes Objekt führt zu Druckwellen und Wasserverschiebungen und damit zur Auslenkung der Cupulae. b) Epidermalneuromasten des Seitenliniensystems des Krallenfrosches *Xenopus laevis*. Afferente (af) und efferente (ef) Nervenfasern versorgen die Neuromasten. (aus Dudel et al. 1996/2000)

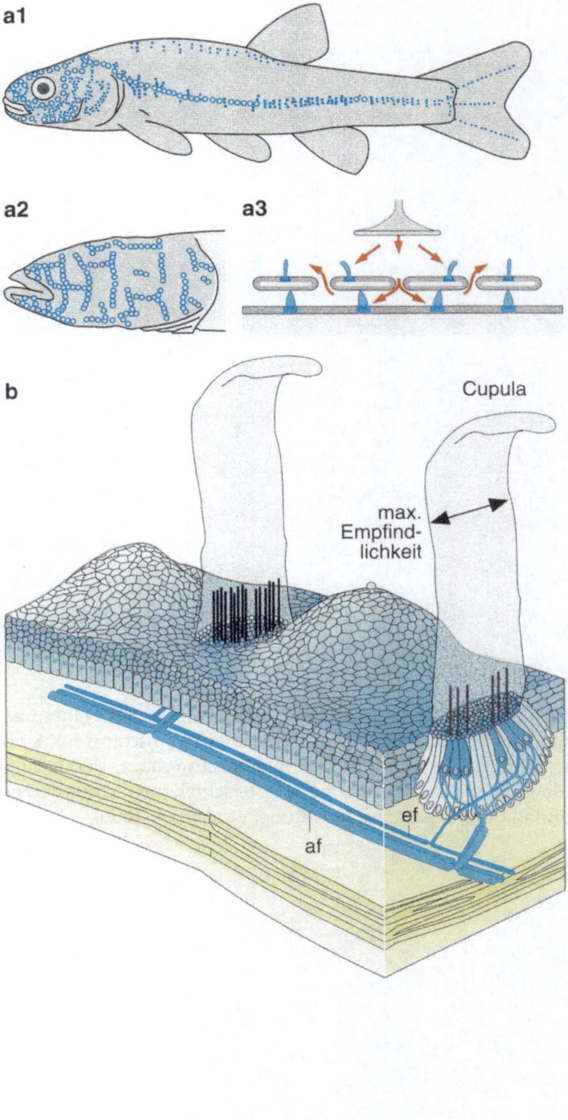
a1
a2
a3
b
Cupula
max.
Empfind-
lichkeit
ef
af

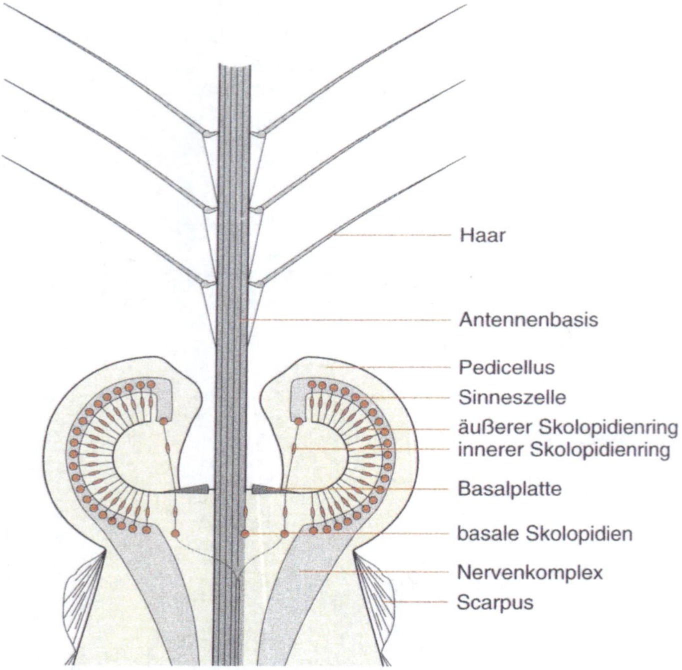

Abb. 42 Johnston'sches Organ einer Mücke an der Basis einer haarbesetzten Antenne. Das vom Pedicellus („Stielchen") umschlossene Sinnesorgan ist aus mehreren Ringen von Skolopidien aufgebaut, deren Sinneszellen durch Bewegung der Antennenbasis in verschiedene Richtungen und durch Vibrationen gereizt werden. (aus Dudel et al. 1996/2000)

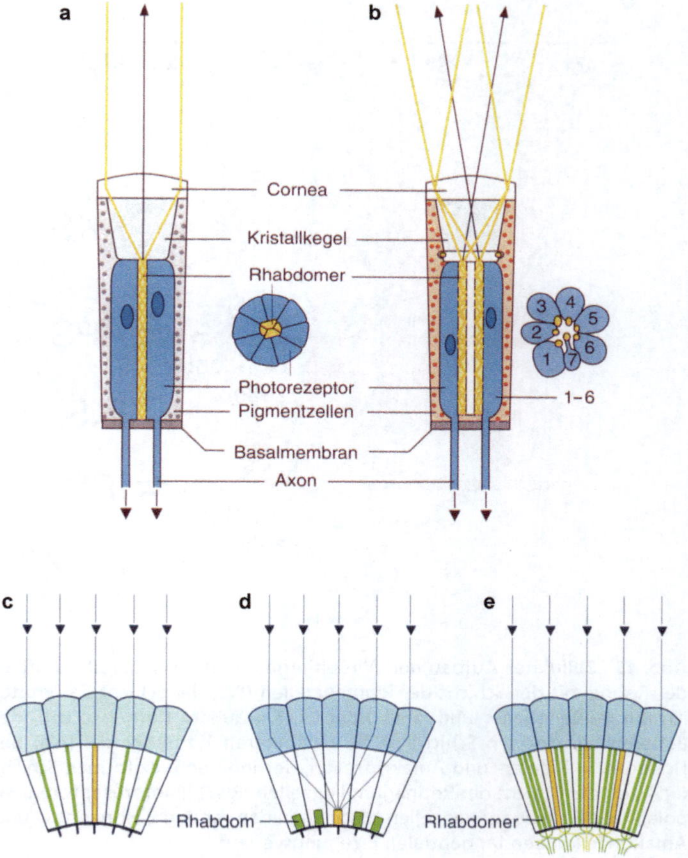

Abb. 44 Komplexaugen der Insekten. a) Längs- und Querschnitt durch das Ommatidium eines Appositionsauges (Biene). Die Rhabdomere der Photorezeptoren sind eng benachbart und bilden zusammen ein fusioniertes Rhabdom. Das Ommatidium hat nur eine Blickrichtung. b) Längs- und Querschnitt durch das Ommatidium eines Superpositionsauges (Stubenfliege). Hier sind die Rhabdomere der Photorezeptoren räumlich getrennt. Entsprechend hat das Ommatidium je nach Rhabdomer unterschiedliche Blickrichtungen. c) Schema des Appositionsauges, typisch für tagaktive Insekten. Hier gelangen die Sehstrahlen vom optischen Apparat ▶

a

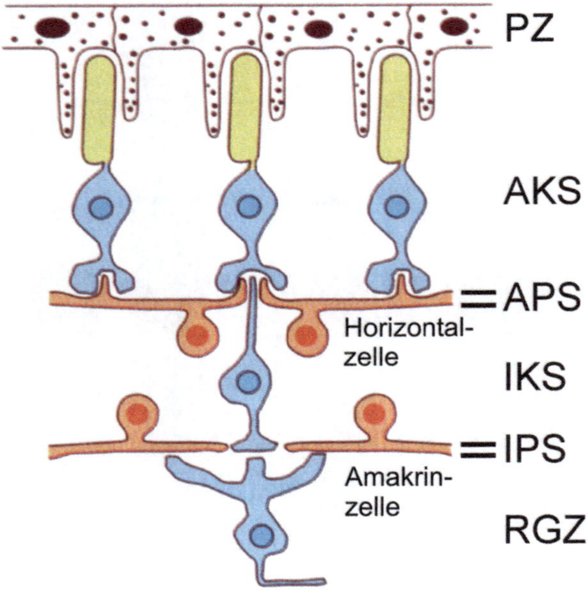

Abb. 45 Zellulärer Aufbau der Wirbeltiernetzhaut. a) Genereller Aufbau der Retina mit der Schicht der Pigmentzellen (PZ), der Schicht der Photorezeptoraußenglieder und -zellkörper (AKS = äußere Körnerschicht), der äußeren plexiformen Schicht (APS), der inneren Körnerschicht (IKS) der Horizontal-, Bipolar- und Amakrinzellen, der inneren plexiformen Schicht (IPS) und der Schicht der Retinaganglienzellen (RGZ). Photorezeptoren, Bipolar- und Retinaganglienzellen bestimmen den radiären, Horizontal- und Amakrinzellen den tangentialen Erregungsverlauf.

---

eines Ommatidiums zu einem Rhabdom. d) Schema des optischen Superpositionsauges, typisch für nachtaktive Insekten. Hier konvergieren Lichtstrahlen von optischen Apparaten mehrerer bis vieler Ommatidien auf ein Rhabdom, was die Lichtstärke erhöht. e) Schema des neuralen Superpositionsauges. Die Lichtstrahlen von einem Punkt der Umwelt beleuchten nicht nur ein Rhabdom in einem Ommatidium, sondern 7 Rhabdomere in 7 benachbarten Ommatidien, die alle in dieselbe Richtung „sehen". (aus Dudel et al. 1996/2000)

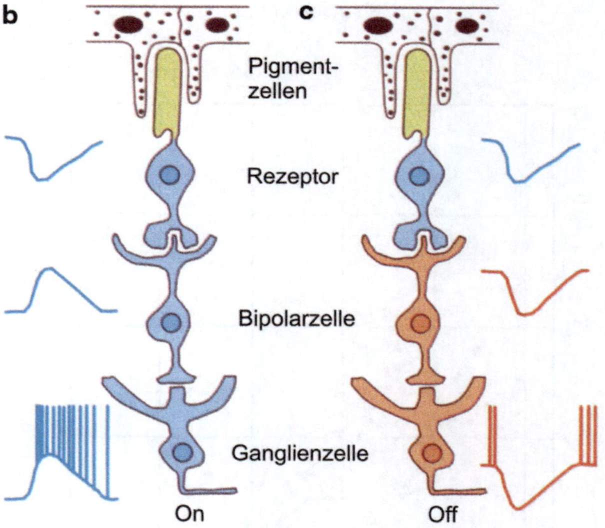

Abb. 45 Zellulärer Aufbau der Wirbeltiernetzhaut b) Erregungsverlauf mit „On"-Bipolar- und Retinaganglienzelle. c) Erregungsverlauf mit „Off"-Bipolar- und Retinaganglienzelle. (nach Dudel et al. 1996/2000)

Abb. 49 Das Verhältnis von Hirngewicht (Ordinate, Gramm) und Körpergewicht (Abszisse, Kilogramm) bei 200 Wirbeltieren in doppelt logarithmischer Darstellung. Violette Kreise repräsentieren Knochenfische, gelbe Dreiecke Reptilien, rote Dreiecke Vögel, blaue Kreise Säugetiere, grüne Quadrate Primaten. Die vier eingekreisten Quadrate repräsentieren Messwerte des Menschen. Es zeigt sich, dass alle dargestellten Wirbeltierklassen ein negatives allometrisches Hirnwachstum mit derselben Steigung aufweisen. Weitere Erläuterungen im Text. (nach Jerison 1973)

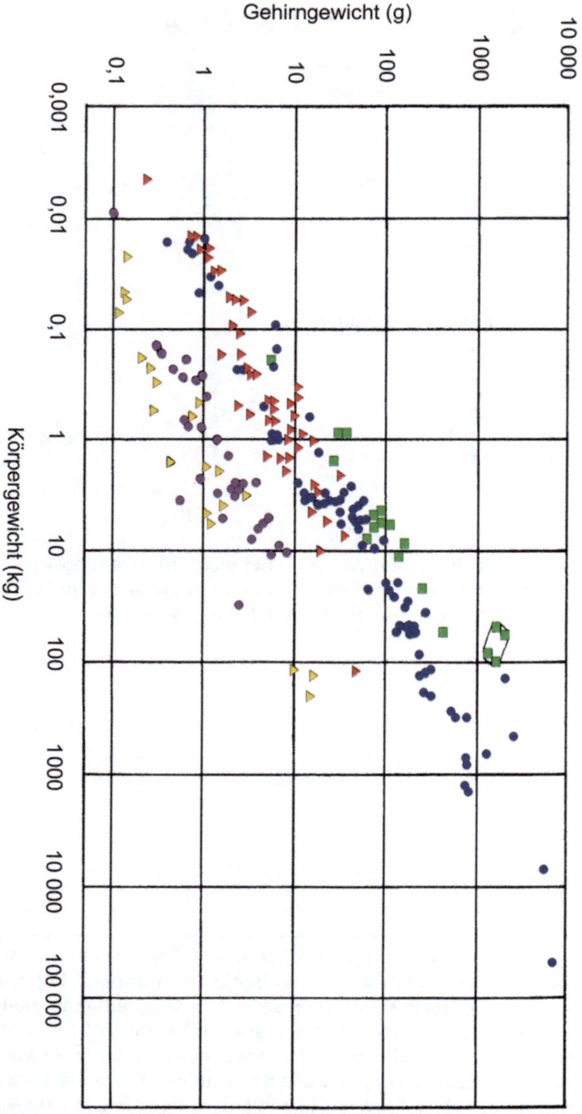
Gehirngewicht (g)
10 000
1000
100
10
1
0,1
Körpergewicht (kg)
0,001
0,01
0,1
1
10
100
1000
10 000
100 000

10
Sinnesorgane – die Repräsentation der Außenwelt im Gehirn

Sinnesorgane haben die Aufgabe, lebensrelevante Vorgänge in der Umwelt eines Organismus und im eigenen Körper zu erfassen. Im Prozess der *Transduktion* werden die Einwirkungen dieser Ereignisse auf die Sinnesorgane in die „Sprache der Neuronen“ übersetzt, damit das Nervensystem bzw. Gehirn sie als neuroelektrische und neurochemische Signale weiterverarbeiten kann.

Sinnesreize unterscheiden sich in Modalität oder Qualität, Intensität, Dauer, Zeitstruktur und im Ort ihrer Einwirkung auf der Rezeptoroberfläche. Die *Intensität* eines Reizes wird innerhalb des Arbeits- bzw. Übertragungsbereiches einer Sinneszelle durch deren Entladungsfrequenz codiert, wobei es allerdings Sinneszellen wie die Photorezeptoren gibt, die keine Aktionspotenziale, sondern graduierte Potenziale ausbilden. Diese Codierung erfolgt – sobald ein spezifischer Schwellenreiz überschritten ist – logarithmisch nach dem Weber-Fechner-Gesetz, das besagt, dass niedrige Intensitäten mit höherer Auflösung und höhere Intensitäten bis zur Reizsättigung mit zunehmend geringerer Auflösung repräsentiert werden. Die *Dauer* eines Reizes wird über den Beginn und das Ende der Entladung codiert, bei spontanaktiven Sinneszellen über Beginn und Ende der Erhöhung oder Erniedrigung der Spontanentladungen. Der *Ort* räumlich angeordneter Reize wird über die Lokalisation erregter oder gehemmter Sinneszellen innerhalb eindimensionaler (zum Beispiel das Innenohr) oder zweidimensionaler Rezeptoroberflächen (zum Beispiel Netzhaut oder Körperoberfläche) codiert; teilweise geschieht das über die Verrechnung von Unterschieden in paarigen Sinnesoberflächen wie beim Richtungshören. Die *Modalität* eines Reizes, auch *Qualität* genannt, bestimmt die Beschaffenheit des Reizes, ob es sich also um einen visuellen, einen auditorischen, einen taktilen usw. Reiz handelt. Diese Modalität wird nicht über Eigenschaften der durch die Sinneszellen erzeugten Erregung codiert, sondern über die spezifischen Verarbeitungsorte im Nervensystem bzw. Gehirn, die mit den entsprechenden Sinnesrezeptoren und Sinnesorganen über separate Erregungsleitungsbahnen (Nerven und Trakte) verbunden sind. Ein Reiz wird also erst dadurch zum visuellen Reiz, dass er in visuellen Zentren des Gehirns verarbeitet wird.

Im Folgenden werde ich auf den Bau und die Funktion von Sinnesorganen und Sinnessystemen bei Wirbellosen und Wirbeltieren eingehen. Die Behandlung eines solchen umfassenden Themas kann natürlich nur überblickartig geschehen. Dabei kommt es mir vornehmlich darauf an zu zeigen, dass es in den verschiedenen Tiergruppen einerseits eine große Vielfalt der sensorischen Ausstattung gibt, die eng an die jeweiligen Umwelten angepasst ist, der jedoch andererseits eine hohe Einheitlichkeit der physikalisch-physiologischen Prinzipien der Sinnesrezeptoren und -organe gegenübersteht. Wenn man in der Evolution von einer „Optimierung" sprechen kann, dann im Bereich der Sinnesrezeptoren und -organe.

Chemische Sinne (Schmecken und Riechen)

Geruchs- und Geschmackssinn gehören zu den ursprünglichsten Sinnessystemen, denn auch für die einfachsten Lebewesen, Bakterien, Archaeen und Protozoen, ist es wichtig, in ihrem Lebensraum (meist Wasser) chemische Substanzen zu erkennen, die Nahrung, Feinde bzw. giftige Substanzen oder Sexualpartner anzeigen. Dabei ist schmecken und riechen bei solchen Tieren mehr oder weniger dasselbe; erst später umfasst das Schmecken den direkten Kontakt mit den entsprechenden Substanzen und dient vornehmlich der Prüfung der Verträglichkeit von möglicher Nahrung, aber auch der möglichen Bereitschaft von Sexualpartnern, während das Riechen, vor allem bei Landtieren, auf die Fernwahrnehmung von Signalmolekülen im Zusammenhang mit Nahrungssuche, Feind- und Sexualpartnererkennung, Orientierung und Kommunikation ausgerichtet ist.

Beim Schmecken wirken chemische Substanzen auf Geschmacksrezeptoren ein, die sich im Mund- und Zungenbereich und an anderen Stellen befinden, die mit Nahrung in Berührung kommen, zum Beispiel die Tentakeln von Schnecken, die Fangarme von Tintenfischen, die Tarsen von Fliegenbeinen, bei manchen Fischen die ganze Körperhaut und bei Säugetieren die Zunge und der Mundraum. Bei den Wirbeltieren enthält jede Geschmacksknospe 50 bis 150 Sinneszellen, die untereinander elektrisch gekoppelt sind (Abbildung 38; Farbtafel). Sie werden von Nervenfasern innerviert, wobei eine Nervenfaser mit vielen Sinneszellen und mehrere Sinneszellen mit unterschiedlichen Nervenfasern Kontakte haben. Geschmackssinneszellen sterben schnell ab und werden ständig ersetzt.

Die Geschmacksrezeptoren bzw. -knospen von Wirbellosen und Wirbeltieren erkennen primär vier Geschmacksqualitäten, nämlich *süß* als Signal für Zucker und zuckerähnliche Kohlenhydrate sowie Aminosäuren, *salzig* als Signal für die Anwesenheit von Kationen wie Na^+, aber auch von Anionen, *sauer* als Signal für H^+-Ionenkonzentration und *bitter* als Signal für viele sekundäre Pflanzenstoffe, wie Alkaloide und Glykoside. Für Säugetiere einschließlich des Menschen stellt „*umami*" – die Empfindlichkeit für Glutamat (Geschmacksverstärker) und Aspartat – eine getrennte Geschmacksqualität dar, die eigene Rezeptoren besitzt. Generell ist die Reizschwelle für Bitterstoffe als Signal für potenzielle Gifte am niedrigsten (das heißt am empfindlichsten) und als Signal für süße Substanzen mit hohem Zuckergehalt am höchsten. Die Reizschwelle aller Geschmacksknospen liegt aber um mehrere Zehnerpotenzen höher (ist also unempfindlicher) als die für die weiter unten besprochenen Geruchsrezeptoren.

Geschmacksrezeptoren sind bei Insekten über große Teile des Körpers verteilt. Die Axone projizieren daher in die verschiedensten Regionen des Nervensystems. Im Unterschlundganglion gibt es beispielsweise einen Neuropilbereich, in dem Axone von Chemorezeptoren konvergieren, die sich auf der Antenne oder auf den Mundwerkzeugen befinden. Von dort steigen Projektionen in das Oberschlundganglion auf. In den Pilzkörpern gibt es nach Forschungen von Randolf Menzel einen eigenen Bereich, der „gustatorische Region" genannt wird. Bei Wirbeltieren geschieht die Weiterleitung der Erregung von den Geschmacksknospen des Mundraumes über den N. facialis, den N. glossopharyngeus und den N. vagus, die zum Vaguslobus des verlängerten Marks projizieren. Dieser kann, wie gehört, bei einigen Fischen, zum Beispiel dem Goldfisch, eine enorme Größe annehmen. Bei Fischen werden die Geschmacksknospen der Haut ausschließlich vom N. facialis versorgt, der zum Facialislobus des verlängerten Marks projiziert.

Verglichen mit dem Geschmackssystem landlebender Tiere ist das *Riechsystem* eine äußerst sensible Einrichtung. Unter den Wirbellosen trifft dies vor allem auf Insekten zu, die auf ihren Antennen bis zu 200 000 Riechsensillen tragen und auf geringste Duftkonzentrationen reagieren. Die Sensillen können haar- oder plattenförmig sein. Die haarförmigen Sensillen enthalten cilienartige Dendriten von ein bis drei Riechneuronen (Abbildung 39), bei den plattenförmigen Sensillen sind es bis zu 30. Die Oberfläche (Cuticula) der Sensillen ist von zahllosen Poren durchlöchert, durch die die Duftstoffe zu den Dendriten der Riechneuronen vordringen. Die Spezifität der Sensillen wird von 100 bis 200 Genen bestimmt, die eine große Zahl von Riechzelltypen entstehen lassen. Allerdings haben diese verschiedenen

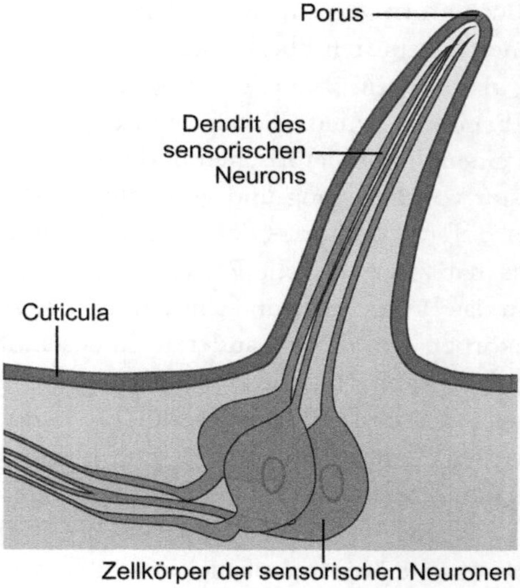

Abb. 39 Riechsensille eines Insekts. Die Dendriten der sensorischen Zellen ragen in die Sensille hinein, die an der Spitze eine kleine Öffnung (Porus) trägt. (nach Hickman et al. 2008)

Riechzelltypen breite und überlappende Antwortprofile, und nur bei wenigen Typen, wie den für Pheromone empfindlichen Rezeptoren, existieren sehr selektive Antworten.

Die olfaktorische Erregung wird bei Insekten über den Antennennerv zum paarigen Antennallobus im Deutocerebrum geleitet. Dieser Antennallobus ist bei verschiedenen Insektenarten aus unterschiedlich vielen Glomeruli („Klümpchen" von Nervenzellen) aufgebaut; bei der Taufliege *Drosophila* sind es 50, bei der Honigbiene 160. Dabei erhält je ein Glomerulus Eingänge von vielen bis sehr vielen Riechsensillen, die jeweils dasselbe Gen für das Rezeptorprotein exprimieren, so dass jeder Glomerulus über das Chemoprofil eines einzigen molekularen Rezeptortyps verfügt. Es liegt also eine hochgradige *Konvergenz* der Erregungen vor. In den Glomeruli findet die erste Verarbeitung der Riechinformationen statt. Da sich die Antwortprofile verschiedener Rezeptoren überlappen, führt ein olfaktorischer Reiz dazu, dass jeweils zahlreiche Glomeruli erregt werden. Auf der Ebene des Antennallobus wird daher die chemische Umwelt in einem kombinatorischen und überlappenden räumlichen Muster von Erregung und Hemmung codiert, genauso wie dies im Bulbus olfactorius der Wirbeltiere geschieht. Jeder Glomerulus hat zwei bis acht Projektionsneuronen, die ihre Fortsätze in das Protocerebrum schicken, und zwar zum einen in die Pilzkörper, wo sie mit anderen Sinneseindrücken verarbeitet werden (Kapitel 6), und zum anderen zum Laterallobus, der seinerseits über circa 100 absteigende Projektionsneuronen die motorischen Zentren des Laufens und Fliegens im Unterschlundganglion und in den Thorakalganglien innerviert.

Eine ganz eigene Klasse der olfaktorischen Wahrnehmung stellt die chemische Kommunikation mithilfe von *Pheromonen* dar, besonders im Zusammenhang mit der Wahrnehmung von Sexuallockstoffen, wie sie etwa das Weibchen des Seidenspinners *Bombyx mori* oder des Tabakschwärmers *Manduca sexta* aussendet. Die großen und komplex gebauten Antennen dieser Tiere tragen über 100 000 Sensillen, die etwa zur Hälfte aus pheromonspezifischen „trichoiden“ Sensillen bestehen. Es genügen wenige Moleküle des Sexuallockstoffes, um die Zellen dieser Sensillen zu erregen. Diese Erregungen laufen zu ein bis zwei besonders großen Glomeruli im Antennallobus, den sogenannten Makroglomeruli. Von jedem Makroglomerulus leiten nur 20 Ausgangsneuronen die Erregungen weiter, dadurch kommt es zu einer extremen Konvergenz im Verhältnis von durchschnittlich 2 000:1, was die Empfindlichkeit des Systems stark erhöht. Diese Erregungen laufen dann wie üblich zu den Pilzkörpern und zum Lobus lateralis des Protocerebrums, wobei jedoch die Pheromonspezifität erhalten bleibt.

Das Geruchssystem der Wirbeltiere funktioniert ähnlich wie das der Insekten. Fische haben zwischen Maulspitze und Kiemen Riechgruben, jedoch spielt das Riechen bei wasserlebenden

Wirbeltieren eine geringe Rolle, da das Wasser im Gegensatz zur Luft nur wenige Geruchsstoffe mit sich führt. Bei den landlebenden Wirbeltieren befindet sich das Riechepithel in der Nase, die zum Teil in extremer Weise mit verzweigten Riechepithelflächen (*Turbinalia*) ausgefüllt ist. Das Ausmaß der Aufzweigung und Faltung dieser Turbinalia steht in direktem Zusammenhang mit dem Riechvermögen des Tieres. Man nennt Tiere mit einem ausgezeichneten Riechvermögen (wie Hunde und Füchse) *Makrosmaten*, solche mit geringem Riechvermögen (wie die meisten Fische, viele Fledermäuse und die Primaten einschließlich des Menschen) *Mikrosmaten*.

Im Riechepithel eines Landwirbeltieres sitzen einige zehn Millionen Riechzellen, deren Cilien die Geruchsrezeptoren tragen. Diese sind von einer Schleimschicht bedeckt, in der sich die Geruchsstoffe fangen. Die Riechzellen können auf außerordentlich viele Duftkomponenten spezifisch reagieren, wobei eine Cilie jeweils nur einen Typ von Riechzellen trägt. Es gibt etwa 1 000 verschiedene Rezeptortypen. Deren Spezifität wird im Säugergenom durch circa 1 000 Gene festgelegt, also einem beträchtlichen Anteil der Gesamtgenzahl (ca. 25 000), und diese Spezifität bezieht sich auf die chemische Struktur der Geruchsstoffe. Auf diese Weise können ungeheuer viele verschiedene Geruchsstoffe erkannt werden; selbst der Mensch mit seinem gering ausgebildeten Geruchsvermögen ist in der Lage, ungefähr 10 000 verschiedene Gerüche zu unterscheiden. Bei Säugern können verschiedene Rezeptortypen in bestimmten Teilen des Riechepithels konzentriert sein, bei anderen Wirbeltieren sind sie über das ganze Epithel verstreut.

Die Riechnervenzellen der Wirbeltiere schicken ihre Axone zum Riechkolben, dem *Bulbus olfactorius*, der wie der Antennallobus der Insekten aus Glomeruli als Grundstrukturen der Verarbeitung olfaktorischer Information besteht. Ebenso gibt es hier eine sehr starke Konvergenzschaltung. Bei Säugern zum Beispiel erhält jeder der rund 2 000 Glomeruli Eingänge von 1 000 bis 5 000 Riechfasern, wobei jede Riechfaser nur mit einem Glomerulus Kontakt hat. Die ungeheure Vielfalt der Gerüche wird dann durch Kombination der Erregung der an die 1 000 verschiedenen Rezeptortypen repräsentiert, was einem Alphabet mit 1 000 Buchstaben entspricht. Einem komplexen Geruch entspricht also ein zweidimensionales Erregungsmuster innerhalb der „Karte" der Glomeruli. Diese Informationen werden dann in sekundäre olfaktorische Zentren des Endhirns, vornehmlich des lateralen Palliums und seiner Abkömmlinge (beispielsweise corticale Amygdala und piriformer Cortex der Säuger), geleitet und dort verarbeitet.

Ebenso wie die Insekten besitzen auch viele Landwirbeltiere ein pheromonsensitives System, das *Vomeronasalsystem*, bei Reptilien auch Jacobson'sches Organ genannt. Die entsprechenden Riechsinneszellen befinden sich bei den meisten Landtieren in einem separaten Bereich des Nasenraums. Die Fasern der Zellen projizieren über den sogenannten Nervus terminalis (auch akzessorischer olfaktorischer Nerv genannt) zum akzessorischen olfaktorischen Bulbus, der wie der primäre olfaktorische Bulbus aus Glomeruli aufgebaut ist. Der akzessorische olfaktorische Bulbus projiziert zur vomeronasalen (bei Säugern der medialen) Amygdala und zur präoptischen Region des Hypothalamus, wo die einlaufenden Erregungen das Sexual- und Reproduktionsverhalten beeinflussen. Beim Menschen wurde ein deutlich abgegrenztes Vomeronasalorgan bisher nicht nachgewiesen, obwohl der Mensch auf bewusst und unbewusst wahrgenommene Sexuallockstoffe reagiert.

Mechanische Sinne

Zu den mechanischen Sinnen gehören der Hörsinn, der Drehsinn, der Schweresinn, der Druck-, Strömungs-, Tast- und Vibrationssinn und der Muskelstellungs- und Gelenklagesinn. Die Erregung beruht generell darauf, dass bei den Haarsinneszellen sowie bei freien oder modifizierten Nervenendigungen die

Biegung oder Dehnung der Sinneszellmembran zum Öffnen oder Schließen von Ionenkanälen und damit zur Erregung oder Hemmung des Mechanorezeptors führen. Mechanorezeptive Haarsinneszellen der Wirbeltiere bestehen aus einem Haarbündel, auf dem *Stereocilien* (die als Ausstülpungen von Hautoberflächenzellen eigentlich Stereovilli bzw. Microvilli sind) unterschiedlicher Länge aufsteigend angeordnet sind und an deren Ende ein *Kinocilium* (ein echtes Cilium) steht (Abbildung 40). Wird dieses Haarbündel in Richtung des Kinociliums ausgelenkt, dann führt dies über einen K^+-Einstrom zu einer De-

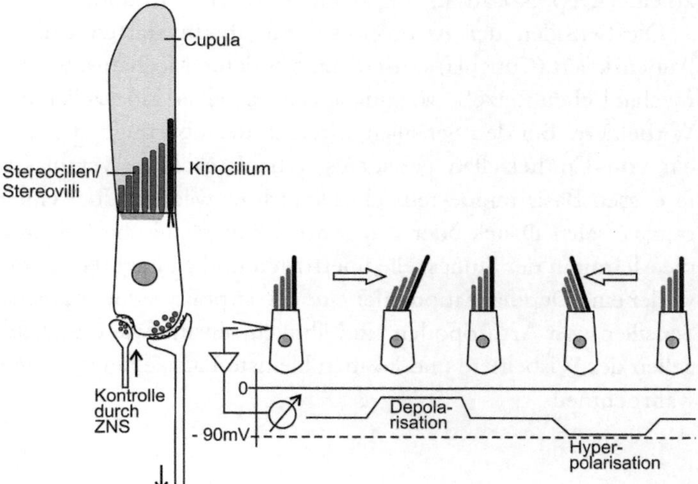

Abb. 40 Schema einer mechanorezeptiven Haarsinneszelle der Wirbeltiere. Die Sinneszelle trägt eine Reihe von Stereocilien (genauer Stereovilli) und ein Kinocilium. Beide ragen in die Cupula hinein. Das Abscheren der Cupula und damit der Stereovilli in Richtung des Kinociliums depolarisiert die Sinneszelle, ein Abscheren in Gegenrichtung hyperpolarisiert (hemmt) sie. Die Sinneszelle wird von afferenten und efferenten Nervenfasern kontaktiert. (nach Müller 2004)

polarisation der Haarsinneszelle, während eine Auslenkung in Gegenrichtung über die Verringerung des K^+-Einstroms zu einer Hyperpolarisation führt. Die Empfindlichkeit der Haarsinneszellen ist nahezu maximal, denn eine Zelle kann bereits auf eine Auslenkung in der Größenordnung eines Atomdurchmessers (0,3 Nanometer!) reagieren. Auch die zeitliche Auflösung ist beeindruckend und kann sich im Mikrosekundenbereich bewegen. Neben den Haarzellen und den Sensillen gibt es in der Haut noch freie Nervenendigungen, die besonders druckempfindlich und mit Mikrotubuli (intrazellulären Röhrengebilden) angereichert sind. Dabei führt Druck quer zu den Mikrotubuli zu einer Depolarisation, Zug zu einer Hyperpolarisation.

Die Sensillen der Arthropoden mit ihrem starren Chitin-Außenskelett (Cuticula) weisen einen anderen Mechanismus der mechanischen Reizübertragung auf als die Haarsinneszellen der Wirbeltiere. Bei den Sensillen wird die Reizübertragung durch ein von Epithelzellen gebildetes cuticulares Haar veranlasst, in dessen Basis mindestens ein Dendrit einwächst. Über einen transversalen Druck oder Zug wird der mechanische Reiz auf die Membran der Sinneszelle übertragen und erzeugt dabei entweder eine Depolarisation oder eine Hyperpolarisation. Manche Sensillen von Arthropoden sind ähnlich sensitiv wie die Haarzellen der Wirbeltiere und können kleinste Partikelbewegungen wahrnehmen.

Somatosensorik und Propriorezeption

Die starre Cuticulaoberfläche der Arthropoden ist mit verschiedenen mechanosensitiven Strukturen versehen, die der Vielfalt der einwirkenden mechanischen Reize entsprechen und vornehmlich auf Medienströmung (Luft bzw. Wasser) oder auf Spannung innerhalb der Cuticula reagieren. Bei Spinnentieren heißen diese Strukturen *Trichobothrien.* Es handelt sich hier um sehr dünne fadenförmige cuticulare Haare, die aus einem Becher unterschiedlich weit herausragen und mit der Außenhaut über eine dünne Membran leicht beweglich verbunden sind. Feinste Luftbewegungen und Vibrationen können hiermit bis zu einer Frequenz von 600 Hertz wahrgenommen werden. Spinnentiere tragen die Trichobothrien auf den Pedipalpen (Tastorganen am Kopf) und auf den Beinen, wobei ein einzelnes Bein mit bis zu 100 Trichobothrien ausgestattet sein kann. Diese reagieren etwa auf Flügelschläge von Fliegen als möglicher Beute in 70 Zentimeter Entfernung.

Laufende Beute wird von Spinnen besonders über Substratvibration erkannt, denn viele Spinnen leben nicht in einem Netz, sondern auf festem Substrat wie zum Beispiel Pflanzen. Ein Pflanzenblatt überträgt die vom Beutetier erzeugten Vibrationen sehr gut in einem weiten Frequenzbereich bis fünf Kilohertz, allerdings bevorzugt bei niedrigeren Frequenzen. Die von der Beute erzeugten Vibrationen werden über *Spaltsinnesorgane* wahrgenommen, die an den Spinnenbeinen in der Nähe des letzten Gelenks sitzen. Auslenkungen der Tarsen führen über mechanische Spannungsänderungen am Organ zur Kompression der cuticularen Spalte und dadurch zur Erregung der sie innervierenden Sinneszellen. So können Schwingungsamplituden des Substrats von nur 0,1 Nanometer (also einem Millionstel Millimeter) eine Erregung auslösen. Wenn 20 oder mehr Spaltsensillen parallel zueinander angeordnet sind, so bilden sie ein *lyriformes Organ,* wobei sich durch den Summationseffekt die mechanische Empfindlichkeit noch einmal erhöht. Dabei können einzelne Spalten selektiv auf bestimmte Frequenzbereiche, Reizintensitäten und Reizrichtungen reagieren. Über die zeitlich-räumliche Anordnung der Reizung ihrer acht Beine können die Spinnen Ort und Abstand der Reizquelle bestimmen. Radnetzspinnen benutzen diese Organe zur Ortung zappelnder Beute in ihrem Netz. Daneben werden diese Organe auch zur Kommunikation verwendet, etwa im Zusammenhang mit dem

Werbeverhalten, indem die Spinnen selbst Vibrationen erzeugen. Verarbeitet werden die Informationen von den Trichobothrien und den Spaltsinnesorganen bzw. lyriformen Organen in unterschiedlichen Teilen des Unterschlundganglions.

Die sogenannten Fadenhaare der Insekten erfüllen eine ähnliche Funktion wie die Trichobothrien der Spinnen und weisen dieselbe extreme Empfindlichkeit bis 0,1 Nanometer Auslenkung auf. Damit können zum Beispiel Parasiten oder heranfliegende Feinde rechtzeitig erkannt werden. Besonders dicht mit Haarsensillen besetzt sind die *Cerci*, lange paarige Fortsätze am Hinterleib vieler Insekten wie Grillen, Schaben und Heuschrecken. Hier finden sich für verschiedene Frequenzbereiche von Luftschwingungen bis zwei Kilohertz unterschiedlich lange Sensillen. Durch asymmetrische Gelenke sind die Sensillen richtungsspezifisch. Die Cerci der Grille tragen circa 2000 Sensillen, die für Windbewegungen aus allen Richtungen empfindlich sind. Verarbeitet werden deren Informationen zuerst im letzten Ganglion des Bauchmarks, dann werden sie zu den Thorakalganglien weitergeleitet und enden schließlich im Protocerebrum. Sie lösen dort Fluchtreaktionen in Form von Weglaufen oder Wegfliegen aus. Neben seiner extremen Empfindlichkeit weist dieses System auch extrem kurze Reaktionszeiten von 50 Millisekunden oder weniger aus. Dies wird durch vier bis 16 „Riesen-Interneurone“ mit besonders schnellleitenden Axonen ermöglicht. Auf diese Weise kann eine Grille der hervorschnellenden Zunge einer Kröte ausweichen. Gegen die extrem schnelle Schleuderzunge mancher Arten von lungenlosen Salamandern, die die Beute in zehn Millisekunden erreichen können, sind allerdings auch die Insekten mit den kürzesten Reaktionszeiten von 25 Millisekunden, die Springschwänze (*Collembola*), chancenlos.

Ein weiterer Typ von Mechanosensillen der Insekten sind die *campaniformen Sensillen*, die ähnlich wie die Spaltsinnesorgane auf eine Verformung des cuticularen Außenskeletts, etwa aufgrund von Berührung oder Muskelaktivität, antworten. Hierdurch werden vornehmlich Abwehrreflexe ausgelöst und die Fortbewegung gesteuert. Daneben gibt es Windrezeptoren auf den Flügeln und am Kopf, die zur Messung der Eigengeschwindigkeit beim Fliegen sowie der Geschwindigkeit und der Richtung der Luftströmung bedeutsam sind. Ein wichtiger Windsensor sind auch die Antennen, deren Auslenkung durch zahlreiche campaniforme Sensillen registriert wird, wobei auf raffinierte Weise die Eigengeschwindigkeit mit der Windgeschwindigkeit verrechnet wird.

Für die *Propriorezeption* der Insekten, die Positionsinformationen der Gliedmaßen liefert, sind im wesentlichen *Chordotonalorgane* zuständig, die ihrer Funktion entsprechend vornehmlich an den Gelenken lokalisiert sind. Sie besitzen einen speziellen Rezeptortyp, *Skolopidium* genannt, der aus einer Sinneszelle mit einem ummantelten stiftförmigen Dendriten besteht. Die Spitze des Dendriten reicht in eine bewegliche Kappe hinein, die den mechanischen Reiz auf den Dendriten überträgt; dessen Membran wird depolarisiert, wenn die Kappe seitlich auf die Dendritenspitze drückt. Dabei spricht der Dendrit bereits auf minimale Auslenkungen von 0,1 Nanometer an. Aus diesen Chordotonalorganen haben sich die Hörorgane der Insekten, die Tympanalorgane, entwickelt (siehe unten).

Die Haut der Wirbeltiere ist deren flächengrößtes Sinnesorgan und vollgepackt mit Mechanorezeptoren. Die verschiedenen Schichten der Haut (*Epidermis*, *Dermis* und *Hypodermis*) tragen unterschiedliche Grundtypen von Rezeptoren, einmal zum feinen Erfassen und Ertasten und zum anderen für großflächige Berührungs- und Druckreize. Die *Vater-Pacini-Körperchen* sind in der Hypodermis sitzende und schnell adaptierende Rezeptoren, die auf eine Druckbeschleunigung im Frequenzbereich von 20 bis 1 000 Hertz reagieren und deshalb gut Vibrationen wiedergeben, allerdings mit schlechter räumlicher Auflösung. In der Dermis liegen langsam adaptierende *Ruffini-Körperchen*, die eine hohe räumliche Auflösung haben und besonders gut auf Spannungsänderungen der Haut reagieren.

In der Epidermis bzw. im Übergang zur Dermis (besonders an Fingern und Zehen) finden wir die schnell adaptierenden *Meissner-Körperchen* und die langsam adaptierenden *Merkelzellen*, die hervorragende Geschwindigkeits- bzw. Berührungsdetektoren darstellen und über das Abtasten von Objektoberflächen eine taktile Gestalterkennung ermöglichen. Im Schnabelrand von Enten und anderen Vogelarten, die mit ihrem Schnabel „gründeln", gibt es zahlreiche *Herbst'sche Körperchen*, die ähnlich gebaut sind wie die Vater-Pacini-Körperchen. Man findet sie auch auf der Zunge von Spechten und an den Bälgen von Konturfedern, wo sie Informationen über die Flügelstellung liefern. Besonders spektakulär sind die Leistungen der Vibrissen, der Tasthaare am Kopf, an der Schnauze, den Vorderpfoten oder der Bauchunterseite von Säugern. Diese Haare stecken in einer mit speziellen Blutgefäßen gefüllten Scheide, die zusätzlich mit verschiedenen Mechanosensoren, vornehmlich Merkelzellen, ausgestattet ist und Amplitude und Richtung einer Auslenkung eines Haares im Bereich von etwa 20 Nanometern registriert. Manche Tiere, zum Beispiel Ratten oder Robben, können ihre Vibrissen aktiv bewegen und damit die Oberfläche von Objekten im Mikrometerbereich abtasten.

Temperaturrezeptoren sitzen am Übergang zwischen Dermis und Epidermis. Die Sensibilität für bestimmte Temperaturbereiche ist unterschiedlich für Kalt- und Warmrezeptoren. Kaltrezeptoren feuern, wenn die Temperatur unter 34 Grad Celsius absinkt. Interessanterweise werden sie bei Erhöhung der Temperatur über 45 Grad Celsius wieder aktiv, was zu der bekannten paradoxen Temperaturempfindung von sehr heißem Wasser führt, das sich im ersten Augenblick eiskalt anfühlt. Wärmerezeptoren sind in einem Bereich zwischen 29 und 45 Grad Celsius aktiv.

Verletzungs- bzw. Schmerzwahrnehmung wird durch sogenannte *Nociceptoren* vermittelt. Diese Rezeptoren adaptieren bei überschwelliger, aber nicht schädigender Reizung und werden durch mehrmalige noxische Reizung sensibilisiert. Nociceptoren mit markhaltigen Axonen, die rund zehn Prozent aller Axone eines Hautnervs ausmachen, reagieren bevorzugt auf spitze mechanische Reize, aber auch zusätzlich auf Hitzereize und chemische Reize (es handelt sich dann um A-polymodale Nociceptoren). Nociceptoren mit marklosen Axonen (sogenannte C-polymodale Nociceptoren; mehr als 50 Prozent der Axone eines Hautnervs) reagieren auf mechanische Reize, starke Hitze und verschiedene chemische Substanzen. A-Nociceptoren vermitteln bei der Schmerzwahrnehmung den ersten, C-Nociceptoren den zweiten Schmerz; auch Juckempfindungen werden von Nociceptoren vermittelt.

Die *Propriorezeption* wird bei Wirbeltieren durch Muskelspindeln, Sehnenorgane, Gelenkkapselkörperchen und Bindegewebsrezeptoren vermittelt. *Muskelspindeln* sind Dehnungsrezeptoren, die parallel zu den „normalen" extrafusalen Fasern des Muskels angeordnet sind. Dies sind spindelförmige Gebilde mit veränderten dünnen Muskelfasern im Innern. Eine ableitende Nervenfaser umschlingt die intrafusale Muskelfaser in der Mitte, eine andere Faser in der Peripherie. Die Muskelspindeln stehen unter efferenter Kontrolle der Motorneuronen, und zwar über die sogenannten γ-Fasern. Diese bilden motorische Endplatten in den Muskelspindeln und stellen durch Kontraktion die Empfindlichkeit der Muskelspindeln auf die jeweiligen Dehnungsreize ein. Andere Motorneuronen schicken α-Fasern zu den Muskelfasern außerhalb der Muskelspindeln (den extrafusalen Muskelfasern) und können durch Kontraktion die Muskelspindel entspannen.

Die somatosensorischen und propriorezeptiven Erregungen werden über den afferenten Arm der somatosensorischen Neuronen fortgeleitet, die in den sensorischen Ganglien außerhalb des Rückenmarks sitzen. Der andere Arm der Neuronen zieht in das Rückenmark ein und endet je nach sensorischem Typ in unterschiedlichen Schichten und Orten im sogenannten Hinterhorn des Rückenmarks. Diese Sinnesinformationen werden auf lokaler Ebene, in *Rückenmarksegmenten,* verarbeitet. Die aufsteigende Weiterverarbeitung geschieht über den Nucleus cuneatus und den Nucleus gracilis in der dorsalen Kolumne des Rückenmarks. Hinzu kommen weitere aufsteigende Systeme, die subpalliale bzw. subcorticale Zentren erreichen. Von hier aus nehmen zwei aufsteigende somatosensorische Systeme ihren Ausgang. Das erste ist das *Hinterstrangsystem*, das für Berührungs-, Vibrations-, Muskeldehnungs- und Gelenkstellungsreize (sogenannte *epikritische Sensibilität*) zuständig ist und dessen Fasern zum ventrolateralen und zum ventrocaudalen Teil des dorsalen Thalamus ziehen. Von hier aus ziehen Fasern zum postzentralen Gyrus des somatosensorischen Cortex, wo ebenfalls eine somatotope Abbildung des Körpers vorhanden ist. Das zweite System ist das *Vorderseitenstrangsystem*, das Informationen über Schmerz- und Temperaturempfindungen (sogenannte *protopathische Sensibilität*) fortleitet. Dieser Trakt zieht zum ventrolateralen und zum ventrocaudalen Thalamus, der seinerseits zum posterioren parietalen und zum frontalen Cortex projiziert.

Gleichgewichtssinn

Der Gleichgewichtssinn liefert Informationen über die Lage des eigenen Körpers im Schwerefeld der Erde und über Lageänderungen bei aktiver und passiver Bewegung. Das Grundprinzip besteht darin, dass eine bestimmte Masse über die Erdbeschleunigung („Erdanziehung") oder über die Bewegungsbeschleunigung eine Kraft auf ein geeignetes Sinnesepithel ausübt. Der Gleichgewichtssinn ist universell verbreitet und scheint schon bei Einzellern vorhanden zu sein, wo ein Komplex dichtgepackter Mitochondrien Druck auf mechanosensitive Ionenkanäle ausüben soll.

Bei wasserlebenden wirbellosen Tieren, wie Quallen und Mollusken, ist dieses Prinzip in sogenannten *Statocysten* verwirklicht. Dies sind wassergefüllte Bläschen, die einen *Statolithen* – ein Klümpchen aus Mineralien, meist Kalk, enthalten, und deren Wände teilweise oder ganz von cilien- bzw. microvillibesetzten Haarzellen ausgekleidet sind. Bei Lageänderungen und Bewegungen rollt der Statolith in unterschiedliche Richtungen und schert dabei die Cilien oder Microvilli der Haarzellen ab. In einigen Typen von Statocysten bildet sich am Boden eine *Macula*, die aus einem Polster von Stereocilien oder Stereovilli besteht, auf denen ein Plättchen miteinander verklebter Kalkstückchen ruht. Dieses Plättchen schert dann bei Lageveränderungen und Bewegungen das Polster ebenfalls in einer bestimmten Richtung ab. Solche Statocysten können bilateral angeordnet sein wie bei Schnecken oder ringförmig wie bei Quallen oder wie bei den Rhopalien der Scyphomedusen eine ziemlich komplizierte Struktur annehmen.

Während das sich gemächlich bewegende Perlboot *Nautilus* ein Statocystensystem besitzt, das entsprechend nur auf langsame Bewegungen und Drehungen anspricht, gibt es bei den schnelleren Kalmaren, Tintenfischen und Kraken zwei getrennte Gleichgewichtssysteme, nämlich zum einen ein *Macula-Organ* mit einem Statolithen, das die Position des Tieres im Schwerefeld der Erde und die lineare Körperbeschleunigung misst, und zum anderen ein *Crista-/Cupula-Organ*, das Drehbeschleunigungen registriert. Bei den flinken Kalmaren ist die Macula in allen drei Raumrichtungen, also vertikal, longitudinal und transversal, angeordnet, während die Macula beim langsameren *Octopus* nur einen senkrecht stehenden Statolithen besitzt. Beim Crista-/Cupula-Organ bilden die Haarzellen mehrere Reihen von schmalen Kämmen (lateinisch *cristae*), die sich dreidimensional an der Statocystenwand entlangwinden, wobei jede Haarzelle etwa 200 Stereocilien bzw. Stereovilli trägt. Diese werden über eine gallertartige Masse zu einer Cupula zusammengeschlossen, einem fahnenartigen oder kompakten Gebilde, das in die Statocystenflüssigkeit hineinragt, ähnlich wie beim Seitenliniensystem der Fische (siehe unten). Durch die Bewegungen der Flüssigkeit wird die Cupula in zwei Richtungen abgeschert. Bei den Kraken sprechen die fahnenartigen Cupulae auf sehr geringe Beschleunigungen an, die kompakten Cupulae dagegen nur auf rasche Beschleunigungen.

Im Vestibularorgan oder „Labyrinth" der *Wirbeltiere* findet man dieselbe Spezialisierung in ein Maculasystem für lineare Beschleunigung und ein Bogengangsystem für Drehbeschleunigungen. Das Maculasystem besteht aus kleinen „Säckchen" mit Namen *Utriculus*, *Sacculus* und *Lagena*, die sich unterhalb der Bogengänge befinden und mit je einer Macula ausgestattet sind. Die darüberliegenden Bogengänge entsprechen mit einem vorderen vertikalen, einem hinteren transversalen und einem horizontalen Gang den drei Raumebenen. Im unteren Teil der Bogengänge befinden sich Erweiterungen, *Ampullae* genannt, in denen sich je eine Crista mit aufsitzenden Haarzellen befindet. Deren Cilien sind zu einer Cupula zusammengeschlossen, die den Bogengang fast völlig absperrt. Die drei engen Bogengänge, die von den Ampullen ausgehen, dienen dazu, die Ausbreitung der Flüssigkeit (*Endolymphe*) auf je eine Drehebene zu begrenzen, auf die dann die Crista anspricht. Wenn der Kopf des Wirbeltieres bewegt wird, machen die Bogengänge diese Bewegung mit, ihre Endolymphe hinkt wegen ihrer Trägheit aber etwas hinterher und schert dabei die Cupula in Gegenrichtung der Bewegung ab, was zu einem Abbiegen der Cilien führt. Diese werden wie üblich in der einen Richtung erregt, in der anderen gehemmt. Bei Beendigung einer Bewegung kehrt sich das Ganze infolge der Trägheit der Endolymphe wieder um bis zu deren Stillstand. Dieses System ist bei Knorpel- und Knochenfischen und Landwirbeltieren fast identisch vorhanden, während Schleimaale nur eine einzige Macula und nur einen Bogengang und Neunaugen nur zwei Bogengänge besitzen. Die Informationen aus dem Gleichgewichtssystem der Wirbeltiere werden in der ersten Stufe in den Vestibulariskernen der Medulla oblongata und von dort aus in das Kleinhirn (das *Vestibulocerebellum*) und dann über thalamische Umschaltkerne zum Endhirn weitergeleitet und mit den Informationen aus dem Körper, den Augen und mit motorischen Impulsen abgeglichen.

Das Seitenliniensystem der Fische und Amphibien

Das Seitenliniensystem der Fische und der Amphibien (mit Ausnahme der strikt landlebenden Arten) ähnelt in Struktur und Funktion stark dem Gleichgewichtssystem: Stereocilien bzw. Stereovilli von Haarzellen werden durch die Wasserströmung ausgelenkt und können so Richtung und Geschwindigkeit der Strömung anzeigen. Die Stereocilien bzw. Stereovilli und das randständige Kinocilium ragen in eine Gallertfahne, auch hier Cupula genannt, hinein. Haarzellen, Cupula und Stützzellen zusammen bilden eine Funktionseinheit, den *Neuromasten.* Diese Neuromasten sind jedoch hier nur in einer Strömungsrichtung erregbar, wobei ein Teil auf Strömungen vom Kopf her antwortet und der andere Teil auf solche vom Schwanz her.

Bei Amphibien und Neunaugen sitzen die Neuromasten stets frei auf der Haut (Epidermis), bei Knorpel- und bei Knochenfischen gibt es zusätzlich Neuromasten, die sich in Kanälen innerhalb der Haut befinden; daher spricht man von *Epidermal-* und von *Kanalneuromasten.* Die Kanäle stehen über Poren mit der Oberfläche in Verbindung. Mit dem Epidermalsystem nehmen die Tiere Wasserbewegungen, mit dem Kanalsystem auch Druckgradienten wahr. Die Epidermalneuromasten umfassen zehn bis zwölf, die Kanalneuromasten bis zu 1 000 Haarzellen (Abbildung 41a,b; Farbtafel). Wie die anderen mechanorezeptiven Systeme ist auch das Seitenliniensystem sehr bewegungsempfindlich; bereits eine Wasserbewegung von 0,1 Mikrometern bzw. eine Auslenkung der Cupula von zwei Nanometern führt zu einer Erregung. Generell sind die Epidermalneuromasten für niederfrequente Reize von zehn bis 60 Hertz und die Kanalneuromasten für höherfrequente Reize ab 50 Hertz empfänglich. Der Besatz der Körperoberfläche mit Epidermal- und Kanalneuromasten sowie der Durchmesser der Kanäle, die Zahl, Größe und Verteilung der Poren, die Starre der Kanalwand und die Größe der Cupulae der Neuromasten bestimmen die Empfindlichkeit des Seitenliniensystems eines Fisches für langsame oder schnelle Wasserbewegungen und stehen in einem engen Zusammenhang mit den Lebensbedingungen der Tiere.

Fische mit ihren Kanal- und Epidermalneuromasten und Amphibien mit ihren Epidermalneuromasten setzen das Seitenliniensystem für Nahorientierung ein, wo und wenn eine visuelle Orientierung nicht möglich ist, zum Beispiel in tiefer Dunkelheit, in trübem Wasser oder bei Augenlosigkeit, aber auch zur Koordination der Bewegung innerhalb von Schwärmen. Ebenso dient das Seitenliniensystem der Positionierung des Körpers in der Wasserströmung. Schließlich können zum Beispiel blinde Höhlenfische über Flossenbewegungen ein Strömungsfeld erzeugen und Reflexionen der von belebten und unbelebten Objekten erzeugten Wellen orten.

Elektrorezeption

Der elektrische Sinn weist eine enge Strukturverwandtschaft mit dem Seitenliniensystem auf, und man vermutet, dass er sich stammesgeschichtlich aus diesem entwickelt hat. Dafür spricht, dass die Verarbeitung der elektrosensorischen Informationen in denselben Hirnzentren stattfindet wie die der mechanosensorischen Informationen des Seitenliniensystems. Ebenso ähneln die elektrosensorischen Rezeptoren den Haarzellen der Seitenlinienorgane. Die *Ampullenorgane* sind die stammesgeschichtlich ältesten Elektrorezeptoren. Sie kommen bei allen elektrosensitiven Fischen vor und sind im niederfrequenten Bereich empfindlich. Sie sind „ampullenartig“ in die Haut der Tiere eingesenkt und stehen mit dem Wasser über gallertgefüllte Kanäle in Verbindung. Am Boden der Ampulle finden sich einige wenige bis einige Hundert Rezeptorzellen, die hochempfindliche Spannungsdetektoren darstellen. Sie werden durch neuronale Afferenzen mit einem ständigen Ruhe-Gleichstrom versorgt, der durch Wechselstromreize moduliert wird. Bei Knorpelfischen führt eine negative, bei Süßwasserfischen eine positive Polarität am Ampulleneingang zu einer Depolarisation. Die räumliche Verteilung der Ampullen über den Körper ermöglicht es den Fischen, die Quelle eines niederfrequenten elektrischen Feldes genau zu orten. Man nennt dies *passive Elektroortung*. Haie können mit den Ampullenorganen sogar die Ausrichtung des Erdmagnetfeldes erkennen, und zwar über durch Eigenbewegungen induzierte winzige elektrische Ströme.

Die schwachelektrischen Fische, Mormyriden und Gymnotiden, besitzen neben den für Frequenzen bis circa 50 Hertz empfindlichen Ampullenorganen zusätzliche Elektrorezeptoren, die auf hochfrequente elektrische Entladungen bis 10 000 Hertz ansprechen, und zwar als Verzerrungen eines von den Fischen selbst erzeugten hochfrequenten elektrischen Feldes. Dies nennt man *aktive* Elektroortung. Dieser Mechanismus wird neben der Ortung aber auch für die Elektrokommunikation verwandt. Bei den Gymnotiden gibt es tuberöse Organe, bei den Mormyriden werden Knollenorgane und Mormyromasten unterschieden. Die *tuberösen Organe* sitzen tief in der Haut versenkt und sind über Deckzellen mit der Oberfläche verbunden und dadurch mit dem Wasser kapazitativ gekoppelt. Sie reagieren nur auf hochfrequente Wechselströme bei der elektrischen Kommunikation. Die *Knollenorgane* und die *Mormyromasten* der Mormyriden sind ähnlich aufgebaut, haben sich aber unabhängig von den tuberösen Organen der Gymnotiden entwickelt. Die Mormyromasten reagieren auf *selbstproduzierte* hochfrequente Signale und werden zur Echoortung benutzt, allerdings mit der geringen Reichweite von einer halben Körperlänge. Die Knollenorgane reagieren vornehmlich auf hochfrequente *fremde* Signale und werden entsprechend für die Kommunikation verwandt, und zwar auf eine Distanz von maximal einem Meter. Wichtig sind dabei Signalform und Entladungsrate, die spezifisch für Geschlecht und sozialen Status sind, aber auch vom emotionalen Zustand des sendenden Tieres (beispielsweise Aggression oder Paarungsbereitschaft) abhängen.

Erzeugt werden die Signale mit einem elektrischen Organ, das sich in der Nähe des Schwanzes befindet. Der Einzelimpuls hat eine charakteristische (Wellen-)Form, und die Pulssequenz ist hochvariabel. Es gibt zwei Pulstypen: Der eine pulst mit bis zu 100 Hertz, was sich wie ein Knattern anhört, der andere erzeugt ein kontinuierliches, sinusförmiges Entladungsmuster bis 1 700 Hertz, das wie ein Summen klingt. Während die Mormyriden, zum Beispiel der Tapir- oder Rüsselfisch *Gnathonemus petersi*, nur den ersten Pulstyp zeigen, finden sich bei den Gymnotiden interessanterweise beide Typen.

Die Fasern der genannten Rezeptoren ziehen nach Typen getrennt zum *elektrosensorischen Lobus lateralis* (ELL) im Hirnstamm. Dort findet eine parallele Verarbeitung der verschiedenen elektrosensorischen Eingänge statt. Vom ELL geht die Verarbeitung zum Torus semicircularis (Abbildung 27) und von dort entweder direkt oder über das Tectum mesencephali zum ELL zurück. Bei Mormyriden ist, wie bereits erwähnt, ein Teil des Kleinhirns, die *Valvula cerebelli*, stark vergrößert und bedeckt fast die gesamte dorsale Hirnoberfläche, was das Gehirn der Mormyriden unter den Tieren überhaupt zum absoluten Spitzenreiter im Hinblick auf die relative Hirngröße macht (Abbildung 24e). Die Rolle der Valvula bei Elektrorezeption und -kommunikation der Mormyriden ist allerdings unklar, liegt aber wohl in der Feinauswertung von Laufzeitunterschieden elektrischer Signale.

Infrarotsinn

Infrarotrezeption findet sich unter anderem bei einigen Schlangenarten, und zwar bei den Grubenottern (*Crotalidae*) und einigen Riesenschlangen (*Boidae*). Bei den Riesenschlangen sitzen vorn an den Oberlippen und seitlich an den Unterlippen *Grubenorgane*, die von mitochondrienreichen Endigungen des Nervus trigeminus innerviert werden. Bei den Grubenottern gibt es hingegen ein paariges Organ zwischen Nasenloch und Auge, das nach dem Prinzip einer Lochkamera funktioniert. Durch Überschneidung der „Gesichtsfelder" vor der Schnauze ist die räumliche Wahrnehmung einer Wärmequelle möglich. Innerviert werden die Rezeptoren von Ästen des Nervus trigeminus. Verarbeitet wird diese Information nach einigen Zwischenstationen im optischen Tectum, das wie im visuellen System zum Nucleus rotundus des dorsalen Thalamus proziert. Dieser Kern schickt dann seine Axone zum anterioren dorsalen ventrikulären Kamm (aDVR), wo sie in einem für Farbwahrnehmung (!) zuständigen Bereich enden. Dies lässt vermuten, dass diese Schlangen den Infrarotbereich tatsächlich als Farbe sehen und nicht wie wir Säuger als Wärme empfinden. Die Infrarotrezeptoren dieser Tiere sind für Wellenlängen von 780 bis 1 000 Nanometer empfindlich und können unglaublich geringe Temperaturunterschiede von 0,003 Grad Celsius registrieren. Die Tiere benutzen diese Organe zur Beutelokalisation und Beuteidentifikation, zur Feinderkennung, zum Auffinden von Aufwärmplätzen und allgemein zur Orientierung in absoluter Dunkelheit.

Auditorisches System

Das auditorische System bzw. Hörsystem beruht auf der Wahrnehmung von Schallwellen, das heißt von periodischen Verdichtungen von Molekülen eines Mediums (Luft, Wasser oder festes Substrat) in Ausbreitungsrichtung. Schall ist durch die Frequenz der Druckschwankungen, den sich radiär ausbreitenden Schalldruck, die Schallschnelle und die Schallgeschwindigkeit bestimmt. Der *Schalldruck* breitet sich kugelförmig aus und nimmt mit dem Quadrat der Entfernung ab. Hinzu kommt die Absorption von

Schall durch das Medium; dabei gilt, dass niedrige Schallfrequenzen weiter tragen als hohe und Luft den Schall viel stärker dämpft als Wasser. Die *Schallschnelle* ist die in Ausbreitungsrichtung um einen mittleren stationären Punkt oszillierende Bewegung von Partikeln, die in Geschwindigkeit und Auslenkung vom Schalldruck bestimmt wird. Die *Schallausbreitungsgeschwindigkeit* hängt von der Dichte des Mediums ab; so bewegt sich der Schall im Wasser fünfmal schneller als in der Luft.

Hörorgane sind im Prinzip alle diejenigen Strukturen, die Druckwellen und Vibrationen bzw. Schallschnellen wahrnehmen können. Dies gilt für alle feinen Medienströmungs-Haarsensillen der Arthropoden, aber auch für die Tastrezeptoren in unserer Haut, mit denen wir im Prinzip „hören" können. Spezifische Hörorgane der *Insekten* sind die Tympanalorgane, die sich aus den Chordotonalorganen (siehe oben) entwickelt haben, und zwar dadurch, dass eine sehr dünne Cuticulamembran auf der Skolopidienkappe aufsitzt. Luftgefüllte Resonanzkammern umgeben das Tympanalorgan und koppeln dieses schwingungsfähige Organ mechanisch vom restlichen Körper ab. Tympanalorgane können bis zu 2000 Skolopidien enthalten, die oft in Reihen mit zunehmender Länge angeordnet sind. Sie können sich an unterschiedlichen Körperstellen befinden, so an den Vorderbeinen von Laubheuschrecken und Grillen, am Brustende und an der Flügelbasis vieler Schmetterlinge oder am Hinterleib von Heuschrecken und Zikaden. Die Frequenzspezifität wird manchmal durch lokale Verdickungen und Verdünnungen der schwingenden Tympanummembran erreicht, so dass unterschiedliche Teile auf unterschiedliche Frequenzen ansprechen und diese an spezielle Rezeptoren weitergeben. In anderen Fällen, etwa bei Grillen und Laubheuschrecken, sind die Skolopidien selbst Frequenzanalysatoren, wahrscheinlich aufgrund unterschiedlicher Größen. Sie sprechen am besten auf den Bereich von zwölf bis 30 Hertz an.

Mücken besitzen mit dem *Johnston'schen Organ* das wohl empfindlichste Hörorgan der Insekten (Abbildung 42; Farbtafel).

Als Schallschnelle-Aufnehmer dient hier ein haarfeines Flagellum an der Basis der Antennen, das den mechanischen Reiz auf Tausende von Skolopidien überträgt, die in einem Ringwulst um das Flagellum angeordnet sind. Dabei ist bei Männchen die Resonanzfrequenz genau auf das Flügelsirren der Weibchen abgestimmt, das bei 380 Hertz liegt, während es für die eigene Frequenz unempfindlich ist.

Das Hörorgan der Wirbeltiere hat sich aus dem Gleichgewichtsorgan entwickelt. Dies lässt sich bei den Fischen noch nachvollziehen, denn Fische „hören" mit Sacculus und Lagena. Deren Maculae schwingen mit dem Schall und bewegen sich dabei gegen die Otolithen oder Hörsteinchen, wodurch die Stereovillibüschel der Haarzellen ausgelenkt werden. Der in Ruhestellung senkrecht angeordnete Otolith des Sacculus ist bei Fischen sehr groß, und die ebenfalls senkrecht stehenden Stereovillibüschel der Haarzellen sind in den vier Hauptrichtungen, also rostro-caudal und dorso-ventral, ausgerichtet. Der Sacculus ist damit das wichtigste vestibuläre Hörorgan der Fische, das von Lagena und Utriculus unterstützt wird, insbesondere im Zusammenhang mit der Wahrnehmung der Richtung, aus der der Schall kommt. Das physikalische Prinzip ist hier die Trägheit des Otolithen gegenüber den Bewegungen des Mediums (hier des Wassers), das zur Reizung der Rezeptoren genutzt wird. Ein anderes physikalisches Prinzip wird in einem weiteren Hörorgan, der *Macula neglecta*, genutzt, das die Knorpelfische zusätzlich zu den anderen Vestibularorganen besitzen. In dieser Macula neglecta befindet sich über den Haarsinneszellen eine Cupula, die von Bewegungen der Endolymphe ausgelenkt wird und die Haarzellen reizt. Die Endolymphe wird ihrerseits über ein kleines Membranfenster vom schalltragenden Meerwasser bewegt, und dies hat zur Folge, dass die Auslenkung der Cupula dem Schall folgt. Die Macula neglecta weist mit 260 000 Haarzellen die höchste Haarzelldichte aller Tiere auf, wobei im Durchschnitt 52 Haarzellen auf ein nachgeschaltetes Neuron konvergieren. Durch diese

Konvergenz verbessert sich die Signalgüte um das mehr als Siebenfache.

Die Schwimmblase dient den meisten Knochenfischen ebenfalls als Hörorgan. Der Wasserschall versetzt die Schwimmblase in Schwingungen, und dieses Schalldrucksignal wird auf das Vestibularorgan übertragen. Bei den *Ostariophysen* (hierzu gehören die Karpfen, Welse und Salmler) geschieht dies über drei an den Wirbeln ausgebildeten und gelenkig miteinander verbundenen Knöchelchen, den *Weber'schen Apparat*, und dies garantiert eine deutliche Erhöhung der Empfindlichkeit insbesondere im oberen Frequenzbereich.

Bei landlebenden Wirbeltieren spielt das Hören eine besondere Rolle für Orientierung und Kommunikation, weil die „weiche" Luft der Ausbreitung des Schalls wenig Widerstand entgegensetzt. Ein besonderes Problem ist dabei allerdings der *Impedanzsprung* von der „weichen" Luft auf die „harte" Lymphe des Innenohrs. Die nötige Anpassung liefert das Mittelohr, das mit einem Tympanum oder Trommelfell den Luftschall aufnimmt und diesen über ein Hebelsystem unter Verstärkung der Kraft auf das flüssigkeitsgefüllte Innenohr überträgt. Dabei ist auch das Flächenverhältnis des relativ großen Trommelfells zum relativ kleinen ovalen Fenster wesentlich. Amphibien und Sauropsiden besitzen ein zweigliedriges Hebelsystem in Form einer *Columella* und einer hiermit über ein Hebelscharnier verbundenen *Extracolumella*, wobei letztere am Trommelfell und erstere am ovalen Fenster des Innenohres ansetzt. Diese tympanale Schallübertragung ist für höhere Frequenzen im Bereich von einem bis fünf Kilohertz geeignet. Als Rezeptororgan besitzen die Amphibien hierfür die *Papilla basilaris*. Sie haben jedoch ein zusätzliches Rezeptororgan, die *Papilla amphibiorum*, die für Substratvibrationen und einen niedrigen Schallfrequenzbereich von 100 bis 1 000 Hertz empfindlich ist. Für niederfrequenten Schall besitzen viele Amphibien noch ein weiteres System, das die Vorderbeine als Schall- und Vibrationsaufnehmer benutzt. Die Vorderbeine übertragen diese

Erregungen auf einen Teil des Schulterblatts, die *Suprascapula*, die über einen Muskel, den *Musculus opercularis*, mit dem Innenohr in Verbindung steht. Bei vielen vorwiegend aquatisch lebenden Amphibien fehlt ein Tympanum und sie benutzen diesen zweiten, operculären Weg.

Bei den meisten Eidechsen, Krokodilen und Vögeln funktioniert das Hören auf die tympanale Weise. Bei Krokodilen und Vögeln verlängert sich die Papilla basilaris und damit verbreitert sich der Frequenzbereich des Hörens bei diesen Tieren auf fast fünf bis sechs Kilohertz, was sich allerdings gegenüber den Säugern, die 20 Kilohertz und zum Teil noch weit mehr erreichen können, bescheiden ausnimmt. Eine Ausnahme unter den Vögeln bildet die Eule, die Töne bis zehn Kilohertz wahrnehmen kann. Die Schleiereule kann meisterhaft hören und mit Hilfe ihrer asymmetrisch angeordneten Ohren eine Geräuschquelle exakter bestimmen als beispielsweise Menschen. Die rechte Ohröffnung steht niedriger als die linke und deshalb erreicht ein von unten auftreffendes Geräusch das rechte Ohr zuerst. Durch zentralnervöse Verrechnung der Laufzeitunterschiede zwischen links und rechts bzw. unten und oben im Hirnstamm (dem Nucleus laminaris) entsteht im Endhirn des Vogels ein „Hörraum", in dem sich die Eule in finsterer Nacht sicher bewegen und Beute fangen kann.

Die Zahl der Haarzellen liegt bei unterschiedlichen Vogelarten zwischen 3000 (Kanarienvogel) und 17000 (Emu). Die Papilla basilaris arbeitet bei der Repräsentation der Frequenzen wahrscheinlich überwiegend nach dem Resonanzprinzip und nicht nach dem Wanderwellenprinzip wie im Innenohr der Säuger (siehe unten), wobei die räumliche Abbildung der Frequenzen in beiden Fällen dieselbe ist, nämlich von hohen Frequenzen an der Basis und niedrigen Frequenzen am Ende der Papilla. Gleichzeitig ist bei Krokodilen und Vögeln eine Unterteilung in einen oberen Bereich, die *Scala vestibuli*, und einen unteren Teil, die *Scala tympani*, vorhanden, zwischen denen die *Basilarmembran* mit unterschiedlichen Typen von Haarzellen liegt.

Innerhalb der Wirbeltiere ist, abgesehen von den Eulen, das Hören bei den Säugetieren am höchsten entwickelt und bezieht sowohl das Mittelohr als auch das Innenohr ein. Hinzu kommt als evolutive Neuerung das äußere Ohr mit dem äußeren Gehörgang und der Ohrmuschel. Die Ohrmuschel dient dem Auffangen der Schallwellen, allerdings nur, wenn sie größer ist als die Wellenlänge der auftreffenden Schallwellen.

Das Mittelohr besteht aus der Paukenhöhle mit einer Verbindung zum Mundraum (der Eustachi-Röhre) und den eingelagerten drei Gehörknöchelchen, nämlich dem Hammer (*Malleus*), der dem Trommelfell anliegt, dem Amboss (*Incus*) als Zwischenglied und dem Steigbügel (*Stapes*), der der Columella der anderen Wirbeltiere entspricht und entsprechend dem ovalen Fenster anliegt. Eine wichtige Funktion des Mittelohrs ist die bereits genannte *Impedanzanpassung* der Schallenergie vom kompressiblen Medium Luft auf die nahezu inkompressible Innenohrlymphe. Dabei wird die Schallamplitude durch die Gelenke zwischen den Gehörknöchelchen untersetzt und der Schalldruck durch Übertragung vom großflächigen Trommelfell auf das kleinflächige ovale Fenster übersetzt. Die Kraftübersetzung beträgt beim Menschen 17:1, bei der Katze 35:1 und bei manchen Fledermäusen 50:1.

Das Innenohr der Säuger besteht aus der Schnecke (*Cochlea*), die sich aus der Lagena des Vestibularorgans entwickelt und zu einem rohrförmigen und aufgerollten Gebilde verlängert hat. Es besitzt eine oben liegende *Scala vestibuli*, eine unten liegende *Scala tympani* und ein dazwischen liegendes *Corti-Organ* (benannt nach seinem Erstbeschreiber Alfonso Corti), das die Basilarmembran und die Haarzellen enthält (Abbildung 43). Die Flüssigkeit (*Perilymphe*) der Scala vestibuli ist mit dem ovalen Fenster verbunden, das vom Steigbügel bewegt wird, die Flüssigkeit der Scala tympani dagegen mit dem runden Fenster, das den Druckausgleich besorgt (siehe unten). Die Perilymphen beider Scalae gehen an der Spitze der Schnecke, dem Helicotrema, ineinander über. Das Corti-Organ besteht aus einem oberen, mit

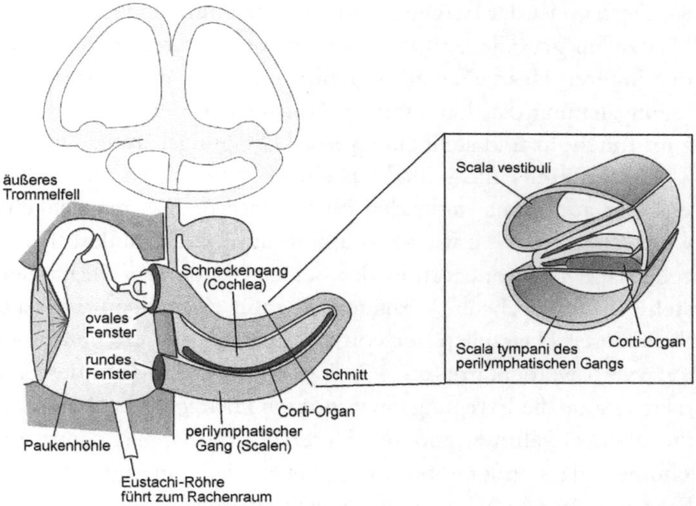

Abb. 43 Schematische Darstellung des Innenohrs eines Säugetiers. Abgebildet sind das Mittelohr mit den drei Hörknöchelchen, dem äußeren Trommelfell, dem ovalen und dem runden Fenster sowie die Cochlea mit dem Corti-Organ. Rechts ist die Cochlea genauer dargestellt. (nach Müller 2004)

Flüssigkeit (*Endolymphe*) gefüllten Teil, auch Scala media genannt, und einem unteren Teil, der durch die Basilarmembran zur Scala tympani begrenzt wird, die die äußeren und inneren Haarzellen sowie Stütz- und Pfeilerzellen trägt. Oberhalb der Stereovilli der Haarzellen befindet sich die Deckmembran.

Innerviert werden die inneren Haarzellen ausschließlich von Nervenendigungen des *Spiralganglions*, das in der Schnecke sitzt und mit den in entgegengesetzter Richtung ziehenden Nervenfasern den Hörnerv (VIII. Hirnnerv, *N. stato-acusticus*) bildet. Das Spiralganglion innerviert auch einen kleineren Teil der äußeren Haarzellen, der größte Teil wird jedoch von Nervenfasern innerviert, die von der oberen Olive stammen, die in der Medulla oblongata sitzt und eine wichtige auditorische Umschaltstation ist. Deshalb ist der Erregungsfluss bei den inneren und äußeren Haarzellen grundlegend verschieden: Bei ersteren läuft er von den inneren Haarzellen zum Gehirn und stellt eine *afferente* Erregungsleitung dar, bei letzteren läuft er von der oberen Olive zum Innenohr und stellt eine *efferente* Erregungsleitung dar.

Ein weiterer Unterschied besteht in der Zahl der Haarzellen und der auf ihnen endenden Nervenfasern. Das menschliche Corti-Organ weist etwa 3400 innere und 13000 äußere Haarzellen auf. Die Innervation der beiden Typen von Haarzellen steht im umgekehrten Verhältnis zu ihrer Zahl, denn während die äußeren Haarzellen nur von einer einzigen efferenten Faser innerviert werden, greifen je 20 Fasern von Neuronen des Spiralganglions die Erregung einer inneren Haarzelle ab. Diese und die oben erwähnten anderen Unterschiede hängen damit zusammen, dass äußere und innere Haarzellen ganz unterschiedliche Funktionen haben, wie wir sehen werden.

Der Vorgang der Reizcodierung im Säugetierohr beginnt damit, dass das Trommelfell die Schalldruckwellen aus der Luft aufnimmt und seine Schwingungen an die drei Hörknöchelchen weitergibt. Diese übertragen die Schwingungen verstärkt auf das ovale Fenster. Diese Schwingungen breiten sich in der nicht kompressiblen Endolymphe bis zur elastischen Membran des runden Fensters aus. Dadurch wird die Basilarmembran des Corti-Organs in Schwingung versetzt, wobei die Frequenz dieser Schwingung der Frequenz des Luftschalles entspricht. Der Ausgangspunkt der Schwingungen liegt unmittelbar hinter der Membran des ovalen Fensters, also am Beginn des Corti-Organs. Das führt zu einer „Wanderwelle“, die das Corti-Organ entlangläuft. Weil die Steifigkeit der Basilarmembran anfangs groß ist und bis zum Helicotrema abnimmt, kann die Membran hohen Frequenzen nur nahe dem ovalen Fenster folgen, während niedrigere Frequenzen die Membran auch näher am Helicotrema auslenken können. Bevor eine bestimmte Frequenz auf der Membran abgedämpft wird, führt dies zu einer besonders hohen Schwingungsamplitude der Wanderwelle.

Die Auslenkung der Basalmembran bewirkt eine der Bewegung der Perilymphe der Scala vestibuli entgegengesetzte Bewegung der Lymphe in der darunterliegenden Scala tympani, die zum runden Fenster wandert. Die Schallfrequenzen werden also über die jeweiligen erzeugten Wanderwellen bzw. deren maximale Amplituden räumlich auf die Basilarmembran abgebildet. Allerdings gibt es bei den Säugergruppen deutliche Unterschiede in dieser Abbildung, weil für unterschiedliche Tiere bestimmte niedrige, mittlere oder hohe Frequenzen für den Beutefang, die Orientierung oder die Kommunikation ganz unterschiedliche Bedeutung besitzen. Zum Beispiel ist der für Menschen unhörbare Ultraschallbereich für Nager zur Kommunikation und für Fledermäuse zur Echoortung von großer Bedeutung.

Wie erwähnt, erzeugen die im Innenohr entstehenden Wanderwellen einen breiten Bereich der Auslenkung der Basilarmembran, und dies lässt gar keine punktgenaue Reizung der Haarzellen zu. Hier kommen nach heutigem Verständnis die äußeren Haarzellen zur Hilfe. Sie werden genauso wie die inneren Haarzellen durch die Wanderwelle erregt und erzeugen eine hochfrequente Eigenschwingung, die nun auf doppelte Weise die Eigenschaften der Basilarmembran und damit die Antworteigenschaften der inneren Haarzellen beeinflusst. Zum einen wird die maximale Auslenkung der Basilarmembran in ihrer Wirkung um das Hundertfache verstärkt, zum anderen wird die „umhüllende" Kurve der Auslenkung im Bereich der aufsteigenden Flanke verändert, so dass sich die räumliche Frequenzabbildung stark verbessert. Dieser Verstärkungs- und Begrenzungseffekt ist nichtlinear, das heißt er wirkt besonders stark bei sehr niedriger Schallintensität bis circa 20 Dezibel, weniger bei mittlerer und kaum oder gar nicht bei hoher Schallintensität. Zur Verbesserung der Frequenzauflösung scheint auch die Deckmembran beizutragen.

Die Fasern der Neuronen des Spiralganglions, das im Innenohr sitzt, nehmen die Erregungen von den inneren Haarzellen auf und leiten sie zum *Nucleus cochlearis* im verlängerten Mark weiter. Hier findet über zahlreiche unterschiedliche Typen auditorischer Neuronen eine erste Weiterverarbeitung der Information aus beiden Innenohren statt. Von dort zieht ein aufsteigender Hauptstrang zum gegenseitigen *Colliculus inferior* des Mittelhirns. Diese Fasertrakte senden Kollaterale zu anderen Gebieten wie der oberen Olive, in der unter anderem die efferenten Neuronen sitzen. Die Olive ist genauso wie der homologe *Nucleus laminaris* der Vögel (siehe oben) mit dem Richtungshören befasst.

Vom *Colliculus inferior* laufen zahlreiche Fasern zum medialen Kniehöcker (*Corpus geniculatum mediale*) des Zwischenhirns, deren Neuronen ihre Axone in die primäre Hörrinde im vorderen oberen Rand des Temporallappens senden. Dieser umfasst beim Menschen das corticale Gebiet A41 (die sogenannten Heschl'schen Querwindungen, Abbildung 35). Hier enden die Fasern der Hörstrahlung aus dem medialen Kniehöcker. Der primäre auditorische Cortex zeigt eine systematische Abbildung der Tonfrequenzen (*tonotope Organisation*). Der sekundäre auditorische Cortex (Area 42) umschließt hufeisenförmig den primären auditorischen Cortex und ist nicht klar tonotop gegliedert. Im Gegensatz zu subcorticalen auditorischen Neuronen reagieren die meisten corticalen auditorischen Neuronen nicht auf reine Töne, sondern nur auf komplexe auditorische Reize, auch zeigen sie nur phasische Reaktionen, das heißt sie antworten im Wesentlichen nur auf Änderungen in der Tonhöhe oder Amplitude. Verglichen mit dem visuellen Cortex ist der auditorische Cortex der Primaten einschließlich des Menschen wenig erforscht.

Visuelle Wahrnehmung

Als „Licht" bezeichnen wir im Allgemeinen die von Sonne, Sternen oder künstlichen Lichtquellen direkt ausgestrahlten oder von anderen Körpern wie dem Mond reflektierten elektromagnetischen Wellen in einem Bereich von rund 340 bis 750 Nanometern. Das für uns Menschen sichtbare Licht reicht von etwa 400 bis 750 Nanometer, was dem Farbspektrum von Blauviolett bis Tiefrot entspricht. Zwischen 340 und 400 Nanometern liegt der Ultraviolettbereich, in dem einige Wirbellose wie Arthropoden, aber auch einige Wirbeltiere wie etwa Fische noch sehen können. Ab 750 Nanometer Wellenlänge beginnt der Infrarotbereich, den wir Menschen als Wärme empfinden, den manche Tiere wie Schlangen jedoch ebenfalls lichtartig wahrnehmen können (siehe oben).

Das Prinzip der visuellen Wahrnehmung beruht darauf, dass lichtempfindliche Moleküle, die sogenannten *Photopigmente*, Lichtquanten absorbieren. Die Photorezeptoren haben alle einen gemeinsamen Proteinanteil, *Opsin*, der mit unterschiedlichen Pigmentanteilen, alle *Retinal* genannt, kombiniert wird. Dieses Sehpigment bestimmt den spektralen Empfindlichkeitsbereich. Hierbei unterscheidet man einen Bereich, der für langwelliges Licht von 540 bis 560 Nanometern maximal empfindlich ist, einen mittleren Bereich mit einer maximalen Empfindlichkeit um 490 Nanometer und einen kurzwelligen Bereich mit einer maximalen Absorption von 420 bis 440 Nanometern. Diese Bereiche entsprechen den drei Zapfentypen L, M und S (für „*long*", „*medium*" und „*short wavelengths*"). Bei vielen Wirbeltieren und Wirbellosen gibt es noch UV-Rezeptoren, die bei einigen Vögeln bei 375 Nanometern und bei Arthropoden (Biene) bei 340 Nanometern ihr Absorptionsmaximum haben. Ein weiterer Rezeptortyp in der Wirbeltiernetzhaut sind die Stäbchen mit einem Absorptionsmaximum bei 498 Nanometern; sie ermöglichen das Hell-dunkel-Sehen.

Die Absorption von Lichtquanten zieht eine Konfigurationsänderung des geknickten 11-cis-Retinal in die gerade All-trans-Form nach sich, bei Wirbeltieren zusätzlich den Zerfall des Rhodopsinmoleküls in Retinal und Opsin. Bei Arthropoden wird All-trans-Retinal nicht vom Opsin getrennt, und die Rückführung zum 11-cis-Rhodopsin erfolgt über Lichteinwirkung (Photoisomerisation). Unterschiedlich ist auch die membranphysiologische Wirkung des Lichtes auf die Rezeptoren. Bei Arthropoden löst dies nach einer komplexen intrazellulären Signalkaskade die *Öffnung* von Na^{+}- und Ca^{++}-Kanälen, das Einströmen dieser Ionen und damit eine *Depolarisation* aus. Bei Wirbeltieren kommt es hingegen zum *Schließen* der Natriumkanäle und damit zu einer *Hyperpolarisierung* der Photorezeptormembran. Dies bedeutet, dass bei ihnen die Photorezeptoren während der Dunkelheit aktiv sind und Belichtung diese Aktivität *hemmt.*

Das visuelle System der Wirbellosen

Lichtsinnesorgane („Augen") haben sich vielfach unabhängig voneinander entwickelt, wobei angenommen wird, dass die Sehpigmente der Tiere einen gemeinsamen Ursprung haben. Schon bei Einzellern wie dem „Augentierchen" *Euglena* finden sich Augenflecken, die eine primitive Ausrichtung auf das Licht hin, *Phototaxis*, ermöglichen. Bei vielen einfachen Vielzellern, etwa bei Planarien, finden sich Augenflecken als Ansammlungen von Photorezeptoren, die bei paariger Anordnungen am Kopf eine gute Orientierung auf eine Lichtquelle zu ermöglichen. Das Richtungssehen wird gesteigert durch Einstülpungen der Pigmentoberfläche zu einem Pigmentbecherauge (Abbildung 14; Farbtafel), wie es sich bei der Napfschnecke *Patella* findet. Eine Verengung der Öffnung wie beim Grubenauge von Seeschnecken und dem Lochkameraauge von *Nautilus* führt zu einer scharfen, wenngleich lichtschwachen Abbildung der Umwelt auf die Pigmentschicht. Die Entstehung von Augen mit Linsen und Cornea schließlich (Abbildung 15; Farbtafel), die vielfach unabhängig stattgefunden hat (wenngleich wahrscheinlich auf einer gemeinsamen genetischen Basis), zum Beispiel bei Muscheln, Schnecken, Tintenfischen, Arthropoden und Wirbeltieren, ermöglicht eine scharfe und zugleich lichtstarke Abbildung, insbesondere zusammen mit einem Akkomodationsmechanismus der Linse.

Die große Alternative zum Linsenauge ist das *Komplexauge* der Insekten (Abbildung 44; Farbtafel). Komplexaugen sind aus *Ommatidien* zusammengesetzt, von wenigen Hundert bis fast 30 000 bei Libellen; Bienen besitzen etwa zweimal 6 000 Ommatidien. Diese bestehen ihrerseits aus einem lichtbrechenden Teil, der Cornea(linse), und einem sich anschließenden Kristallkegel, der von vier Zellen gebildet wird. Dieser Kristallkegel modifiziert den Strahlengang nur wenig oder ist, wie der Glaskörper des Wirbeltierauges, optisch homogen. Hieran schließen sich sieben bis maximal zwölf in einem Kreis angeordnete keilförmige *Retinulazellen* an, die an ihrer nach innen gerichteten Keilspitze einen rhodopsinhaltigen und daher lichtempfindlichen Saum, das *Rhabdomer*, tragen. Die einzelnen Rhabdomere liegen entweder ganz eng beieinander (Abbildung 44b) oder sind miteinander verschmolzen (Abbildung 44a) und bilden zusammen das *Rhabdom,* wobei jedoch jedes Rhabdomer getrennt erregt wird, weil die dafür zuständigen Photorezeptorzellen elektrisch voneinander isoliert sind. Jede Retinulazelle sendet ein Axon zu den optischen Neuropilen (siehe unten). Seitlich werden die Ommatidien durch Pigmentzellen voneinander abgegrenzt, deren Pigment sich ausdehnen und zusammenziehen kann, so dass die Ommatidien mehr oder weniger voneinander abgeschirmt werden.

Wie bei allen Augen muss auch bei den Komplexaugen der Insekten ein Ausgleich zwischen Sehschärfe und Lichtempfindlichkeit getroffen werden. Die Cornealinse jedes Ommatidiums ist mit 15 bis 30 Mikrometer Durchmesser so klein, dass aufgrund der Wellennatur des Lichtes ein Brennfleck am distalen Ende des Rhabdoms entsteht, dessen Durchmesser dem des Rhabdoms entspricht, nämlich zwei bis vier Mikrometern. Dies bedeutet, dass für jedes Ommatidium ein einheitlicher Lichtfleck entsteht, innerhalb dessen keine weitere Auflösung möglich ist. Der Lichtfluss in diesem Lichtfleck ist proportional dem Durchmesser der Cornealinse, das heißt je größer die Cornealinse, desto mehr Licht erreicht das Rhabdom. Die räumliche

Auflösung des ganzen Komplexauges hängt von dem Winkel zwischen den benachbarten Ommatidien ab: Je größer der Krümmungsradius des Komplexauges, umso geringer ist die räumliche Auflösung, weil dann der Winkel zwischen den Ommatidien größer ausfällt. Insekten- und Krebsaugen verfügen über Regionen größerer räumlicher Auflösung, vergleichbar der Fovea des Linsenauges (siehe unten), und in diesen Augenbereichen ist die Krümmung des Auges geringer als in anderen Bereichen. Damit kann auch der Durchmesser der Cornealinse größer sein, so dass diese Augenbereiche auch über eine höhere Lichtempfindlichkeit verfügen.

Generell finden wir bei Insekten drei Komplexaugentypen, nämlich das Appositionsauge, das optische Superpositionsauge und das neuronale Superpositionsauge (Abbildung 44c–e). Tagaktive Insekten haben in der Regel *Appositionsaugen*, bei denen jedes Ommatidium mit einem Sehpunkt zu einem mosaikartigen Bild mit relativ hoher Auflösung beiträgt (Abbildung 44c). Die einzelnen Sehpunkte sind aber wegen des geringen Durchmessers der Cornealinse ziemlich lichtschwach. Nachtaktive Insekten wie die Falter besitzen hingegen *Superpositionsaugen*, bei denen die Lichtstrahlen von vielen (zum Teil bis 1 000) Cornealinsen und Kristallkegeln auf ein Rhabdom gelenkt werden, was die Lichtstärke enorm erhöht, zugleich aber die räumliche Auflösung verringert (Abbildung 44d). Das *neurale Superpositionsauge* ermöglicht das Nebeneinander einer hohen räumlichen Auflösung und einer hohen Lichtempfindlichkeit, indem diejenigen Rhabdomere benachbarter Ommatidien, die dieselbe optische Ausrichtung besitzen und deshalb parallel einfallende Sehstrahlen empfangen, neuronal miteinander verschaltet sind (Abbildung 44e). Viele Insekten mit Appositionsaugen oder neuronalen Superpositionsaugen haben eine sehr hohe zeitliche Einzelbildauflösung, die mit 200 bis 300 Bildern pro Sekunde weit über der zeitlichen Auflösung der Wirbeltieraugen liegt. Das menschliche Auge kann bei ausreichender Helligkeit nur bis zu 60 Bilder pro Sekunde auflösen (was Film und Fernsehen ausnützen).

Das Farbsehen der Insekten funktioniert nach demselben Prinzip wie das der Wirbeltiere, das heißt im Ommatidium finden sich Photorezeptoren mit Rhodopsinen, die sich in ihren spektralen Absorptionen unterscheiden. Arthropoden verfügen über einen UV-Rezeptor, aber vielen Arten fehlt ein Rezeptor für langwelliges Licht. Manche Tagfalteraugen verfügen über vier oder fünf verschiedene spektrale Rezeptortypen, so dass ihr Farbensehen tetra- bzw. pentachromatisch ist. Wie das Farbensehen dieser Tiere organisiert ist, ist allerdings noch nicht verstanden. Blumenbesuchende Hautflügler (Bienen, Hummeln, Wespen) haben ein trichromatisches Farbensehen mit UV-, Blau- und Grünrezeptoren. Ihre Farbempfindlichkeit ist also zum kurzwelligen Bereich hin verschoben, dadurch sehen sie rote Gegenstände nicht farbig, sondern „schwarz".

Die Einlagerung der Rhodopsinmoleküle in die Rhabdome führt dazu, dass die Photorezeptoren für die Richtung des elektrischen Vektors des Lichtes empfindlich werden können, also für dessen *lineare Polarisation.* Der blaue Himmel weist ein Muster linear polarisierten Lichtes auf, das durch die Streuung des von der Sonne ausgehenden Lichtes in der oberen Atmosphäre entsteht. Dieses Muster korreliert mit der Position der Sonne, so dass Arthropoden den Sonnenstand bestimmen können, auch wenn sie die Sonne nicht direkt sehen können. Da der Polarisationsgrad der kurzwelligen Strahlung am stärksten ist, sehen die Insekten das Polarisationsmuster mit UV- oder Blaurezeptoren.

Dem Komplexauge sind drei bis vier optische Integrationsstrukturen nachgeschaltet, nämlich Lamina, Medulla und Lobula, wobei sich bei Fliegen der Lobulakomplex in die Lobula und die Lobulaplatte unterteilt. Die Lamina ist für Kontraste und zeitliche Auflösung zuständig. Die Medulla weist große Übereinstimmungen mit dem visuellen Cortex der Säuger auf, in dem Sinne, dass hier Farbe, Form bzw. Kontur und Bewegung in getrennten Modulen verarbeitet werden. Auf diese „Parallelverarbeitung" werde ich gleich noch zu sprechen kommen. Die Lobula bzw. der Lobulakomplex ist für die Bewegungsanalyse einschließlich der Richtungssensitivität, lokale Bewegungen von Objekten im Gesichtsfeld und Bewegungen des gesamten Gesichtsfeldes bei Eigenbewegungen (*optical flow*) zuständig.

Das visuelle System der Wirbeltiere

Wirbeltiere besitzen durchweg Linsenaugen. Die Lichtbrechung findet bei landlebenden Wirbeltieren vornehmlich in der Hornhaut (*Cornea*) statt, da nur hier ein für die Lichtbrechung genügend hoher Dichtegradient zwischen Luft und Corneasubstanz vorhanden ist. Die meist eher kleine und abgeflachte Linse dient (mittels eines in ihrer Dichte inhomogenen Aufbaus) vornehmlich zur Fokussierung der Lichtstrahlen auf die Photorezeptorenschicht in der Netzhaut (*Retina*). Bei wasserlebenden Wirbeltieren erfolgt die Lichtbrechung wegen der fast gleichen Dichte von Wasser und Corneasubstanz fast ausschließlich über die Linse, die hier besonders groß und rund ist. Die Lichtstrahlen fallen durch den Glaskörper auf die Netzhaut.

Die Netzhaut besteht aus sechs Schichten (Abbildung 45; Farbtafel), nämlich der dem Glaskörper am nächsten liegenden Schicht der Retinaganglienzellen (RGZ) als Ausgangsneuronen der Netzhaut. Darauf folgt die innere plexiforme Schicht (IPS), die aus Verbindungsfasern und Kontakten zwischen den RGZ und den Zellen der inneren Körnerschicht (IKS) besteht, nämlich den amakrinen, bipolaren und horizontalen Zellen. Hieran schließt sich die äußere plexiforme Schicht (APS) an, die aus Fortsätzen der genannten Zellen der inneren Körnerschicht und den „Füßchen" der Photorezeptoren, also der *Stäbchen* und *Zapfen*, besteht. Die Photorezeptoren bilden mit ihren Zellkernen die äußere Körnerschicht (AKS). Es folgt die Schicht der Außenglieder der Photorezeptoren, die in die Pigmentschicht (PS) hineinragen. Diese Außenglieder, genauer ihr äußeres Segment, sind der Ort der Photorezeption. Wirbeltiere besitzen ein *inverses* Auge, das heißt die photorezeptiven Strukturen – hier die Photorezeptor-Außenglieder – sind dem Licht *abgewandt*. Dieses Faktum spielt aber für das Sehen kaum eine Rolle, da die Netzhaut mehr oder weniger durchsichtig ist und das Licht nahezu ungehindert durch die Netzhautschichten bis zu den Rezeptoren dringen kann. Überdies gibt es bei vielen Wirbeltieren als Ort schärfsten Sehens eine *Fovea*, in der die Photorezeptoren nicht von den anderen genannten Schichten der Netzhaut bedeckt sind, so dass das Licht völlig ungehindert zu ihnen gelangen kann.

Die Wirbeltierretina besitzt einen *Stäbchen*typ mit einem Absorptionsmaximum bei 498 Nanometer Wellenlänge, der sehr lichtempfindlich ist, denn ein einziges Lichtquant genügt, um ein Stäbchen zu erregen. Stäbchen sind die Grundlage unseres (unbunten) Hell-dunkel-Sehens. Die Lichtempfindlichkeit wird zudem durch Zusammenschalten vieler Stäbchen weiter erhöht, allerdings auf Kosten der räumlichen Auflösung. Dagegen gibt es je nach Wirbeltiergruppe bis zu vier verschiedene *Zapfentypen*, und zwar für den UV-Bereich, den kurzwelligen (Blaurezeptor), den mittelwelligen (Grünrezeptor) und den langwelligen Bereich (Gelbrotrezeptor) mit Absorptionsmaxima bei 420, 534 und 564 Nanometern. Die Außensegmente der Photorezeptoren vieler Fische und Vögel enthalten farbige Öltröpfchen, die als Farbfilter wirken und die spektrale Empfindlichkeit massiv beeinflussen. So können unterschiedliche spektrale Rezeptortypen mit dem gleichen Rhodopsinanteil entstehen. Bei Säugern einschließlich des Menschen gibt es keine UV-Rezeptoren. Die unterschiedlichen Absorptionsspektren sind die Grundlage des Farbsehens. Die subjektiven Farbempfindungen entstehen durch eine *neuronale Verrechnung* der relativen Aktivierung der drei bzw. vier Zapfentypen.

Zapfen sind weniger lichtempfindlich und deshalb nur für das Sehen bei Helligkeiten ab etwa 0,25 Lux geeignet, was der Helligkeit einer Vollmondnacht entspricht; unter diesen Schwachlichtbedingungen sehen wir Menschen die Welt typischerweise „Grau in Grau“. Zapfen ermöglichen aber auch eine höhere räumliche Auflösung. Deshalb findet man bei tagaktiven Tieren und insbesondere jagenden Arten Sehgruben (*Foveae*) mit einer hohen Sehschärfe, in der Zapfen besonders dicht gepackt sind, während nachtaktive Tiere eine überwiegend von Stäbchen dominierte Retina besitzen. Potenzielle Beutetiere, besonders solche, die in offener Landschaft leben, weisen hingegen einen Horizontalstreifen dichtgepackter Zapfen auf, der parallel zum Horizont verläuft.

Die Netzhaut der Primaten einschließlich des Menschen enthält pro Auge rund 130 Millionen Photorezeptoren, von denen über 90 Prozent Stäbchen und weniger als zehn Prozent Zapfen sind. Dies deutet darauf hin, dass die Vorfahren der Primaten vornehmlich nachtaktive Tiere waren. Auch beim Menschen sind die Zapfen mehrheitlich in der Sehgrube (*Fovea centralis*) konzentriert, und zwar vornehmlich mittel- und langwellenempfindliche Zapfen, und die Zahl der Zapfen nimmt vom Rand der Fovea zur Peripherie der Netzhaut dramatisch ab. Umgekehrt nimmt die Zahl der Stäbchen zu. Sekundär tagaktive Primaten einschließlich des Menschen sehen also nur mit der Fovea scharf und bunt: Das entspricht beim Menschen einem Bereich von etwa Daumenbreite (zwei Grad) bei ausgestrecktem Arm. Dass uns dies nicht auffällt, liegt daran, dass dieser kleine Punkt scharfen und bunten Sehens mit schnellen Augenbewegungen über das Gesichtsfeld bewegt wird und das Gehirn die Einzeleindrücke zu einem farbigen Gesamtbild integriert.

Bei Raubvögeln ist die Dichte der Zapfen in der Fovea doppelt so hoch wie beim Menschen und erreicht die Grenze physikalisch möglicher optischer Auflösung. Die Fovea mancher Greifvögel ist so gestaltet, dass sich gemeinsam mit den Eigenschaften der Cornealinse eine Teleskopwirkung ergibt. Damit sehen diese Vögel mit einem Teil des Auges wie durch ein Fernglas und mit dem umgebenden Augenbereich einen größeren Ausschnitt der Umwelt. Insgesamt umfasst das Wirbeltierauge durch die Kombination von Zapfen- und Stäbchen-Sehen einen

Helligkeitsbereich von zwölf bis 13 Größenordnungen, die vom grellen Licht der sommerlichen Mittagssonne bis hin zur tiefen mond- und sternlosen Nacht reicht. Diese Leistung ist bisher technisch unerreicht.

Parallelverarbeitung im visuellen System der Wirbeltiere

Das visuelle System der Wirbeltiere zeigt deutlicher als die anderen sensorischen Systeme das Prinzip der *Parallelverarbeitung*. Damit ist gemeint, dass die Photorezeptoren und die unmittelbar nachgeschalteten Zellen jeweils bevorzugt auf bestimmte Einzelmerkmale der normalerweise komplexen Reize reagieren wie Größe, Kontrast, Farbe, Ort im dreidimensionalen Raum, Bewegungsrichtung, Geschwindigkeit und Bewegungsmuster, und dass diese Merkmale in der Netzhaut und auf weiteren Stufen des visuellen Systems im Gehirn mehr oder weniger getrennt voneinander verarbeitet werden. Erst auf relativ „späten“ Stufen kommt es dann zu einem Zusammenfügen dieser Merkmale zu komplexeren Wahrnehmungsinhalten. Dies ist schematisch in Abbildung 46 dargestellt.

Innerhalb der Retina verschalten sich Stäbchen und Zapfen in der äußeren plexiformen Schicht mit ihren „Füßchen“ mit Zellen der inneren Körnerschicht, genauer mit den bipolaren Zellen und den Horizontalzellen. Letztere sind GABAerg und wirken hemmend, wenn sie ihrerseits erregt werden (in der Regel durch die Photorezeptoren). Horizontalzellen kontrollieren den *tangentialen* Erregungsfluss in der äußeren Netzhaut. Bipolarzellen sind hingegen in den *radiären* Erregungsfluss involviert und werden durch Belichtung entweder erregt (ON-Bipolare, Abbildung 45a; Farbtafel) oder gehemmt (OFF-Bipolare, Abbildung 45b). Von den ersten gibt es solche, die nur mit Stäbchen, und solche, die nur mit Zapfen vom kurzwelligen Typ verbunden sind, während OFF-Bipolare mit den restlichen Zapfentypen Kontakte

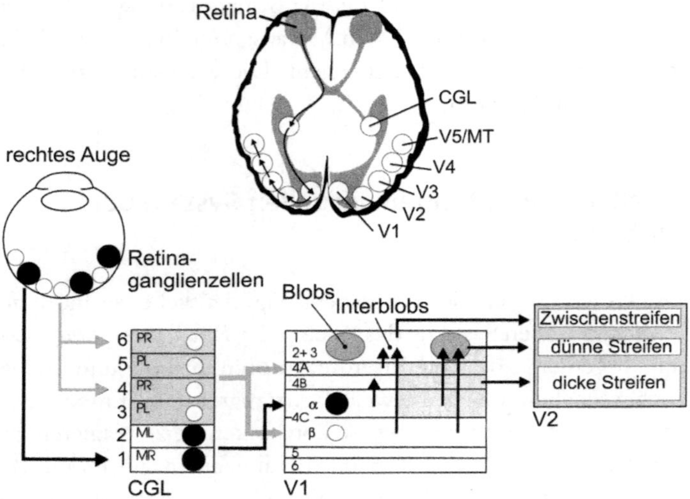

Abb. 46 Schema des visuellen Systems der Primaten einschließlich des Menschen. P- und M-Retinaganglienzellen (weiße bzw. schwarze Punkte) schicken ihre Axone zu unterschiedlichen Schichten des lateralen Kniehöckers (CGL) im Thalamus, und zwar getrennt nach linkem und rechtem Auge (PR/PL bzw. MR/ML). Von dort projizieren P- und M-Zellen zum primären visuellen Cortex (V1), wo ihre Fortsätze in unterschiedlichen Unterschichten von Schicht 4 enden. P-Zellen in Schicht 4A und 4Cβ projizieren zu den Blobs und Interblobs in Schicht 1–3 und von dort aus zu den dünnen Streifen bzw. Zwischenstreifen im sekundären visuellen Cortex (V2). M-Zellen in Schicht 4Cα von V1 projizieren zu Schicht 4B und von dort aus zu den dicken Streifen in V2. Von hier aus (in der Abbildung nicht gezeigt) nehmen zwei Verarbeitungspfade ihren Ausgang: Der eine (dorsale) läuft über die Areale V3 (tertiäres visuelles Areal) und V5/MT (medial-temporales visuelles Areal) zum Parietallappen (PP) und hat mit Bewegungs- und Raumwahrnehmung sowie Handlungsvorbereitung zu tun, der andere (ventrale) Pfad läuft über Areal V4 zum Temporallappen (IT) und hat mit der Wahrnehmung von Objekten und Szenen zu tun. (aus Roth 2003)

haben. In der inneren Körnerschicht verbinden sich diese Bipolaren mit zwei anderen Zelltypen der inneren Körnerschicht, den amakrinen und den interplexiformen Zellen, sowie mit den Retinaganglienzellen (RGZ), die in der Ganglienzellschicht sitzen. Die RGZ kommen wie die Bipolaren in zwei Haupttypen vor, nämlich ON- und OFF-Retinaganglienzellen, die entsprechend mit Erregung oder mit Hemmung auf eine Belichtung der Rezeptoren antworten. Von den ON- und den OFF-RGZ gibt es jeweils morphologisch-physiologische Untertypen. Der erste Typ hat kleine Somata und wird überwiegend von Zapfen mit unterschiedlicher spektraler Empfindlichkeit getrieben. Er antwortet bevorzugt auf kleine, kontrastreiche und farbige Reize. Er ermöglicht deshalb bei ausreichender Helligkeit *Farb- und Kontrastwahrnehmung*. Bei Säugern entspricht dieser Typ den X-Ganglienzellen (bei Primaten den P-Ganglienzellen). Der zweite Typ hat größere Somata und wird überwiegend von Stäbchen getrieben. Er ist deshalb licht-, kontrast- und *bewegungsempfindlicher*, weil er feiner auf Helligkeitsschwankungen reagiert. Bei Säugern entspricht er den Y-Ganglienzellen (bei Primaten M-Ganglienzellen). Schließlich gibt es Retinaganglienzellen mit großen Somata, die bei den meisten Wirbeltieren auf großflächige Helligkeitsschwankungen und *Verdunklungen* reagieren. Sie könnten den W-Zellen der Säugetiere entsprechen, die zum Colliculus superior projizieren.

Die Axone der Retinaganglienzellen bilden den Sehnerv (*Nervus opticus*), der zum Gehirn zieht. Da diese Axone im Innern des Auges an der Grenze zum Glaskörper liegen, müssen sie, nachdem sie sich sternförmig im „blinden Fleck“ gesammelt haben, durch die Netzhaut hindurchdringen. Von dort ziehen sie dann als Sehnerv zum Boden des Zwischenhirns, wo sie im *Chiasma opticum* entweder fast vollständig (bei Fischen, Amphibien, „Reptilien“ und Vögeln) oder teilweise (bei Säugetieren) zur Gegenseite des Gehirns kreuzen. Die Fasern des Sehnervs enden bei allen Wirbeltieren hauptsächlich im Mittelhirndach (Tectum opticum, Colliculi superiores der Säuger) und im dorsalen Thalamus (bei den Säugern im Corpus geniculatum laterale). Das Mittelhirndach projiziert zum dorsalen Thalamus und dieser zum medialen und dorsalen Pallium bzw. occipitalen Cortex, bei „Reptilien" und Vögeln auch zum aDVR (Kapitel 9).

Bei allen Wirbeltieren gibt es entsprechend den drei Typen von Retinaganglienzellen (P/X, M/Y und W) drei von der Retina zu den visuellen Zentren des Gehirns parallel verlaufende Verarbeitungsbahnen, nämlich eine Bahn für die Wahrnehmung von *Farbe und Form*, eine zweite für die *Bewegungswahrnehmung* und eine dritte für *großflächige Helligkeitsschwankungen*. Die so übermittelten Informationen werden im optischen Tectum von Fischen, Amphibien und Sauropsiden teilweise getrennt verarbeitet, das heißt unterschiedliche Typen von Tectumneuronen greifen die Eingänge von den drei Retinaganglienzelltypen gesondert ab, kombinieren sie aber teilweise. Dies nennt man ein *konvergent-divergent-paralleles Verarbeitungssystem*.

Ein solches System ist auch bei Säugern und besonders bei Primaten entwickelt (Abbildung 46). Hier gibt es in der Netzhaut P- und M-Retinaganglienzellen. Dabei steht P für parvozellulär („kleinzellig") und M für magnozellulär („großzellig"). P-Retinaganglienzellen (weiße Punkte) bilden den Ausgangspunkt für die Objekt- und Farbverarbeitungsbahn, M-Retinaganglienzellen (schwarze Punkte) den Ausgangspunkt für die Bewegungsverarbeitungsbahn (von den W-Zellen sehen wir hier einmal ab). Diese P- und M-Zellen schicken ihre Axone zu unterschiedlichen Schichten des sechsschichtigen lateralen Kniehöckers im Thalamus, und zwar zusätzlich getrennt nach linkem und rechtem Auge. Von dort projizieren Schichten mit P- und mit M-Eingang zum primären visuellen Cortex (V1/A17, Abbildung 35), wo ihre Fortsätze in unterschiedlichen Unterschichten der corticalen Schicht 4 enden. Von dort projizieren Umschaltzellen in unterschiedliche Strukturen („Blobs" und „Zwischenblobs") der Schichten 1 bis 3, die ihrerseits in unterschiedliche Schichten des sekundären visuellen Cortex (V2/A18) projizieren (dünne und dicke sowie Zwischenstreifen). Von hier aus nehmen zwei große Verarbeitungspfade ihren Ausgang: Der eine (*dorsaler* Pfad genannt) läuft über die Areale V3/A19 und MT zum Parietallappen (PP) und steht mit Bewegungs- und Raumwahrnehmung sowie räumlicher Handlungsorientierung (zum Beispiel bei Greif- und Blickbewegungen) in Zusammenhang; der andere (*ventrale*) Pfad läuft über Areal V4 zum Temporallappen (IT) und spielt für die Wahrnehmung von Gesichtern, Personen, Objekten und Szenen eine Rolle. In V4 spaltet sich auch ein besonderer farbspezifischer Kanal ab.

Eine vieldiskutierte Frage ist, wo und wie diese getrennt verlaufenden Verarbeitungsbahnen zusammenkommen bzw. ob sie dies überhaupt tun. Dies ist das berühmte „Bindungsproblem“ der kognitiven Neurobiologie (Roth 1996). Einige Experten gehen von einer anatomischen Konvergenz in verschiedenen Zentren des visuellen Systems aus, andere nehmen hingegen an, dass es einer solchen anatomischen Konvergenz gar nicht bedarf, sondern dass die an der visuellen (und anderen sensorischen) Wahrnehmung beteiligten und jeweils durch Reize aktivierten corticalen Areale durch Oszillationen und Synchronisationsmuster miteinander verbunden werden (Engel et al. 1991). Davon wird im nächsten Kapitel im Zusammenhang mit den möglichen neuronalen Grundlagen von Bewusstsein und Aufmerksamkeit noch die Rede sein.

Was sagt uns das?

Sinnesrezeptoren und Sinnesorgane haben schon früh in der Evolution eine hohe Leistungsfähigkeit in Hinblick auf die Erfordernisse des Lebens und Überlebens erlangt, lange bevor sich komplexe Zentralnervensysteme und Gehirne ausbildeten. Unübersehbar ist das Prinzip, dass der Kontakt mit der Umwelt so informationsreich wie nötig gestaltet wird. Dies ist insbesondere der Fall im Zusammenhang mit der Orientierung, dem Erkennen von Feinden, Beute, Konkurrenten, Sexual- und Kommunikationspartnern. Dabei geht es darum, *möglichst früh, möglichst schnell* und zugleich *hinreichend genau* etwas zu erkennen, und oft möglichst so, dass die anderen dies nicht merken und ihr Verhalten danach ausrichten könnten. Es werden hierfür ebenso wie für die *Orientierung im Raum* praktisch alle physikalischen und chemischen Möglichkeiten ausgenutzt, die die Umwelt bietet, zum Beispiel das Erdmagnetfeld, das polarisierte Sonnenlicht, Sternbilder oder bioelektrische Signale, feinste Strömungsunterschiede sowie Luft-, Wasser- und Substratschwingungen, elektromagnetische Wellen usw. Besonders beeindruckend für uns Menschen ist die Orientierung in völliger Finsternis mithilfe von Infrarot- oder Schallortung oder das Sehen von UV- und polarisiertem Licht, weil wir darüber nicht verfügen. Oft erreichen die entsprechenden Sinnesrezeptoren die unteren physikalischen Grenzen, etwa bei der Wahrnehmung von Wasser- und Luftschwingungen, von Lichtquanten, Temperaturunterschieden, elektrischen Feldern und Magnetfeldern.

Bei der Arbeitsweise der Rezeptoren sind jedoch *Kompromisse* nötig, meist zwischen Empfindlichkeit und Genauigkeit, zwischen Bewegungs-, Gestalt- und Tiefenwahrnehmung oder auch zwischen Gestalt- und Farbwahrnehmung. Der Grund hierfür ist, dass Rezeptoren diese unterschiedlichen Leistungen nicht gleichzeitig optimal erbringen können. Es kommt deshalb häufig zu anatomisch-physiologischen Kombinationslösungen, zum Beispiel in Form von Sehgruben in den Linsenaugen von Wirbeltieren und den Komplexaugen einiger Insekten oder unterschiedlichen auditorischen Papillen im Innenohr, oder zu Konvergenzschaltungen von Rezeptoren in nahezu allen sensorischen Systemen, die die Empfindlichkeit der Rezeptoren weiter erhöhen. Es wird also im Tierreich ein unglaublicher Aufwand getrieben, um die Umwelt hinsichtlich der lebens- und überlebensrelevanten Ereignisse möglichst präzise zu erfassen.

Dies stößt an Grenzen, wenn es um komplexe Umweltereignisse geht, die mehrere bis viele Merkmale besitzen, wie Helligkeit, Farbe, Kontrast, Größe und Bewegungsweise im visuellen Bereich. Hierzu müssen unterschiedlich ausgelegte Rezeptortypen und Verarbeitungsbahnen integriert werden, und dies erfordert eine komplexe neuronale Verarbeitung in Form einer

Parallel-Konvergenz-Divergenzschaltung. Dasselbe ist der Fall, wenn es sich um räumliche Orientierung und Lokalisation von Objekten einschließlich der eigenen Position handelt. Hier müssen Informationen von paarig oder über den ganzen Körper des Tieres verteilten Rezeptoren und Sinnesorganen (Augen, Ohren, Neuromasten) aufgenommen und Intensitäts- und Laufzeitunterschiede von Erregungen miteinander verglichen werden.

Dies erfordert einen beträchtlichen neuronalen Aufwand, wie man an der Größe des Kleinhirns vieler Wirbeltiere oder der Valvula cerebelli der schwachelektrischen Fische sehen kann. Verrechnungen der Informationen aus mehreren Quellen bilden dann die Grundlage sensorischer „Karten" im Gehirn. Bei größeren Gehirnen finden wir Hirnteile wie das Tectum oder den Torus semicircularis, in denen solche Karten unterschiedlicher Sinnesmodalitäten – visueller, auditorischer, vestibulärer und somatosensorischer Art – übereinandergelegt und miteinander verrechnet werden. Die Verarbeitung visueller und olfaktorischer Reize in den Pilzkörpern der Insekten ist ein anderes Beispiel. Hieraus entsteht die Konstruktion eines vieldimensionalen, multimodalen Raumes einschließlich des eigenen Körpers, innerhalb dessen sich das Tier dann „mental bewegt".

Verglichen mit den Gehirnen ist der *Anpassungscharakter* der Sinnesorgane und -systeme insgesamt deutlicher – sie sind „enger" an der Umwelt ausgerichtet und müssen dies auch sein, damit sie die lebens- und überlebensrelevanten Informationen erfassen können. Bei Gehirnen und insbesondere in seinen höheren Zentren wie den Pilzkörpern der Insekten, dem Vertikallobus von *Octopus* und im dorsalen Endhirn der Wirbeltiere finden wir hingegen eine Steigerung der *allgemeinen Fähigkeit* zur schnellen Verknüpfung einzelner Informationen, sprich der *Intelligenz*.

11
Wie intelligent sind Wirbeltiere?

Eine der Schlüsselarbeiten der vergleichenden Intelligenzforschung war das Buch „Brain and Intelligence in Vertebrates“ des britischen Tierpsychologen Euan MacPhail, erschienen im Jahr 1982. In diesem Buch vertrat der Autor die für viele Experten schockierende These, alle Wirbeltiere mit Ausnahme des sprachbegabten Menschen seien gleich intelligent, wenn man sie nur fair untersuche. Damit meinte er experimentelle Bedingungen, die ihren Lebensgewohnheiten entsprechen. Zumindest – so der Autor – gebe es nur quantitative, aber keine qualitativen Unterschiede in dem Sinne, dass bestimmte Tiergruppen kognitive Leistungen und Fähigkeiten zeigten, die bei anderen Gruppen grundsätzlich nicht vorhanden seien. Es stimme also nicht, dass Vögel und Säuger grundlegend intelligenter seien als etwa Knochenfische, Amphibien oder Reptilien (Invertebraten wurden von McPhail nicht diskutiert).

MacPhail ist der Vorwurf gemacht worden, seine Argumentation laufe auf die triviale Feststellung hinaus, alle heute lebenden Wirbeltiere seien gleich intelligent, weil sie alle bis heute überlebt hätten. Man tut MacPhail damit jedoch Unrecht, der in seinem Buch eine Fülle von damals verfügbaren experimentellen Untersuchungen als Beleg für seine These heranzieht. Aber gerade hieran krankt auch seine Argumentation, denn er lässt im Wesentlichen nur Laborexperimente oder genau kontrollierte Freilandexperimente zu, und die gab es um 1980 noch nicht in genügender Zahl, insbesondere nicht außerhalb der

Erforschung der Säuger bzw. Primaten. Verlässt man sich aber wie MacPhail weitestgehend auf Versuche mit klassischer und operanter Konditionierung, dann stellt man fest, dass alle Wirbeltiere (wiederum mit Ausnahme des Menschen) hierbei tatsächlich ähnliche Leistungen und nur quantitative, aber keine qualitativen Unterschiede zeigen. Qualitative Unterschiede sind aber erwartungsgemäß selten, und wenn man auf Gelegenheitsbeobachtungen verzichten will, muss man großen experimentellen Erfindungsgeist aufbringen. Dies ist seit dem Erscheinen von MacPhails Buch allerdings geschehen.

Bei einem Vergleich der kognitiven Fähigkeiten von Wirbeltieren geht es im ersten Schritt um Lern- und Gedächtnisleistungen, die meist einfach zu untersuchen sind. „Höhere" Lernleistungen werden, wie erwähnt, mit zwei Arten von Intelligenz, nämlich der *ökologischen* und der *sozialen Intelligenz*, in Verbindung gebracht. Bei ersterer geht es um besondere Verhaltensweisen und Tricks bei der Nahrungsaufnahme und beim Beutefang, um Werkzeuggebrauch, Orientierungsleistungen und kognitive Karten, besondere Gedächtnisleistungen, Schutzverhalten gegenüber Fressfeinden usw., bei letzterer um soziales Lernen, Imitation, kooperatives Verhalten einschließlich Altruismus, individuelles Erkennen und Selbsterkennen im Spiegel, Weitergabe von Wissen, Traditionsbildung und eine „Theorie des Geistes" (*Theory of Mind*). Schließlich stellt sich die Frage nach Bewusstsein, Ich-Identität und Reflexivität („Metakognition") als den tatsächlich oder vermeintlich „höchsten" Formen des Geistes. Die Frage nach der möglichen Einzigartigkeit der menschlichen Sprache wollen wir allerdings in diesem Kapitel ausklammern, da sie uns in Kapitel 14 ausführlich beschäftigen wird.

Kognitive Leistungen bei „Fischen"

Über die kognitiven Leistungen von Schleimaalen und Neunaugen habe ich nichts Erwähnenswertes gefunden. Auch bei den Knorpelfischen ist das Fehlen von detaillierten Daten deshalb zu bedauern, weil es zwischen den Chimären, den squalomorphen Haien und den torpediniformen und rajiformen Rochen auf der einen Seite und den galeomorphen Haien und den myliobatiformen Rochen auf der anderen einen Unterschied in der relativen Hirngröße gibt, der im Schnitt bei einem Faktor zehn liegt und der bezüglich kognitiver Leistungen auf eine Erklärung wartet. Über einige wenige Erkenntnisse in Hinblick auf einen Zusammenhang zwischen Lebensweise und Komplexität des Gehirns berichten Lishey et al. (2008).

Seit langem ist bekannt, dass man Teleosteer, wie Barsch- oder Karpfenartige, gut klassisch und operant konditionieren kann. Dennoch erstaunte es die Fachwelt, als vor einigen Jahren Redouan Bshary, Wolfgang Wickler und Hans Fricke in einem längeren Übersichtsartikel behaupteten, bei Teleosteern fänden sich kognitive Leistungen, die denen der Primaten durchaus vergleichbar seien (Bshary et al. 2002). Sie schlossen hierbei an die beiden oben genannten Argumentationslinien an, nämlich *soziale Intelligenz* und *ökologische Intelligenz*. Bei ihren Untersuchungen spielen die afrikanischen Buntbarsche (*Cichlidae*) eine große Rolle. Buntbarsche gehören zu den ökologisch und verhaltensbiologisch vielfältigsten Wirbeltiergruppen. Viele der Arten in den drei großen afrikanischen Seen haben sich erst vor rund 100 000 Jahren ausgebildet.

Hinsichtlich der *sozialen Intelligenz* berichten Bshary und Kollegen, dass sich bei einer Reihe von Teleosteern, einschließlich vieler Cichlidenarten, im Zusammenhang mit der Brutfürsorge ein individuelles Erkennen nachweisen lässt, das in den meisten Fällen über visuelle Merkmale funktioniert. Ein solches individuelles Erkennen ist allerdings nur bei Paarbildung und beim Leben in kleinen Gruppen vorhanden und fehlt bei Schwarmfischen. Einige Cichliden zeigen bei Rangkämpfen das für Primaten typische Beschwichtigungsverhalten des Verlierers gegenüber dem Sieger, offenbar um dessen weitere Aggression zu dämpfen. Viele Teleosteer zeigen kooperativ-altruistisches Verhalten im Zusammenhang mit dem Entdecken eines möglichen Feindes. Wie bei Säugern bzw. Primaten mit kooperativem Verhalten wird das Betrügen mit Vermeidungs- und Abstrafungsverhalten gegenüber den Betrügern beantwortet, das heißt die Partner registrieren die Betrüger und die Betrugsdelikte und richten ihr Verhalten danach aus.

Ebenso sammeln Teleosteer sozial wichtige Informationen, indem sie die Interaktion von Artgenossen, zum Beispiel beim Kämpfen, beobachten. So richtete der Beobachter sein eigenes Verhalten nach dem Ausgang eines Kampfes zwischen zwei Artgenossen aus. In eine ähnliche Richtung geht das unterstützende Intervenieren einzelner Männchen bei Kämpfen zwischen rivalisierenden Weibchen. Weiterhin gibt es viele Berichte über soziales Lernen, und zwar im Zusammenhang mit der Wahl von Aufenthaltsorten, günstigen Beutefangplätzen, Abwehr und Mobbing von Feinden oder sonstigen unerwünschten Eindringlingen, Fressgewohnheiten usw. Ebenso finden sich Beispiele für gemeinsames Jagen (etwa bei Makrelen) und sogar für zwischenartliches kooperatives Jagen, zum Beispiel zwischen Muränen und Korallenfischen, wobei letztere ersteren aus menschlicher Sicht opportunistisch folgen und sie sogar zum Jagen auffordern.

Besonders interessant ist das Verhalten von sogenannten Putzerfischen, das sind Fische, die andere Fische von Parasiten, totem oder krankem Hautgewebe befreien. Hierbei zeigt sich, dass der Putzerfisch seine Klienten und ihre Gewohnheiten gut kennt und insbesondere zwischen ortstreuer Stammkundschaft und Laufkundschaft unterscheiden kann. Putzerfische neigen zum Betrügen, indem sie bei ihren Klienten gelegentlich auch gesundes Gewebe abfressen, was die Betroffenen mit Abwehr und Fortjagen beantworten und danach versuchen, ihren betrügerischen Pfleger zu meiden. Dies wiederum veranlasst die Putzerfische zu individuell ausgerichtetem besänftigendem Verhalten. Bshary und Kollegen schließen diese Übersicht über „soziale Intelligenz“ bei Teleosteern damit, dass sie Art- und Individuenerkennung, Altruismus, Betrügen und Abstrafen des Betrügers, Besänftigen und Kooperativität als vorhanden ansehen, und zwar in einem Ausmaß, das bisher nur bei Primaten bzw. Säugern bekannt war.

Dies sieht nach Ansicht der Autoren bei der „ökologischen Intelligenz“ nicht anders aus. Hier zeigen Teleosteer zahlreiche Tricks beim Beutefang, beispielsweise dem schwierigen Erbeuten von Seeigeln, der Manipulation der Umwelt durch den Gebrauch von Steinen beim Verschließen des Nistplatzes oder dem Verändern des sandigen Untergrunds, auf dem die Beute liegt. Schlammspringer, die bei Ebbe gezielt von einer Wasserlache zur anderen springen, besitzen offensichtlich ein außerordentliches räumliches Gedächtnis, denn sie springen manchmal „nach dem Gedächtnis“, wenn sie die nächste Lache nicht sehen können. Ebenso richten sich Fische bei der räumlichen Orientierung nach Landmarken (Kapitel 7). Langzeitgedächtnisleistungen sind im Tierreich relativ selten, aber bei einigen Aufgaben kommen Anemonenfische, Grundeln (*Gobiidae*) und Karpfen auf eine Erinnerungsleistung von einem Monat und mehr.

In der Nachfolge dieser Arbeit veröffentlichte ein Forscherteam unter Beteiligung des Neurobiologen Hans A. Hofmann eine Arbeit über den Zusammenhang zwischen Umweltkomplexität, sozialer Organisation und Gehirnmerkmalen bei afrikanischen Cichliden (Pollen et al. 2007; auch Shumway 2008). Studiert wurden das Verhalten und die Beschaffenheit des engeren Lebensraumes (sandig, felsig oder intermediär mit aufsteigender „Habitatkomplexität“) sowie das Sozialverhalten. Die Cichlidengehirne wurden im Detail vermessen: Gesamtgehirn, Telencephalon, Bulbus olfactorius, dorsale Medulla, Hypothalamus, Mittelhirn bzw. Tectum und Cerebellum. Bei den Umweltmerkmalen wurden die Tiefe, die Steilheit, die Rauheit der Oberfläche und die Steingröße bestimmt, beim Sozialverhalten die Zahl der Arten, die Individuen, die erwachsenen Artgenossen sowie die Lebensweise (monogam oder polygam). Dabei stellte sich heraus, dass sandige Aufenthaltsorte von weniger Arten bewohnt wurden als intermediäre und steinige. Zudem zeigte sich, dass eine größere Habitatkomplexität positiv mit größeren Gehirnen und größeren Kleinhirnen und negativ mit dem Bulbus olfactorius und der dorsalen Medulla oblongata korreliert war. Zwischen der Größe des Telencephalons und Habitatkomplexität ergab sich eine Tendenz zur positiven Korrelation. Die Größe des Tectums und des Hypothalamus korrelierte allerdings nicht mit der Habitatkomplexität, wie man es zumindest hinsichtlich des Tectums erwarten könnte. Bei der sozialen Organisation gab es eine signifikant positive Korrelation zwischen einer monogamen Lebensweise und der Größe des Telencephalons und eine negative Korrelation mit der Größe des Hypothalamus, während bei den polygam lebenden Arten der Hypothalamus signifikant größer war.

Lernleistungen bei Amphibien

Traditionell werden Frösche und Salamander als hochgradig instinktgebunden, wenn nicht gar als reine „Reflexmaschinen" angesehen. Ausführliche verhaltensbiologische und neurophysiologische Untersuchungen zeigten jedoch, dass auch diese Tiere ein komplexes System der sensorischen Verhaltenssteuerung besitzen (Dicke und Roth 2007). Meine Mitarbeiter und ich sind in den vergangenen Jahren der Frage nach der Konditionierbarkeit von Fröschen, genauer der chinesischen Rotbauchunke *Bombina orientalis*, durch Belohnung, Bestrafung und Belohnungsentzug im Zusammenhang mit dem Schnappen nach Beuteattrappen intensiv nachgegangen. Diese Attrappen bestanden aus Videobildern der in der Laborhaltung bevorzugten Beutetiere der Unken, nämlich Grillen, die in natürlicher Größe und Bewegung auf einen Monitor projiziert wurden. Das dabei spontan auftretende Schnappen nach den Video-Grillen wurde anfangs durch eine spärliche Belohnung mit echten Grillen so verstärkt, dass nachher alle Versuchstiere maximal und ohne weitere Belohnung nach den Video-Grillen schnappten. Die so motivierten Tiere wurden ab einem bestimmten Zeitpunkt nicht mehr belohnt, und wir wollten wissen, wann die Tiere diesen Belohnungsentzug registrieren bzw. ihr Verhalten danach ausrichten.

Das Ergebnis war überraschend: Diejenigen Tiere, die genau bis zum Erreichen der maximalen Schnapprate durch gelegentliches Belohnen vortrainiert worden waren, ließen nach einigen Versuchen im Schnappen nach oder zögerten lange, während die Tiere, die darüber hinaus gelegentlich belohnt worden waren und dadurch „übertrainiert" wurden, auch nach langem Belohnungsentzug weiterschnappten. Bot man diesen Tieren aber statt Video-Grillen Videos von Mehlwürmern, die sie weder als Futtertiere noch als Videos kannten, dann ließen auch sie schnell in ihrem Beutefang nach. Die länger vortrainierten Tiere hatten also eine stabile Präferenz für die Grillen entwickelt, die auch durch längeren Belohnungsentzug nicht mehr ins Wanken geriet, während die kürzer vortrainierten Tiere keine solche stabile Präferenz entwickelt hatten.

Andere vortrainierte Tiere wurden in unseren Untersuchungen nicht mit Belohnungsentzug konfrontiert, sondern mit „Bestrafung" in Form eines leichten und unschädlichen Stromstoßes über die Füße. Ein Fußschock führte nur zu einer langsamen Reduktion der Schnapprate nach den Video-Grillen, während bei Präsentation von unbekannten Mehlwurmvideos die Schnapprate deutlich schneller abnahm, aber nach Ende der Bestrafung wieder in die Höhe schnellte. Den deutlichsten Effekt hatte jedoch bei den Mehlwurmvideos eine Kombination von Belohnungsentzug und einer mit der Videodarbietung nicht korrelierten, also „willkürlichen" Bestrafung.

Das Beutefangverhalten von Amphibien kann also durchaus mit Belohnung, Belohnungsentzug und Bestrafung verändert werden, wobei Belohnung einen großen, Belohnungsentzug einen geringeren und Bestrafung einen noch geringeren Effekt hat. Es zeigt sich auch hier wie bei den meisten untersuchten Wirbeltieren, dass festsitzende positive Erfahrungen durch spätere negative Erfahrungen kaum mehr ausradiert werden können (und umgekehrt).

Kognitive Leistungen bei Vögeln und Säugetieren

Werkzeuggebrauch und Werkzeugherstellung

Lange Zeit glaubte man, Werkzeuggebrauch komme nur beim Menschen vor, da nur er über Verstand und Vernunft verfüge. Es wurde aber immer schon berichtet, dass Tiere Werkzeuge als Hammer, Sonde, Amboss, Waffe, Schwamm und Köder benutzen. So töten Delphine Skorpionfische, um mit dem stacheligen Körper nach einer in einer Spalte verborgenen Muräne zu stochern. Galapagosfinken (*Cactospiza pallida*) benutzen Kaktusdornen, um Insekten unter der Borke von Bäumen aufzuspießen. Schmutzgeier (*Neophron percnopterus*) werfen Steine auf Straußeneier, um sie aufzubrechen, und Seeotter (*Enhydra lutris*) benutzen verschiedene Steine als Amboss für hartschalige Beutetiere wie Schnecken oder Krebse. Seeotter-Töchter spezialisieren sich dabei auf den Steintyp, den ihre Mütter bevorzugt verwendet hatten, was auf die erlernte Komponente des Werkzeuggebrauchs hindeutet. Auch findet man individuelle Vorlieben für bestimmte Werkzeuge.

Werkzeuge lassen sich in natürliche und künstliche, das heißt eigens hergestellte, einteilen. Zu den ersteren gehören Moos als Schwamm, Blätter zum Wassertragen oder ein Stock zum Kratzen von Körperteilen, zu den letzteren alle für einen bestimmten Zweck bearbeiteten Naturprodukte wie ein Stock, der durch Abkauen von Ästen oder Rindenstücken befreit wurde. Hierzu gehört aber auch das Anfertigen von Spießen zum Aufspießen von Futter oder die Herstellung eines zweizackigen Speeres zum Fischefangen bei Primaten.

Als besonders „begabt" hat sich hier die Neukaledonische Krähe (*Corvus moneduloides*) erwiesen. Rabenvögel zeigen sowohl in der Natur als auch in Gefangenschaft die Fähigkeit, Werkzeuge herzustellen und so zuzurichten, dass sie durch eine bestimmte Öffnung passen oder die richtige Länge haben (Chappell und Kacelnik 2002). Die Neukaledonischen Krähen machen Spieße, indem sie die harten Blätter der *Pandanus*-Palme in einer bestimmten Weise abspanen, und sie benutzen sie dazu, um Futter aufzuspießen oder aus schwer zugänglichen Stellen herauszuholen. Die Herstellung eines solchen *Pandanus*-Werkzeugs variiert in den verschiedenen Regionen hinsichtlich ihrer Komplexität. Bekannt geworden ist ein Experiment, in dem eine in Gefangenschaft lebende weibliche Neukaledonische Krähe namens Betty ein Stück Draht zu einem Haken verbog, um einen kleinen Korb mit Futter aus einer hohen und engen Glasröhre herauszuhieven. Zuerst versuchte die Krähe es mit dem geraden Drahtstück, bis sie nach einigem Probieren anfing, ein Ende des Drahtes zu einem Haken umzubiegen (Weir et al. 2002).

Rabenvögel besitzen eine starke Prädisposition, solche Werkzeuge herzustellen und zu gebrauchen, aber die Perfektionierung dieses Verhaltens und die Funktionalität der Werkzeuge scheint sowohl eine Frage der Übung als auch der sozialen Vermittlung zu sein (Chappell und Kacelnik 2002, 2004; Emery und Clayton 2004). Weitere Untersuchungen ergaben, dass die Neukaledonischen Krähen für eine „Aufspieß- oder Angelaufgabe" auf Anhieb Spieße der richtigen Länge herstellten, wenn sie die Vorlage im Blick hatten. Bei einer anderen Aufgabe mussten sich die Tiere die richtige Länge merken, aber dies gelang nur einem einzigen Vogel.

Bei Primaten ist Werkzeuggebrauch vielfach nachgewiesen. Dabei sind besonders Unterschiede zwischen Klein- und Großaffen wichtig, was das Verstehen des zugrunde liegenden Prinzips angeht. Bekannt geworden sind in diesem Zusammenhang die Untersuchungen der beiden italienischen Forscher E. Visalberghi und L. Limongelli (1994) mit Kapuzineraffen. In diesen Experimenten mussten die Affen lernen, eine Erdnuss, die unzugänglich in einer Plastikröhre lag, mithilfe eines dicken Stabes so lange zu verschieben, bis sie durch ein Loch in eine Box fiel und ergriffen werden konnte. Nach einigem Hin und Her lernte die Mehrzahl der Tiere dies. Wenn aber die Plastikröhre so verdreht wurde, dass Loch und Box nach oben zeigten, setzten die Tiere ihre bisherigen Bemühungen fort, ohne zu begreifen, dass der Trick dieses Mal nicht funktioniert, weil die Erdnuss nicht nach oben fallen kann.

Interessanterweise wurde ein ganz ähnlicher Versuch sowohl mit anderen Kleinaffenarten als auch mit Vögeln durchgeführt (Tebbich und Bshary 2004). Hier wurden die Affen vorab auf ihre spontane Fähigkeit zum Werkzeuggebrauch getestet; sechs davon zeigten Werkzeuggebrauch, einer nur in geringem Ausmaß, die Mehrzahl gar nicht. Das Experiment entsprach im Prinzip dem von Visalberghi und Limongelli. Um an das Futter zu kommen, mussten die Affen hier Holzzweige verändern. Im ersten Durchlauf lernte ein Affe, was er tun musste, im zweiten und dritten Durchgang waren es schon ein paar mehr, aber sie zeigten Fehler, die über die Zeit nicht abnahmen. Einige fanden die Lösung durch Probieren, es fehlte ihnen aber genauso wie den Kapuzineraffen die *Einsicht in das Prinzip*.

Bei Menschenaffen geht der klassische Beweis für Werkzeuggebrauch und -herstellung auf Experimente zurück, die der Psychologe Wolfgang Köhler während seines durch den ersten Weltkrieg erzwungenen Aufenthalts auf Teneriffa mit Schimpansen in einem Gehege durchführte. Um an hochgehängtes Futter zu kommen, stellten die Tiere Kisten aufeinander, steckten Stöcke zusammen und waren allgemein recht erfinderisch. Solche Versuche wurden vielfach mit Schimpansen und anderen Menschenaffen mit demselben Ergebnis durchgeführt. Dabei wurde und wird immer diskutiert, ob es sich tatsächlich um Werkzeugherstellung oder nur das geschickte Nutzen bereits vorhandener Utensilien handelt. Außerdem stellte sich die Frage, ob Menschenaffen so etwas auch in freier Wildbahn machen.

Dies ist eindeutig der Fall, wie der Leipziger Anthropologe Christophe Boesch zeigen konnte. In der Wildnis benutzen Schimpansen Steine zum Nüsseknacken, Blätter als Schwamm oder Tuch, Stöcke zum Dreschen oder als Prügel, andere Gegenstände als Waffen oder Wurfgeschosse, sie verwenden Stöckchen zum Selbstkitzeln, zum „Angeln“ von Termiten, zum Graben nach Ameisen und für vieles mehr. Dabei bedienen sich unterschiedliche Gruppen und Individuen unterschiedlicher „Werkzeugsätze“ und handhaben die Werkzeuge in unterschiedlicher Weise, etwa beim „Termitenangeln“ (Sanz et al. 2004).

Imitation und Lernen durch Einsicht

Imitation wurde lange als minderwertige Form des Lernens angesehen und als „Nachäffen“ abgetan. Erst in den letzten Jahren hat man begriffen, dass es sich um eine hochrangige kognitive Fähigkeit handelt. Es gibt allerdings keine allgemein akzeptierte Definition für Imitation. Als ein wichtiges Element gilt, dass bei einem Tier *neue* Verhaltensweisen oder neue Kombinationen vorhandener Verhaltensweisen auftreten, die sich dieses allein durch Anschauen und ohne vorheriges Ausprobieren und Üben angeeignet hat. Verhaltensforscher sind sich aber nach wie vor uneins, ob und in welcher Form Tiere Imitation zeigen. Dies liegt vornehmlich daran, dass manche bisher als Imitation angesehene Vorgänge inzwischen als Reizverstärkung (*stimulus enhancement*), Reaktionsbahnung (*response facilitation*) oder Nacheifern (*emulation*) interpretiert werden.

Bei der *Reizverstärkung* wird die Aufmerksamkeit eines Tieres durch Aktionen eines Artgenossen auf ein Objekt oder einen Ort gelenkt, zum Beispiel wenn ein junger japanischer Makake beobachtet, dass ein Artgenosse schmutzige Kartoffeln im Meerwasser wäscht. Das Tier beginnt dann, sich ebenfalls mit dem Objekt zu beschäftigen, macht aber nicht genau das nach, was der andere gemacht hat. Durch Versuch und Irrtum findet es dann ein bestimmtes vorteilhaftes Verhalten heraus, hier das Waschen von Kartoffeln. Dies tritt aber nicht nur bei Affen auf. So benötigt ein Eichhörnchen, das einem erfahrenen Artgenossen beim Nüsseknacken zuschaut, um die Hälfte weniger Zeit bei derselben Aufgabe.

Bekannt geworden ist das vor ungefähr 60 Jahren zuerst in Südengland beobachtete Verhalten von Meisen, die Kappen von Milchflaschen aufzupicken, um an die Milch und insbesondere die oben schwimmende Sahne zu gelangen. Diese Angewohnheit verbreitete sich langsam von Ort zu Ort, in ganz England und in Teilen von Schottland und Wales, und sie sprang auch auf andere Vogelarten über (Hinde und Fisher 1951; Byrne 1995). Die Verbreitung des Milchflaschen-Aufpickens wurde als *das* Beispiel für Imitation außerhalb des Verhaltens von Menschen und Menschenaffen angesehen, entpuppte sich jedoch bei genauerem Studium als Reizverstärkung und nicht als Imitation: Ein erster Vogel entdeckt per Zufall, dass Rahm unter dem Flaschenverschluss ist, und dieser Zufallsbefund wird durch den Erfolg verstärkt. Ein anderer Vogel beobachtet den ersten Vogel beim Picken. Picken ist eine natürliche Verhaltensweise für Vögel; ihre Aufmerksamkeit für ein anzupickendes Objekt kann durch das Picken anderer Vögel leicht geweckt werden. Dadurch erhöht sich die Wahrscheinlichkeit, dass auch ein zweiter Vogel auf der Flasche landet und pickt. Durch die Belohnung (Rahm) wird der Vogel veranlasst, die Aktion zu wiederholen. Dieses Lernen stellt nach Meinung von Experten keine Imitation, sondern eine operante Konditionierung dar, die durch ein spezifisches soziales Verhalten, hier das Interesse am Tun des anderen, befördert wird. Das Picken wird nicht wirklich imitiert; das zeigt sich auch daran, dass Vögel verschiedene Methoden benutzen, um die Kappe zu öffnen.

Die Komponente der sozialen *Reaktionsbahnung* ist hierbei wichtig. So erlernen junge Paviane schneller, welche Früchte man essen kann, wenn einmal ein Tier aus der Gruppe eine Frucht probiert hat. Die trotz des irreführenden Namens zu den Primaten gehörenden Grünen Meerkatzen dagegen lernen dies langsamer, obwohl sie in der gleichen Umwelt leben wie Paviane. Die Erklärung hierfür dürfte sein, dass junge Paviane eng zusammenleben und großes Interesse füreinander zeigen, während dies für junge grüne Meerkatzen nicht zutrifft. *Emulation* oder „Nacheifern" ist die dritte der genannten Arten von Pseudo-Imitation. Emulation ähnelt den beiden vorhergehenden Verhaltensweisen darin, dass ein Tier einen Artgenossen beobachtet, wie dieser ein bestimmtes Ziel anstrebt, und danach versucht, es dem anderen gleichzutun, wenn auch in der ihm eigenen, aktuell erfundenen Art. Das beobachtete Verhalten dient dabei nur als Vorlage (Tomasello 1990).

Bei der echten Imitation wird hingegen eine Aktion *kopiert*, die vorher nicht im Repertoire vorhanden war. Fachleute unterscheiden dabei zwei Formen: Einmal werden beobachtete Handlungsabläufe *exakt im Detail* kopiert; dies nennt man Imitation auf der Aktionsebene (*action-level imitation*). So kopieren Menschenaffen, Papageien und Delphine detailgenau und oft in sinnloser Weise das Verhalten anderer Spezies. Einem Graupapagei wurden täglich verschiedene stereotype Verhaltensequenzen vorgeführt, und über viele Jahre konnte er viele dieser Sequenzen in beeindruckender Detailtreue wiedergeben. Delphine können Schwimmstil und Schlafhaltung von Seelöwen imitieren, auch wenn ihnen diese Bewegungen zuvor fremd waren.

Hiervon wird Imitation als „persönliche Aneignung" (*impersonation*) bzw. als „Imitation auf der Programmebene" (*program-level imitation*) unterschieden. Bei dieser Form der Imitation wird die grundlegende hierarchische Struktur komplexer Handlungen übernommen, Details der Ausführung werden jedoch durch Versuch und Irrtum gelernt. Berggorillas einer bestimmten Population ernähren sich von dornen- und hakenbesetzten Stängeln und Blättern bestimmter Pflanzen. Sie benutzen dabei spezielle Techniken, um an die genießbaren Teile dieser Pflanzen zu gelangen. Gorillas anderer Populationen zeigen diese Techniken nicht. Die Techniken sind folglich erlernt, und Jungtiere lernen von den Muttertieren und dem Leitmännchen (Byrne 1995).

Imitation menschlichen Verhaltens gibt es bei Menschenaffen häufig, so auch beim Orang-Utan (*Pongo pygmaeus*). Im indonesischen Tanjung Puting Nationalpark wurden Tiere dabei beobachtet, wie sie versuchten, alltägliche Handlungen des menschlichen Parkpersonals zu imitieren. Teilweise schienen die Orangs den Sinn der Handlungen erfasst zu haben, in anderen Fällen imitierten sie die Handlungen offenbar um ihrer selbst willen. Zu den menschlichen Tätigkeiten, die im Camp ausgeführt und von den Orangs nachgeahmt wurden, gehörte das Umfüllen von Benzin aus einer Tonne in Kanister, das Fegen von Wegen, Feuermachen, das Benutzen einer Säge, das Mischen von Zutaten für Pfannkuchen, Geschirrspülen oder Wäsche waschen.

Es zeigt sich also, dass imitationsartige Verhaltensweisen, die man heute als Reizverstärkung, Reaktionsbahnung oder Nacheifern bezeichnet, häufiger bei Vögeln und Säugetieren zu finden sind, während Imitation im strengen Sinne bisher nur bei Menschenaffen nachgewiesen wurde. Aber auch hier ist Imitation eher die Ausnahme und nicht die Regel, wie dies beim Menschen der Fall ist. Man muss entsprechend annehmen, dass sich die Fähigkeit zur Imitation im Laufe der Evolution von *Homo sapiens* deutlich verstärkt hat.

Vernünftiges Verhalten

Lange Zeit glaubte man, der Besitz von Verstand und Vernunft und die Fähigkeit zum Denken seien dem Menschen vorbehalten, und auch heute ist die Frage, ob Tiere wirklich vernünftig sind bzw. sich rational verhalten, nicht ohne Zögern zu beantworten. Die Frage, ob und inwieweit Tiere logische Schlussfolgerungen ziehen können, wurde anhand des sogenannten Transitivitätsgesetzes überprüft. Dieses Gesetz lautet: Wenn A größer ist als B und B größer ist als C, dann lässt sich daraus folgern, dass A größer ist als C (Kapitel 7). Der deutsch-argentinische Forscher

Juan Delius führte Untersuchungen mit Tauben durch, die nahelegten, dass diese Tiere zu solchen Transitivitätsschlüssen in der Lage sind. Allerdings kamen später Zweifel auf, ob es sich hierbei nicht eher um das Erlernen einer häufigeren Paarung bestimmter Objekte handelte als um logische Schlussfolgerung. Überprüfungen mit denselben Methoden an Menschen ergaben allerdings, dass auch wir häufig nach einer solchen Daumenregel gehen, anstatt das Transitivitätsgesetz logisch anzuwenden (von Fersen 1991).

Auch Versuche von Gillan (1981) mit Schimpansen zeigten, dass bei der Anwendung des Transitivitätsgesetzes viele Individuen „unsicher" waren und nur ein Schimpanse immer die korrekte Antwort gab. Kleinaffen waren erwartungsgemäß nicht besser und verließen sich häufig auf Tricks. Allerdings fallen solche Leistungen klarer aus, wenn es um biologische oder sozial hochrelevante Situationen geht, indem zum Beispiel Tiere abschätzen müssen, ob es sich lohnt, sich mit einem bestimmten Artgenossen kämpferisch auseinanderzusetzen. Wenn Tiere beobachten, dass ein Konkurrent, dem sie selbst schon einmal unterlegen sind, gegen einen anderen Konkurrenten den kürzeren zieht, verzichten neben den Cichliden auch Krähen und Säugetiere darauf, gegen den diesen Konkurrenten anzutreten. Allerdings liegt hier nur ein paarweises Vergleichen vor; ein wirkliches Beherrschen des Transivitätsgesetzes würde nach Meinung von Experten das Überspringen von Zwischengliedern (also von B nach D) erfordern.

Eine beliebte Aufgabe zum Testen kognitiver Fähigkeiten ist das Erfassen einer seriellen Anordnung, das heißt das Erlernen und Behalten einer bestimmten Reihenfolge von Objekten oder Handlungen. In einem Versuch des amerikanischen Psychologen und Verhaltensbiologen Herbert Terrace in den achtziger Jahren des vorigen Jahrhunderts (Terrace 1987) mussten Tauben verschieden gefärbte Scheiben in einer bestimmten Reihenfolge picken (rotes A, grünes B, gelbes C usw.). Erst nach 120 täglichen Trainingssitzungen konnten sie eine Fünferserie bewältigen. Sie hatten Schwierigkeiten, mittlere Paarungen wie BC oder CD korrekt zu wählen. Besser wurde es wenn drei Gegenstände mit unterschiedlicher Farbe und zwei mit unterschiedlicher Gestalt verwendet wurden, was eine Gruppierung erleichterte. Kurz darauf führten die Psychologen D'Amato und Colombo dieselben Experimente mit Kapuzineraffen der Gattung *Cebus* durch und zeigten, dass diese Tiere dieselbe Aufgabe viel schneller und ohne den „Mitteleffekt" bewältigten. Dies deutet an, dass diese Tiere die Aufgabe nicht rein sequenziell bearbeiteten, sondern die Möglichkeit begrifflicher Gruppierungen nutzten.

Ähnlich beliebt sind unter Tierpsychologen Wiedererkennungsleistungen, die mit Verzögerung abgefordert werden (*delayed match-to-sample*), was das Arbeitsgedächtnis beansprucht. Das Versuchstier muss Reize also eine Zeit lang im Kopf behalten, ehe es sie mit teils neuen, teils bekannten Reizen vergleicht. Bei Tauben werden Wiedererkennungsleistungen bei Verzögerungen von fünf bis zehn Sekunden gut bewältigt, während dieselben Leistungen bei einer Verzögerung von einer Minute erst nach 17 000 Trainingsrunden erbracht wurden. Makaken bewältigten diese Aufgaben bei einer Verzögerungszeit von zwei bis neun Minuten, und zwar nach langem Training, Delphine schafften eine maximale Verzögerungszeit von vier Minuten. Beim Menschen wird das Arbeitsgedächtnis durch die Sprache, genauer das stille Reden zu sich selbst (die „phonologische Schleife") deutlich verlängert. Wenn man jedoch die Versuchspersonen daran hindert, zu sich zu sprechen, dann fallen sie etwa auf die Leistung von Delphinen zurück.

Die Fähigkeit zum Zählen wurde bei unterschiedlichen Tiergruppen intensiv untersucht. Es zeigt sich allgemein, dass nichtmenschliche Tiere ein Zählvermögen besitzen, das von drei (bei Salamandern) bis maximal fünf reicht, was einer Anzahl von Objekten entspricht, die wir Menschen „spontan" und ohne Nachzählen erkennen können; die Grenze liegt für uns hier bei sieben. In diesem Zusammenhang sind auch Experimente zum Mitzählen interessant. Bei Untersuchungen der Primatenforscher Rumbaugh und Washburn (1993) musste ein Schimpanse nach Vorgaben in arabischen Ziffern eine bestimmte Anzahl von Quadraten „löschen“. Nach langem Training erreichte der Schimpanse eine maximale Anzahl von vier. In Versuchen von Boysen und Berntson (1998) sollte die Schimpansin Sheba feststellen, wie viele Gegenstände (zwischen null und vier) sich in einer Schachtel befinden und danach eine Karte mit der entsprechenden Ziffer auswählen. Das funktionierte ebenfalls bis zur einer Anzahl von vier. Sheba konnte auch Gegenstände aus zwei Schachteln zusammenzählen, aber wiederum nur bis vier.

Interessant ist, dass der „superschlaue“ Bordercollie Rico (siehe unten) zwar über eine ausgezeichnete Fähigkeit verfügt, gezeigte oder genannte Gegenstände aus einem Nebenraum zu holen (der Rekord liegt bei über 200), beim Zählen kommt aber auch er nicht über fünf hinaus. Zu den „Stars“ beim Zählen wie auch bei anderen hochkognitiven Leistungen gehörte der inzwischen verstorbene Graupapagei Alex (Pepperberg 2000). Alex konnte die Anzahl gezeigter Objekte bis zu vier sprachlich benennen, und er konnte bis zu fünf Farben und Gegenstände unterscheiden. Nach Aussage seiner Trainerin Pepperberg verstand er sogar die Bedeutung der Null; ebenso konnte er die Frage nach „gleich“ oder „ungleich“ korrekt und verbal beantworten. Es scheint, dass außerhalb der Menschenaffen, und einschließlich der kleinen Affen, die magische Grenze bei fünf liegt; und diese wird auch von Menschenaffen selten überschritten.

Diese kleine Auswahl zeigt, dass nichtmenschliche Tiere – einschließlich von Menschen intensiv trainierter Hunde, Papageien oder Menschenaffen – im Bereich des Werkzeuggebrauchs, der Werkzeugherstellung, der Imitation, des Zählens und des logischen Schließens Fähigkeiten zeigen, die an die Leistungen von Menschen heranreichen und am ehesten denen eines zwei- bis zweieinhalbjährigen Kindes *vor* der Entwicklung der syntaktisch-grammatischen Sprache entsprechen. Erst durch die Sprache scheinen diese Fähigkeiten beim Menschen deutlich verbessert zu werden.

Soziale Intelligenz

In den neunziger Jahren des vorigen Jahrhunderts wurde zunehmend die Auffassung populär, die Notwendigkeit der Herausbildung komplexer sozialer Fähigkeiten sei der Hauptfaktor für die Evolution großer und komplexer Gehirne bei Säugetieren, namentlich Primaten, aber auch bei anderen Wirbeltieren. Besonders bekannt wurde in diesem Zusammenhang die von den britischen Psychologen und Verhaltensforschern Andrew Whiten und Richard Byrne entwickelte Theorie der „Macchiavelli'schen Intelligenz"; damit ist die Fähigkeit gemeint, diplomatisch vorzugehen, Koalitionen zu schmieden, zu betrügen bzw. Betrügereien zu erkennen und zu unterlaufen. All dies ist nach Ansicht der Autoren notwendig, wenn eine Gruppe eine bestimmte soziale Komplexität erreicht, die zur Ausbildung von Rangfolgen führt und Kooperation bei der Nahrungssuche, dem Aufteilen der Nahrung, beim Schutz vor Feinden oder beim Aufsuchen geeigneter Aufenthaltsplätze usw. verlangt (Byrne und Whiten 1992; Byrne 1995).

Betrügen tritt bei Primaten viel häufiger auf als bisher angenommen und wird in der Mehrzahl der Spezies durch Versuch und Irrtum gelernt; wiederholter Betrug ruft dabei Gegenbetrug (*counterdeception*) hervor. Besonders den Menschenaffen wird die Fähigkeit zum Betrügen unterstellt, gekoppelt mit einer verstärkten Einsicht in das eigene Verhalten. Auch bei Vögeln findet man in größerem Umfang „Betrügen", oft allerdings als angeborenes Verhalten wie das bekannte „Verleiten" von potenziellen Nesträubern oder das „Krankstellen" (etwa das Vortäuschen eines lahmen Flügels). Häufig jedoch ist auch Lernen im Spiel. So betrügen junge Tiere erstmalig, nachdem sie selber betrogen wurden (Emery und Clayton 2004).

Ein Sonderfall sozialer Intelligenz liegt offenbar bei Hunden vor, die seit Jahrtausenden auf Kommunikation mit dem Menschen trainiert wurden. Hunde können – wie jeder Hundebesitzer weiß – hervorragend die Stimmung und die Intentionen eines ihnen eng vertrauten Menschen wahrnehmen, zum Beispiel ob man vorhat, spazieren zu gehen, und sie tun dies aufgrund emotional-kommunikativer Signale, wie Körpergeruch, Körperhaltung, Körperbewegungen, Mimik und Gestik sowie der emotionalen Tönung der Stimme. Allerdings können sie auch sprachliche Befehle in Form von Worten gut befolgen. Als Haustiere gehaltene Hunde sind nach bisheriger Kenntnis die einzigen Tiere, die der Zeigebewegung eines Menschen mit dem Blick folgen.

Selbsterkennen im Spiegel

Die Frage, ob Tiere sich im Spiegel erkennen können, und wenn ja, welche Arten, hat die Forscher seit längerem beschäftigt. Diese Fähigkeit gilt als starkes Indiz für höhere Formen von Bewusstsein, die man zusammengefasst als „Theorie des Geistes" (*Theory of Mind*) bezeichnet (siehe unten), und sie wird als eine wichtige Komponente des *Selbstbewusstseins* angesehen. Die Überprüfung dieser Frage hat sich aber als schwierig erwiesen. Klar ist erst einmal, dass sich die meisten der getesteten Wirbeltiere *nicht* im Spiegel erkennen können. Dazu gehören auch ansonsten intelligente Tiere wie Hunde, Katzen, Kleinaffen und die meisten Vögel. Sie behandeln das Spiegelbild wie einen Artgenossen, interessieren sich irgendwie dafür, machen Drohgebärden oder balzen das Spiegelbild unermüdlich an (wie der Wellensittich) oder sie ignorieren diesen „Artgenossen" nach einiger Zeit. Interessant ist, dass manche dieser Tiere, vor allem Kleinaffen, aber auch der Graupapagei Alex, es durchaus lernen, Spiegel zu benutzen, um Objekte hinter Hindernissen zu erkennen und sie dann zu ergreifen bzw. um um die Ecke zu schauen.

Dem amerikanischen Forscher Gordon Gallup gelang es Anfang der siebziger Jahre des vorigen Jahrhunderts als erstem, mithilfe des sogenannten „Mark-Tests" (auch „Rouge-Test" oder „Nivea-Test" genannt) nachzuweisen, dass zumindest einige Schimpansen und Orang-Utans sich selbst im Spiegel erkennen können (Gallup 1970). Zuerst wird überprüft, wie sich Tiere vor dem Spiegel, der ihnen völlig neu sein muss, verhalten, das heißt ob sie Drohgebärden oder andere soziale Reaktionen zeigen. Viele intelligente Tiere schauen gewöhnlich hinter den Spiegel, um zu sehen, wer sich da befindet – auch kleine Kinder tun dies. Die Tiere gewöhnen sich schließlich an den Spiegel und benutzen ihn zunehmend dafür, ihren eigenen Körper zu untersuchen. Schließlich wird den Versuchstieren im anästhesierten oder abgelenkten Zustand ein Farb- oder Creme-Klecks auf die Stirn gegeben, und die Tiere werden dann ihrem Spiegelbild ausgesetzt. Es wird nun überprüft, ob die Tiere spontan nach dem Klecks auf der Stirn des Spiegelbildes oder nach dem Klecks auf der eigenen Stirn greifen. Ein Kleinkind greift in einem Alter um 18 Monate sofort nach seiner Stirn. Tun auch die Tiere dies, dann wird dies als Beweis dafür angesehen, dass sie sich im Spiegel erkennen können. Dies war in den Versuchen von Gallup bei Schimpansen und Orang-Utans der Fall, allerdings klappte dies bei weniger als der Hälfte der getesten Tiere und auch nicht immer – wenn, dann handelte es sich meist um junge Tiere. Oft verloren die Tiere auch das Interesse an solchen Experimenten.

In den folgenden Jahren wurde viel Mühe aufgewandt, um das Selbsterkennen im Spiegel auch bei weiteren als intelligent geltenden und hochsozialen Tieren nachzuweisen, meist mit negativem oder unklarem Ergebnis. Schließlich gelang es den beiden Forschern Diana Reiss und Lori Marino an zwei in Gefangenschaft aufgewachsenen Großen Tümmlern (*Tursiops truncatus*) nachzuweisen, dass auch Delphine dazu in der Lage sind (Reiss und Marino, 2001). Die Tiere zeigten anfangs großes Interesse an den Markierungen an ihrem Körper, die sie ohne Spiegel nicht einsehen konnten. Wie die Schimpansen verloren sie aber an der ganzen Prozedur schnell das Interesse – ganz im Gegensatz zu Menschen.

Nachdem es, wiederum mit einiger Mühe, gelang nachzuweisen, dass sich das als hochintelligent geltende Gorillaweibchen *Koko* im Spiegel erkennen konnte, blieb als einziges großhirniges Tier der Elefant übrig. Nachdem eine Reihe von Untersuchungen fehlgeschlagen war, konnten Joshua Plotnik und Kollegen vor wenigen Jahren nachweisen, dass zumindest Indische Elefanten (*Elephas maximus*) zum Selbsterkennen im Spiegel in der Lage sind (Plotnik et al. 2006). Aber auch hier klappte es nur bei einem von drei Elefanten wirklich gut, und wieder ließ das Interesse am Selbstbild schnell nach.

Aus all dem kann man den Schluss ziehen, dass Selbsterkennen im Spiegel eine hochkognitive Fähigkeit ist, die sich mehrfach unabhängig bei Tieren mit einem ausgeprägten Sozialverhalten und großen bis sehr großen Gehirnen – Menschenaffen, Delphinen und Elefanten – ausgebildet hat. Beeindruckend ist aber, dass bei den nichtmenschlichen Primaten das eigene Spiegelbild kein besonderes Interesse erregt, und dies ist wohl auch der Grund dafür, dass sich die Überprüfung des Selbsterkennens im Spiegel so mühsam gestaltet. Hinzu kommt, dass sich bisher – trotz vieler Mühen – weder bei Säugern außerhalb der Menschenaffen noch bei Vögeln eine vergleichbare Fähigkeit nachweisen ließ, nicht einmal bei dem klugen Papagei Alex und dem ebenso klugen Hund Rico. Auch Tauben waren selbst nach langem Training nicht dazu in der Lage.

Die Geschichte schien damit erledigt zu sein, bis ein Team von Biopsychologen – Helmut Prior, Ariane Schwarz und Onur Güntürkün – kürzlich nachweisen konnte, dass zumindest die Elster (*Pica pica*), die zu den Rabenvögeln gehört, den „Mark-Test“ besteht (Prior et al. 2008). Elstern sind ebenfalls hochsoziale Tiere und zeigen eine ungewöhnlich ausgeprägte Fähigkeit, Objekte wiederzuerkennen, was schon wegen des Wiederfindens versteckter Gegenstände nötig ist. Sie können auch Artgenossen und andere Lebewesen individuell erkennen. Wenn die Bochumer Forscher den Elstern einen roten, gut erkennbaren und einen schwarzen, für sie nicht sichtbaren Fleck auf das Gefieder unterhalb des Schnabels anbrachten (letzterer wurde angebracht, um das Berühren des Gefieders in Rechnung zu stellen), so begannen die Tiere sich beim Anblick des roten Flecks, den sie nur im Spiegel sehen konnten, ausführlich zu putzen, während sie dies bei dem schwarzen Fleck nicht taten. Außerdem reagierten sie nicht auf Bilder, ausgestopfte oder lebende markierte oder nicht markierte Elstern hinter einer Glasscheibe, das heißt sie verwechselten das eigene Spiegelbild nicht mit einem Artgenossen. Dies setzt die Reihe der außergewöhnlichen kognitiven Fähigkeiten der Rabenvögel fort. Ungeklärt bleibt, warum andere, ebenso sozial lebende Tiere wie Papageien, Hunde, Makaken oder Paviane die Fähigkeit zum Selbsterkennen im Spiegel nicht entwickelt haben.

„Theorie des Geistes" und Wissenszuschreibung

Die Frage, ob nichtmenschliche Tiere eine „Theorie des Geistes" (*Theory of Mind*) besitzen, also die Fähigkeit, sich in die Gedanken- und Gefühlswelt eines anderen Menschen oder eines nichtmenschlichen Tieres hineinzuversetzen, ist ebenso umstritten wie die verwandte Fähigkeit, anderen ein bestimmtes *Wissen*, aber auch irrtümliches Wissen (*false belief*) zu unterstellen und dieses beim eigenen Handeln miteinzukalkulieren. Dieses Wissen kann entweder zweistufig vorliegen in Form von „ich weiß, dass er weiß" oder dreistufig als „ich weiß, dass er weiß, dass ich weiß". Vor rund 30 Jahren erschien der bahnbrechende Artikel „Does the chimpanzee have a theory of mind?" von den beiden amerikanischen Primatologen David Premack und Guy Woodruff (Premack und Woodruff 1978). In den achtziger und neunziger Jahren führten vor allem der amerikanische Primatenforscher Daniel Povinelli und Kollegen entsprechende Untersuchungen durch. Zuerst schien es so, als seien zumindest einige Schimpansen nach langem Training in der Lage, menschlichen Personen Wissen zu unterstellen. Schimpansen sollten sich entscheiden, welcher menschlichen Person sie beim Versuch, verstecktes Futter zu finden, glauben wollten – derjenigen, von der sie gesehen hatten, dass sie gesehen hatte, wo das Futter versteckt war, bzw. die es selber versteckt hatte, oder derjenigen, die dies nicht gesehen haben *konnte* (Povinelli et al. 1990, 1993). Bei Rhesusaffen gelang dies überhaupt nicht.

Später wurde Povinelli aber skeptischer und sah keinerlei schlagenden Beweis für eine *Theory of Mind* bzw. Wissensattribution bei Schimpansen. Er argumentierte, man könne die Leistungen genauso gut als Ergebnis operanter Konditionierung ansehen (Povinelli und Vonk 2003). Allerdings werfen Primatenforscher Povinellis Arbeiten inzwischen eine Reihe von gravierenden Mängeln vor. Zu ihnen gehört der Leipziger Primatenforscher Michael Tomasello, der anfangs sehr skeptisch war, inzwischen aber – wie eine Reihe anderer Forscher, zum Beispiel auch Richard Dunbar – davon ausgeht, dass Schimpansen zumindest Vorstufen einer *Theory of Mind* und einer Wissensattribution besitzen, etwa in der Größenordnung wie man sie bei drei- bis vierjährigen Kindern findet.

O'Connell and Dunbar (2003) verglichen in einer Studie über irrtümliches Wissen Schimpansen mit einer Gruppe autistischer Kinder, bei denen das Fehlen einer *Theory of Mind* vermutet wird, und mit gesunden Kindern im Alter von drei bis sechs Jahren. Die Forscher stellten fest, dass die Schimpansen den autistischen Kindern grundsätzlich und den normalen Kindern bis zu einem Alter von drei Jahren überlegen waren. Bei vier- bis fünfjährigen gesunden Kindern ergab sich ein Gleichstand, und ab einem Alter von sechs Jahren waren die Kinder den Schimpansen überlegen. Dies verstärkt die Vermutung, dass Schimpansen zumindest Vorstufen einer *Theory of Mind* haben.

Die Fähigkeit des Menschen zu Empathie bzw. *Theory of Mind* und Imitation wird inzwischen häufig mit der Existenz sogenannter Spiegelneuronen (*mirror neurons*) in Verbindung gebracht, die von der Arbeitsgruppe von Giacomo Rizzolatti bei Makaken im Cortexareal F5, einem prämotorischen Areal, entdeckt wurden (Gallese und Goldman 1998). Diese Spiegelneuronen reagieren auf selbstausgeführte oder bei anderen beobachtete zielgerichtete Bewegungen, vor allem auf das Ergreifen, Manipulieren und Platzieren von Objekten. Welche Funktion diese Neuronen bei Makaken haben, ist unklar. Naheliegend war der Gedanke, dass es sich um eine Art „Imitationsneuronen" handelt, die das Tier befähigen, bestimmte Handbewegungen und Objektmanipulationen nachzuahmen. Einer solchen Deutung steht jedoch die Tatsache entgegen, dass Makaken wie alle Kleinaffen Handlungen und Gebärden selten oder gar nicht imitieren (siehe oben) und sich auch sonst wenig für die Intentionen der Artgenossen interessieren – ganz im Gegensatz zu Menschenaffen und Menschen, wobei letztere dies bereits unmittelbar nach der Geburt tun. Eine mögliche Deutung ist, dass bei den Affen die Spiegelneuronen dem Verstehen von sinnvollen Aktionen anderer Affen dienen, während sie beim Menschen tatsächlich dem „Nachäffen", dem Imitieren dienen.

Die Tatsache, dass die Spiegelneuronen beim Menschen in unmittelbarer Nähe des Broca-Areals zu liegen scheinen, gab wiederum zu interessanten Spekulationen darüber Anlass, in welcher Weise Gebärden und ihr Anblick mit der Evolution von Sprache zusammenhängen. Ein kürzlich erschienener Übersichtsartikel von Lotto und Kollegen (Lotto et al. 2009) äußert sich hierzu allerdings sehr skeptisch und sieht zwischen der Existenz von Spiegelneuronen bei Makaken und der Evolution der menschlichen Sprache keinerlei Zusammenhang (Kapitel 13). Zum anderen finden sich Neuronen bzw. Areale im menschlichen Cortex, die mit Empathie zu tun haben, nicht in der prämotorischen Region, die der Region F5 des Makaken entspricht, sondern im anterioren cingulären, im insulären und im posterioren parietalen Cortex. Man muss aufgrund vieler Befunde wohl davon ausgehen, dass Empathie eine Fähigkeit ist, die sich zumindest innerhalb der Primaten in größerem Umfang erst während der Evolution des Menschen entwickelt hat.

Bewusstsein

Die Frage, wie man bei Tieren Bewusstsein feststellen kann, habe ich im ersten Kapitel dieses Buches behandelt. Dabei geht es vornehmlich um Aufmerksamkeitsbewusstsein. Die Grundidee ist, dass man Tiere mit kognitiven Aufgaben konfrontiert, die ein Mensch nur mit Aufmerksamkeit bewältigen kann, und dann überprüft, ob auch sie dazu in der Lage sind. Zusätzlich kann man testen, ob hierbei bestimmte Hirnregionen in etwa derselben Weise aktiv sind wie beim Menschen. Letzteres ist natürlich nur bei solchen Tieren möglich, die ein Gehirn besitzen, das dem des Menschen ähnlich ist und hinreichend untersucht wurde. Das gilt vor allem für Primaten.

Mein akademischer Lehrer Bernhard Rensch war wohl der erste Biologe, der entsprechende Experimente durchführte, die Aufschluss über die kognitiv-geistigen Fähigkeiten von Schimpansen geben sollten, und zwar mit der berühmten Schimpansin Julia. In einem solchen Experiment musste Julia, wie in Abbildung 47 gezeigt, zwischen zwei Eingängen zu einem mit einem Glas abgedeckten Holzlabyrinth wählen, wovon nur einer wieder aus dem Labyrinth herausführte. Rensch und sein Mitarbeiter Döhl (Rensch und Döhl 1967) steigerten den Kompliziertheitsgrad der Labyrinthe langsam, bis Julia schließlich mit einer Version konfrontiert wurde, bei der auch wir Menschen mit unseren Augen aufmerksam das Labyrinth durchfahren müssen. Julia studierte das komplizierte Labyrinth zwei Minuten lang, bis sie schließlich mit einem Ruck den richtigen Weg zum Ausgang wählte. Rensch (1968) interpretierte diese und ähnliche Befunde als klaren Hinweis dafür, dass zumindest Schimpansen sich Dinge bewusst vorstellen und gedanklich Probleme lösen können.

Abb. 47 Die Äffin Julia beim Lösen einer Labyrinthaufgabe. Julia musste entscheiden, nach welcher Seite des Ausgangspunktes sie eine Metallscheibe mithilfe eines Magneten zu ziehen hatte, um die Scheibe aus einem einfachen (oben) bzw. komplizierten Labyrinth (unten) herauszuführen, das mit einer Glasscheibe abgedeckt war. Julia schaute das Labyrinth einige Zeit an, bevor sie meist den richtigen Zug tat. (aus Rensch 1968)

Inzwischen kann man eine solche Vermutung auch auf Kleinaffen wie die Makaken ausdehnen. In Untersuchungen meines Bremer Kollegen Andreas Kreiter und seiner Mitarbeiter müssen Makaken zwei parallele Serien von sich schrittweise verformenden Figuren verfolgen und einen Hebel betätigen, wenn in einer der beiden Serien ein zuvor markierter „Zielreiz" wieder auftaucht. Sie dürfen sich dabei nicht von der parallel laufenden Serie ablenken lassen – eine Aufgabe, die auch ein Mensch nicht ohne Konzentration bewältigen kann. Während dieser Aufgabe werden durch Multi-Elektrodenableitungen die Aktivitäten in kleinen Cortexarealen registriert, hier dem Areal V4, das im visuellen System der Primaten für Form- und Farbwahrnehmung zuständig ist (Kapitel 10).

Die Makaken bewältigen diese Aufgabe nach längerem Training gut, und beim Wiedererkennen des erneut auftauchenden Stimulus treten im Areal V4 synchron-oszillatorische Aktivitäten im Bereich von 30 bis 70 Hertz auf, von denen man annimmt, dass sie mit visueller Aufmerksamkeit zu tun haben (Engel et al. 1991). Sie verschwinden, sobald der Affe in seiner aufmerksamen Suche nach dem Zielreiz nachlässt (Taylor et al. 2005). Es liegen auch aus anderen Labors viele Befunde zur visuellen Aufmerksamkeit vor, die zeigen, dass in allen Fällen, in denen sich ein Makake genauso wie wir Menschen auf einen Detailvorgang konzentriert, die neuronale Erregung in den entsprechenden visuellen Cortexarealen in ihrer Amplitude erhöht wird (Treue und Mounsell 1996; Kastner et al. 1998) bzw. synchron-oszillatorische Aktivität aufweist (Taylor et al. 2005). Auch steigert sich dabei genauso wie beim Menschen die Sehschärfe.

Kritiker könnten hier einwenden, solche Experimente zeigten lediglich, dass Makaken und Schimpansen kognitive Leistungen und bestimmte neuronale Zustände aufweisen, die denen des Menschen bei fokussierter Aufmerksamkeit entsprechen; was die Tiere dabei *erleben*, bleibe aber ungewiss. Einem solchen Einwand kann man aber durch andere Experimente begegnen, zum Beispiel durch Versuche zum „Blindsehen" (*blindsight*). Bei

Menschen führt die Beschädigung des primären visuellen Cortex (A17/V1) dazu, dass sie Dinge vor ihnen nicht mehr bewusst wahrnehmen können – sie sehen „nichts" (Weiskrantz 1986). Werden sie jedoch ausdrücklich aufgefordert, nach dem für sie nicht sichtbaren Gegenstand vor ihnen (etwa einer Kaffeetasse) zu greifen, dann führen sie dies korrekt aus, obwohl ihnen dies anfangs absurd vorkommt (warum sollten sie „ins Leere" greifen?). Eine Erklärung hierfür ist, dass der im visuellen System für bewusste Objektwahrnehmung zuständige „ventrale" Pfad nicht mehr funktioniert, aber noch Teile des „dorsalen" Pfades intakt sind, der mit räumlicher Orientierung und der Steuerung von Greifbewegungen zu tun hat (Kapitel 10). Eine alternative Erklärungen hierfür lautet, dass die räumliche visuelle Aufmerksamkeit und das Arbeitsgedächtnis gestört sind. Alan Cowey und Petra Störig führten 1991 Versuche mit Makaken durch, die aufgrund einer unilateralen Zerstörung ihrer primären Sehrinde (V1) in einer Gesichtshälfte unter „Blindsehen" litten. Wurden ihnen geeignete Reize in dieser Gesichtshälfte dargeboten, dann verhielten sich die Affen genauso wie Patienten, die unter „Blindsehen" leiden: Sie gaben zu erkennen, dass sie „nichts" sehen.

Ein anderes Verfahren zur Überprüfung des Erlebnisbewusstseins sind Experimente zur „binokularen Rivalität". Hierbei werden dem rechten und dem linken Auge gleichzeitig zwei unterschiedliche und nicht miteinander fusionierbare Bilder gezeigt, zum Beispiel horizontale und vertikale Linien. Für den menschlichen Betrachter wechselt das jeweils bewusst gesehene Bild von der einen in die andere Alternative, das heißt er sieht entweder nur horizontale oder nur vertikale Linien, aber nicht beides gleichzeitig. Man kann Affen darauf trainieren, einen Hebel zu betätigen, wenn sie eines der beiden Bilder sehen. Die Neurobiologen David Leopold und Nikos Logothetis (1996) konnten vor einigen Jahren zeigen, dass Affen in bestimmten Abständen per Hebeldruck ebenfalls ein solches Umkippen signalisieren, und dies korrelierte jeweils mit Veränderungen im Areal V4 des visuellen Cortex.

Diese und viele andere Experimente machen es wahrscheinlich, dass nicht nur Menschenaffen, sondern auch Makaken über bewusste Sinnesempfindungen verfügen, wie wir Menschen sie haben. Mit einigem Aufwand kann man dies auch an anderen Säugetieren mit genügend großem und gut erforschtem Gehirn untersuchen, zum Beispiel an Katzen oder Hunden, und es ist sehr wahrscheinlich, dass auch sie bewusste Sinnesempfindungen besitzen. Bei kleineren Säugetieren ebenso wie bei Vögeln ist das visuelle System nicht hinreichend gut bekannt, als dass man Verhalten und Hirnaktivität miteinander vergleichen könnte. Im Prinzip lassen sich Versuche mit binokularer Rivalität aber auch an Vögeln durchführen. Ob Reptilien, Amphibien oder Fische ein Bewusstsein besitzen, ist schwer zu entscheiden. Die Art, wie ein Salamander eine ihm unbekannte Beute zuerst von der einen und dann von der anderen Seite „fixiert" und dabei den Kopf bewegt, ehe er zuschnappt (oder auch nicht), legt nahe, dass er zumindest über eine Art Aufmerksamkeitsbewusstsein verfügt.

Metakognition

Lange Zeit galt die Frage, ob und inwieweit Tiere *Metakognition* zeigen, also wissen, was sie wissen oder können, als irrelevant, weil man Tieren eine solche Fähigkeit generell absprach, oder zumindest betrachtete man sie als unüberprüfbar, schließlich kann man die Tiere nicht fragen. Eine aktuelle Überblicksarbeit (Smith 2009) zeigt jedoch, dass eine Überprüfung durchaus möglich ist. Das Prinzip solcher Untersuchungen besteht darin, geeigneten Versuchstieren wie Kleinaffen, Menschenaffen oder Delphinen Aufgaben zu geben, in denen sie zwischen zwei visuellen oder akustischen Mustern unterscheiden müssen, beispielsweise zwischen zwei unterschiedlich hohen Tönen oder einem grob- und einem feinkörnigen Muster. Diese Stimuli werden einander nun schrittweise in ihrer Beschaffenheit angenähert, und die Unterscheidung wird entsprechend schwieriger. Korrekte Antworten werden belohnt, bei falschen Antworten gibt es eine Auszeit. Zusätzlich zur Entscheidungsreaktion haben die Versuchstiere die Möglichkeit, eine „Unsicherheitsreaktion" (*uncertainty response, UR*) auszuführen, wenn sie zu große Schwierigkeiten haben, die beiden Stimuli auseinanderzuhalten, und sie können dann gleich zum nächsten Versuch übergehen.

Solche URs traten in den Versuchen bei Makaken, Schimpansen und beim Tümmler genau dann auf, wenn auch ein menschlicher Beobachter Schwierigkeiten bekam, die Muster auseinanderzuhalten, und sie hörten auf, wenn sich die Muster auch für den Menschen wieder deutlicher voneinander unterschieden. Den URs ging typischerweise ein Zögern der Tiere voraus. Ebenso mehrten sich die URs, je mehr Zeit zwischen der Stimulusdarbietung und der Reaktionsentscheidung lag (also eine typische Arbeitsgedächtnisaufgabe). Wie Smith darlegt, konnten diese Versuchsbedingungen so gestaltet werden, dass einfache Konditionierungserklärungen ausgeschlossen waren. Bezeichnenderweise versagten Tauben ebenso wie Kapuzineraffen in derartigen Versuchen. Diese und ähnliche Untersuchungen machen das Vorhandensein geistiger Repräsentationen und des Wissens über das eigene Wissen und Können zumindest bei einigen Primaten und bei Delphinen wahrscheinlich.

Wie intelligent sind Delphine und Elefanten wirklich?

Die Frage, wie intelligent Säugetiere mit sehr großen Gehirnen wie Delphine, Wale und Elefanten eigentlich sind, beschäftigt Verhaltensforscher und Neurobiologen ebenfalls seit langem, insbesondere da sich um die Intelligenz dieser Tiere seit dem

Altertum viele Mythen und mystische Spekulationen ranken. Auch heute gibt es immer wieder Aussagen über die den Menschen „weit überragende Intelligenz“ etwa von Delphinen. Wie ist es darum bestellt?

Delphine (*Delphinidae*) gehören zu den Zahnwalen (*Odontoceti*) und bilden innerhalb der Cetaceen mit rund 40 Arten die größte Familie. Sie legen eine hohe motorische Lernfähigkeit und Gelehrigkeit, ausgeprägte Spielfreude und Geselligkeit an den Tag, sie besitzen eine sehr entwickelte akustische Kommunikation über hochfrequente Klicks, an denen sich zumindest die Großen Tümmler (*Tursiops truncatus*) individuell erkennen können, und die Fähigkeit zur Echoortung mithilfe von Ultraschalllauten, bei der das als „Melone“ bezeichnete Kopforgan eine wichtige Rolle spielt. Neben dem hervorragenden auditorischen System ist auch das visuelle System der Delphine gut entwickelt. Im Zusammenhang mit der enormen Gehirngröße ist bei solchen Fähigkeiten eine hohe Intelligenz zu erwarten.

Kontrollierte experimentelle Untersuchungen zur Intelligenz der Delphine liefern allerdings ernüchternde Ergebnisse. Der deutsch-argentinische Verhaltensforscher Lorenzo von Fersen, der das Verhalten von Delphinen über viele Jahre studierte, und sein Bochumer Kollege Onur Güntürkün, der sich unter anderem mit den Intelligenzleistungen von Tauben und Rabenvögeln beschäftigt (siehe oben), stellen die Intelligenz von Delphinen auf etwa die gleiche Stufe wie die von Tauben und Ratten. Zwar können Delphine verschiedengestaltige Objekte ganz gut unterscheiden, zur Kategorisierung sind sie jedoch nur sehr eingeschränkt in der Lage. Es gelingt ihnen beispielsweise nicht, was Tauben, Rabenvögel, Papageien, Hunde, alle Arten von Primaten und selbst Bienen schaffen, nämlich verlässlich „runde“ von „dreieckigen“ Objekten zu unterscheiden und ein unbekanntes Objekt einer der beiden Kategorien zuzuordnen. Auch andere Tests kognitiver Fähigkeiten liefern eher bescheidene Ergebnisse, die zum Teil unter denen von Tauben liegen. Dies wird auch von anderen Forschern bestätigt.

Elefanten sind die größten lebenden Landtiere und können zwischen drei und fünf Tonnen wiegen. Sie bilden zwei Gattungen, *Loxodonta* (*L. africana*, Afrikanischer Elefant, und *L. cyclotis*, Waldelefant) und *Elephas* (*E. maximus*, Asiatischer bzw. Indischer Elefant). Auffällig ist neben der Körpergröße die hohe Sozialität, die auf einem Matriarchat beruht: Eine Herde wird von einer älteren Kuh angeführt. Elefanten besitzen ein auf Infraschall beruhendes Ortungs- und Kommunikationssystem, welches sie beispielsweise in die Lage versetzt, Regenfälle in Gegenden wahrzunehmen (vielleicht anhand der damit verbundenen Gewitter), die mehrere Tagesmärsche entfernt sind. Ähnlich wie Delphine weisen zumindest die Asiatischen Elefanten eine große Gelehrigkeit auf, die seit Jahrtausenden von Menschen ausgenutzt wird. Darüber hinaus verfügen sie über ein ausgezeichnetes Gedächtnis, das sie zum einen befähigt, bis zu 60 Kilometer auseinanderliegende Wasserstellen zielgerichtet anzusteuern, und zum anderen in die Lage versetzt, andere Elefanten ebenso wie Personen noch nach Jahren und Jahrzehnten wiederzuerkennen, wie schon vor Jahrzehnten meine akademischen Lehrer Bernhard Rensch und Rudolf Altevogt an einem Elefanten des Münsteraner Zoos feststellten.

Dem stehen genau wie bei Delphinen eher unauffällige kognitive Leistungen gegenüber (Hart 2007). An Werkzeuggebrauch ist nur das Benutzen von Laubwedeln zum Vertreiben lästiger Insekten bekannt, das bereits Charles Darwin erwähnt, das sich Kratzen mithilfe von Stöcken oder das Werfen von Steinen nach Nagern, die dem Elefanten das Futter streitig machen wollen. Rensch und Altevogt berichteten von der äußerst mühevollen Arbeit, mit dem erwähnten Elefanten aus dem Münsteraner Zoo einfache operante Konditionierungsaufgaben durchzuführen und ihm etwa beizubringen, schwarze und weiße bzw. kleine und große Objekte zu unterscheiden (Rensch und Altevogt 1955). Die weiter oben berichtete Fähigkeit, sich selbst im Spiegel zu erkennen, scheint aber zumindest punktuell bei Elefanten zu finden zu sein, ebenso bei Delphinen.

Interessant sind Spekulationen darüber, warum Delphine und Elefanten nicht so intelligent sind wie allgemein erwartet. Bei den Delphinen könnte der fehlende Handgebrauch eine stark einschränkende Rolle gespielt haben; vielleicht aber sind die Herausforderungen des marinen Lebensraums für die Tiere nicht so groß, wie es die Besiedelung der Savanne für die Vorfahren des Menschen war (Kapitel 14). Elefanten besitzen mit dem Rüssel zwar eine handartige Extremität und können geschickt damit umgehen. Den vielfältigen Einsatz einer Hand (oder gar zweier Hände) erreicht der Rüssel allerdings nicht; insbesondere kann er keinen „Präzisionsgriff" ausführen. Auf die Bedeutung des Handgebrauchs für die Evolution des Menschen werde ich im übernächsten Kapitel ebenfalls eingehen.

Was sagt uns das?

Wir können die eingangs erwähnte Hypothese von McPhail, innerhalb der Wirbeltiere und mit Ausnahme des Menschen gebe es keine Unterschiede in der Intelligenz, nunmehr klar zurückweisen. Die vergleichende Intelligenzforschung zeigt im Hinblick auf die Wirbeltiere durchaus deutliche, wenngleich komplexe Abstufungen, die natürlich nicht mit einer „Scala naturae" verwechselt werden dürfen.

Am unteren Ende der Intelligenzskala befinden sich die Schleimaale und Neunaugen, gefolgt von den Amphibien, deren kognitive Leistungen im Wirbeltiervergleich als bescheiden anzusehen sind. Auch Schildkröten, Schlangen, Eidechsen und die Brückenechse sind bisher nicht durch überdurchschnittliche Intelligenzleistungen aufgefallen. Unter den Teleosteern gibt es dagegen intelligente Gruppen wie die Buntbarsche, die nach Meinung einiger Autoren „primatenartige" Leistungen erbringen, und hinsichtlich ihres Kommunikationssystems und offenbar auch hinsichtlich ihrer (leider nicht systematisch untersuchten) kognitiven Leistungen sind die schwachelektrischen Fische hochentwickelt.

Hohe Intelligenzleistungen finden sich, abgesehen von einigen Teleosteern, vornehmlich bei Vögeln und Säugern. Innerhalb der Vögel erweisen sich Papageienvögel und Rabenvögel intelligenter als andere Spezies (Lefebvre et al. 2004), und innerhalb der Säugetiere gilt dies für Primaten, Wale und Elefanten (Marino 2002). Innerhalb der Wale gelten die räuberischen Zahnwale, zu denen alle Delphine, aber auch der Pottwal gehören, als intelligenter als die Bartenwale, wie zum Beispiel der Blauwal. Jedoch übersteigt die Intelligenz der Delphine offenbar nicht diejenige von Hunden und zum Teil nicht einmal die von Tauben, und auch die großhirnigen Elefanten kommen augenscheinlich nicht an die Leistungen von Primaten, Rabenvögeln und Papageien heran.

Innerhalb der Primaten gibt es nach Meinung der meisten Experten deutliche Unterschiede zwischen den Halbaffen (zum Beispiel Lemuren) und den eigentlichen Affen, und innerhalb der Affen deutliche Unterschiede zwischen den „kleinen" Affen (wie den Makaken) und den Menschenaffen. Innerhalb der Menschenaffen scheinen die beiden Schimpansenarten zumindest in einiger Hinsicht den Orang-Utans und den Gorillas überlegen zu sein (Byrne 1995).

Dieser Rangfolge liegen verschiedene Intelligenzleistungen zugrunde:

1. die Fähigkeit, die Perspektive eines anderen einzunehmen, etwa bei Täuschung und Gegentäuschung. Dies findet man bei Primaten und einer Reihe von anderen Säugetieren und Vögeln (beispielsweise im Zusammenhang mit dem Verstecken von Futter).
2. die Vorausschau künftiger Ereignisse, unter anderem beim Herstellen von Werkzeugen für den späteren Gebrauch. Dies findet man vor allem bei Menschenaffen, eventuell auch bei Rabenvögeln.
3. das Verstehen zugrunde liegender Mechanismen, zum Beispiel bei Herstellung und Gebrauch von Werkzeugen. Hier scheitern bei den Primaten die Kleinaffen, und nur Menschenaffen zeigen dies eindeutig.
4. das Selbsterkennen im Spiegel und ein Selbstbewusstsein, das sich bei Schimpansen und Gorillas, Delphinen, Elefanten und Rabenvögeln findet, wenngleich als „instabiles" Merkmal

5. die Vermutung bzw. Unterstellung von Wissen bei anderen. Dies ist offenbar, wenn auch nur in Vorstufen, bei Menschenaffen vorhanden.
6. die Frage nach dem Bewusstsein. Diese Frage ist schwierig zu beantworten und nur bei Säugetieren und einigen Vögeln klar, aber es ist wahrscheinlich, dass alle Wirbeltiere, vielleicht auch *Octopus*, über einfache Formen von Bewusstsein verfügen.
7. Metakognition, das heißt das Wissen über das eigene Wissen, scheint bei Delphinen, Schimpansen und unter den Kleinaffen zumindest beim Makaken vorhanden zu sein.

Es bestätigt sich also die Vermutung, dass es hinsichtlich hoher kognitiver Leistungen einschließlich des Bewusstseins zwischen Mensch und anderen Tieren zwar Unterschiede gibt, die jedoch quantitativer, aber nicht qualitativer Natur sind. Was in dieser Aufstellung fehlt, ist die Sprache. Die Frage, ob tierisches Sprachvermögen einen gleitenden Übergang zur menschlichen Sprache bildet, oder ob es hier qualitative Unterschiede gibt, wird uns im übernächsten Kapitel beschäftigen.

Hochinteressant ist natürlich der Vergleich zwischen den kognitiven Leistungen der Wirbellosen, wie sie in Kapitel 7 dargestellt wurden, und denen der Wirbeltiere. Zweifellos sind, wie bereits betont, bestimmte kognitive Leistungen der Honigbiene sowie von *Octopus* mit bestimmten kognitiven Leistungen intelligenter Wirbeltiere bzw. Säugetiere vergleichbar. Es ist aber wohl nicht falsch anzunehmen, dass auch die Leistungen von *Octopus* nicht an die von Rabenvögeln und Primaten heranreichen, wenn man einmal von den umstrittenen Befunden zum Lernen durch Zusehen absieht.

12
Die Gehirne der Wirbeltiere im Vergleich

Im vorausgegangenen Kapitel haben wir uns mit den Intelligenzleistungen der verschiedenen Wirbeltiergruppen beschäftigt. Nun wollen wir uns fragen, wie sich ihre Gehirne in denjenigen Merkmalen unterscheiden, die für die jeweiligen Intelligenzleistungen wichtig sein könnten. In diesem Kapitel geht es um die „großen Trends" der Hirnentwicklung bei den Wirbeltieren, im nächsten Kapitel werden wir die Zusammenhänge zwischen Hirnmerkmalen und intelligenten Leistungen in ausgewählten Wirbeltiergruppen, nämlich den Vögeln und den Primaten, betrachten.

Körpergröße und Gehirngröße

Tiere variieren enorm in ihrer Körpergröße. Viele von ihnen, etwa Würmer und Milben, sind so klein, dass man sie mit bloßem Auge nicht erkennen kann, während die größten Wirbellosen, die Riesenkalmare, eine Armspannweite bis zu 20 Metern haben. Die kleinsten Wirbeltiere finden sich bei den Knochenfischen und den Salamandern mit einer Körperlänge von weniger als einem Zentimeter. Das kleinste Säugetier ist die Etruskerspitzmaus (*Suncus etruscus*), die drei Gramm wiegt, und das größte Säugetier und das größte Tier überhaupt ist der Blauwal (*Balaenoptera musculus*), der eine Länge von 33 Metern und mehr und ein Körpergewicht von 200 Tonnen erreichen kann. Das größte heute existierende Landwirbeltier ist der Afrikanische Elefant (*Loxodonta africana*) mit einem Gewicht bis zu 7,5 Tonnen.

Die Volumina bzw. Gewichte (beide Maße, gemessen in Kubikzentimetern und Gramm, sind direkt ineinander konvertierbar) der Nervensysteme und Gehirne variieren ebenso stark. Die kleinsten Tiere haben entsprechend winzige Nervensysteme bzw. Gehirne; um sie zu untersuchen, braucht man – zum Beispiel im Fall der kleinsten Milben – ein Elektronenmikroskop. Die Gehirne der kleinsten Fische und Amphibien sind gerade einen Millimeter lang. Das kleinste Säugergehirn findet man mit 74 Milligramm (im erwachsenen Zustand) bei der Fledermaus *Tylonycteris pachypus*, die größten Gehirne mit einem Gewicht von bis zu zehn Kilogramm beim Pottwal und beim Orca; Elefanten kommen auf Gehirngewichte von bis zu sechs Kilogramm.

Schleimaale und Neunaugen haben, absolut gesehen, kleine bis sehr kleine Gehirne mit einem Gewicht zwischen 16 und 60 Milligramm, wobei die Gehirne der Schleimaale etwas größer sind als die der Neunaugen, aber auch relativ zum Körpervolumen sind diese Gehirne klein. Im Durchschnitt besitzen die Gehirne der Kieferlosen nur ein Zehntel des Volumens eines Knochenfischgehirns. Bei den Knorpelfischen haben Chimären und squalomorphe Haie relativ kleine Gehirne, die im Bereich des Durchschnitts der Knochenfische liegen, während die Gehirne von galeomorphen Haien und myliobatiformen Rochen (Kapitel 8) rund zehnmal größer sind. Knochenfische haben mehrheitlich – absolut und relativ – kleine bis mittelgroße Gehirne; eine Ausnahme stellen die der schwachelektrischen Fische (Mormyriden und Gymnotiden) dar, deren „Riesengehirne" bis zu 20 Prozent des Körpervolumens ausmachen können. Dies geht aber, wie bereits erwähnt, im Wesentlichen auf eine Hypertrophie des Kleinhirns, einschließlich der Valvula cerebelli, zurück. Amphibien bewegen sich hinsichtlich ihrer relativen Gehirngröße im oberen Bereich der Knochenfische.

Reptilien sind in Hinblick auf ihre relative Gehirngröße ebenfalls im Bereich der Knochenfische angesiedelt. Interessant ist natürlich die Gehirngröße der ausgestorbenen Dinosaurier. Da Gehirne nicht fossilisieren, kann die Gehirngröße dieser Tiere nur über die Größe des Schädelinnenraums abgeschätzt werden, wobei man berücksichtigen muss, dass bei Reptilien der Schädelinnenraum fast nie ganz vom Gehirn ausgefüllt ist. Jerison (1973) nimmt an, dass die Gehirngrößen der Dinosaurier im Bereich der heute lebenden Reptilien lag – teils am oberen, teils am unteren Rand. Der als furchterregendes Raubtiermonster geltende *Tyrannosaurus rex* mit einem Körpergewicht von 7,7 Tonnen (also schwerer als ein heute lebender Elefant) hatte vermutlich ein Gehirn von 400 Gramm, was dem Gehirngewicht einer Kuh entspricht, und der rund 90 Tonnen schwere und pflanzenfressende *Brachiosaurus brancai* kam auf geschätzte 300 Gramm Gehirnmasse. Das ist nur ein Zehntel bis Fünfzehntel dessen, was ein Säugetier derselben Körpergröße aufbieten kann! Diese Zahlen geben im Hinblick auf die Frage nach der Bedeutung der Gehirngröße für den biologischen Erfolg sehr zu denken, denn immerhin haben die Dinosaurier das ganze Mesozoikum hindurch das Tierreich beherrscht, waren also mehrere Hundert Millionen Jahre lang extrem erfolgreich. Ähnliches gilt übrigens auch für die relativ kleinhirnigen Knochenfische, die von der Artenvielfalt und der ökologischen Anpassung her gesehen die erfolgreichsten Wirbeltiere überhaupt sind.

Vögel sind zwar die Nachfahren von Reptilien und Verwandte der Krokodile, aber ihre Gehirne sind sechs- bis zehnmal größer als die von Reptilien gleicher Körpergröße. Unter den lebenden Vögeln haben, absolut gesehen, die Kolibris die kleinsten Gehirne (das des kleinsten Kolibris wiegt nur 0,17 Gramm), relativ gesehen nehmen sie aber einen der oberen Ränge ein, während die Strauße mit 42 Gramm die größten Gehirne haben, im relativen Gehirngewicht aber eher am unteren Ende rangieren. Hühnervögel und Tauben besitzen, gemessen am Durchschnitt der Vögel, absolut wie relativ kleine Gehirne.

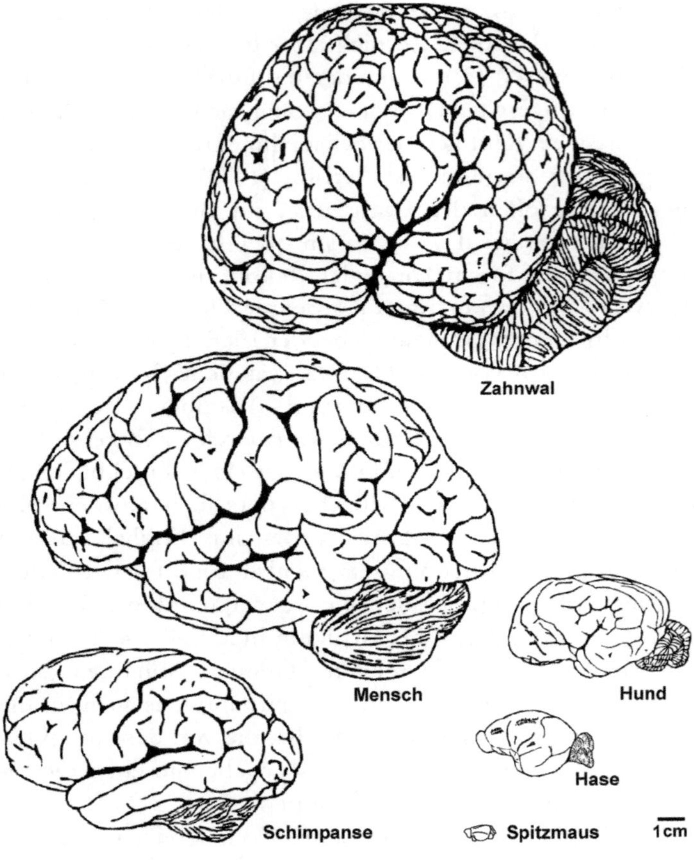

Abb. 48 Serie von Säugetiergehirnen in aufsteigender Größe. Die Gehirne sind im selben Maßstab gezeichnet. (nach Roth und Dicke 2005)

Die relativ größten Gehirne findet man in der großen Gruppe der Sperlingsvögel (*Passeriformes*), zu denen auch unsere Singvögel einschließlich der Rabenvögel gehören, sowie bei Papageien (*Psittaciformes*). Papageien weisen Endhirne auf, die relativ zum Körpervolumen größer sind als diejenigen von Primaten gleicher Körpergröße. Eulen (*Strigiformes*) weisen aufgrund eines

Tab. 2 Gehirngewicht ausgewählter Säugetiere

Art	Gewicht (Gramm)
Pottwal	9 000
Afrikanischer Elefant	4 200
Großer Tümmler	1 350
Mensch	1 350
Pferd	510
Gorilla	500
Rind	490
Schimpanse	380
Löwe	260
Rhesusaffe	88
Hund	64
Katze	25
Ratte	2
Maus	0,3

(Daten überwiegend von Haug 1987)

sehr großen visuellen Wulstes ebenfalls ein sehr großes Telencephalon auf, Raub- bzw. Greifvögel liegen etwas darunter (Burish et al. 2004).

In Tabelle 2 sind die Werte für die absolute Gehirngröße ausgewählter Säugetiere dargestellt. In Abbildung 48 sind einige dieser Gehirne im selben Maßstab wiedergegeben. Es zeigt sich, dass der Mensch – absolut gesehen – durchaus ein großes Gehirn hat, aber bei weitem nicht an der Spitze liegt. Vielleicht kommt es ja bei Geist und Intelligenz gar nicht so sehr auf die absolute Größe eines Gehirns an, sondern eher auf die Größe relativ zum Körper, wie viele Forscher vermuteten.

Die Bedeutung der relativen Gehirngröße

Wir müssen uns zu diesem Zweck kurz mit den Gesetzmäßigkeiten des Wachstums der Körper und der Gehirne bei Wirbeltieren auseinandersetzen. Man könnte annehmen, dass das Gehirn bei einer Vergrößerung des Körpervolumens bzw. -gewichts innerhalb einer Tiergruppe – der Wirbeltiere insgesamt oder spezifischer der Säugetiere – in gleichem Maße (*isometrisch*) an Volumen bzw. Gewicht zunimmt. Das würde bedeuten, dass sich das Gehirngewicht bei einer Verdopplung des Körpergewichts ebenfalls verdoppelt. Dies ist aber nicht der Fall, denn bei Säugern etwa steht einer Spanne von 1 zu 50 Millionen beim Körpergewicht eine Spanne von 1 zu 100 000 beim Gehirngewicht gegenüber. Dies macht deutlich, dass bei den Säugern (wie allgemein bei den Wirbeltieren) trotz der riesigen Spannen die Zunahme an Gehirngewicht der Zunahme an Körpergewicht stark hinterherhinkt. Dies führt zu einer *negativ allometrischen* Beziehung zwischen Gehirn und Körper. Bei einer *positiv allometrischen* Beziehung würde das Gehirn schneller an Gewicht bzw. Volumen zunehmen als der übrige Körper (wir werden noch sehen, dass es so etwas durchaus gibt). Die negative Allometrie zwischen Gehirn- und Körperwachstum erkennen wir gut anhand der Diagramme in den Abbildungen 49 Farbtafel und 50. Im ersten Diagramm ist die Beziehung zwischen Körpergewicht (in Kilogramm) und Gehirngewicht (in Gramm) für 200 Wirbeltiere aus den Klassen der Säugetiere, der Vögel, der Reptilien und der Knochenfische aufgetragen, und zwar in *doppelt logarithmischer* Darstellung. Innerhalb der Säuger wurden die Primaten und hier wiederum vier Werte des Menschen gesondert hervorgehoben. Eine solche Darstellung wurde gewählt, um erstens die enormen Spannbreiten von Körper- und Gehirngröße bei Wirbeltieren darstellen zu können, von denen bereits die Rede war, und zweitens, weil hierbei die exponentielle Beziehung, wie sie zwischen Gehirn- und Körpergröße besteht, *linearisiert* wird.

Die allgemeine Gleichung für die Gehirn-Körper-Beziehung lautet $E = k \times S^a$, wobei E für Gehirngröße steht und S für Körpergröße, k ist ein Proportionalitätsfaktor, dessen Bedeutung wir noch kennenlernen werden, und a der allometrische Exponent, der angibt, *wie stark* das Gehirn im Vergleich zum Körper wächst.

Bei $a = 1$ liegt ein isometrisches, bei $a > 1$ ein positiv und bei $a < 1$ ein negativ allometrisches Wachstum des Gehirns vor. Man kann nun diese Gleichung logarithmieren: $\log E = a \times \log S + \log k$, dann erhält man bei doppelt logarithmischer Darstellung die lineare Gleichung $E = a \times S + k$, was in verschiedener Hinsicht praktisch ist, da man so verschiedene Tiergruppen besser vergleichen kann. Dabei gibt a mathematisch gesehen die Steigung der Geraden, k den Schnittpunkt mit der y-Achse an.

Abbildung 49 macht deutlich, dass es zwei mehr oder weniger überschneidungsfreie Gruppen von Datenpunkten gibt, nämlich eine Gruppe, welche die Säugetiere (einschließlich der Primaten) und die Vögel umfasst, und eine andere mit den Datenpunkten von Reptilien und Knochenfischen. Wenn wir durch beide Punktwolken Regressionsgeraden legen würden, dann erhielten wir zwei Geraden, die ungefähr parallel, aber versetzt verlaufen, das heißt sie besitzen etwa dieselbe Steigung a, aber ein unterschiedliches k, was bedeutet, dass sie die y-Achse an unterschiedlichen Stellen schneiden. Die Steigung a der beiden Geraden liegt zwischen 0,6 und 0,8.

Deutlicher wird diese Tatsache, wenn wir eine andere Darstellungsweise wählen, die auf Jerison (1973) zurückgeht und *Polygon-Darstellung* genannt wird. Hier werden – wiederum bei doppelt logarithmischer Darstellung der Beziehung von Gehirngewicht und Körpergewicht – um die „Ecken" der Punktwolken für die einzelnen Wirbeltiergruppen *Polygone* gezogen, gerade so als ob man statt der Punkte Stecknadeln verwenden würde und dann einen Faden um sie herum legt. Der Faden umspannt dann alle aufgetragenen Datenpunkte. In Abbildung 50 sind Polygone für Agnathen (Schleimaale und Neunaugen), Knochenfische, Amphibien, Reptilien, Knorpelfische, Vögel und Säuger eingezeichnet. Der aus Abbildung 49 gewonnene Eindruck verstärkt sich: Die einzelnen Polygone haben in ihrer Längsachse zwar ungefähr dieselbe Steigung, sind zueinander aber zum Teil erheblich versetzt, zum Teil überlappen sie sich jedoch beträchtlich. So überlappen sich die Polygone der Kno-

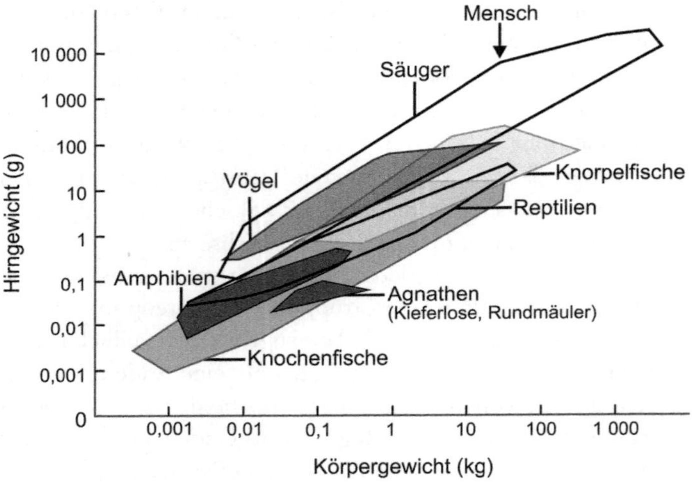

Abb. 50 Das Verhältnis von Hirngewicht (Ordinate, Gramm) und Körpergewicht (Abszisse, Kilogramm) bei Wirbeltierklassen in doppelt logarithmischer Darstellung nach der Polygon-Methode von Jerison. Es zeigt sich, dass Säugetiere und Vögel grundsätzlich größere relative Gehirnvolumina aufweisen als Agnathen, Knochenfische, Amphibien und Reptilien. Knorpelfische liegen dazwischen. Der Wert für den Menschen weist den am weitesten oberhalb liegenden Wert auf. Weitere Erläuerungen im Text. (nach Jerison 1973)

chenfische, der Amphibien, der Schleimaale bzw. Neunaugen und der Reptilien weitgehend, und dasselbe ist der Fall für Vögel und Säuger, aber zwischen diesen beiden Großgruppen gibt es keine Überschneidungen. Dazwischen liegen allerdings die Knorpelfische, was damit zusammenhängt, dass manche Knorpelfische, nämlich einige Gruppen von Haien und Rochen (wie erwähnt) relative Gehirngrößen aufweisen, die in die Bereiche von Vögeln und Säugern hineinreichen. Vögel und Säuger sind in ihren relativen Gehirngrößen mehr oder weniger identisch, mit der Besonderheit, dass es keine Vögel gibt, die sich an Körpergröße mit den großen Säugern messen können und deshalb auch keine absolut großen Gehirne aufweisen.

Aus den beiden Abbildungen lassen sich wichtige Folgerungen ziehen. Erstens ist die Verteilung der beiden Punktwolken, besonders die der Säuger und der Knochenfische, ziemlich schmal, was bedeutet, dass das Gehirnwachstum dem Körperwachstum ziemlich *gesetzmäßig* folgen. Bei Vögeln und Reptilien ist die Streuung etwas größer. Diese Gesetzmäßigkeit besteht darin, dass – wie bereits erwähnt – die Gehirne langsamer, eben *negativ allometrisch*, an Größe zunehmen als die Körper. Die genauen Werte von *a*, also die Steigung der Regressionsgeraden, variieren zwischen den Wirbeltiergruppen und -untergruppen beträchtlich. Mit Ausnahme der Neunaugen findet man Werte zwischen 0,53 (Reptilien) und 0,74 (Säuger), was einen Gesamtwert von etwa 0,67 für die Wirbeltiere ergibt. Für Säuger und Vögel liegt der Durchschnitt generell höher, und zwar zwischen 0,68 und 0,74, was bedeutet, dass deren Gehirne bei einer Körpervergrößerung im Vergleich schneller wachsen.

Seit den ersten Hirnallometrie-Messungen im 19. Jahrhundert gibt es eine lebhafte Diskussion darüber, was diese Werte von *a* aussagen. In seinem bahnbrechenden Buch „Evolution of the Brain and Intelligence“ von 1973 ging Harry Jerison von einem durchschnittlichen Wert des Exponenten *a* von 0,67 aus und argumentierte, dies ergebe sich aus der Tatsache, dass die Oberfläche eines Körpers mit dessen Vergrößerung um zwei Drittel, eben 0,67, wachse. Das Entscheidende am Gehirn – so Jerison – seien die sensorischen Oberflächen des Körpers und die Verarbeitung der von ihnen gelieferten Informationen im Gehirn. In späteren Publikationen korrigierte Jerison seinen Wert für Säugetiere von 0,67 auf 0,75 und begründete dies mit der Tatsache, dass größere Säugetiere einen dickeren Cortex hätten (was im Allgemeinen auch zutrifft, wie wir noch sehen werden). Andere Autoren kamen wiederum auf den „alten“ Wert von 0,66. Wirklich plausible Erklärungen hierfür gibt es nicht.

Der einzige statistisch robuste Faktor, der nach Meinung von Experten die Gehirngröße zu rund 90 Prozent erklärt, ist die *Körpergröße*, wenngleich mit deutlichen Abweichungen nach unten und oben. Es gilt also: Tiere bekommen große Gehirne vornehmlich dadurch, dass sie groß werden! *Warum* sie groß werden, kann viele „gute" Gründe haben. So haben große Tiere ein günstigeres Verhältnis von Körpervolumen zu Körperoberfläche, was für die Ernährung und die Wärmeabstrahlung wichtig ist, sie haben weniger Fressfeinde und können sich in der Regel schneller fortbewegen. Viele andere Tiere wie Arthropoden, besonders Milben, aber auch manche Knochenfische und die meisten Amphibien sind hingegen sehr klein geworden, und dafür werden ebenfalls viele „gute"' Gründe genannt, zum Beispiel die Anpassung an kleinste Überlebensräume. Wir sehen schon hier, dass es für die evolutive Veränderung der Körpergröße kein einheitliches Prinzip gibt, und dies hat dann auch Folgen für die Gehirngröße in dem Sinne, dass es evolutive Zwänge gibt, die lediglich auf die Körpergröße wirken, und denen die Gehirngröße dann einfach *folgt*.

Die zweite Schlussfolgerung, die wir aus den Abbildungen 49 und 50 ziehen können, lautet: Verschiedene Wirbeltiergruppen unterscheiden sich in ihrer durchschnittlichen Gehirngröße-Körpergröße-Beziehung deutlich voneinander. Dies wird in der doppelt logarithmischen Gleichung durch den Wert k ausgedrückt, der angibt, wo die Gerade die y-Achse schneidet. Bei Neunaugen, Amphibien, Knochenfischen und Reptilien ist dieser Wert niedriger als bei Vögeln und Säugern, was bedeutet, dass Neunaugen, Amphibien, Knochenfische und Reptilien relativ zur Körpergröße durchschnittlich kleinere Gehirne besitzen als Vögel und Säuger.

Sehen wir uns die Säugetiere genauer an. Abbildung 51 zeigt erneut in doppelt logarithmischer Darstellung das Verhältnis von Hirngewicht und Körpergewicht bei Säugern. Die durch das Polygon gezogene Regressionsgerade weist die bereits erwähnte für Säuger charakteristische Steigung von rund 0,74 auf. Wir sehen, dass die Werte für einige Spitzmaus- und Maus-

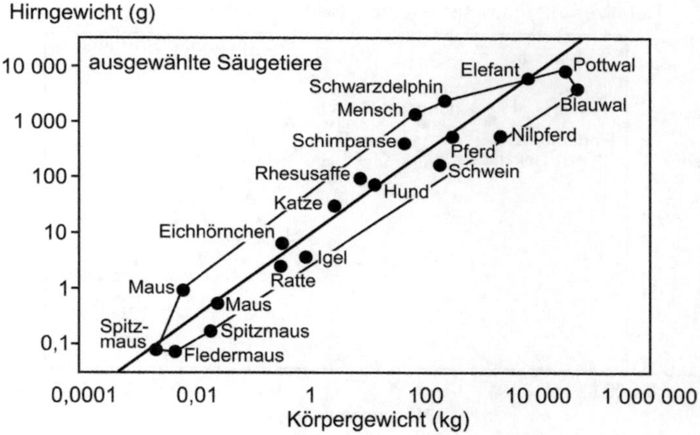

Abb. 51 Das Verhältnis von Hirngewicht und Körpergewicht bei Säugern in doppelt logarithmischer Darstellung. Einige Spitzmausarten, Maus, Hund, Pferd und Afrikanischer Elefant haben „durchschnittlich" große Gehirne, ihre Datenpunkte liegen genau auf der Regressionsgeraden. Schimpansen, der Mensch, aber auch Delphine haben überdurchschnittlich, einige Fledermausarten, Igel, Schwein, Flußpferd, Blauwal und Pottwal unterdurchschnittlich große Gehirne. (nach Nieuwenhuys et al. 1998)

arten, Hund, Pferd und den Afrikanischer Elefanten mehr oder weniger genau auf der Regressionsgeraden liegen und entsprechend innerhalb der Säuger durchschnittlich große Gehirne relativ zum Körpergewicht dokumentieren. Die Werte für andere Mausarten, Schimpansen, den Menschen, aber auch für Delphine liegen oberhalb der Regressionsgeraden und zeigen entsprechend *überdurchschnittlich*e relative Gehirngrößen, während die Werte für einige Spitzmausarten, Fledermäuse, Igel, Schwein, Flusspferd, Blauwal und Pottwal unterhalb der Regressionsgeraden liegen und entsprechend *unterdurchschnittlich* relativ große Gehirne anzeigen. Der Wert für den Mensch liegt an einer oberen Ecke des Polygons und damit am weitesten vom Durchschnitt entfernt, wenn ihm auch der Delphinwert ziemlich nahe kommt.

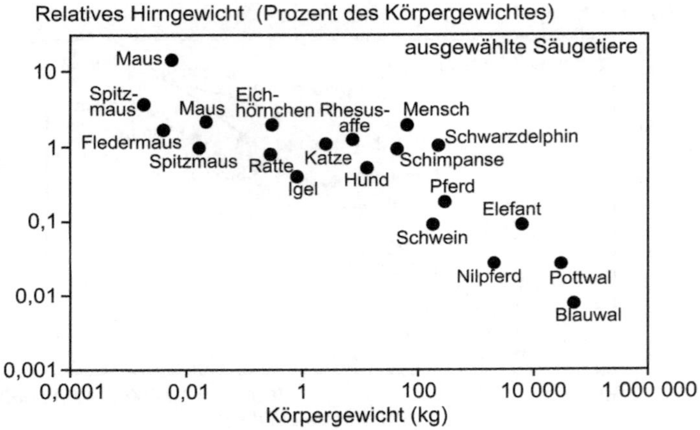

Abb. 52 Das Verhältnis von relativem Hirngewicht (in Prozent des Körpergewichts) und Körpergewicht bei Säugern. Die Abbildung zeigt, dass mit zunehmendem Körpergewicht das relative Gehirngewicht zum Teil dramatisch abnimmt: von über 10 % bei Mäusen und Spitzmäusen auf unter 0,01 % beim Blauwal. Der Mensch hat – selbst wenn man berücksichtigt, dass er ein „großes" Säugetier ist – ein relativ sehr großes Gehirn, findet sich aber in Gesellschaft mit anderen Primaten und mit Delphinen. (nach Nieuwenhuys et al. 1998)

In Abbildung 52 finden wir wiederum in doppelt logarithmischer Darstellung die Hirndaten von denselben 20 Säugetieren wie in der vorigen Abbildung, aber diesmal ist nicht das absolute, sondern das relative Gehirngewicht in *Prozent des Körpergewichts* gegen das Körpergewicht aufgetragen. Wir erkennen jetzt deutlich die oben bereits erwähnte Tatsache, dass mit zunehmendem Körpergewicht das relative Gehirngewicht zum Teil dramatisch *abnimmt*, und zwar von mehr als zehn Prozent bei einigen Maus- und Spitzmausarten auf unter 0,01 Prozent beim Blauwal. Der Mensch befindet sich wiederum am oberen Rand der Punktwolke, das heißt er hat angesichts der Tatsache, dass er ein relativ großes Säugetier ist, mit rund zwei Prozent ein weit überdurchschnittlich großes Gehirn, findet sich aber in der Gesellschaft anderer Primaten und der Delphine wieder.

Der Encephalisationsquotient

Irgendwie befriedigen die bisherigen Darstellungen der Beziehungen zwischen Gehirngröße und Körpergröße nicht ganz; dies liegt vor allem daran, dass die Körpergrößen so unterschiedlich sind. Man möchte genauer wissen, ob eine bestimmte Gruppe mit einer bestimmten Körpergröße, zum Beispiel der Mensch, ein für diese Körpergröße überdurchschnittliches, durchschnittliches oder unterdurchschnittliches Gehirngewicht hat. Harry Jerison entwickelte für diese Fragestellung eine mathematische Formel, den „Encephalisationsquotienten", abgekürzt EQ (in Anlehnung an den bekannten IQ – den Intelligenzquotienten). Er nahm hierzu den Durchschnittswert für das Gehirn-Körpervolumen-Verhältnis einer Klasse als Bezugsgröße, der im Fall der Säugetiere genau dem Gehirn-Körper-Verhältnis bei der Katze entspricht, die damit einen EQ von 1 erhält. Der EQ sagt uns als Quotient, um wie viel das Gehirn eines bestimmten Säugers über oder unter dem durchschnittlichen Gehirn-Körpervolumen-Verhältnis liegt, ob dieser also ein überdurchschnittlich oder unterdurchschnittlich großes Gehirn hat. Er drückt damit nichts anderes aus als den Abstand der Gehirn-Körper-Werte von der Regressionsgeraden in Abbildung 51.

Tabelle 3 gibt die EQ-Werte von 21 ausgewählten Säugetieren wieder. Sie zeigt, dass Kaninchen ein für Säuger deutlich unterdurchschnittlich großes Gehirn haben, nur wenig übertroffen von Ratte und Maus. Die Katze ist Durchschnitt und wird übertroffen vom Hund, aber auch von Kamel, Fuchs und Gorilla, der als Menschenaffe überraschend schlecht abschneidet, ebenso wie der Wal. Altweltaffen schneiden mit Ausnahme

Tab. 3 Encephalisationsquotienten ausgewählter Säugetiere

Art	Quotient
Mensch	7,4–7,8
Delphin	5,3
Kapuzineraffe	bis 4,8
Gibbon	1,9–2,7
Schimpanse	2,2–2,5
Altweltaffen	1,7–2,7
Wal	1,8
Weißbüschelaffe	1,7
Gorilla	1,5–1,8
Fuchs	1,6
Afrikanischer Elefant	1,3
Walross	1,2
Kamel	1,2
Hund	1,2
Eichhörnchen	1,1
Katze	1,0
Pferd	0,9
Schaf	0,8
Maus	0,5
Ratte	0,4
Kaninchen	0,4

(nach Jerison, 1973)

des Kapuzineraffen erheblich besser ab als Neuweltaffen, dann kommen Schimpanse und – überraschend – der Gibbon. Kapuzineraffe, Delphin und Mensch bilden die deutlich abgesetzte Spitzengruppe. Das bedeutet, dass der Kapuzineraffe ein knapp fünfmal, der Delphin ein gut fünfmal und der Mensch ein fast achtmal so großes Gehirn besitzt wie vom Säugerdurchschnitt her zu erwarten wäre.

Bei der Frage, ob Jerisons EQ besser als die absolute oder relative Hirngröße mit den Unterschieden in der Intelligenz der Wirbeltiere bzw. Säugetiere übereinstimmt, wie sie im vorausgegangenen Kapitel beschrieben wurden, fallen uns sofort die

„Ausreißer“ auf: Zum ersten der Gorilla, der als etwa so intelligent gilt wie der Schimpanse, aber einen viel niedrigeren EQ hat, und zum zweiten der Delphin, der den zweithöchsten EQ aufweist, aber deutlich weniger intelligent ist als Gorilla und Schimpanse, und dasselbe gilt für den Gibbon und den Kapuzineraffen. Auch erscheint die Ratte hinsichtlich ihrer Intelligenz stark „unterbewertet“. Wir kommen also trotz der für den Menschen schmeichelhaften Spitzenstellung zu dem Schluss, dass der EQ *kein* wirklich gutes Maß für tierische Intelligenz ist. Wenden wir uns also der Frage zu, ob es nicht statt der absoluten oder relativen Gehirngröße bzw. des Encephalisationsquotienten eher die absolute oder relative Größe *einzelner Hirnteile* ist, die zählt.

Das weitere Schicksal des Cortex

Verschiedene Autoren haben untersucht, in welchem Maße sich innerhalb einer Wirbeltiergruppe, zum Beispiel der Säuger, die einzelnen Hirnteile im Vergleich zum Gesamtgehirn verändert haben. Nach Untersuchungen des kanadischen Neurobiologen G. Baron (Baron 2007) nehmen bei einer Vergrößerung des Gesamtgehirns der Säuger der Bulbus olfactorius und die Medulla oblongata relativ gesehen ab. Demgegenüber zeigt das Kleinhirn eine deutliche relative Zunahme, wird jedoch übertroffen vom Endhirn. Innerhalb des Endhirns wächst der Isocortex, absolut wie relativ, deutlich und übertrifft darin alle anderen Hirnteile. Es könnte also sein, dass diese absolute und relative Größenzunahme des Isocortex für die Intelligenz bedeutsamer ist als die des Gesamtgehirns. Dies wird natürlich dadurch nahegelegt, weil der Cortex als „Sitz“ höherer kognitiver Funktionen gilt.

Großhirnrinden der Säuger wachsen, wie wir gleich sehen werden, ganz unterschiedlich in der *Oberfläche* und in der *Dicke*, was sich natürlich stark auf das Volumen (Fläche mal Dicke) auswirkt. Dabei ist darauf zu achten, ob man nur die graue Substanz, also den sechsschichtigen Isocortex, oder auch die darunterliegende weiße Substanz misst (dies geht bei Hirndaten manchmal durcheinander). Die kleinsten Insektenfresser weisen eine Cortexoberfläche (beide Hemisphären einschließlich der in den Gehirnfurchen liegenden Flächen) von 0,8 Quadratzentimeter oder weniger auf, bei der Ratte sind es sechs, bei der Katze 83, beim Menschen rund 2 400, beim Elefanten 6 300, und beim Unechten Schwertwal (*Pseudorca crassidens*) erreicht die Cortexoberfläche den Rekordwert von 7 400 Quadratzentimetern. Die Oberfläche der Großhirnrinde bei Säugetieren vergrößert sich also von 0,8 auf 7 400 Quadratzentimer, das heißt um fast das 10 000-Fache, und folgt dabei dem Gehirnvolumen *negativ allometrisch* mit einem Exponenten von 0,66, wie dies Jerison (1973) beschrieben hat.

Während im Zuge der Vergrößerung von Körper und Gehirn die Oberfläche des Cortex deutlich zunimmt, ändert sich seine Dicke nur sehr wenig, nämlich von 0,4 Millimeter bei sehr kleinen Spitzmausarten lediglich auf bis zu drei Millimeter beim Menschen (mit einem Maximum von fünf Millimeter im Motorcortex), der hier zusammen mit den anderen Großaffen einen Spitzenwert aufweist. Katze und Fuchs liegen mit 1,8 Millimeter dazwischen. Wale und Delphine haben dagegen überraschend dünne Großhirnrinden zwischen 1,2 und 1,6 Millimetern – man würde angesichts ihrer Riesengehirne Werte von fünf Millimetern und mehr erwarten. Auch der Elefant kommt trotz seines Riesengehirns nur auf 2,2 Millimeter.

Betrachten wir nun das Cortexvolumen der verschiedenen Säugetiergruppen, das wir erhalten, indem wir Oberfläche und mittlere Dicke miteinander multiplizieren und schauen uns seine Veränderung bei einer Volumenzunahme des Gesamtgehirns an. Wir stellen dabei fest, dass der Cortex schneller zunimmt als das gesamte Gehirn, also *positiv allometrisch* wächst. Der durchschnittliche allometrische Koeffizient a für alle Säuger liegt bei

1,13. Der entsprechende Wert liegt bei Primaten höher und bei Huftieren etwas niedriger, ist aber immer noch positiv. Bei Walen und Seekühen sowie bei Elefanten findet man hingegen eine *negative Allometrie*, das heißt ihr Cortexvolumen nimmt im Vergleich zum restlichen Gehirn sogar etwas ab. Grund dafür ist die geringe Dicke des Cortex bei diesen Tieren, die stärker zu Buche schlägt als die starke Vergrößerung der Oberfläche und sich in einer *relativen Abnahme* des Cortexvolumens niederschlägt. Dies wird uns noch beschäftigen.

Man kann allerdings argumentieren, dass es nicht so sehr auf den Cortex *insgesamt*, sondern auf den *assoziativen* Cortex ankommt, da dieser die komplexe Verarbeitung von Sinnesinformationen betreibt. Von besonderem Interesse ist hier der frontale bzw. präfrontale Cortex, der als Sitz des Arbeitsgedächtnisses, der Handlungsplanung und der allgemeinen Intelligenz angesehen wird – zumindest was die Primaten angeht. Die Frage, ob die als besonders intelligent geltenden Primaten, Elefanten und Wale bzw. Delphine einen besonders großen frontalen Cortex besitzen, war lange umstritten, und es gab die vielzitierte Aussage von Terry Deacon (1990), der Mensch habe einen dreimal größeren Frontalcortex als die anderen Menschenaffen. Untersuchungen von Semendeferi und Kollegen (2002) mithilfe der strukturellen Kernspintomographie haben bestätigen können, dass der Mensch unter den Primaten den absolut größten frontalen (einschließlich des präfrontalen) Cortex besitzt. Das Volumen des frontalen Cortex des Menschen (graue und weiße Masse zusammengenommen!) liegt danach bei rund 280 gegenüber rund 80 Kubikzentimern bei den anderen Menschenaffen. Für den Gibbon ergeben sich rund 15 und für die kleinen Affen 14 Kubikzentimeter. Zugleich zeigt sich, dass dieser Frontalcortex des Menschen verglichen mit dem anderer Menschenaffen *prozentual* keineswegs wesentlich größer ist, denn er entspricht 38 Prozent des gesamten Cortexvolumens. Beim Orang-Utan sind es ebenfalls 38 Prozent, beim Schimpansen 35 Prozent, beim Gorilla 37 Prozent, beim Gibbon 30 Prozent und bei den kleinen Affen 31 Prozent. Der Frontalcortex wächst bei Primaten mit einem Exponenten von 1,14, also leicht positiv allometrisch, jedoch gibt es keinen Unterschied zwischen dem Menschen und dem Orang und nur geringe Unterschiede zu Gorilla und Schimpanse. Wir kommen also auch beim Frontalcortex zu keiner klaren Korrelation mit den kognitiven Leistungen der Wirbeltiere oder zumindest der Säugetiere. Wir müssen also nach weiteren Faktoren suchen. Welche könnten das sein?

Worauf es aus Sicht der Neurobiologie bei der Leistungsfähigkeit von neuronalen Netzwerken ankommt, ist nicht so sehr die absolute oder relative Hirngröße, sondern die Zahl, Größe und Gestalt von Nervenzellen sowie die Art und Effektivität ihrer Verknüpfung untereinander. Wenn ein kleineres Gehirn mehr und enger verknüpfte Nervenzellen hat als ein größeres Gehirn, dann könnte das erstere leistungsfähiger sein als das letztere. Wir müssen uns also die *Zahl* und *Größe* von Neuronen im Cortex, ihre *Packungsdichte* und ihre *Verknüpfungsstruktur* genauer anschauen. Leider liegen fast nur für Säuger und ihre Cortices brauchbare Daten vor, und deshalb wollen wir uns im Folgenden im Wesentlichen mit dem Säugercortex befassen.

Der Cortex der Säuger besteht zu rund 80 Prozent aus Pyramidenzellen; der Rest sind erregende und hemmende Interneuronen. Hinsichtlich der Größe bzw. des Volumens der Pyramidenzellen, gemessen in Kubikmikrometer, gibt es zwischen den Säugetiergruppen deutliche Unterschiede. Sehr kleine Volumina um oder knapp über 1 000 finden sich bei Makaken, Schimpansen und Menschen, während der Große Tümmler (ein Delphin) mit 5 400 Kubikmikrometern geradezu riesige Neuronen hat, gefolgt vom Elefanten mit 4 100. Der Säuger-Durchschnitt liegt ungefähr bei 2 300 Kubikmikrometern. Mit der Größe der Pyramidenzellen sinkt die Packungsdichte der Neuronen, und zwar mit einem *negativen* Exponenten von $-\frac{1}{3}$. Dies hängt zum einen damit zusammen, dass sowohl die Zellkörper als auch die Dendritenbäume der Pyramidenzellen und schließlich auch ihre lokalen axonalen Verzweigungen größer werden, und dies drängt die Zellen auseinander. Zum anderen steigt, wenngleich in verschiedenen Säugetiergruppen sehr ungleichmäßig, die Zahl der *Gliazellen* und der *Blutgefäße* an. Gliazellen haben eine wichtige Nähr- und Unterstützungsfunktion für die Nervenzellen, Blutgefäße sind unerlässlich für die Versorgung der Nervenzellen mit Sauerstoff und Zucker, und der Sauerstoff- und Zuckerverbrauch (sowie der anderer Stoffe) nimmt mit der Größe der Nervenzellen zu.

Nach Messungen des Kieler Neuroanatomen Herbert Haug ist die *Dichte der Neuronen* pro Volumeneinheit bei Halbaffen und kleinen Affen mit 60 000 bis 75 000 Neuronen pro Kubikmillimeter Cortexvolumen sehr hoch. Der Schimpanse weist mit rund 38 000 ebenso wie der Mensch mit rund 25 000 Neuronen pro Kubikmillimeter eine viel geringere Dichte auf, aber Wale und Elefanten weisen mit 6 000 bis 7 000 nur noch ein Viertel bis Fünftel dieser letzteren Werte auf. Diese Angaben von Haug widersprechen einem in Fachkreisen häufig zitierten Befund des Neuroanatomen A. J. Rockel und Mitarbeitern (1980), die behaupteten, dass bei allen Säugern in einer vertikalen Cortexsäule mit einer bestimmten Grundfläche dieselbe Zahl von Pyramidenzellen enthalten sei, und zwar unabhängig von der Größe des Cortex. Die Daten von Haug wie auch von anderen Autoren (zum Beispiel Rockland 2002) widersprechen jedoch eindeutig einer solchen Behauptung. Nach Haug sind in einer Säule von einem Kubikmillimeter bei kleinen Affen 190 000, beim Menschen im Schnitt 50 000 (mit Abweichungen von 30 000 bis über 100 000 in unterschiedlichen Cortexbereichen mit einem bis vier Millimeter Dicke) und bei Elefanten und Walen mit 19 000 die wenigsten Neuronen pro Säule enthalten.

Aus diesen Zahlen können wir nun die Zahl der Cortexneuronen der Säugetiere errechnen. Diese ist in Tabelle 4 wiedergegeben. Sie zeigt, dass der Mensch mit knapp 12 Milliarden von allen Säugetieren die meisten Cortexneuronen aufweist, obwohl er keineswegs das größte Gehirn und den größten Cortex besitzt. Der Grund ist, dass er einen sehr di-

Tab. 4 Zahl der corticalen Neuronen ausgewählter Säugetiere

Art	Zahl (Mio.)
Mensch	11 500
Afrikanischer Elefant	11 000
Schimpanse	6 200
Großer Tümmler	5 800
Gorilla	4 300
Rhesusaffe	480
Totenkopfaffe	480
Opossum	27
Igel	24
Ratte	15

(berechnet, Daten überwiegend von Haug 1987)

cken Cortex, für Säugerverhältnisse sehr kleine Nervenzellen und eine passable Nervenzelldichte aufweist. Dicht gefolgt in der Zahl der Cortexneuronen wird der Mensch von Walen und Elefanten, die gerade mal eine halbe bis eine Milliarde Cortexneuronen weniger aufweisen. Deren Cortex ist zwar wesentlich dünner und ihre Zellen sind viel größer, und deshalb ist ihre corticale Zelldichte erheblich niedriger, aber sie haben eben sehr große Gehirne und entsprechend große Hirnrinden. Schimpansen haben ein Gehirn und einen Cortex, deren Größen nur bei einem Drittel des menschlichen Gehirns liegen, aber ihr Cortex ist etwa so dick ist wie der des Menschen, und hat ähnlich kleine Cortexzellen, aber eine noch höhere Packungsdichte, und deshalb verfügen sie immerhin über etwa halb so viele Cortexneuronen wie der Mensch. Eine ähnliche Situation findet man übrigens auch beim Vergleich von Hund und Katze: Katzen haben ein viel kleineres Gehirn als Hunde, aber eine viel höhere Packungsdichte, und deshalb haben Katzen fast doppelt so viele corticale Neuronen wie Hunde. Erst recht gilt dies beim Vergleich von Pferd und Schimpanse: Schimpansen haben ein deutlich kleineres Gehirn, aber etwa fünfmal so viele corticale Neuronen. Insgesamt schneiden unter den Säuern die Primaten bei der corticalen Neuronenzahl am besten ab.

Die hier genannten Zahlen hinsichtlich der Cortexneuronen, die auf den Daten von Haug beruhen, sind natürlich nur Richtwerte und hängen kritisch von Messungen der Cortexoberfläche und -dicke sowie der Packungsdichte der Neuronen ab, die von Autor zu Autor deutlich variieren. Einige Autoren kommen zum Beispiel beim Menschen auf 17,4 Milliarden Cortexneuronen, beim Elefanten auf 12,6 und beim Schimpansen auf 6,7 Milliarden (Hart und Hart 2007, basierend auf Messungen von Pakkenberg und Gundersen 1997). Allerdings kommen alle vorliegenden Messungen zu dem Ergebnis, dass der Mensch mehr corticale Neuronen besitzt als Wale und Elefanten, obwohl deren Gehirne und Großhirnrinden sehr viel größer sind, gefolgt mit deutlichem Abstand vom Schimpansen.

Die Effektivität der corticalen Informationsverarbeitung

Zwischen Gehirn- bzw. Cortexgröße und Zahl der Neuronen herrscht also keine gleichförmige Beziehung, da Unterschiede in der Cortexdicke und der Zellpackungsdichte ebenfalls zu Buche schlagen. Auch zeigt sich, dass die Unterschiede in Intelligenz und kognitiven Leistungen nicht allein auf die Zahl der Cortexneuronen zurückgeführt werden können, sondern es muss hierfür weitere wichtige Faktoren geben. Für die Effektivität eines neuronalen Netzwerkes zeichnen neben der Zahl der Nervenzellen folgende Faktoren verantwortlich: 1) die Zahl der Synapsen und damit die Dichte ihrer Verknüpfungen, 2) die Schnelligkeit, mit der die Zellen die einlaufende Erregung verarbeiten, 3) die axonale Fortleitungsdistanz und 4) die Fortleitungsgeschwindigkeit.

Über mögliche Unterschiede in der Zahl der Synapsen pro corticalem Neuron gibt es bei Säugern sehr divergierende Annahmen. Eine Reihe von Autoren geht davon aus, dass die Zahl der synaptischen Kontakte, die ein Cortexneuron mit anderen Neuronen hat, mehr oder weniger konstant ist. Andere Autoren meinen, dass mit der Größenzunahme corticaler Zellen auch die Zahl der Synapsen pro Zelle wächst, und zwar mit einem Exponenten von 0,33, also negativ allometrisch. Empirische Messungen an einer ausreichenden Zahl von Säugetieren liegen leider kaum vor, da die Zahl der Synapsen nur mühsam zu bestimmen ist. Für den Menschen findet man die Angabe rund 30 000 Synapsen pro Pyramidenzelle (Rockland 2002), was bei 12 Milliarden Cortexneuronen eine ungeheure Gesamtzahl corticaler Synapsen ergibt: $3{,}6 \times 10^{14}$ oder 360 Billionen (1 Billion $= 10^{12}$). Leider ist die Zahl der Synapsen pro Zelle bei Elefanten und Walen unbekannt. Falls es stimmt, dass die Zahl der Synapsen mit der Zellgröße zunimmt, so müsste sie bei diesen Tieren höher liegen als beim Menschen. Das würde aber durch die niedrigere Zellzahl wohl wieder ausgeglichen, und wir kämen auf ungefähr dieselbe Zahl corticaler Synapsen.

Schauen wir uns die Verknüpfungsstruktur des Säugercortex an. In erster Näherung gehen wir davon aus, dass alle Nervenzellen in beiden Richtungen miteinander verbunden sind (*Vollverknüpfung*). In diesem Fall wächst mit der Zahl der Nervenzellen n auch die Zahl der Verbindungen v und zwar nach der Formel $v = n^2 - n$. Bei größeren n (etwa ab 1 000) kann man diese Formel auf $v = n^2$ vereinfachen, das heißt bei Vollverknüpfung wächst die Zahl der Verbindungen im Quadrat der Zahl der Neuronen. Bei 1 000 Neuronen haben wir eine Million (10^6) Verknüpfungen, bei einer Million Neuronen eine Billion (10^{12}) Verbindungen, bei den rund zehn Milliarden (10^{10}) Neuronen des menschlichen Cortex kämen wir auf eine astronomische Zahl von 10^{20} Verbindungen. Unser Gehirn würde allein dadurch riesige Ausmaße annehmen.

Eine Vollverknüpfung ist im Cortex der Säuger aber nicht verwirklicht, und zwar neben den Platzproblemen auch aus

Gründen der *Verknüpfungsökonomie*. Erstens können wir davon ausgehen, dass jede Zelle nicht nur über eine einzige Synapse mit einer anderen Zelle verbunden ist, sondern über mindestens sechs Synapsen; damit müssen wir die Zahl der corticalen Verknüpfungen in jedem Fall durch sechs teilen. Zweitens ist im Cortex keineswegs jedes Neuron direkt mit jedem anderen verknüpft, sondern die Verknüpfung folgt dem Prinzip „dichte lokale und spärliche globale Verknüpfung". Dies bedeutet, dass eng benachbarte Neuronen dicht, weit auseinanderliegende Neuronen spärlich miteinander verknüpft sind. Dieses Grundprinzip erweist sich auch anhand abstrakter Modelle der Informationsverarbeitung in komplexen Netzwerken als optimal. Es beruht auf dem Prinzip der „Kompartimentierung" von Netzwerken, anders ausgedrückt der Ausbildung lokaler, eng zusammenarbeitender Arbeitsgruppen, die dann untereinander spärlicher verknüpft sind – genauso wie in einem großen Betrieb nicht alle Mitglieder einer Arbeitsgruppe mit allen anderen Mitgliedern aller anderen Arbeitsgruppen kommunizieren, sondern dies im Wesentlichen den Arbeitsgruppenleitern überlassen. Diese Kompartimentierung setzt sich in großen Verwaltungssystemen in der Regel über die Abteilungen und andere organisatorische Einheiten nach oben fort. Sie reduziert die Zahl der Kommunikationswege gegenüber einer Vollverknüpfung um mehrere, im Falle des menschlichen Cortex um fünf bis sechs Größenordnungen (von 10^{20} auf 10^{15} bis 10^{14}), was auch für die Größe des Gehirns entscheidend ist.

Neben einer solchen modular-hierarchischen Kommunikationsorganisation ist die *Geschwindigkeit* des Informationsaustausches wichtig, die in Nervensystemen und Gehirnen von der Fortleitungsgeschwindigkeit der Signale und der Länge der Signalwege bestimmt wird. In Nervensystemen und Gehirnen kommt es darauf an, wie schnell die Nervenzellen selbst die Erregung verarbeiten, wie eng die Neuronen gepackt sind, wie schnell die Axone diese Erregung fortleiten und wie schnell die Synapsen sie an die nachfolgenden Zellen weitergeben. Die Geschwindigkeit der Erregungsverarbeitung eines einzelnen Neurons hängt wiederum von vielen Faktoren ab, ist aber im Vergleich zur axonalen Fortleitung (siehe unten) vergleichsweise langsam. Die Erregung, die von den Dendriten aufgenommen wird, wird nämlich – im Gegensatz zu der in Axonen – zum größeren Teil „passiv" weitergeleitet und nur gelegentlich durch „hot spots" zwischendurch verstärkt (Kapitel 4). Deshalb ist die Größe der Oberfläche des Neurons von entscheidender Bedeutung, das heißt in kleinen Neuronen kann die Erregung schnell zum Axonhügel gelangen und dort Aktionspotenziale auslösen. Die Erregungsverarbeitungsgeschwindigkeit der riesigen Neuronen von Walen und Elefanten ist vermutlich niedrig. Genaue Daten hierzu liegen leider nicht vor.

Die *Distanz* zwischen corticalen Neuronen ist umgekehrt proportional zu deren Packungsdichte, und diese ist bei Primaten hoch und bei Walen und Elefanten niedrig, das heißt bei letzteren müssen die Nervenimpulse größere Stecken zurücklegen. Die *Leitungsgeschwindigkeit* hängt vom Durchmesser der Axone bzw. der Dicke ihrer Myelinschicht ab. Axone mit einer dünnen Myelinschicht haben eine geringe, solche mit einer dicken Myelinschicht eine hohe Leitungsgeschwindigkeit. Letzteres finden wir bei Primaten und insbesondere beim Menschen, bei dem axonale Leitungsgeschwindigkeiten bis 140 Meter pro Sekunde gefunden werden. Elefanten und Wale haben dagegen relativ dünne Myelinscheiden und entsprechend viel geringere Fortleitungsgeschwindigkeiten (Changizi 2001; Zhang und Sejnowski 2000; Rockland 2002). Dies ist ungünstig, insbesondere in Kombination mit größeren Distanzen. Über Unterschiede in der Schnelligkeit, mit der Synapsen arbeiten, ist bei Säugetieren nichts bekannt, so dass wir nichts darüber aussagen können.

Wir sehen also, dass die Großhirnrinden der Primaten einschließlich des Menschen sehr günstige und die der Wale und Elefanten sehr ungünstige Vorbedingungen für eine effektive, das heißt vor allem schnelle Informationsverarbeitung aufweisen. Die Schnelligkeit der Informationsverarbeitung im menschlichen Cortex dürfte schon aufgrund dieser relativ einfachen anatomischen und physiologischen Gegebenheiten um etwa das Fünffache (wenn nicht noch mehr) über derjenigen des Elefanten- bzw. Walcortex liegen. Hinzu kommen Faktoren der funktionellen Aufteilung oder „Modularisierung" der Großhirnrinde.

Die Modularisierung des Cortex

Ein auffälliges Merkmal des Säugercortex ist die Aufteilung in anatomisch distinkte „Areale" oder „Module" (Kapitel 9, Abbildung 35). In den vergangenen Jahren hat eine Reihe von Forschern, vor allem der amerikanische Neurobiologe Jon Kaas, die „Modularisierung" des Cortex innerhalb der Säugetiergruppen und die Frage ihrer Evolution untersucht (Kaas 2007). Bei den ursprünglichen placentalen Säugetieren, die wahrscheinlich den heutigen (polyphyletischen) Insektenfressern ähnelten, ist das olfaktorische System das dominierende Sinnessystem. Entsprechend groß sind der olfaktorische Bulbus, der Hippocampus (ursprünglich der Ort des Riechgedächtnisses!) und der olfaktorische Cortex. Letzterer ist bei den Insektenfressern mindestens dreimal so groß wie der nichtolfaktorische Isocortex. Beim *Tenrek* (Madagaskar-Igel) besteht dieser im Wesentlichen aus einem primären visuellen und einem primären auditorischen Areal, zwei somatosensorischen Arealen und einem primären motorischen Areal. Im Cortex des heimischen Igels findet man neben einem immer noch ziemlich großen Bulbus olfactorius und einem piriformen Cortex ein primäres und ein sekundäres visuelles Areal, ebenso ein primäres und ein sekundäres somatosensorisches Areal plus einem parietalen Areal, ein auditorisches und ein motorisches Areal. Bei der Ratte ist der Bulbus olfactorius groß, der piriforme Cortex aber erheblich kleiner, und neben zwei visuellen und einem auditorischen Areal gibt es einen relativ großen somatosensorischen Cortex, in dem die Vorder- und Hinterpfoten, das Gesicht und die Vibrissen (die Schnauzen-Tasthaare) differenziert repräsentiert sind. Außerdem besitzt sie ein kleines sekundäres somatosensorisches und auditorisches Areal (überraschend bei dem hochentwickelten Hörsystem der Ratten) sowie ein großes primäres und ein kleineres sekundäres motorisches Areal.

Eine phylogenetische Rekonstruktion zeigt, dass die ursprünglichen Placentatiere im Durchschnitt mindestens zwei somatosensorische und zwei visuelle Areale hatten. Dagegen war nur ein auditorisches Areal bei allen vorhanden. Der Hauptevolutionsstrang führte auf dem Weg zu den heute existierenden Placentatieren zu mindestens vier oder mehr visuellen und vier oder mehr somatosensorischen Arealen und zu zwei bis drei auditorischen Arealen. Zudem entwickelten sich ein vom somatosensorischen Cortex gesondertes Geschmacksareal sowie mehrere limbische Cortexareale, von denen sich zwei im frontalen Cortex befinden, zwei bis vier im anterioren cingulären Cortex und weitere im insulären und entorhinalen Cortex. Alles in allem zählen wir am Ende 17 bis 25 corticale Areale.

Von dieser Ausgangssituation aus werden drei evolutive Wege sichtbar: 1) Es ändert sich nichts grundlegend, das heißt die Gehirne bleiben klein und werden vom olfaktorischen System dominiert, wie dies bei den heute lebenden Insektenfressern der Fall ist. Es wäre falsch, diese als „unterentwickelt“ anzusehen, denn die Vorfahren der heutigen Säuger haben über 170 Millionen Jahre hervorragend überlebt, indem sie auf ein überwiegend nächtliches, vom Riechsystem geleitetes Leben setzten. 2) Bei weiterhin kleinen Gehirnen spezialisieren sich einzelne Sinnessysteme auf Kosten anderer Sinnessysteme. Beispiele hierfür sind die enorme Vergrößerung des auditorischen Systems bei Fledermäusen im Zuge der Entwicklung eines Echoortungssystems, die enorme Vergrößerung des somatosensorischen Systems bei einigen Nagern, des visuellen Systems bei anderen Nagern wie den Eichhörnchen oder des taktilen Systems beim Schnabeligel oder der corticalen Handrepräsentation beim Waschbären. 3) Die Gehirne vergrößern sich insgesamt, wobei sich die nichtolfaktorischen sensorischen Areale, vornehmlich die visuellen und somatosensorischen, vervielfachten, und dasselbe geschah im prämotorischen und motorischen Bereich. Ebenso aber, und bei den Primaten in noch höherem Maße, nahmen die assoziativen Areale an Größe und Differenziertheit zu. Ein großes Säugetier verfügt dadurch über etwa 150 strukturell und funktional unterschiedliche Cortexareale. Bei Makaken gibt es mindestens 30 visuelle Areale, und beim Menschen wird ihre Zahl auf circa 40 geschätzt.

Einen vierten Weg haben bei starker Hirnvergrößerung Wale und Elefanten eingeschlagen, die große Teile ihres riesigen Cortex einem oder zwei Sinnessystemen gewidmet haben: dem auditorischen System im Zusammenhang mit der Echoortung bei den Walen und dem Vibrationssystem bei den Elefanten. Bei beiden scheint die Parzellierung und Modulbildung weit weniger vorhanden zu sein als bei Primaten (Hart und Hart 2007; Hart et al. 2008). Hier finden sich neben sehr großen limbischen Arealen riesige temporale und parietale Areale, dagegen gibt es in den Gehirnen der Wale und Elefanten fast keinen nichtlimbischen (prä)frontalen Cortex.

Besonderheiten im zellulären Aufbau des Cortex

Über die Frage, ob der Cortex bei unterschiedlichen Säugergruppen eher homogen oder doch relativ heterogen aufgebaut ist und Besonderheiten aufweist, gibt es eine längere Debatte. Während Fachleute früher besonders die Homogenität betonten, liegt das Schwergewicht in letzter Zeit auf der Suche nach Besonderheiten. Auffallend unterschiedlich sind, wie erwähnt, die Verhältnisse, was Größe und Anzahl sensorischer, vornehmlich visueller, somatosensorischer und auditorischer corticaler Areale angeht. Die Dominanz des olfaktorischen Systems bei Insektenfressern wurde bereits erwähnt, auch fehlt ein olfaktorischer Cortex bei Walen, die einen sehr großen auditorischen Cortex, aber einen sehr kleinen Hippocampus haben, der ja ursprünglich ein Riechgedächtnis beherbergte (Hof et al. 2006). Wale zeigen überdies Anomalitäten im Aufbau ihres Cortex, denn ihnen fehlt die charakteristische Schicht IV, die wegen der vielen kleinen Neuronen auch „granuläre Schicht" genannt wird. Bei den übrigen Säugetieren ist diese Schicht dick (im visuellen Cortex sehr dick, da doppelt vorhanden) und bildet die Haupteingangsschicht der sensorischen Afferenzen aus dem Thalamus. Demgegenüber ist die Schicht II bei Walen und Delphinen vergleichsweise dick und enthält zudem große, auf dem Kopf stehende Pyramidenzellen. Die Gründe hierfür sind unbekannt, müssen aber in jedem Fall ein abgeleitetes Merkmal der Wale sein, denn ihre Ursprungsgruppe, die Paarhufer, hatten einen normal dicken Cortex mit einer ausgeprägten Schicht IV.

Eine Besonderheit des frontalen Cortex der Primaten stellt der Besitz eines *granulären* präfrontalen Areals dar, das sich durch eine feinkörnige Schicht IV auszeichnet Der Frontalcortex der anderen Säuger (hier ist vor allem der Nagercortex untersucht), besteht ausschließlich aus einem *agranulären* Cortex, in dem diese feinkörnige Schicht fehlt. Amerikanische Neuroanatomen wie Preuss und Wise gehen davon aus, dass nur Primaten einen präfrontalen Cortex im engeren Sinne haben, der auch neuartige Funktionen besitzt wie Aufmerksamkeitssteuerung, Handlungsplanung und -selektion und Impulshemmung. Diese Auffassung wird unterstützt durch die Tatsache, dass eine Verletzung des granulären frontalen Areals bei Primaten dramatische Auswirkungen auf die genannten Funktionen hat, während dies etwa bei Ratten nicht der Fall ist.

Eine in letzter Zeit vieldiskutierte angebliche Besonderheit des Cortex der Menschenaffen einschließlich des Menschen betrifft das Vorkommen spindelförmiger Zellen in Schicht V des medialen frontalen und des anterioren cingulären Cortex, die viermal größer sind als die durchschnittlichen Pyramidenzellen in diesem Bereich und über besonders weitläufige Verbindungen mit anderen Hirnteilen verfügen sollen (Nimchinsky et al. 1999; Elston 2002). Spekulationen über den Zusammenhang zwischen dem Besitz solcher „Von-Economo-Zellen" (so genannt nach ihrem Erstbeschreiber, dem rumänischen Neurobiologen von Economo) und überragenden kognitiven oder emotional-kommunikativen Fähigkeiten der Menschenaffen fanden jedoch kürzlich ein Ende, als Hof und Mitarbeiter nachwiesen, dass es solche Zellen bei einigen Bartenwalen an denselben Stellen und in einer Reihe anderer Cortexareale (zum Beispiel dem insulären Cortex) gibt (Hof et al. 2006). Ebenso wurden inzwischen bei Elefanten ebenfalls solche Zellen gefunden (Hakeem et al. 2009). Es ist überdies extrem unwahrscheinlich, dass sich „überragende" Fähigkeiten an einem einzigen Zelltyp festmachen lassen.

Das Gehirn intelligenter Vögel

Im vorigen Kapitel haben wir gehört, dass Rabenvögel neben den Papageien die intelligentesten Vögel sind, und diese Intelligenz ist zumindest teilweise mit der von Primaten vergleichbar. Das Gehirn eines Graupapageis wie das des berühmten Alex wiegt rund zehn Gramm und das der für ihre hohe Intelligenz bekannt gewordenen Neukaledonischen Krähen etwa neun Gramm. Beide Vogelgruppen haben Endhirne, die 70 bis 80 Prozent des Gesamtgehirns ausmachen (Iwaniuk und Hurd 2005), und hiervon nehmen Meso- und Nidopallium sowie das Hyperpallium den größten Teil ein. Dennoch sind diese Gehirne absolut gesehen klein, viel kleiner als die von Kleinaffen. Hinzu kommt die Tatsache, dass die „Intelligenzzentren" des Vogelgehirns, das Mesonidopallium und das Hyperpallium, keinerlei Ähnlichkeiten mit dem Säugercortex, das heißt keinerlei

Schichtung, aufweisen, sondern eine diffuse Struktur haben, in der auch Kernbereiche nur schwer abgrenzbar sind (Kapitel 9).

Vögel besitzen sehr kleine Neuronen, und diese sind allem Anschein nach sehr dicht gepackt. Leider gibt es hier keine quantitativen Daten, ebenso wenig wie über die Dicke der Myelinscheiden der Neuronen im Mesonidopallium, so dass wir keine direkten Vergleiche zu den Säugern ziehen können. Gehen wir ganz spekulativ von den Verhältnissen in der Großhirnrinde kleiner Affen mit für Säuger sehr kleinen Zellen und sehr hohen Zelldichten aus und erhöhen wir die Zahlen noch etwas, weil Vögel generell viel kleinere Zellen haben als Säuger, so könnten Rabenvögel etwa 200 Millionen und Graupapageien 220 Millionen pallialer Neuronen besitzen. Es könnte also sein, dass die hohe Leistungsfähigkeit dieser Gehirne durch eine sehr hohe Packungsdichte von Neuronen und eine sehr schnelle neuronale Verarbeitungsgeschwindigkeit im Pallium erreicht wird. Diese könnte erheblich größer sein als bei den Kleinaffen, da Vögel einen viel höheren Stoffwechsel haben als Säuger. All dies bedarf aber dringend einer genauen Untersuchung.

Was sagt uns das?

Begonnen haben wir unseren Vergleich der Wirbeltier- und insbesondere der Säugetiergehirne (nur von letzteren gibt es detailliertere Daten) mit der Betrachtung der absoluten und relativen Größen der Gehirne. Wir haben dabei festgestellt, dass – absolut gesehen – kleine Tiere im Allgemeinen kleine Gehirne und große Tiere große Gehirne besitzen, und der Grund hierfür ist, dass die Gehirngröße in der Regel zu mehr als 90 Prozent von der Körpergröße bestimmt wird. Wale und Elefanten haben die größten Gehirne mit einem Gewicht bis zu zehn Kilogramm, wogegen sich die durchschnittlich 1,350 Kilogramm des Menschen bescheiden ausnehmen. Dennoch befindet sich der Mensch damit in der Spitzengruppe innerhalb der Wirbeltiere und Tiere insgesamt.

Wenn wir die relative Hirngröße betrachten, das heißt das Gehirnvolumen bzw. -gewicht im Verhältnis zum Körpervolumen bzw. -gewicht, so gilt die Faustregel, dass kleine Tiere relativ große und große Tiere relativ kleine Gehirne haben. Diese *negative Hirnallometrie* führt innerhalb der Säugetiere zu dramatischen Unterschieden: So finden wir beispielsweise mehr als zehn Prozent Gehirnanteil an der Körpermasse bei Spitzmäusen, aber nur 0,01 Prozent (oder weniger) bei Walen. Hier wirken die zwei Prozent des menschlichen Gehirns eher bescheiden, wir müssen aber bedenken, dass der Mensch ein relativ großes Tier ist, und in diesem Kontext sind zwei Prozent sehr viel. Das wird deutlich, wenn wir den „Encephalisationsquotienten" (EQ) bestimmen, der für eine bestimmte Tiergruppe (meist Familien und Gattungen von Säugern) angibt, wie groß ein Gehirn bei einem bestimmten Körpervolumen sein müsste, wenn man den Durchschnitt des jeweiligen höheren Taxons (zum Beispiel einer Ordnung wie die Säugetiere) zugrunde legt. Hier zeigt sich, dass der Mensch ein Gehirn besitzt, das fast achtmal größer ist, als ihm vom Säugerdurchschnitt her zukäme. Dicht gefolgt wird der Mensch von einigen Delphinen, die ein rund fünfmal größeres Gehirn besitzen, als zu erwarten wäre.

Klar ist also, dass weder die absolute noch die relative Größe der Wirbeltiergehirne einen eindeutigen Zusammenhang mit der Intelligenz liefert. Im ersteren Fall müssten Wale und Elefanten viel intelligenter sein als der Mensch, und die Kuh intelligenter als Schimpanse und Gorilla. Im letzteren Fall lägen die Spitzmäuse an der Spitze, was trotz des Wortspiels niemand glauben mag. Besser zu korrelieren scheint der Encephalisationsquotient EQ – immerhin liegt dann der Mensch weit an der Spitze. Es gibt aber auch hier deutliche Inkonsistenzen, zum Beispiel beim Gorilla, der für seine hohe Intelligenz einen „zu niedrigen" EQ aufweist, und bei Kapuzineraffen und Delphinen, die für ihre Intelligenz „zu hohe" EQs erhalten.

Die Großhirnrinde gilt als Sitz von Intelligenz und Geist. Im Laufe der Evolution der Primaten und ebenso der Wale und Elefanten gibt es aufgrund eines positiv allometrischen Wachstums eine dramatische Zunahme des Cortex, jedoch beschränkt sich diese Zunahme bei Walen und Elefanten fast allein auf die Ausdehnung in der Fläche und nicht auf die Dicke. Dagegen haben die Primaten vergleichsweise dicke Cortices. Mit einer Volumenzunahme nimmt die Packungsdichte der Neuronen ab. Wale und Elefanten haben eine weit unterdurchschnittliche Packungsdichte, während die Menschenaffen unerwartet kleine Neuronen und eine vergleichsweise hohe Packungsdichte aufweisen. Dies alles summiert sich zu der erstaunlichen Tatsache, dass das menschliche Gehirn die meisten corticalen Neuronen aufweist (rund zwölf Milliarden) und damit etwas mehr als die Riesengehirne der Wale und Elefanten.

Diese Tatsache allein reicht jedoch nicht aus, den großen Unterschied in kognitiven Leistungen zwischen dem Menschen und den anderen Menschenaffen einerseits und dem Elefanten und den Walen und Delphinen andererseits zu erklären. Hier kommen Unterschiede in der Geschwindigkeit der intracorticalen Informationsverarbeitung zum Tragen. Wir haben Grund zur Annahme, dass bei Primaten die corticale Erregungsverarbeitung viel schneller abläuft als bei den großhirnigen Elefanten und Cetaceen. Natürlich dürfte diese bei sehr kleinen Gehirnen mit noch kleineren und noch dichter gepackten Neuronen noch viel schneller sein, aber dafür enthalten diese eben wesentlich weniger Neuronen als das menschliche Gehirn. Trotz intensiver Suche haben wir bisher im menschlichen Gehirn bzw. Cortex im Vergleich zu den Gehirnen bzw. Cortices anderer Säugetiere keinerlei anatomische und physiologische „Einzigartigkeiten" gefunden, vielmehr sind alle bisher betrachteten Unterschiede quantitativer Art.

Unbeantwortet bleibt die Frage, warum Rabenvögel und Papageien mit vergleichsweise kleinen Gehirnen eine so hohe Intelligenz an den Tag legen. Vermutlich kommen sie aufgrund sehr kleiner Zellvolumina und einer sehr hohen Packungsdichte im Nidopallium auf außerordentlich viele Neuronen. Bemerkenswert ist, dass der für die hohen kognitiven Leistungen der Vögel „zuständige" Hirnteil, das Nidopallium, äußerlich völlig anders aufgebaut ist als der sechsschichtige Cortex der Säuger. Dies deutet die Möglichkeit an, dass hohe Intelligenz durch sehr unterschiedliche neuronale Architekturen verwirklicht werden kann.

13 Was treibt die Hirnevolution an?

Im vorhergehenden Kapitel haben wir uns mit den evolutiven Veränderungen der Wirbeltiergehirne und dem Zusammenhang mit den kognitiven Leistungen dieser Tiere beschäftigt. Unbeantwortet blieb dabei die Frage, welche Faktoren oder „Selektionszwänge" es sind, die diese Veränderungen hervorrufen.

Wie zu Beginn dieses Buches erwähnt, werden in der einschlägigen Literatur drei Faktoren diskutiert, nämlich zum ersten die „ökologische Intelligenz", das heißt die Meisterung der *Umweltbedingungen* einer Art oder eines höheren Taxons, zum zweiten die „soziale Intelligenz", das heißt die Bewältigung der *sozialen Lebens- und Überlebensbedingungen*, und zum dritten die „generelle Intelligenz", das heißt die *effektivere Informationsverarbeitung*, die dann dem Leben und Überleben sowohl in der natürlichen als auch in der sozialen Umwelt zugute kommt. Die Bedeutung dieser Faktoren wurde in den letzten Jahren an Wirbeltiergruppen, wie Primaten und Vögeln bzw. bestimmten Ordnungen von Vögeln (unter anderem Papageien), die durch hohe kognitive Leistungen auffallen, intensiv beforscht, und die gewonnenen Erkenntnisse wollen wir uns genauer anschauen.

Zu den Hirnmerkmalen, auf die die genannten Faktoren möglicherweise einwirken, werden in diesem Zusammenhang insbesondere zwei Eigenschaften diskutiert: Zum einen die absolute Größe des Gesamtgehirns oder von Teilen wie dem Cortex bzw. Pallium, und zum zweiten die um die Körpergröße korrigierte relative Größe des Gesamtgehirns oder des

Cortex bzw. Palliums (Jerisons EQ oder ähnliche Verfahren wie die *brain size residuals,* Jerison 1971; Lefebvre und Sol 2008) – wir wollen dieses Verfahren „korrigierte relative Hirngröße" nennen. Die Betrachtung feinerer Details wie Zellzahl oder Fortleitungsgeschwindigkeit, die im vorigen Kapitel diskutiert wurden, spielen dabei leider kaum eine Rolle, weil diese Parameter noch nicht an einer genügenden Anzahl von Arten untersucht wurden.

Zugunsten der Hypothese der „ökologischen Intelligenz" als Hauptfaktor wurden in der Vergangenheit vor allem Untersuchungen zum Zusammenhang zwischen räumlicher Orientierung bzw. räumlichem Gedächtnis einerseits und der Größe des Hippocampus andererseits angeführt. So wiesen Krebs und Mitarbeiter in einer vielzitierten Arbeit (Krebs et al. 1989) nach, dass Unterschiede in der Fähigkeit von Vogelarten, Futter zu verstecken und wiederzufinden, mit der Größe des Hippocampus korrelieren. Untersuchungen von Plowright und Kollegen (1998) an Beos (*Gracula religiosa*) und Tauben kamen zu ähnlichen Ergebnissen. Auch die Tatsache, dass Elefanten mit ihrem hervorragenden Ortsgedächtnis einen ungewöhnlich großen Hippocampus besitzen (Hart und Hart 2007), weist in diese Richtung. Dem widerspricht allerdings die Tatsache, dass Wale, die Tausende von Kilometern wandern, einen auffallend kleinen Hippocampus besitzen (Hof et al. 2006). Dies könnte damit zusammenhängen, dass (wie erwähnt) der Hippocampus ursprünglich ein Organ für das Riechgedächtnis war und die Wale ihr Riechsystem weitgehend verloren haben. In einer Metanalyse aus dem Jahre 2001 (deren Datenlage sich seither nicht wesentlich geändert hat) kommen MacPhail und Bolhuis zu dem Schluss, dass die empirische Evidenz für eine signifikante Korrelation zwischen der allgemeinen Fähigkeit zur Raumorientierung und der Größe des Hippocampus bestenfalls schwach ist und nur im Hinblick auf das Futterverstecken und -wiederfinden bei Vögeln Signifikanz erlangt. Dies bestätigen auch Lefebvre und Sol (2008). Hinzu kommen Untersuchungen von

Cnotka und Mitarbeitern (2008), dass bei Brieftauben die Größe des Hippocampus erfahrungsabhängig ist. Dies könnte auch bei der vielzitierten Arbeit von Eleanor Maguire und Kollegen über den Zusammenhang zwischen Raumorientierung und der Größe des Hippocampus bei Londoner Taxifahrern (Maguire et al. 2000) der Fall sein. Eine erfahrungs- und übungsabhängige Vergrößerung von Hirnstrukturen, insbesondere im sensomotorischen Bereich (etwa bei Klavierspielern), wurde inzwischen vielfach nachgewiesen. Es wäre also zu prüfen, ob die genannten Korrelationen nicht zumindest teilweise erfahrungsbedingt sind.

In den vergangenen Jahren wurde insbesondere bei Vögeln vielfach der Zusammenhang zwischen Klimaschwankungen, Innovationsfähigkeit bzw. Verhaltensflexibilität und Hirnmerkmalen untersucht (Burish et al. 2004; Iwaniuk und Hurd 2005). Lefebvre und Kollegen (2004) bestimmten bei einer Reihe von Vögeln den Grad der „Verhaltensinnovationen", wobei die Innovationsrate in einem engen Zusammenhang mit der Fähigkeit steht, mit jahreszeitlichen Schwankungen der Umwelt fertigzuwerden. Sie stellten fest, dass diese Fähigkeit signifikant mit der korrigierten relativen Größe des „Hyperstriatum ventrale" (heute Hyperpallium genannt) und des „Neostriatums" (heute Mesonidopallium genannt) bei den Vögeln korrelierte. Sie kamen zu dem Schluss, dass sich innerhalb der Klasse der Vögel dieser Zusammenhang mindestens sechsmal unabhängig ausgebildet hat. In einer Untersuchung an einer großen Zahl unterschiedlicher Vogelgruppen fanden Sol und Kollegen (2005), dass Vögel mit relativ größeren Gehirnen gegenüber solchen mit relativ kleineren Gehirnen besser in der Lage sind, in neuen Umwelten zu überleben. Hingegen gab es keinen signifikanten Zusammenhang mit der absoluten Hirngröße. Die Autoren führen den Zusammenhang auf eine erhöhte Verhaltensflexibilität und Innovationskraft zurück. Schuck-Paim und Kollegen (2008) kamen in einer Studie an einer großen Zahl von Arten neotropischer Papageien im Hinblick auf den Zusammenhang zwischen variablen Klimabedingungen und absoluter bzw. korrigierter relativer Hirngröße zu einem ähnlichen Ergebnis. Auch sie betonen eine stärkere Korrelation zwischen schwankenden Umweltbedingungen und korrigierter relativer im Gegensatz zu absoluter Hirngröße der Papageien.

Die Argumentation der Autoren dieser Studien geht dahin, dass höhere kognitive Leistungen durch „Extra-Neuronen" im Sinne von Jerison (1973) ermöglicht werden, die eine bestimmte Art mit größeren Gehirnen oder Gehirnteilen mehr zur Verfügung hat als der Durchschnitt der übergeordneten Gruppe (zum Beispiel der Familie). Eine grobe Schätzung der Anzahl dieser „Extra-Neuronen" erhält man, wenn man die relative Größe des Gesamtgehirns oder einzelner Hirnteile, vornehmlich des Meso- und des Nidopalliums, um die jeweilige Körpergröße einer Tierart korrigiert, wie dies bei Jerisons EQ oder beim „korrigierten relativen Hirngewicht" geschieht.

Die Hypothese des „sozialen Gehirns", wie sie von vor allem von Robin Dunbar (1995) und Richard Byrne (1995, 1998) vertreten wird, geht davon aus, dass zumindest bei Primaten die Größe des Cortex mehr von der *Komplexität sozialer Beziehungen* bestimmt wird als von der sonstigen Umweltkomplexität. Dunbar fand eine signifikante Beziehung zwischen der Größe des Cortex und der Größe sozialer Gruppen wie auch der Komplexität der entsprechenden sozialen Interaktionen. Ein deutliches Beispiel hierfür ist nach Ansicht des Autors die hohe Sozialität von Pavianen, die den größten Isocortex aller Altwelt-Kleinaffen besitzen (Dunbar 1998). Richard Byrne stellte bei Primaten eine signifikante Beziehung zwischen der Cortexgröße und der Fähigkeit zur „taktischen Täuschung" fest, die von ihm auch „Machiavelli'sche Intelligenz" genannt wird (Byrne und Whiten 1992; Byrne 1995).

Überblickt man die beträchtliche Zahl der zu beiden Hypothesen vorliegenden Studien, so kommt man zu keinem einheitlichen Ergebnis. Bei Vögeln scheint es eine Korrelation zwischen Hirngröße und „ökologischer Intelligenz" zu geben, und zwar stärker für korrigierte relative als für absolute Hirngröße, während es hier für die Hypothese der „sozialen Intelligenz“ keine guten Belege gibt. Umgekehrt dominieren bei den Primaten Resultate zugunsten der „sozialen Intelligenz“, während es kaum Daten zur „ökologischen Intelligenz“ gibt. Eine Erklärung dieser unübersichtlichen Beweislage sehen Autoren wie Lefebvre und Sol (2008) in der Tatsache, dass „ökologisch intelligente“ Tiere meist auch „sozial intelligent“ sind, zum Beispiel was Innovationsrate, Werkzeuggebrauch und sozial komplexes Verhalten angeht. Dies haben Reader und Laland (2002) bei Primaten und Lefebvre und Kollegen (2004) sowie Bouchard und Mitarbeiter (2007) bei verschiedenen Vogelgruppen zeigen können.

Vor einigen Jahren untersuchten Gibson und Mitarbeiter in einem Artikel für die Festschrift zu Ehren von Harry Jerison den Zusammenhang zwischen allgemeinen kognitiven Leistungen und verschiedenen Gehirnmerkmalen bei Primaten (Gibson et al. 2001). Für die Bestimmung der Höhe kognitiver Leistungen benutzen die Autoren einen *Transfer-Index* (TI), der die Fähigkeit ausdrückt, beim Belohnungslernen von einer bestimmten Belohnungsstrategie zu einer anderen „umzuschalten“. Dieser TI drückt dann aus, in welchem Maße ein untersuchtes Tier über oder unter dem Durchschnitt des Taxons (hier der Primaten) liegt. Es zeigte sich, dass Halbaffen durchweg einen negativen, also unterdurchschnittlichen und Affen einen positiven, also überdurchschnittlichen TI aufwiesen mit einem Wert von neun bei Makaken und Werten über zehn bei Menschenaffen (Schimpanse und Orang zwölf, Gorilla 14) mit Ausnahme des Gibbons, der es nur auf einen sehr mäßigen TI von 0,9 brachte.

Die Skala des TI korrelierte signifikant mit dem Körper- und dem Gehirngewicht, während es keine signifikante Korrelation mit dem unkorrigierten oder korrigierten relativen Gehirngewicht und dem EQ gab. Die Autoren wiesen auf den Umstand hin, dass zum Beispiel Kapuzineraffen der Gattung *Cebus* einen sehr hohen EQ (3,5–4,8) besitzen, aber nur einen bescheidenen

TI von 0,5 aufweisen. Abweichungen in umgekehrter Richtung gibt es beim Gorilla, der von allen nichtmenschlichen Primaten beim TI am besten abschneidet, jedoch nur auf einen vergleichsweise niedrigen EQ (1,76) kommt.

Eine sehr ähnliche Rangfolge wie beim TI erhält man, wenn man andere kognitive Leistungen wie Werkzeuggebrauch und -herstellung, *Theory of Mind*, Selbsterkennen im Spiegel usw. nimmt (Kapitel 11). Auch hier schneiden die Halbaffen am schlechtesten ab, denn sie besitzen praktisch keine dieser Fähigkeiten; einige Kleinaffen haben sie nur punktuell und ansatzweise (zum Beispiel Werkzeuggebrauch bei *Cebus*), während die Großaffen diese Fähigkeiten zumindest in Vorstufen der Leistungen beim Menschen an den Tag legen. Auch hier traten in der Studie von Gibson und Mitarbeitern die besten Korrelationen mit der absoluten Gesamthirngröße sowie der absoluten Größe von Cortex, Kleinhirn, Striatum, Zwischenhirn und Hippocampus auf.

Die Bedeutung der „allgemeinen Intelligenz" wurde in einer vor wenigen Jahren erschienen Untersuchung von Deaner und Kollegen (2007) an Primaten unterstrichen. Die Autoren verglichen die „allgemeine Intelligenz" von Primaten mit der absoluten Größe, mit Jerisons Encephalisationsquotienten (EQ) und mit der korrigierten relativen Gehirngröße (*brain size residuals*). Die Autoren fanden – anders als die oben genannten Studien an Vögeln–, dass die *absolute* Hirngröße besser als Jerisons EQ und auch besser als die korrigierte relative Gehirngröße mit der „allgemeinen Intelligenz" korreliert. Dies spräche eindeutig für die Hypothese einer „generellen Intelligenz", also kognitiver Fähigkeiten, die universell eingesetzt werden können, um komplexe und neuartige Probleme zu lösen, seien diese ökologischer oder sozialer Art (Hofman 2003; Lefebvre und Sol 2008). Menschenaffen sind hierfür Musterbeispiele, denn Schimpansen und der Mensch nehmen sowohl in der ökologischen Intelligenz (etwa beim Werkzeugherstellen und -gebrauch) als auch in der sozialen Intelligenz Spitzenplätze ein. Für Rabenvögel und Papageien trifft dies nur in geringem Maße zu. Schwieriger ist die Beurteilung der Wale und Elefanten, die zwar eine hohe soziale Intelligenz besitzen, aber in ihren kognitiven Fähigkeiten eher bescheiden dastehen. Dabei ist zu bedenken, dass bei Cetaceen die Umwandlung der Vordergliedmaßen zu Flossen einen Werkzeuggebrauch und erst recht eine Werkzeugherstellung fast unmöglich macht. Der Elefant dagegen hat einen sehr beweglichen Rüssel, aber dessen Gebrauch im „Alltag“ ist im Gegensatz zur Hand der Primaten unspektakulär. Warum der Elefant nicht mehr aus der Beweglichkeit seines Rüssels macht, ist unklar.

Die Bedeutung der „generellen Intelligenz“ wird durch Untersuchungen zur menschlichen Intelligenz gestützt, die zeigen, dass kognitiv intelligentere Menschen im Durchschnitt auch sozial intelligenter sind (Rost 2009). Generelle Intelligenz ist bei Primaten im präfrontalen Cortex lokalisiert und eng mit der Kapazität des Arbeitsgedächtnisses verbunden. Hier stellt man eine signifikante Korrelation zwischen IQ und der corticalen Fortleitungsgeschwindigkeit fest. Dies erklärt auch, warum nach eigenen Untersuchungen zumindest bei Säugetieren die Zahl der Neuronen plus Schnelligkeit der neuronalen Informationsverarbeitung die beste Korrelation mit kognitiven Leistungen ergibt.

Was sagt uns das?

Die zitierten Befunde zeigen, dass bei Vögeln die Umweltbedingungen einen maßgeblichen Einfluss auf die Ausbildung der „ökologischen Intelligenz“ hatten, also auf die Fähigkeit, sich stark fluktuierenden ökologischen Bedingungen anzupassen und in neuen Umwelten innovatives Verhalten zu zeigen. Diese ökologische Intelligenz korreliert gut mit der korrigierten relativen Hirngröße bzw. der absoluten Hirngröße. Bei Primaten hingegen scheinen die Anforderungen, die mit einer komplexen Sozialstruktur einhergehen, die soziale Intelligenz gefördert zu haben. Die besten Übereinstimmungen erhält man jedoch, wenn man von der allgemeinen Intelligenz als demjenigen Faktor ausgeht, der die Hirnentwicklung vorrangig vorantreibt. Diese allgemeine Intelligenz drückt sich in der Effektivität und der Geschwindigkeit der neuronalen Informationsverarbeitung und speziell in einer erhöhten Kapazität des Arbeitsgedächtnisses aus, also der Fähigkeit, gerade wahrgenommene Geschehnisse oder Gedächtnisinhalte für kurze Zeit zu behalten und mit ihnen „geistig" zu hantieren. Dieser Umstand könnte auch erklären, warum kleine Gehirne oft erheblich leistungsfähiger und große Gehirne erheblich weniger leistungsfähig sind als erwartet. Kleine Gehirne können bei einer hohen Packungsdichte sehr kleiner Nervenzellen und bei entsprechend sehr kurzen und schnellen Verbindungen eine hohe Effektivität des Arbeitsgedächtnisses erzielen und sind dabei stoffwechselphysiologisch besser gestellt als große Gehirne.

14
Wie einzigartig ist der Mensch?

Der Mensch unterscheidet sich in vielen Merkmalen von seinen nächsten Verwandten, den Schimpansen und Gorillas. Zu den auffallendsten anatomischen Unterschieden gehören der grazile Körperbau, der aufrechte Gang, die Befähigung zum Sprint ebenso wie zum ausdauernden Laufen, der relativ geringe Größenunterschied zwischen den Geschlechtern (zumindest im Vergleich zu Gorillas), die schwach ausgebildeten Eck- bzw. Reißzähne, das flache Gebiss, die spärliche Körperbehaarung, die große Zahl von Schweißdrüsen in der Haut und damit die Fähigkeit zum Schwitzen sowie das stark vergrößerte Gehirn. Hinzu kommen die stark verlängerte Jugendzeit, die nicht äußerlich erkennbare Empfängnisperiode der Frau, die gesteigerte Intelligenz, die ausgeprägten sozialen und sozial-kommunikativen Fähigkeiten und die syntaktisch-grammatische Sprache. All diese Merkmale sind eng mit der eigentümlichen Evolution des Menschen verbunden, und deshalb wollen wir uns diese noch einmal genauer anschauen.

Wie ist die Evolution des Menschen abgelaufen?

Die Evolution von *Homo sapiens* ist trotz intensiver Forschung nur in groben Zügen bekannt. In den vergangenen 15 Jahren hat es zahlreiche Funde von Überresten eines Vorfahren der

Australopithecinen, *Ardipithecus ramidus*, gegeben, die ein neues Licht auf die Vorgeschichte der Australopithecinen und damit der Menschen im engeren Sinne werfen. *Ardipithecus* lebte vor 5,8 bis 4,4 Millionen Jahren in der Gegend von Aramis im heutigen Äthiopien und zeigt viele Merkmale, die ihn deutlich von den heutigen Schimpansen und Gorillas unterscheiden. Er war 120 bis 130 Zentimeter groß und bereits zum aufrechten Gang in der Lage, konnte jedoch offenbar auch noch gut in den Bäumen hangeln und hatte wie die baumkletternden Schimpansen und Gorillas einen Greifzeh, der bei seinem Nachfahren *Australopithecus afarensis* bereits fehlt. Das Gehirn von *Ardipithecus* war kaum größer als das der heutigen Schimpansen, die Eckzähne waren allerdings nicht so stark ausgebildet wie bei Schimpansen und Gorillas. Dies bedeutet, dass die gemeinsamen Vorfahren von Schimpansen und Menschen nicht den heutigen Schimpansen glichen. Vielmehr müssen Schimpansen und Gorillas nach dieser Anschauung als eigenständige Weiterentwicklungen betrachtet werden, die eine größere Spezialisierung zugunsten des Baumlebens erfahren haben, wobei Gorillas außerdem einen ausgeprägten Geschlechtsdimorphismus im Körperbau aufweisen.

Die für uns relevante Gattung *Australopithecus* lebte in der Zeit vor 4,4 bis vor 1,1 Millionen Jahren am Turkanasee (früher Rudolfsee) und am Victoriasee in Ostafrika sowie in Südafrika. Zu ihr gehörten unter anderem *Australopithecus anamensis*, dessen Vertreter vor 4,2 bis 3,9 Millionen Jahren die Region um den Turkanasee in Kenia bewohnten, circa 120 Zentimeter groß waren und bereits einen gut ausgebildeten aufrechten Gang zeigten; *Australopithecus afarensis* (mit „Lucy“ als berühmtester Repräsentantin), der vor 3,9 bis 3 Millionen Jahren in Tansania, Kenia und Äthiopien zu Hause war und im männlichen Geschlecht circa 150 Zentimeter Körpergröße erreichte; *Australopithecus africanus*, der vor 3,5 Millionen Jahren in Südafrika lebte und etwa 140 Zentimeter groß war, sowie *Australopithecus garhi*, der vor 2,5 Millionen Jahren in Äthiopien vorkam. Sie alle hatten ein Gehirnvolumen von 400 bis 550 Kubikzentimeter, was dem Gehirnvolumen der heutigen Schimpansen bzw. Gorillas entspricht. Die Evolution ist vermutlich von *A. anamensis* über *A. afarensis* zu *A. africanus* und *A. garhi* gelaufen. Von *A. afarensis* hat sich möglicherweise die Gattung *Paranthropus* abgespalten, deren Arten *P. aethiopicus*, *P. boisei* (lebte vor 2,5 Millionen Jahren in Tansania und war etwa 140 Zentimeter groß) und *P. robustus* (lebte vor 1,6 Millionen Jahren in Südafrika) im Rückblick weniger erfolgreiche Seitenlinien darstellen.

Aus *Australopithecus africanus* oder *A. garhi* entwickelten sich Vertreter der neuen Gattung *Homo*, und zwar *H. habilis* in Regionen südlich der Sahara und *H. rudolfensis* und *H. ergaster* in Ostafrika. 2,4 bis 1,6 Millionen Jahre alte Spuren von *Homo habilis* finden sich in Äthiopien, Tansania, Kenia und Südafrika. Er war circa 140 Zentimeter groß, hatte ein Gehirnvolumen von 550 bis 630 Kubizentimeter (manchmal wird als obere Grenze 750 Kubizentimeter angegeben) und verwendete Werkzeuge zum Schneiden, Schaben und Hämmern. *Homo rudolfensis* lebte vor 2,4 bis 1,8 Millionen Jahren am Turkanasee (früher Rudolfsee genannt), in Südäthiopien und am Malawisee. Er war bis zu 155 Zentimeter groß und hatte ein Gehirnvolumen von 600 bis 700 Kubizentimeter, das bereits deutlich größer war als das der damaligen und auch der heutigen Menschenaffen. Bei *Homo rudolfensis* wurden ebenfalls primitive Werkzeuge gefunden, zum Beispiel scharfkantige Abschläge von Steinen zum Zerlegen und Abschaben von Kadavern. Viele Wissenschaftler glauben, dass *H. rudolfensis* als erste Menschenart Afrika vor 1,8 Millionen Jahren verließ. Aus einem dieser frühen Vertreter der Gattung *Homo* entwickelte sich einerseits *H. erectus*, der Ostasien besiedelte, und zum anderen (über ein Zwischenglied, den *H. antecessor*) *H. ergaster* bzw. *H. heidelbergensis*, der sich über die gesamte Alte Welt ausbreitete.

Homo ergaster/heidelbergensis lebte in der Zeitspanne von vor 1,8 bis 1,0 Millionen Jahren bis etwa vor 200 000 Jahren in Europa (Deutschland, Frankreich, Nordspanien, Balkan), im Kaukasus, in Marokko und im gesamten Ostafrika, während *Homo erectus* in Südostasien, in China, in Ost- und Südafrika zu finden war. Das Gehirn dieser Vormenschen war auf ein Volumen von 720 bis 1 250 Kubizentimeter angewachsen und erreichte damit teilweise die Gehirngröße des heutigen Menschen. *H. heidelbergensis* und *H. erectus* kannten den Gebrauch von Feuer und von Faustkeilen. Die allererste Besiedlung Südeuropas durch *Homo ergaster/heidelbergensis* geschah vor etwa 800 000 Jahren (manche Forscher nehmen eine Besiedelung vor rund einer Million Jahren oder noch früher an), nachhaltig besiedelt wurde Südeuropa aber erst vor rund 500 000 Jahren. *Homo heidelbergensis* spaltete sich vor 270 000 bis 440 000 Jahren auf in *H. neanderthalensis* und *H. sapiens. Homo neanderthalensis*, der „Neandertaler", lebte in einem Zeitraum von vor 220 000 bis etwa vor 27 000 Jahren in Israel, am Schwarzen Meer, in der Osttürkei, in Persien und Afganisthan, in Spanien, Frankreich, Deutschland und England. Er war bis 160 Zentimeter groß und zeichnete sich durch einen massiven Knochenbau und einen muskulösen Körper aus; sein Kopf hatte starke Überaugenwülste und ein fliehendes Kinn. Neandertaler führten Totenbestattungen durch und stellten feinere Werkzeuge her. Sie hatten ein Gehirnvolumen von 1 400 bis 1 900 Kubizentimeter und damit im Schnitt deutlich mehr als der moderne Mensch (andere Angaben liegen mit 1 125 bis 1 740 Kubizentimeter darunter).

Unser Vorfahre im engeren Sinne, *Homo sapiens*, entstand wahrscheinlich in einem Zeitraum vor 600 000 bis 150 000 Jahren in Ostafrika aus einer afrikanischen Form des *Homo erectus*. Von dort breitete er sich in einer Form, die sich vom heutigen Menschen nicht mehr wesentlich unterscheidet, über die ganze Welt aus. Südafrika besiedelte er vor etwa 150 000 Jahren, Nordafrika und Kleinasien vor etwa 100 000 Jahren. Von dort wanderte *Homo sapiens* über Afghanistan und Nordindien bis nach China und Südostasien. Er kam vor 60 000 Jahren in mehreren Wellen nach Australien, vor 35 000 bis 15 000 Jahren nach Nordostasien und von dort nach Nord- und Südamerika. Südeuropa wurde erst vor circa 40 000 Jahren durch *Homo sapiens* besiedelt, also vergleichsweise spät. In Kleinasien lebte der Neandertaler schon vor mindestens 200 000 Jahren, vor rund 100 000 Jahren kam *H. sapiens* hinzu. Beide teilten offenbar ihren Lebensraum miteinander, verwendeten ungefähr dieselben Werkzeuge und scheinen sich nach neuesten Befunden auch begrenzt vermischt zu haben, denn das Genom von Europäern und Asiaten überlappt zu ein bis vier Prozent mit dem der Neandertaler (Green et al. 2010).

Das war in Europa anders: Dort traf *Homo sapiens* vor rund 40 000 Jahren auf den bereits lange ansässigen *H. neanderthalensis*, und nach weiteren gut 10 000 Jahren war letzterer verschwunden. Die Gründe hierfür sind unbekannt. Es steht nach wie vor die Vermutung im Raum, dass *Homo sapiens* den Neandertaler schlicht ausrottete, aber dafür gibt es keinerlei Beweise, ebenso wenig dafür, dass Infektionskrankheiten, gegen die der moderne Mensch immun war, dem Neandertaler zum Verhängnis wurden. Ob und inwieweit *Homo sapiens* und *Homo neanderthalensis* in Europa überhaupt nennenswert in Kontakt kamen, ist unklar. Es gibt hier, im Gegensatz zu Kleinasien, keine Beweise für eine genetische Vermischung zwischen den beiden Menschenarten.

Fest steht, dass die modernen Menschen in der Zeit zwischen 40 000 und 30 000 Jahren vor unserer Zeit im Vergleich zum Neandertaler „plötzlich" feinere Werkzeuge herstellten. Sie waren ganz offenbar geschickte Jäger und Fischer, benutzten Lanzen und verfügten eventuell über eine effektivere Jagdtechnik. Viele Skelette von Neandertalern weisen Knochenbrüche auf, wie sie im „Nahkampf" mit Großwild auftreten können, während entsprechende Verletzungen bei Skeletten von *Homo sapiens* aus jener Zeit nicht in diesem Maße zu finden sind. Vielleicht hat *Homo sapiens* mithilfe von Lanzen den Neandertalern das zum Überleben notwendige Wild weggefangen.

Vor circa 30 000 Jahren kam es dann zu einer „kulturellen Explosion", die sich in großartigen Kunstwerken, vor allem in wunderbaren Höhlenmalereien niederschlug, zum Beispiel in Spanien (Altamira) und Südfrankreich (Lascaux). Um etwa diese Zeit verschwanden die Neandertaler und auch die letzten Vertreter des *Homo erectus*. Damit war für *Homo sapiens* der Weg frei. Mit dem Ende der letzten Eiszeit vor ungefähr 10 000 Jahren entstand in Vorderasien die erste Landwirtschaft, erste größere Siedlungen mit mehreren Tausend Menschen wurden gegründet (Reichholf 2008). Die ersten „Ballungszentren" entstanden in Regionen, in denen es infolge einer Klimawärmung zu Versteppung bzw. Wüstenbildung kam (so dass die Menschen „zusammenrücken" mussten), oder in Landstrichen mit besonders günstigen klimatischen, geologischen und botanisch-zoologischen Bedingungen, wie etwa in China, am Indus, in Mesopotamien und am Nil. Dort entwickelten sich die ersten Hochkulturen, die eine Schriftsprache erfanden, eine effektive Verwaltung schufen und die Grundsteine für die Wissenschaften Astronomie und Mathematik legten sowie Kunst und Kultur pflegten.

Welche biologischen Faktoren diese Entwicklung des Menschen ermöglicht haben könnten, ist unklar. Wir müssen davon ausgehen, dass sich das menschliche Gehirn und seine Leistungen zumindest in den letzten 30 000 Jahren nicht wesentlich verändert haben. Die Höhlenmalereien in Altamira und Lascaux sind von einer solchen Meisterschaft, ebenso die damals entstandenen Werkzeuge, dass man nicht an eine grundlegende Steigerung kognitiver oder manipulatorischer Leistungen des Menschen in der Zwischenzeit glauben mag.

Warum verließen die Vorfahren des Menschen den Urwald?

Der erste große Schritt in der Entwicklung zum *Homo sapiens* war das völlige Verlassen des Urwaldes und das Leben in der trockenen Savanne. Von den beiden Schimpansenarten sind nur die Bonobos (*Pan paniscus*) exklusive Regenwaldbewohner, die Gemeinen Schimpansen (*Pan troglodytes*) leben meist in der Übergangszone zwischen Urwald und Savanne, sie können sich aber nicht dauerhaft in der trockenen und heißen Savanne aufhalten. Dies hängt zum einen mit ihrer geringen Toleranz gegenüber der großen Hitze in der Savanne und zum anderen mit ihrer Ernährungsweise zusammen. Schimpansen sind Allesfresser, die sich aber zum überwiegenden Teil von Pflanzen, und zwar hauptsächlich von Früchten und Nüssen, daneben auch von Blättern, Blüten und Samen ernähren. Sie fressen genauso wie die Kleinaffen regelmäßig Insekten und verschiedene kleine Säugetiere, gelegentlich auch kleine Primaten, aber diese tierische Nahrung bildet nur einen geringen Anteil an ihrer Ernährung. All diese Nahrungsmittel binden die Schimpansen an fruchttragende Bäume, die eher am Rand des Urwaldes in der feuchteren Savanne vorkommen (Reichholf 2008).

Primatenforscher wie Kortlandt (1968) haben schon vor längerer Zeit die These aufgestellt, dass es durch die großen geologischen Veränderungen im jüngeren Pliozän (also vor rund drei Millionen Jahren) und dem sich anschließenden Pleistozän in Ostafrika zur Entstehung von Gebirgszügen und Gräben kam, die zu einer starken Austrocknung der Landstriche östlich dieser Barriere führten, so dass die dort lebenden Schimpansen nicht mehr genug Früchte fanden. Zusammen mit dem Nil, dem großen afrikanischen Graben und den im Südosten Afrikas gelegenen Rukwa- und Nyasa-See bildete sich die „Nil-Rukwa-Barriere". Da Schimpansen diese Barriere nicht überschreiten konnten (wie die Gorillas können sie nicht schwimmen), starben sie dort aus und überlebten nur westlich der Barriere. Die Vorfahren des Menschen schafften es jedoch, unter diesen veränderten Bedingungen zu überleben. Zudem gab es in der trockeneren offenen Savanne zur Zeit der Entstehung des Menschen fleischliche Nahrung im Überfluss: in Form von riesigen Huftierherden. Die „Erfindung" des aufrechten Gangs – ermöglicht unter anderem durch Veränderungen der Wirbelsäule, des Beckens und entsprechender Halte- und Bewegungsmuskeln – stellte deshalb zusammen mit dem Verlust der dichten Behaarung und der deutlichen Steigerung der Schweißdrüsendichte der Haut den wesentlichen Schritt zum Leben in der offenen Savanne dar. Der aufrechte Gang verschafft einen besseren Überblick im Grasland, und die größere Beweglichkeit ermöglicht sowohl den schnellen Sprint, zum Beispiel um einem Raubtier zu entkommen oder einem Nahrungskonkurrenten die Beute zu entreißen, als auch den ausdauernden Gang, der nötig ist, um hinter den Herden herzuziehen.

Allerdings war es den Vormenschen trotz des riesigen Fleischangebotes ohne Krallen und Raubtiergebiss und ohne Jagdwaffen (die tauchten erst sehr viel später auf) nicht möglich, Herdentiere zu erlegen. Man nimmt deshalb an, dass sich die Vormenschen neben Wurzeln und Früchten für lange Zeit von schwächlichen Jungtieren sowie kranken und alten Tieren ernährten. Auch wenn sie damit in Konkurrenz zu Leoparden, Löwen, Hyänen und Geiern traten, gab es ein Nahrungsangebot, das für alle reichte. Hinzu kam, dass der Mensch aufgrund seines ergonomisch äußerst günstigen aufrechten Ganges etwas tun konnte, wozu die vierbeinigen Konkurrenten nicht in der Lage waren, nämlich Tage und Wochen hinter den grasenden Herden herzuziehen und auf die „Fleischabfälle" zu warten. Kein anderes Tier mit Ausnahme des Kamels kann – sagen die Experten – so ausdauernd gehen und laufen wie der Mensch. Den Werkzeuggebrauch zum Zerlegen der Beute könnte der Mensch den Geiern abgeschaut haben, die ihre Beute zum Teil aus größerer Höhe auf Steine fallen lassen (oder umgekehrt), um deren Knochen zu brechen und damit an das nahrhafte Knochenmark zu gelangen. Ein großer Schritt war die Erfindung des Speeres, besonders in Verbindung mit einer Wurfschlaufe, die die Reichweite und Treffsicherheit des Speeres erhöht. Schließlich kamen Steinaxt und Pfeil und Bogen hinzu und natürlich auch kooperative Jagdtechniken mit Hinterhalt, wie dies zum Beispiel auch die Löwen betreiben. Es gelang den Vormenschen schließlich vor etwa 300 000 Jahren, die Nil-Rukwa-Barriere nach Westen zu überschreiten und die dort lebenden Schimpansen zu jagen und aus den Savannengebieten in den Urwald oder zumindest in dessen Nähe zu vertreiben. Es könnte also sein, dass die Schimpansen sekundär „Urwaldeigenschaften“ entwickelt haben, wie etwa die Fähigkeit, vierfüßig Bäume zu erklettern, was dem Menschen nicht möglich ist.

Die größten anatomischen Unterschiede zwischen Menschen und Schimpansen liegen zweifellos im Bau von Beinen und Füßen. Während der Schimpansenfuß als Greif- und Kletterfuß für längeres zweibeiniges Gehen ungeeignet ist (die Schimpansen gehen dabei auf den Außenkanten ihrer Füße), ist der Fuß des Menschen ein reiner Stütz-, Schreit- und Lauffuß mit hohem Gewölbe, kurzen Zehen und einem nicht mehr abspreizbaren großen Zeh. Demgegenüber ist die Hand nur geringfügig umgestaltet. Die menschliche Hand unterscheidet sich von der eines Schimpansen im Wesentlichen durch ihre Kleinheit und die Kürze der Finger mit Ausnahme des Daumens. Der extensive Handgebrauch und die Handfeinmotorik sind keineswegs eine Neuentwicklung der Vorfahren des Menschen, sondern finden sich bereits bei den Schimpansen, die denselben „Präzisionsgriff“ ausführen können wie wir. Schimpansen erweisen sich in ihrer Hand-Feinmotorik als ebenbürtig, wie Abbildung 53 zeigt, in der die Münsteraner Äffin Julia beim Benutzen eines Schraubenziehers zu sehen ist. Was sich hingegen im Laufe der menschlichen Evolution stark verändert hat, ist die Verwendung der Hand bei komplexen kognitiv-motorischen Aufgaben, die von einer erhöhten neuronalen Ansteuerung durch (prä)motorische und parietale Netzwerke ermöglicht wird.

Die Vergrößerung des Gehirns und ihre Folgen

Die Entwicklungslinie von *Australopithecus afarensis* und *A. africanus* zum Neandertaler und zum modernen Menschen weist eine einzigartige Steigerung des Hirnvolumens innerhalb von vier

Abb. 53 Schimpansin Julia steuert das Einsetzen eines Schraubenziehers in eine kleine Schraube mit der Zeigefingerspitze der linken Hand. (aus Rensch 1968)

Millionen Jahren auf (Abbildung 54). Für dieses Wachstum wird ein Exponent von 1,73 angegeben, was eine stark positive Allometrie darstellt (Philbeam und Gould 1974). Die ersten men-

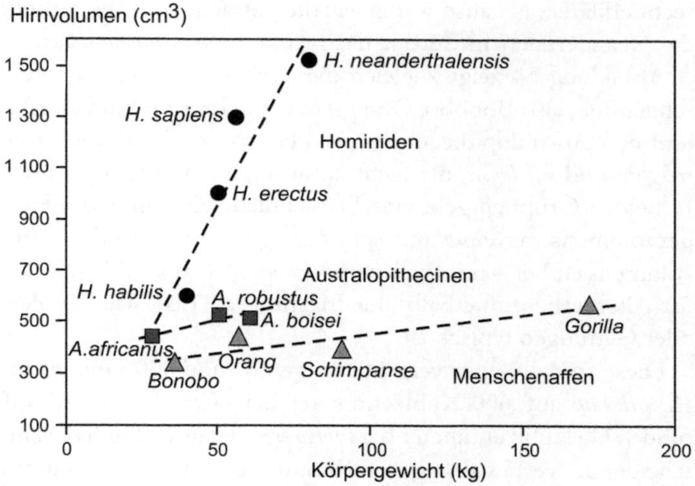

Abb. 54 Die Abbildung zeigt die Zunahme des Gehirnvolumens bzw. – bei ausgestorbenen Angehörigen der Gattungen *Australopithecus* und *Homo* – das endokraniale Volumen (jeweils in Kubikzentimetern) im Verhältnis zur Zunahme des Körpergewichts (in Kilogramm). Man beachte, dass die Zunahme des Gehirnvolumens bei den nichtmenschlichen Menschenaffen sowie bei den Australopithecinen, die nicht zu unseren unmittelbaren Vorfahren gehörten, flach verläuft, während sie von *Australopithecus africanus* über *Homo habilis* und *Homo erectus* zum modernen Menschen (*Homo sapiens*) steil (positiv allometrisch) ansteigt. (nach Pilbeam und Gould 1974)

schenartigen Bewohner der offenen Savanne wie *Australopithecus africanus* hatten ein Gehirnvolumen von 400 bis 450 Kubizentimeter, *Homo habilis* wies hingegen schon 550 bis 750 Kubikzentimeter auf, und *Homo erectus* erreichte 1 000 Kubizentimeter und mehr. Die anschließende Aufspaltung führte zum *Homo neanderthalensis* mit einem Gehirnvolumen von 1 400 bis 1 900 Kubikzentimeter und zum *Homo sapiens* mit einem durchschnittlichen Hirnvolumen zwischen 1 200 und 1 500, also deutlich weniger als beim Neandertaler. Dieses letztere Faktum kann niemand so recht erklären, genauso wenig wie die Tatsache des Aussterbens des Neandertalers in Europa nach Ankunft von *Homo sapiens*.

Abbildung 54 zeigt zugleich die Verhältnisse bei den Menschenaffen, also Bonobo, Orang-Utan, Schimpanse und Gorilla, und den Australopithecinen, hier *Australopithecus (Paranthropus) robustus* und *A. boisei*, die nicht zu unseren Vorfahren gehören. In beiden Gruppen geht eine beträchtliche Zunahme des Körpervolumens mit einer nur sehr geringen Zunahme des Hirnvolumens einher – mit Exponenten von 0,34 bzw. 0,33, wie dies für Allometrien innerhalb „niedrigstufiger" Taxa wie Familien oder Gattungen typisch ist.

Diese starke Gehirnvergrößerung von rund 400 Gramm bei *A. africanus* auf 600 Kubizentimeter bei *Homo habilis* und auf rund 1 000 Kubizentimeter bei *Homo erectus* wurde durch die entscheidende Verbesserung der Ernährungssituation vermutlich zumindest stark gefördert. Rufen wir uns ins Gedächtnis, dass das Gehirn im Vergleich zu seinem Volumen unverhältnismäßig viel Stoffwechselenergie benötigt: Statt der rund zwei Prozent, die seinem Anteil am Körpervolumen entsprechen würden, verbraucht es bereits im Ruhezustand 20 Prozent, also zehnmal mehr, und dies steigert sich bei angestrengter geistiger Tätigkeit noch einmal. Allerdings wurde die für das Gehirn und seine Leistungen benötigte Stoffwechselenergie in der Evolution des Menschen nicht nur aus dem verbesserten Nahrungsangebot gewonnen, sondern offenbar auch durch Einsparungen im Energieverbrauch der übrigen Körperorgane aufgebracht. Ähnlich energiezehrend sind nämlich die inneren Organe Herz, Leber, Niere und der Verdauungstrakt. Zusammen mit dem Gehirn verbrauchen sie beim heutigen Menschen rund 70 Prozent der Gesamtenergie. Nach der „Hypothese der teuren Gewebe" (*Expensive Tissue Hypothesis*) der Anthropologin Lesli Aiello und ihrer Kollegen (Aiello et al. 2001) kam es im Verlaufe der frühen Evolution des Menschen zu einer deutlichen Reduzierung der Darmlänge, die durch qualitativ bessere Nahrung mehr als ausgeglichen werden konnte, und dies begünstigte nach Ansicht der Autoren die weitere Vergrößerung des Gehirns.

Nun kann ein Gehirn nicht einfach aufgrund eines Selektionsdruckes größer werden. Zum einen muss hierfür ein genetisch-epigenetischer Mechanismus vorhanden sein, der diese Vergrößerung bewerkstelligt. Zum zweiten müssen die mit dem starken Hirnwachstum verbundenen energetischen und anatomischen Probleme gelöst werden. Über den ersten Mechanismus gibt es keine abschließenden Erkenntnisse, wichtig ist jedoch, dass das Gehirn im Laufe der (vor)menschlichen Evolution, wie bereits im vorhergehenden Kapitel erwähnt, mit Ausnahme des olfaktorischen Systems und des verlängerten Marks insgesamt größer geworden ist, wobei der Cortex leicht positiv allometrisch wächst, und der frontale Cortex tut dies noch einmal. Dies lässt sich nach Ansicht von Experten am ehesten mit einer Veränderung der genetischen Steuerung des allgemeinen Hirnwachstums erklären, zum Beispiel in der evolutiven Veränderung von Regulatorgenen (Finlay und Darlington 1995; Rakic und Kornack 2001).

Eine solche Veränderung kann zu einer erhöhten Teilungsrate oder einer verlängerten Produktionszeit der Neuronen-Vorläuferzellen führen. Zu Beginn der Entwicklung des Cortex kommt es nahe am Endhirnventrikel zuerst zu einer symmetrischen Vermehrung von Vorläuferzellen, das heißt jede Vorläuferzelle teilt sich in zwei weitere Vorläuferzellen, was zu einem exponentiellen Wachstum führt. Diese Phase wird abgelöst von einem asymmetrischen Teilungsmuster, bei dem sich eine Vorläuferzelle in eine weitere Vorläuferzelle und eine Nervenzelle teilt. Während sich die neue Vorläuferzelle weiter asymmetrisch teilt, wandern die neuen Nervenzellen nach außen und bilden die sogenannte Cortexplatte, aus der dann der sechsschichtige Isocortex entsteht. Der sicherste Weg, um die Zahl der Neuronen schnell zu vergrößern, ist also die Steigerung der Zahl der symmetrischen Zellteilungen.

Der Flaschenhals der evolutiven Hirnvergrößerung des Menschen liegt nach der bekannten „Hypothese der mütterlichen Energie“ (*Maternal Energy Hypothesis*) des Hirnforschers Robert Martin (1996) im vorgeburtlichen und frühen nachgeburtlichen Hirnwachstum. Das vorgeburtliche Hirnwachstum des Menschen ist sehr „kostspielig“. Es verbraucht circa 60 Prozent des Ruheumsatzes des Kindes. Das dramatische Hirnwachstum setzt sich nach der Geburt erst einmal weiter fort und nimmt dann bis zum Ende des siebten Lebensjahres zu. So erreicht das menschliche Gehirn seine ungewöhnliche Größe. Dies hat zwei wichtige Konsequenzen: Zum einen bedeutet das energieintensive vorgeburtliche Gehirnwachstum eine erhebliche Belastung des Stoffwechsels der werdenden Mutter, das heißt diese benötigt ständig energiereiche Nahrung. Zum anderen verlangt es nach der Geburt eine intensive Fürsorge, etwa in Form von Unterstützung durch die Großmütter, durch Schwestern oder Nachbarinnen und nicht zuletzt durch den Partner der Mutter des Säuglings und seine Angehörigen. Dies wurde offenbar durch eine gesteigerte sprachliche Kommunikation erleichtert, mit der wir uns gleich beschäftigen werden.

Das starke vorgeburtliche Gehirnwachstum ist zusammen mit dem aufrechten Gang der wesentliche Grund für die Geburtsschwierigkeiten des Menschen – Probleme, die im übrigen Tierreich nicht anzutreffen sind. Das weibliche Becken stellt einen Kompromiss dar zwischen den Erfordernissen des aufrechten Ganges, der ein relativ enges Becken begünstigt, und der für das Gebären eines großhirnigen Fötus notwendigen Weite des Geburtskanals. Der Mensch wird zu einem Zeitpunkt geboren, an dem die überwiegende Zahl der Mütter und Kinder die Geburt überleben. Dieser Zeitpunkt liegt etwas früher als bei anderen Primaten, wenn auch die vielzitierte Aussage Adolf Portmanns, der Mensch sei eine extreme physiologische Frühgeburt, nicht zutrifft, denn zumindest das Schimpansenbaby ist ähnlich hilflos wie das Menschenbaby. Richtig hingegen ist, dass das nachgeburtliche Hirnwachstum des Menschen viel stärker und länger ist als das anderer Primaten. Diese länger anhaltende Hilflosigkeit des Menschen und seine gegenüber Schimpansen deutlich verlängerte Jugendzeit sind offenbar ein weiterer Schlüssel für das Verständnis der besonderen Sozialität des Menschen.

Mensch und Sprache

Die Frage, ob zumindest manche Tiere ein Kommunikationssystem besitzen, das der menschlichen Sprache gleicht oder ihr nahe kommt, ist in den vergangenen 30 Jahren ausgiebig und zum Teil kontrovers diskutiert worden. Einigkeit herrscht inzwischen darüber, dass viele Säugetiere wie Präriehunde und Meerkatzen eine relativ komplexe intraspezifische lautliche Kommunikation besitzen, die keineswegs nur die jeweilige emotionale Befindlichkeit (Erregung, Freude, Aggression, Furcht, Schmerz, Trauer usw.) des vokalisierenden Tieres anzeigen, sondern auch Informationen über herannahende Feinde und ihre wichtigsten Merkmale wie Größe, Geschlecht und Gefährlichkeit, über Verwandtschaftsbeziehungen und sogar über nicht vorhandene Objekte übermitteln, etwa zum Zweck der Täuschung (Ghazanfar und Hauser 1999). Viele solcher Rufe müssen vom jungen Affen gelernt werden, und es gibt – ebenso wie bei Singvögeln – Dialekte (Ghazanfar und Hauser 1999). Aufsehen erregten seinerzeit Versuche, Gorillas und Schimpansen die menschliche Sprache beizubringen, während man sie in einer menschlichen Familie, zum Teil zusammen mit menschlichen Kindern aufzog. Schnell wurde aber klar, dass die Vokalisationsmöglichkeiten der Menschenaffen aufgrund der Konstruktion ihres Kehlkopfes und Mundraumes denen des Menschen – zumindest hinsichtlich der Produktion menschlicher Sprachlaute – weit unterlegen sind. Als man in den Versuchen aber Gebärdensprache, künstliche Symbole oder eine Computertastatur anstelle der Lautsprache verwendete, zeigte sich, dass Menschenaffen durchaus in der Lage sind, mehrere Hundert Wörter der menschlichen Sprache zu lernen und sinnvoll zu verwenden (siehe unten).

Generell muss zwischen der Fähigkeit, mit Sprache aktiv zu kommunizieren, und dem Sprachverstehen, genauer dem Befolgen von Wörtern und Sätzen unterschieden werden. Während die erste Fähigkeit bei nichtmenschlichen Tieren sehr begrenzt ist, sind manche Säugetiere durchaus in der Lage, bis zu mehrere Hundert Wörter oder Befehle zu verstehen bzw. auszuführen. Für Hunde ist dieses Faktum aus der Arbeit der Schäfer bekannt, wobei hier meist Pfeifzeichen verwendet werden. Aufsehen erregten vor einigen Jahren Untersuchungen von Juliane Kaminski, Julia Fischer und Joseph Call am Max-Planck-Institut für Evolutionäre Anthropologie in Leipzig, die mit dem Bordercollie Rico arbeiteten (Kaminski et al. 2004). Wenn man Rico die Namen bestimmter Plüsch- oder Plastiktiere nannte oder diese zeigte, so konnte er aus einer Sammlung von über 200 solcher Tiere im Nebenzimmer das richtige auswählen. Dies gelang auch, wenn man ihm ein bisher unbekanntes Tier zeigte, das er dann zielgerichtet aus den ansonsten bekannten Tieren aussuchte und apportierte.

Das Sprachverständnis der „intelligentesten" Menschenaffen, zum Beispiel des Bonobos Kanzi, liegt ähnlich wie beim Hund Rico bei 200 Wörtern oder Begriffen. Sue Savage-Rumbaugh berichtet, dass Kanzi ihm bekannte Wörter – und zwar sowohl Substantive als auch Verben – selbst in neuen Sätzen verstehen und solche Befehle in den meisten Fällen befolgen kann. Dazu sind die meisten zweijährigen Kinder noch nicht in der Lage. Eine Spitzenposition nimmt offenbar das Gorillaweibchen Koko ein, das nach Auskunft der Wissenschaftlerin Francine Patterson rund 1 000 Gebärden aus der amerikanischen Gebärdensprache verstehen und sinnvoll befolgen kann. Die meisten Fachleute sind sich jedoch einig, dass trotz größter Mühe und eines jahrelangen Trainings nicht nur der Wortschatz begrenzt ist, den ein Gorilla oder Schimpanse lernen kann, sondern insbesondere die Länge und die Struktur von Sätzen. Nach

Auskunft von Gardner und Kollegen (1989) sind Schimpansen in der Lage, bekannte Wörter zu neuen Wörtern zusammenzufügen. Ob Affen aber auch Unterschiede in der Satzstellung der Wörter als Unterschiede in der Bedeutung des Satzes begreifen und damit über eine rudimentäre Syntax verfügen, ist umstritten. Nicht umstritten ist, dass große Affen auch bei intensivstem Training nicht über die sprachlichen Leistungen eines zweieinhalb- bis dreijährigen Kindes hinauskommen, das heißt über das Stadium von Zwei- bis Drei-Wort-Sätzen ohne deutliche Anzeichen von Syntax und Grammatik (Savage-Rumbaugh 1984, 1986).

Die Evolution der menschlichen Sprache

Über die evolutive Entstehung der menschlichen Sprache ist viel diskutiert worden. Da aber weder Gehirne noch Verhaltensweisen fossilisieren, beruht das meiste davon auf Spekulationen. Auch hier geht es um die Frage, ob die Evolution der menschlichen Sprache ein gradueller, sich aus Vorstufen bei nichtmenschlichen Primaten entwickelnder Vorgang war oder ein schneller, „emergenter" Prozess, der keine Vorläufer kennt, wie Thomas Huxley, Darwins großer Mitstreiter, meinte (und mit ihm auch heute noch viele andere Forscher). Das Grundproblem besteht einerseits in der außerordentlichen Vielfalt und Komplexität der bei der menschlichen Sprache ineinandergreifenden kognitiven, motorischen und linguistischen Faktoren, und andererseits in der vergleichsweise kurzen Zeit, die bei all den unterschiedlichen Szenarien für die Evolution der Sprache zur Verfügung steht.

Um einen Artikulationsapparat zu erhalten, der neben einer Vielzahl von Konsonanten insbesondere die Produktion von Vokalen gestattet, mussten Mund-, Nasen- und Rachenregion samt Kehlkopf umgeformt werden. Dieser Umbau wurde nach Meinung von Fachleuten durch den aufrechten Gang und die

Reduktion des Gebisses ermöglicht oder erleichtert. Letzteres wiederum hing mit veränderten Ernährungsgewohnheiten zusammen, die weniger kräftiges Zubeißen und Kauen verlangten. Hinzu kam eine Umgestaltung des Innenohres, und zwar sowohl seiner vestibulären als auch seiner auditorischen Eigenschaften. Die vestibulären Eigenschaften mussten sich im Zusammenhang mit dem aufrechten Gang und der dafür notwendigen Balance ändern, die auditorischen im Zusammenhang mit dem Erkennen der Laute der menschlichen Sprache, die in ihrer Frequenz deutlich höher liegen als die Laute der anderen Primaten. Der zweite Faktor war eine neuartige Ansteuerung dieses Sprechapparates, der bei nichtmenschlichen Primaten hauptsächlich von limbischen Cortexarealen wie dem Gyrus cinguli und von subcorticalen Zentren wie dem zentralen Höhlengrau kontrolliert wird. Dies beschränkt sie entsprechend hauptsächlich auf emotionale Lautäußerungen bei Schmerz, Aufregung, Warnrufe, Drohungen usw. Hier erhebt sich auch die Frage nach der Evolution des menschlichen Broca-Sprachareals, das sich in dieser Form nicht bei anderen Primaten findet.

Der dritte Faktor war eine starke Veränderung der kognitiv-exekutiven Fähigkeiten, die diesen Sprechapparat für eine neuartige Form der Kommunikation benutzen, die über die soeben erwähnten überwiegend emotionalen Lautäußerungen weit hinausgeht und zu einem universellen Kommunikationsmittel wird. Zweifellos hängt diese Veränderung mit einer Umgestaltung des Frontalhirns, insbesondere des präfrontalen und des frontopolaren Cortex zusammen. Diese Hirnteile werden als Sitz all jener kognitiven Fähigkeiten angesehen, die in der Sprache ihren Ausdruck finden, nämlich das Formulieren von Gedanken, Phantasien, Erinnerungen, Vorstellungen, Wünschen und Handlungsabsichten, einschließlich eines stark verbesserten Arbeitsgedächtnisses und eines effektiveren Langzeitgedächtnisses.

Hier kommt offenbar eine besondere Fähigkeit des präfrontalen und des frontopolaren Cortex zum Tragen, nämlich die *zeitliche Segmentierung* von Ereignissen. Man nimmt an, dass diese Fähigkeit mit der wachsenden Notwendigkeit, sich an die Reihenfolge von wichtigen Ereignissen und Handlungen zu erinnern, auftrat; zum Beispiel musste man sich merken, wie viele Artgenossen oder Beutefeinde kommen und gehen, was man bei der Werkzeugherstellung oder beim Schlafplatzbau in welcher Reihenfolge tun muss usw. Hierin sind die allermeisten Tiere, einschließlich der Kleinaffen, sehr beschränkt. Diese motorisch-exekutiven Fähigkeiten, die innerhalb der Primaten zuerst bei den Menschenaffen auftreten, wurden dann irgendwann in den Dienst der geistigen Aktivitäten, das heißt des Denkens, Vorstellens und Entscheidens gestellt, wobei die Ausweitung des Arbeitsgedächtnisses eine wichtige Rolle beim Behalten von Gedankenresultaten spielt. Dies ist auch beim Menschen die wohl wichtigste Aufgabe des präfrontalen und des frontopolaren Cortex, wobei das Kleinhirn (vornehmlich das Neocerebellum) wahrscheinlich ebenfalls mitwirkt. Schließlich wurde diese kombinierte motorisch-exekutive und mentale Fähigkeit in den Dienst der Sprache gestellt, und so konnten sich *Syntax* und *Grammatik* entwickeln, bei denen die zeitliche Struktur der sprachlichen Information wichtig ist.

Das menschliche Gehirn besitzt zwei Sprachregionen, das Wernicke-Areal im temporalen Cortex und das Broca-Areal im frontalen Cortex (Abbildung 36, WSC und BSC). Das *Wernicke-Areal* wird als dasjenige Sprachareal angesehen, das den Zugriff auf das „Bedeutungslexikon" für Wörter und Sätze sowie *nicht zeitgebundene* Aspekte der Grammatik kontrolliert. Entsprechend haben Wernicke-Patienten Schwierigkeiten, den Sinn von Wörtern und Sätzen zu erfassen, können aber syntaktisch korrekte Sätze formulieren. Das Wernicke-Areal ist wahrscheinlich stammesgeschichtlich älter. Alle bisher untersuchten Säugetierarten besitzen ein Zentrum für intraspezifische Kommunikation, das sich im Temporallappen (und zwar meist links) befindet und wahrscheinlich mit dem menschlichen Wernicke-Zentrum homolog ist. Es wird berichtet, dass bei Affen die Zerstörung dieses Areals die intraspezifischen Kommunikation beeinträchtigt (Heffner und Heffner 1995). Das *Broca-Areal* hingegen regelt die komplizierten Zugriffs- und Integrationsprozesse, die bei der Syntax, also bei den Merkmalen des *zeitabhängigen* Satzbaus, nötig sind. Entsprechend haben Broca-Patienten Schwierigkeiten, Sprachbedeutung zu erfassen, die sich aus der Syntax eines Satzes ergeben, und sie können keine komplexeren syntaktischen Satzkonstruktionen produzieren. Das Verstehen und Produzieren menschlicher Sprache zeichnet sich durch eine hochautomatisierte und daher bewusstseinsunabhängige Anwendung vieler Hundert syntaktischer Regeln aus, und Broca-Patienten können diese Regeln nicht mehr anwenden (Friederici und Hahne 2001). Sahin und Kollegen (2009) haben mit Messungen am offenliegenden Cortex nachgewiesen, dass im Broca-Areal lexikalische, grammatikalische und phonologische Information in unterschiedlichen Kompartimenten und zu unterschiedlichen Zeiten verarbeitet wird. Andere Autoren sind der Auffassung, dass der hintere Teil des menschlichen Broca-Zentrums, das Areal A44, und das ventrale prämotorische Areal von Makakenaffen homolog sind (Preuss 1995, 2000). Ebenso wie der hintere Teil des Broca-Areals kontrolliert das ventrale prämotorische Areal Muskeln des Gesichts und des Mundes. Was also innerhalb der Evolution des menschlichen Gehirns wirklich neu hinzugekommen zu sein scheint, ist demnach nur der *vordere* Teil des Broca-Areals (Areal A45, Abbildung 35, 36).

Wichtig für die Evolution der menschlichen Sprache war offenbar die Ausbildung einer neuartigen Verbindung der Nervenbahnen zwischen dem Wernicke- und dem eventuell zum Teil schon bei Primaten vorhandenen Teils des Broca-Areals (Friederici 2009). Beim Menschen handelt es sich um ein Bahnsystem, das den gut untersuchten *Fasciculus arcuatus* sowie einen von da nach dorsal ziehenden Trakt (den superioren frontalen Fasciculus) und zwei von da nach ventral ziehende Bahnen umfasst. Dieses Bahnsystem verbindet die drei Gyri des linken Temporallappens (Gyrus superior, medialis, inferior) und zahlreiche frontalpräfrontale Regionen miteinander, vornehmlich Bereiche der Mundmotorik (A6), des Broca-Areals (A44, 45), des Arbeitsgedächtnisses (A9, 46), des ventrolateralen PFC (A47) und des frontopolaren Cortex (A10).

Nach Friederici zeigen sich die deutlichsten Unterschiede zwischen dem Menschen und anderen Primaten im Bereich der dorsalen Bahnen, die den hinteren Teil des Broca-Areals (A44) und den hinteren Teil der posterioren Sprachgebiete verbinden und die besonders mit der Verarbeitung grammatikalisch-syntaktischer Information der Sprache zu tun haben sollen. Diese dorsalen Bahnen reifen im menschlichen Gehirn relativ spät aus (das heißt sie werden spät myelinisiert), und zwar erst nach dem siebten Lebensjahr. Dies stimmt mit der Tatsache überein, dass Kinder bis zu diesem Alter noch typische Fehler beim Verstehen syntaktisch komplexer Sätze machen.

Die Geschwindigkeit der Evolution der menschlichen Sprache

Wir dürfen also auch bei der menschlichen Sprache von einer *graduellen* Evolution ausgehen, da es bei Primaten eindeutig Vorstufen gibt insbesondere, was die enge Kopplung von Gebärdensprache und vokaler Sprache betrifft (Balter 2010). Dennoch bleiben die genannten evolutiven Schritte dramatisch, und sie müssen sich in relativ kurzer Zeit vollzogen haben. Experten nehmen heute an, dass sich die Australopithecinen in ihren Lautäußerungen kaum von den damaligen Schimpansen unterschieden, und auch *Homo habilis* scheint keine wesentlich bessere Ausdrucksfähigkeit gehabt zu haben. Allerdings verfügte er bereits über ein deutlich größeres Gehirn und bessere Fähigkeiten zur kooperativen Jagd und sonstigen Nahrungsbeschaffung und damit erst über die Grundlage, ein großes Gehirn ernähren zu können. Er scheint aber mit seinem rund 600 bis 650 Kubizentimeter großen Gehirn noch unterhalb dessen geblieben zu sein, was Forscher in Hinblick auf Kognition und Sprache als „cerebralen Rubikon“ bezeichnen, der bei rund 750 Kubizentimeter Gehirngröße liegen soll. Immerhin überschreitet *Homo erectus* diesen Rubikon, aber – so meinen die Experten – erst nach sechs Jahren, während ein *Homo-sapiens*-Kind dieses Hirngewicht bereits nach einem Lebensjahr erreicht.

Rätselhaft ist hier der Neandertaler, der ein etwas größeres durchschnittliches Hirngewicht aufwies als der moderne Mensch, aber dennoch, nach den Merkmalen seines Kehlkopfes zu urteilen, eine geringere Sprachfähigkeit besaß, mit besonderen Einschränkungen bei der Produktion von Vokalen. Wenn man davon ausgeht, dass sich der ältere *Homo sapiens* vor maximal 600 000 Jahren in Ostafrika vom *Homo erectus* abgetrennt und sich der moderne *Homo sapiens* vor 150 000 bis 200 000 Jahren entwickelt hat, dann kann die menschliche Sprache längstens vor 600 000 Jahren entstanden sein, wahrscheinlich aber sehr viel später, und zwar vor 150 000 bis 80 000 Jahren.

Vor einigen Jahren erregte die Entdeckung der sogenannten *FOXP2*-Gene Aufsehen, die mit der Evolution der menschlichen Sprache in Zusammenhang stehen könnten. Ausgangspunkt waren Untersuchungen an einer Familie, deren Mitglieder schwere Sprachstörungen in Kombination mit nichtsprachlichen kognitiven Defiziten und einem deutlich verringerten Intelligenzquotienten aufwiesen. Genetische Untersuchungen zeigten, dass diese multiplen Störungen auf einen einzigen genetischen Defekt zurückgingen, der die Genfamilie *FOXP2* betrifft. Diese Gene codieren einen Transkriptionsfaktor, der seinerseits die Expression einer Reihe, vielleicht vieler, anderer Gene reguliert. Strukturelle Untersuchungen an den Familienmitgliedern zeigte eine deutliche Volumenverringerung sowohl des Broca-Areals als auch des linken Nucleus caudatus, der einen Teil der Basalganglien darstellt und bei Sprechakten hochaktiv ist. Schließlich konnten der in Leipzig arbeitende Evolutionsgenetiker Svante Pääbo und seine Kollegen nachweisen (Enard et al. 2002), dass sich das menschliche *FOXP2*-Gen von dem der Maus in einer Aminosäure und von dem anderer Primaten nur in zwei Aminosäuren unterscheidet, was die sehr konservative Natur dieses Gens unterstreicht. Enard und Kollegen schätzen, dass diese letzten Mutationen in einem Zeitraum der Evolution des Menschen vor 100 000 bis 10 000 Jahren stattgefunden haben müsste.

All diese Befunde lösten wilde Spekulationen darüber aus, wie spezifisch oder unspezifisch diese Genmutationen für die Evolution der menschlichen Sprache waren. Die einen sprachen und sprechen von einem „Sprachgen" oder gar von einem „Grammatikgen", während viele andere Neurobiologen skeptischer sind und die diffus-multiple Wirkung von *FOXP2* auf die Hirnentwicklung und vielerlei kognitiv-intellektuelle Fähigkeiten unterstreichen. Wie oben dargestellt, liegen der Evolution der menschlichen Sprache viele Umbauschritte zugrunde, zum Beispiel die Absenkung des Kehlkopfes und die Veränderung seiner neuronalen Ansteuerung, ganz zu schweigen von den genannten Veränderungen in den Verbindungen zwischen zahlreichen temporalen und frontalen sprachbezogenen Cortexarealen. Nichts davon deutet auf eine simple „Ein-Gen-Mutation"-Evolution hin.

Zeigt der Mensch ein besonderes Sozialverhalten?

Viele Untersuchungen der jüngsten Zeit haben sich mit der Frage beschäftigt, inwieweit sich das menschliche Sozialverhalten von dem der nichtmenschlichen Tiere – hier vor allem unserer nächsten Verwandten, der Schimpansen – grundlegend unterscheidet. Einige Aspekte davon haben wir schon betrachtet, nämlich Imitation, *Theory of Mind* und Unterstellung von richtigem und falschem Wissen bei anderen. In all diesen Zusammenhängen lautet die Erkenntnis, dass sich zumindest bei einigen Tieren, meist Primaten, Vorstufen solcher Fähigkeiten finden, dass aber der Mensch alle anderen Tiere darin deutlich überragt. Menschen imitieren andere Menschen von Geburt an und tun dies absichtsvoll und nicht nur sinnlos wie viele Menschenaffen (Kapitel 11). Außerdem geben sie ihre neuen Erfahrungen rasch weiter. Menschliche Empathie geht weit über das hinaus, was man bei Schimpansen findet, und bei der *Theory of Mind* und der Wissensunterstellung ist es genauso. Letztlich aber sind diese Unterschiede quantitativ und *nicht* qualitativ, genauso wie wir dies bei kognitiven Leistungen bis hin zum bewussten Nachdenken über das eigene Wissen und Können, bei Werkzeugherstellung und Handlungsplanung gefunden haben.

Gibt es im Bereich komplexer sozialer Verhaltensweisen, zum Beispiel im Zusammenhang mit Kooperativität, nicht doch qualitative Unterschiede zwischen Menschen und ihren nächsten Verwandten? Der Leipziger Anthropologe Michael Tomasello und sein Kollege Felix Warneken von der Harvard University haben einen Übersichtsartikel zu diesem Thema veröffentlicht (Warneken und Tomasello 2009), an dem ich mich im Folgenden orientieren will. Die beiden Autoren diskutieren drei Arten kooperativen bzw. altruistischen Verhaltens, nämlich 1) einem anderen helfen, ein bestimmtes Ziel zu erreichen, 2) Güter, beispielsweise Nahrungsmittel, teilen, und 3) andere über Dinge informieren, die für diese potenziell wichtig sind. Es liegen hierzu inzwischen einige vergleichende Untersuchungen an Schimpansen und Kindern (besonders im Vorschulalter) vor.

Kinder helfen anderen Menschen bereits im Alter von 14 bis 18 Monaten, selbst wenn sie dafür nicht belohnt werden. Sie heben spontan für Erwachsene Dinge auf, die diese fallengelassen haben, oder öffnen ihnen die Tür, wenn diese die Hände voll haben. Dasselbe Verhalten findet man, wenngleich in etwas abgeschwächter Form, auch bei Schimpansen. Bei beiden scheint diese Art von Kooperativität angeboren oder zumindest intrinsisch belohnt zu werden, denn sowohl Kinder als auch

Schimpansen tun dies ohne vorherige Belohnung, und eine sich anschließende Belohnung für das Helfen steigerte bei beiden *nicht* die Bereitschaft zum Helfen. Bei Kindern verringerte das Belohntwerden sogar diese Bereitschaft, so als würde die zuvor intrinsische Belohnung durch die extrinsische verdrängt und vermindert.

Deutlicher fielen die Unterschiede beim „Abgeben" aus. Während Kinder im Allgemeinen von früher Kindheit an gern Dinge miteinander teilen, und zwar auch für sie wertvolle, tun dies Schimpansen in der Regel nur bei wertlosen Dingen. Sie beteiligen sich auch nicht an gemeinsamen Aktivitäten, die dem anderen genauso viel Anteil einbringen wie ihnen selbst, besonders wenn es um Futter geht, während Kinder dies spontan tun. Auch wenn Schimpansen „angebettelt" werden, geben sie nur dann bereitwillig etwas ab, wenn es sich um relativ wertlose Dinge handelt (zum Beispiel wenig schmackhaftes Futter). Die deutlichsten Unterschiede treten beim gegenseitigen Informieren auf, das nach Werneke und Tomasello eine besondere Art von Altruismus bzw. Kooperativität ist. Menschen teilen anderen Menschen häufig etwas mit, um ihnen zu helfen, ohne dass sie selbst davon einen direkten Nutzen haben. Alle Arten von Informationen über Futterorte oder Bedrohung durch Feinde sind, so argumentieren die Autoren, bei Schimpansen wie auch bei anderen Affen und Säugetieren *egozentriert*. Bei den allermeisten Mitteilungen von Schimpansen an Menschen geht es darum, von ihnen etwas zu erlangen. Demgegenüber helfen oft Menschen anderen Menschen, die nicht mit ihnen verwandt sind oder die sie gar nicht kennen, und ohne dass sie irgendeinen direkten Nutzen davon hätten („karitativer Altruismus").

Menschen besitzen – so die Schlussfolgerung der Autoren – ein gegenüber ihren nächsten Verwandten deutlich stärkeres *prosoziales Handeln*, das über den im Tierreich weitverbreiteten reziproken Altruismus („Ich helfe dir, wenn du mir hilfst!") hinausgeht und in vielen Fällen in Bezug auf das handelnde Individuum selbstlos erscheint. Neuere neurobiologische

Untersuchungen zu derartigem „selbstlosen“ oder „karitativen Altruismus“ zeigen, dass bei solchen Handlungen das cerebrale „Selbstbelohnungssystem“, das mesolimbische System, über die Ausschüttung endogener Opiate aktiv ist. Diese sorgen dafür, dass sich der Handelnde bei seinem selbstlosen Tun „gut fühlt“. Besonders interessant ist, dass Kinder einen solchen selbstlosen Altruismus beim Helfen, Teilen und Informieren in sehr jungen Jahren in größerem Ausmaß zeigen als später und dass die spätere Zurückhaltung von den Kindern mit „schlechten Erfahrungen“ mit undankbaren Altersgenossen begründet wird.

Warneken und Tomasello gehen von einer angeborenen Disposition des Menschen zur Prosozialität aus, die durch spätere soziale Erfahrungen moduliert wird (Almas et al. 2010; Henrich et al. 2010). Die Wurzel dieser Disposition sehen sie in den speziellen ökologisch-sozialen Bedingungen, unter denen die Evolution unserer Vorfahren stattfand. Das Leben in der Savanne wurde danach durch eine deutlich gesteigerte Kooperativität – in Form von gegenseitigem Helfen, gerechtem Teilen und schließlich Austausch von Informationen – stark begünstigt. Das betraf vermutlich nicht nur das kooperative Jagen, sondern inbesondere auch die gemeinsame Aufzucht von Kindern.

Was sagt uns das?

In praktisch allen kognitiven Leistungen ist der Mensch allen anderen Tieren weit überlegen. Dies gilt für alle Formen des Lernens und der Gedächtnisbildung und natürlich für höhere kognitive Leistungen wie Denken, Abstraktion, Kategoriebildung, Selbsterkennen im Spiegel, Täuschung und Gegentäuschung, Empathie, *Theory of Mind*, Wissensattribution und Metakognition. Ebenso zeigen sich im menschlichen Sozialverhalten einige Besonderheiten, insbesondere im Hinblick auf Kooperativität und „selbstlosen" Altruismus. In zwei Bereichen sind die Unterschiede zwischen Mensch und nichtmenschlichen Tieren besonders groß, nämlich in der Fähigkeit zur mittel- und langfristigen Handlungsplanung und in der syntaktisch-grammatikalischen Sprache.

Menschenaffen, zum Beispiel Schimpansen, sind in der Lage, bestimmte Handlungen für einige Stunden (oder vielleicht etwas länger) im Voraus zu planen, die allermeisten anderen Tiere zeigen – von artspezifisch-instinktivem Verhalten abgesehen – keinerlei längerfristige Handlungsplanung. Es ist für alle Tiere äußerst schwierig, mithilfe des Arbeitsgedächtnisses Vorstellungen und Gedanken für mehr als eine Minute „im Kopf" zu behalten – meist sind es nur wenige Sekunden. Bei uns Menschen ist es allein die „phonologische Schleife" unseres Arbeitsgedächtnisses, mit der wir uns Dinge still aufsagen können (zum Beispiel Zahlen oder Namen), und dies hilft uns enorm bei der kurzfristigen Handlungsplanung. Eine über Tage hinausgehende Handlungsplanung ist ohne Symbole als Merkhilfen (etwa in Form eines Kalenders) nicht möglich.

Der syntaktisch-grammatikalischen Sprache scheint bei den kognitiven Leistungen des Menschen eine Schlüsselrolle zuzukommen, denn sie ermöglicht eine Art des Denkens, die allem nichtsprachlichen Denken haushoch überlegen ist. Der menschlichen Sprache liegt das Grundvermögen zur gedanklichen Bewältigung zeitlich aneinandergereihter Zeichen und Ereignisse zugrunde, und es ist gleichgültig, ob es dabei um gesprochene oder geschriebene Worte, Gebärden oder zu betätigende Tasten geht. Gehörlose verfügen in der Regel über intakte Wernicke- und Broca-Areale, und Störungen dieser Areale drücken sich bei Gehörlosen in entsprechender Weise in der Gebärdensprache aus wie bei sprechenden Personen in der Lautsprache. Menschenaffen kommen auch mithilfe der Gebärdensprache oder einer Computertastatur nicht über die Barriere einer Zwei- bis Drei-Wort-Sprache ohne deutliche Grammatik und Syntax hinaus. Es ist offenbar eine ganz generelle kognitive Fähigkeit zur zeitlichen Segmentierung, die in den Dienst der Sprache gestellt wurde.

Eine wirkliche „Einzigartigkeit" lässt sich aus alledem nicht ableiten, denn beim Menschen gibt es nichts, was nicht in einigen Vorstufen bei nichtmenschlichen Tieren bereits vorhanden ist. Vielmehr zeichnet sich der Mensch durch eine *Kombination* von Merkmalen aus, die für seine Lebens- und Überlebensbedingungen äußerst vorteilhaft waren wie der aufrechte Gang, der Handgebrauch, eine hohe allgemeine Intelligenz und schließlich eine besonders effektive Form sprachlicher Kommunikation.

15
Evolution, Gehirn und Geist – eine Zusammenschau

Im letzten Kapitel dieses Buches will ich die vorgestellten Fakten und Einsichten zusammenfassen und versuchen, Antworten auf die zu Beginn gestellten Fragen zu geben. Zuerst wird es um die Frage gehen, wie die Evolution der Gehirne und der kognitiv-geistigen Funktionen verlaufen ist. Anschließend wird zu klären sein, welche Faktoren bei beiden Prozessen die Hauptrolle gespielt haben, und wie sich diese Erkenntnisse zu der vorherrschenden neodarwinistischen Sicht der Evolution verhalten. Schließlich werden wir uns fragen, was uns diese Einsichten über das „Wesen des Geistes" sagen. Bringen sie uns dem Ziel einer naturalistischen Theorie des Geistes näher oder zeigen sie unüberwindliche Probleme auf? Hier stellt sich abschließend die Frage nach der Möglichkeit einer künstlichen Erzeugung von Bewusstsein und Geist.

Wie ist die Evolution der Nervensysteme und Gehirne abgelaufen?

Bereits auf der Ebene der Bakterien und der eukaryotischen Einzeller (Protozoen) ist die fundamentale Dreiteilung in Sensorium, Erregungsleitung und Motorium vorhanden, die ein Kurzzeitgedächtnis und damit ein Minimum an Informationsverarbeitung einschließt und die Grundausrüstung für kognitive Leistungen darstellt. Innerhalb der echten Mehrzeller kam es zur Ausbildung von diffusen Nervennetzen. Von hier aus nahmen zwei große Entwicklungsstränge ihren Ausgang. Der erste umfasste den Sonderweg der Quallen mit ihrem ringförmigen Nervensystem, der andere, dominierende, führte zu einem sehr einfach gebauten Nervensystem der „Urbilateria" mit einem Schlundganglion und Bauchmarksträngen. Dies alles fand vor 700 Millionen Jahren oder gar früher statt. Auf diesem Niveau, das wir etwa bei den Planarien antreffen, gibt es bereits Nervenzellen mit mehr oder weniger allen bei heutigen Arten vorkommenden Ionenkanälen und synaptischen Mechanismen, welche die Grundlage der „Sprache der Neuronen" bilden.

Ein solcher Urzustand des bilateralen Nervensystems wurde seinerseits zum Ausgangspunkt zweier weiterer großer Entwicklungsstränge, dem der Protostomier, die bei weitem die meisten Arten hervorbrachten, und dem der Deuterostomier. Innerhalb des Protostomierstrangs gibt es wiederum zwei große Entwicklungslinien, nämlich die der Lophotrochozoa und die der Ecdysozoa. Innerhalb beider Linien kommt es vielfach zur Ausbildung komplexer Sinnesorgane und Gehirne. Bei den Lophotrochozoa geschah dies bei den räuberischen Vielborstern (Polychaeten) und bei den ebenfalls räuberisch lebenden Kopffüßern (Cephalopoden). Hier sind unter anderem leistungsfähige Augen und visuelle Systeme sowie viellappige Oberschlundganglien entstanden, und das Gehirn von *Octopus* gilt als das größte und komplexeste unter den Wirbellosen. Innerhalb der Ecdysozoa haben die Arthropoden schon früh leistungsfähige Sinnesorgane und parallel ein kompliziertes dreiteiliges Gehirn entwickelt, das bei den Spinnen, den Krebsen und den Insekten jeweils etwas andere Wege der Weiterentwicklung beschritt. Die Gehirne der Fliegen und der Hautflügler, zum Beispiel der Honigbiene, gelten in diesem zweiten Strang als die leistungsfähigsten.

Der Deuterostomierstrang spaltet sich ebenfalls in zwei Linien auf, wovon eine Linie zu den Stachelhäutern führt, die wie die Hohltiere ein radiärsymmetrisches Nervensystem entwickelten, dessen Herkunft rätselhaft ist, genauso wie die Herkunft der mit den Stachelhäutern offenbar verwandten Hemichordaten. Die andere Linie führt über die sehr einfach gebauten Uro- und Cephalochordaten zu den Craniaten und schließlich zu den Wirbeltieren, deren fünfteiliges Gehirn sich wiederum sehr früh, nämlich vor rund 500 Millionen Jahren, herausgebildet und in seiner Grundorganisation seither nicht mehr geändert hat. Allerdings traten Variationen in der Gehirngröße auf, die sich über fünf Größenordnungen erstrecken, und ebenso fand bei unterschiedlichen Gruppen eine Vergrößerung und Komplizierung einzelner Hirnteile in der Medulla oblongata, im Kleinhirn oder im Mittelhirn statt, meist in engem Zusammenhang mit einer Spezialisierung oder Neubildung von Sinnessystemen (Geschmackssystem, elektrosensorisches System, Infrarotsystem, Echoortung, visuelles System). Schließlich vollzog sich mehrfach unabhängig eine „konzertierte" Umgestaltung des Zwischenhirns und des Endhirns, vornehmlich des Palliums, und zwar bei den Vögeln (mit Vorstufen bei Reptilien) und bei den Säugern. Hier entwickelten sich innerhalb des ursprünglich vom Riechsinn dominierten Palliums primäre sensorische und motorische Areale. Entsprechend finden wir im Zwischenhirn deutliche Veränderungen derjenigen Teile, die sensorische Informationen zum Endhirnpallium schicken. Das Endhirnpallium wird in je eigenständiger Weise umgestaltet. Bei den Säugern entwickelt sich das dorsale Pallium zum sechsschichtigen Cortex, der über das mediale Vorderhirnbündel primäre visuelle, auditorische, somatosensorisch-taktile und vestibuläre Informationen vom dorsalen Thalamus erhält. Bei den Sauropsiden, also den Reptilien und Vögeln, entwickelten sich hingegen der dorsale ventrikuläre Kamm und das Mesonidopallium, das ebenfalls vom dorsalen Thalamus primäre visuelle, auditorische und somatosensorische Informationen erhält, diesmal aber über das laterale Vorderhirnbündel. Diese neuartige und zugleich unterschiedliche „Nutzung“ des Endhirnpalliums für die Erarbeitung primärer sensorischer Informationen bildet die Grundlage für eine enorme Steigerung kognitiv-geistiger Fähigkeiten bei Säugern und Vögeln. Inwieweit die Umgestaltung des ventralen Thalamus und des evertierten Telencephalons bei Knochenfischen mit der augenscheinlich ebenfalls hohen Intelligenz einiger Gruppen, wie der Buntbarsche und der schwachelektrischen Fische, zusammenhängt, ist nicht geklärt.

Wie sieht es mit möglichen Besonderheiten des menschlichen Gehirns aus? Wie wir festgestellt haben, hat der Mensch weder absolut noch relativ zur Körpergröße das größte Gehirn. Wenn man über den EQ oder ein ähnliches Verfahren die allometrischen Beziehungen zwischen Gehirngröße und Körpergröße „herausrechnet“, dann liegt der Mensch bei allen Tieren allerdings an der Spitze: Er hat ein Gehirn, das knapp achtmal so groß ist wie vom Säugetierdurchschnitt zu erwarten wäre. Dasselbe gilt für den Isocortex und für den Frontalcortex, die der allgemeinen Gehirnvergrößerung positiv allometrisch folgen. Das menschliche Gehirn setzt damit aber nur eine Gesetzmäßigkeit fort, die bei Säugetieren und insbesondere bei Primaten zu beobachten ist.

Zwei wichtige Tatsachen werden bei alledem deutlich. Erstens stellt die Evolution der Nervensysteme und Gehirne nicht einen einzigen Entwicklungsstrang „vom Wurm zum Menschen“ dar, sondern hat sich von einem diffusen Nervennetz bzw. einem einfachen Oberschlundganglion plus Bauchmarksträngen in mehrere große und viele kleinere und noch mehr ganz feine Entwicklungsstränge aufgespalten. Wie die biologische Evolution insgesamt ist die Evolution der Nervensysteme und Gehirne ein *baumartiger, sich vielfach verzweigender Prozess*. Der Mensch und sein Gehirn sind hierbei weder das Ziel noch die „Krone“ der Entwicklung, sondern nur ein momentaner Endpunkt innerhalb einer Entwicklungslinie unter zahllosen anderen Entwicklungslinien.

Zweitens erkennen wir, dass *Stammesgeschichte* nicht identisch ist mit *Evolution* im Sinne einer Höherentwicklung und Komplexitätszunahme. So beeindruckend die in diesem Buch beschriebenen Leistungssteigerungen der Sinnesorgane, Nervensysteme und Gehirne auch sind, sie repräsentieren nur einen kleinen Teil des Gesamtgeschehens der Stammesgeschichte der Tiere. Vielmehr zeigt sich, dass die allermeisten Tiere mit ihren Sinnesorganen, Nervensystemen und Gehirnen relativ früh auf einer ziemlich niedrigen Komplexitätsstufe stehenblieben und sich nicht oder nur noch in kleinen Schritten weiterentwickelten – sie zeigen einen Stillstand, eine *Stasis*. Die Einzeller, die per definitionem nicht über Sinnesorgane und Nervensysteme verfügen, sind mit Abstand die zahlreichsten und damit erfolgreichsten Lebewesen überhaupt, und ohne sie könnten die größeren und komplexeren Lebewesen gar nicht existieren. Ähnliches gilt auch für die vielen Taxa kleiner wurmförmiger Tiere, die kaum mehr als ein einfaches Oberschlundganglion und ein paar Bauchmarkstränge besitzen. Ebenso haben die meisten Arthropoden, die unter den Vielzellern die größte Artenzahl aufweisen, ein nur mäßig komplexes Gehirn. *Es gibt keinen Zusammenhang zwischen evolutivem Erfolg und Komplexität des Gehirns und des Verhaltens.* Schließlich existieren weit über hunderttausend Familien, Gattungen und Arten, die beim Übergang zu einer sessilen oder parasitischen Lebensweise oder bei der Besiedelung von Mikrobiotopen eine oft drastische *Vereinfachung* von Sinnesorganen, Nervensystemen und Gehirnen durchlaufen haben.

Wir können also mindestens drei große Strategien für die Stammesgeschichte der Sinnesorgane, Nervensysteme und Gehirne ausmachen. Die erste und häufigste lautet: „Bleibe bei dem, was sich bewährt hat, keine weiteren Experimente!" Die zweite und zweithäufigste heißt: „Vereinfache dich und dein Gehirn – simplify your life and brain!" Die dritte und zahlenmäßig geringste folgt dem Motto: „Werde komplexer!" Komplexitätszunahme ist – abgesehen von einer Anfangsphase – nicht die Regel, sondern die *Ausnahme*.

Die Evolution kognitiv-geistiger Leistungen

Bakterien weisen eine Verhaltenssteuerung auf, die bereits über den Typ der bloßen „Reaktionsmaschine" hinausgeht. Alle echten Mehrzeller zeigen eine Verhaltensplastizität, wenngleich meist in bescheidenem Maße, in Form von Habituation und Sensitivierung und einfacher klassischer Konditionierung. Innerhalb der Wirbellosen finden wir hohe kognitive Leistungen bei den Cephalopoden und bei den Insekten, besonders den Hymenopteren (zum Beispiel Bienen, Wespen) und den Fliegen (wie *Drosophila*). Der Krake *Octopus* und die Honigbiene können sich hinsichtlich ihrer Navigationskünste und Lern- und Gedächtnisleistungen mit Wirbeltieren und punktuell mit Vögeln und Säugern messen. Bei Wirbeltieren finden wir in der Regel hochentwickelte Fähigkeiten zur Raumorientierung und zum Erkennen von Beute bzw. Nahrung, Feinden und Artgenossen bzw. Paarungspartnern, die meist mit hochleistungsfähigen Sinnessystemen einhergehen. Einige Knochenfische, vor allem Cichliden und Mormyriden, weisen hohe kognitive und kommunikative Leistungen auf. Innerhalb der Landwirbeltiere zeigen Vögel und Säugetiere im Durchschnitt höhere kognitive Leistungen als Amphibien und Reptilien. Bei den Vögeln ragen die Rabenvögel und die Papageien hervor, bei den Säugern die Primaten, aber auch eine ganze Reihe anderer Säugetiergruppen wie Wale, Elefanten oder Hunde gelten als ziemlich intelligent. Innerhalb der Primaten gibt es eine eindeutige Rangfolge von den Halbaffen über die Kleinaffen zu den Menschenaffen, wobei hier die Verhältnisse zwischen Orang-Utan, Gorilla und Schimpanse ungeklärt ist.

Der Mensch überragt in kognitiv-geistiger Hinsicht auch bei kritischer Betrachtung alle anderen Tiere. Aber ist er darin wirklich einzigartig? Wenn wir die kognitiven Leistungen der intelligentesten nichtmenschlichen Tiere, der Schimpansen und

Gorillas, mit denen des Menschen vergleichen, so kommen wir zu dem Schluss, dass sie in den meisten kognitiv-geistigen Fähigkeiten dem Entwicklungsstand eines zweieinhalb- bis fünfjährigen Kindes entsprechen. Hinsichtlich der Sprachfähigkeit sind Schimpansen und Gorillas eher mit einem dreijährigen Kind vergleichbar, hinsichtlich psychosozialer Fähigkeiten eher mit einem vier- bis fünfjährigen Kind. Damit führt die Frage, ob sich menschliche Intelligenzleistungen quantitativ oder qualitativ von tierischen unterscheiden, überraschenderweise zu der Frage, ob ein Jugendlicher oder ein Erwachsener einem drei- bis fünfjährigen Kind auf kognitiv-geistiger Ebene quantitativ oder qualitativ überlegen ist. Abgesehen von der Ausreifung sozialer Kompetenzen geht es hierbei im Wesentlichen um die Entwicklung der syntaktisch-grammatischen Sprache in einem Alter von rund zweieinhalb Jahren, die beim Menschen einen großen intellektuellen und kommunikativen Schub auslöst. Ich habe im vorausgegangenen Kapitel ausführlicher dargelegt, dass eine wichtige Bedeutung dieser syntaktisch-grammatikalischen Sprache in der enormen Steigerung des Arbeitsgedächtnisses besteht und damit der Fähigkeit, aktuell neuartige Probleme oder bereits vorhandene Probleme neuartig zu lösen, also in dem, was man *Intelligenz* nennt. Die Sprache wird somit zu einem gewaltigen *Intelligenzverstärker,* wie es später die Schrift und noch später der Computer sind.

Der Zusammenhang zwischen Gehirn und Geist

Lässt sich ein Zusammenhang dieser Unterschiede in den kognitiv-geistigen Leistungen mit den Unterschieden in Struktur und Funktion der Gehirne entdecken? In erster Annäherung gelingt dies ganz gut. Tiere mit sehr einfachem Gehirn (Einzeller, Schwämme und die meisten kleinen bis sehr kleinen Arten der

Lophotrochozoa und Ecdysozoa weisen die bescheidensten kognitiven Leistungen auf, und innerhalb der beiden genannten Überstämme der Wirbellosen zeigen die Gruppen mit den komplexesten Gehirnen (Cephalopoden, Hymenopteren bzw. Dipteren) die komplexesten kognitiven Leistungen. Dasselbe kann man ganz grob von den Chorda- bzw. Wirbeltieren sagen. Die sessilen Urochordaten und das Lanzettfischchen mit äußerst einfachen Nervensystemen und Gehirnen gleichen in ihren kognitiven Leistungen den einfachen Wirbellosen. Innerhalb der Wirbeltiere zeigen wiederum Gruppen mit relativ einfach gebauten Gehirnen wie Neunaugen und Amphibien sowie ein Teil der Knorpel- und Knochenfische wenig spektakuläre kognitive Leistungen, während die intelligentesten Knochenfische, Vögel und Säuger im Vergleich zu den Mitgliedern ihrer jeweiligen Klasse die komplexesten Gehirne haben. Dies gilt im strengen Sinn auch für die Primaten von den Halbaffen zum Menschen: je größer und komplexer das Gehirn, desto intelligenter die Arten.

Eine solche Parallelisierung zwischen „Gehirn" und „Geist" wird schwieriger, wenn wir die jeweils intelligentesten Vertreter unterschiedlicher Gruppen miteinander vergleichen. Innerhalb der Wirbellosen können wir die Cephalopoden und die Hymenopteren bei aller Verschiedenheit der Verhaltensweisen und Lebensweisen als ähnlich intelligent ansehen, und beide Gruppen besitzen ziemlich komplex aufgebaute Gehirne, aber die Unterschiede in der absoluten Größe und der Zellzahl sind gewaltig. Intelligente Insekten wie die Taufliege, die parasitoiden Wespen oder die Honigbiene besitzen Gehirne mit gerade einmal 200 000 bis einer Million Neuronen, während das *Octopus*-Gehirn etwa 45 Millionen Neuronen umfasst. Die Pilzkörper der Insekten beherbergen zwar eine große Zahl an Neuronen im gesamten Gehirn, bei der Biene sind es immerhin insgesamt 350 000, aber das ist sehr wenig im Vergleich zu den 30 Millionen des Vertikal- plus Subvertikallobus von *Octopus*.

Innerhalb der Wirbeltiere treffen wir auf ähnliche Probleme. Wenn wir einmal akzeptieren, dass Cichliden und Mormyriden kognitive Leistungen erbringen, die zumindest punktuell mit denen von Primaten vergleichbar sind, dann tun sich wiederum riesige Unterschiede sowohl in der absoluten Hirn- bzw. Endhirngröße als auch in der entsprechenden Neuronenzahl auf. Knochenfische besitzen zwar sehr kleine und dichtgepackte Neuronen, aber ihre Gehirne sind absolut gesehen klein, und der Unterschied zwischen Cichliden und Kleinaffen in der Zahl der pallialen Neuronen dürfte mindestens eine, wenn nicht zwei Größenordnung betragen (leider liegen für die Endhirne der Knochenfische keine Zellzählungen vor). In Kapitel 12 habe ich die Zahl pallialer Neuronen im Mesonidopallium von Papageien und Rabenvögeln ganz grob auf maximal 200 Millionen geschätzt. Ein Rhesus- oder Totenkopfaffe kommt auf ungefähr 500 Millionen, also auf deutlich mehr, obwohl er nicht deutlich intelligenter ist. Bereits eine Taube mit sicherlich nicht mehr als 50 Millionen Neuronen im Mesonidopallium zeigt erstaunliche kognitive Leistungen. Doch Tauben können im Gegensatz zu Rabenvögeln keine Drähte zu einem Haken umbiegen und sie können sich nicht im Spiegel erkennen – aber das können Papageien auch nicht. Deutliche Diskrepanzen erhalten wir zwischen den Menschenaffen einerseits und den Walen und Elefanten andererseits. Ein Pottwal hat ein 24-mal und ein Elefant ein elfmal größeres Gehirn als ein Schimpanse, aber alle Experten gehen davon aus, dass Schimpansen intelligenter sind als Wale und Elefanten.

Diese Diskrepanzen mildern sich etwas, wenn wir die Zahl corticaler Neuronen bestimmen. Hier sind Mensch, Wal und Elefant etwa gleichauf, aber es bleibt das Faktum, dass Wal, Elefant und auch Tümmler den Schimpansen darin immer noch erheblich übertreffen. Im selben Kapitel haben wir deshalb weitere Merkmale in Betracht gezogen, die mit der Geschwindigkeit und der Effektivität der neuronalen Informationsverarbeitung zu tun haben wie Reizverarbeitungszeit, Fortleitungszeit und interneuronale Distanz, und hierbei schneiden Primatengehirne sehr viel besser ab als die der Wale und Elefanten, da sie relativ hohe Packungsdichten mit relativ kleinen Neuronen und relativ dicken Myelinscheiden kombinieren. Gehen wir bei den Vögeln und den Knochenfischen von einer extrem hohen Packungsdichte sehr kleiner Neuronen im Pallium aus, so erscheint es nicht mehr so rätselhaft, dass diese vergleichsweise kleinen Strukturen eine so hohe Leistungsfähigkeit aufweisen. Besonders scheint dies für die Pilzkörper der Hymenopteren zu gelten. Dennoch bleibt die hohe Leistungsfähigkeit der Pilzkörper vorerst ein funktionelles Rätsel.

Wenn wir uns noch einmal die Evolution des menschlichen Gehirns anschauen, so haben drei Ereignisse eine wichtige Rolle gespielt. Das erste war die weitere Vergrößerung und Differenzierung des präfrontalen Cortex, insbesondere die Ausformung eines frontopolaren Cortex, der in engem Zusammenhang mit dem Arbeitsgedächtnis steht. Das zweite Ereignis bestand in der Ausbildung des Broca-Areals, eventuell nur des vorderen Teils, das der „Sitz" der grammatikalisch-syntaktischen Anteile der menschlichen Sprache ist. Dieses Areal stellt, wie erwähnt, die Sprache in den Dienst des Arbeitsgedächtnisses und damit der allgemeinen Intelligenz. Ein drittes folgenreiches Ereignis war die starke Verlängerung der Reifeperiode des Frontalhirns, die etwa dreimal länger dauert als bei anderen Menschenaffen. Dies bedeutet auch, dass für die erfahrungs- und erziehungsgeleitete Ausbildung von Intelligenz und Vernunft dreimal mehr Zeit aufgebracht werden muss.

Mechanismen der Evolution von Gehirn und kognitiver Leistungen

Wenden wir uns nun der Frage zu, ob bzw. in welchem Maße die Evolution der Nervensysteme und Sinnesorgane sowie der kognitiv-geistigen Fähigkeiten auf der Grundlage der heute weithin akzeptierten Evolutionsmechanismen erklärt werden kann. Dies betrifft vor allem den Mechanismus der *natürlichen Selektion*, der im Zentrum des Neodarwinismus steht. Dieser sieht als Ergebnis der natürlichen Selektion das „Überleben des am besten Angepassten" (*suvival of the fittest*) an. Dieser Mechanismus macht plausibel, warum sich Merkmale bzw. ihre genetischen Träger mit einem Selektionsvorteil durchsetzen, „genetisch fixiert" und damit weitervererbt werden. Man kann das unter Bedingungen künstlicher Selektion an Organismen mit schneller Generationsfolge experimentell gut demonstrieren. Unter genügend starkem Selektionsdruck in Form von Nahrungsknappheit, Fressfeinddruck oder harschen klimatischen Bedingungen lässt sich das Entstehen adaptiver Veränderungen wie leistungsfähigere Sinnesorgane, effektivere Beutefang-, Flucht- und Tarnmechanismen oder bessere Wärme- oder Kälteisolation und natürlich auch komplexere Nervensysteme und Gehirne gut erklären. Solcher Art sind auch die „Paradebeispiele" für natürliche Selektion und adaptive Merkmalsveränderungen in den Lehrbüchern.

Kritiker dieses neodarwinistischen „Pan-Adaptionismus" (Kapitel 2) haben schon vor längerer Zeit gefragt, warum Selektionsvorteile und die daraus resultierenden adaptiven Veränderungen in aller Regel *nicht* zu einem Verschwinden zuvor bestehender einfacherer Funktionen aufgrund eines Verdrängungswettbewerbs geführt haben. Genau dies müsste man beobachten, wenn natürliche Selektion tatsächlich der Hauptmechanismus der Evolution wäre. Untersucht man den Kampf um Ressourcen und die Vielfalt der Funktionen (beispielsweise Beutefangmechanismen) im Detail – und zwar sowohl innerhalb einer Population als auch zwischen verwandten Arten innerhalb eines Biotops –, wie dies David Wake und ich mit zahlreichen Kollegen und Mitarbeitern an Salamandern und Fröschen getan haben (Wake et al. 1983; Wake und Roth 1985,1989; Roth und Wake 1989), so stellt man zwei nebeneinander wirkende Prozesse fest. Innerhalb einer Art läuft in aller Regel ein kontinuierlicher „Kampf ums Dasein" ab; dieser führt aber meistens zu einer *stabilisierenden Selektion*, das heißt zur kontinuierlichen

Ausmerzung von weniger günstigen Merkmalen. Daraus folgt aber nicht zwingend eine *Höherentwicklung* einzelner Merkmale, ebenso wenig ein Verschwinden einfacher, aber funktionierender Mechanismen.

Ein wichtiger evolutiver Mechanismus besteht nämlich darin, den „Kampf ums Dasein“ durch Abwandlung anatomischer, physiologischer oder verhaltensbiologischer Merkmale zu *vermeiden*. Dies kann auf die vielfältigste Weise geschehen. Einige Arten werden winzig klein und können in Mikrolebensräumen existieren, die anderen verschlossen sind. Andere schaffen es, sich von Stoffen oder Organismen zu ernähren, die für andere unverdaulich oder unerreichbar sind. Dritte erobern völlig neue Lebensräume – so geschehen beim Übergang vom Salzwasser zum Süßwasser (besonders bei Knochenfischen), vom Wasser zum Land (bei den Landwirbeltieren), vom Land in die Luft (Fluginsekten, Flugsaurier, Vögel, Fledermäuse), aber auch beim Übergang zum Leben in Höhlen, in stockdunkler Nacht, in trübem Wasser, in der Tiefsee, in arktischen und antarktischen Biotopen, in der Wüste oder in der trockenen Savanne (bei den Vorfahren des Menschen). Auch der Übergang zum sessilen Leben und zum Parasitismus gehört hierzu. Von großer Bedeutung waren die erwähnten Großkatastrophen, durch die schlagartig große Lebensräume frei und Konkurrenzsituationen beseitigt wurden. Das berühmteste Beispiel ist das Verschwinden der Dinosaurier aus Wasser, Land und Luft vor circa 65 Millionen Jahren, das die beeindruckende Evolution der modernen Knochenfische, Säugetiere und Vögel ermöglichte.

Mit den beiden zusätzlichen Prinzipien der *stabilisierenden Selektion* und des *Vermeidens* anstelle des Gewinnens von Konkurrenzsituationen können wir besser als *allein* mit dem Prinzip der natürlichen Selektion die Stammesgeschichte der Gehirne und ihrer Leistungen erklären. Stabilisierende Selektion erklärt vor allem den erstaunlichen Fakt, dass Strukturen und Funktionen über Millionen und manchmal Hunderte von Millionen Jahren gleichgeblieben sind, und dies gilt sogar für die Mehrzahl der bis heute existierenden Tiere und ihre Sinnesorgane, Nervensysteme und Gehirne. Ein Ausweichen der Konkurrenz erklärt die nächst zahlreichen Fälle sekundärer Vereinfachung und ebenso die der Höherentwicklung. Komplexere Sinnesorgane, Nervensysteme und Gehirne ermöglichen ihren Besitzern neue Leistungen, mit denen sie in vorher unerreichbaren oder besetzten Lebensräumen überleben können. So erfordert der Übergang zum Leben an Land und insbesondere die Eroberung des Luftraumes erheblich leistungsfähigere Sinnesorgane und Gehirne, und dasselbe gilt für das Leben auf Bäumen und das Leben in Korallenbänken. Aber auch in solchen neuen Lebensräumen wird die Konkurrenz irgendwann immer dichter, und es entstehen wiederum Arten, die durch Komplizierung der Sinnesorgane, der Gehirne und des Verhaltens diesem Konkurrenzdruck entgehen können.

Die Einsicht, dass hohe kognitive Leistungen im Wesentlichen auf einer Steigerung der allgemeinen Intelligenz beruhen, erlaubt es uns, den schwierigen Begriff der *Anpassung* (Adaptation) neu zu interpretieren. Auf den ersten Blick erscheint es plausibel, dass derjenige Organismus, der in seinem Lebenraum besser zurechtkommt, weil er besser sehen, hören, riechen oder schneller laufen, fliegen, zuschnappen kann, höhere Überlebens- und Reproduktionschancen hat. Bei den Sinnesorganen können wir zum Teil spektakuläre Anpassungsleistungen beobachten (Kapitel 10). Einer Verallgemeinerung dieses Prinzips steht allerdings die oben erörterte Tatsache entgegen, dass mehrheitlich keineswegs die „Spezialisten", die besonders raffinierte „Anpassungsleistungen" aufwiesen, die Großkatastrophen überlebten, sondern eher die „Generalisten". Die beste Art der Anpassung ist diejenige, die *überall* vorteilhaft eingesetzt werden kann, nämlich Intelligenz, Verhaltensflexibilität und Innovationskraft.

Dies widerlegt das zentrale Dogma der „Evolutionären Erkenntnistheorie", das lautet, dass die Evolution unserer kognitiv-geistigen Leistungen auf einem *Anpassungsprozess* an die Lebenswelt beruht. Bei Gerhard Vollmer heißt es dazu: „Unser

Erkenntnisapparat ist ein Ergebnis der Evolution. Die subjektiven Erkenntnisstrukturen passen auf die Welt, weil sie sich im Laufe der Evolution in Anpassung an diese reale Welt herausgebildet haben. Und sie stimmen mit den realen Strukturen (teilweise) überein, weil nur eine solche Übereinstimmung das Überleben ermöglichte" (Vollmer 1975/2002). Diese Aussage ist in mehrfacher Weise unzutreffend. Aus logischer Sicht handelt es sich um eine *Petitio principii*, das heißt es wird zur Erklärung dasjenige vorausgesetzt, was erst bewiesen werden soll. Aus der Tatsache, dass wir Erkenntnisstrukturen besitzen, die – bisher jedenfalls – unser Überleben sicherten, wird geschlossen, dass sie angepasst (adaptiv) sind, und anschließend wird der Prozess der Anpassung zur Erklärung der vorliegenden Erkenntnisstrukturen herangezogen. Der zweite, empirische Fehler besteht darin, dass die Evolutionäre Erkenntnistheorie keinerlei konkretere Eigenschaften der Umwelt des Menschen benennen kann, an die sich seine Erkenntnisstrukturen angepasst haben sollen. War es die trockene Savanne? Das mag vielleicht die geringe Behaarung und den aufrechten Gang des Menschen erklären, aber eindeutig nicht sein großes Gehirn – das kam viel später. War es eine bestimmte Sozialstruktur bzw. eine besondere Form von Kooperativität? Hier müssten wir zuerst klären, was Ursache und was Wirkung war, und es ist wahrscheinlicher, dass ein größer werdendes Gehirn komplexere Sozialstrukturen ermöglichte und nicht umgekehrt. Wie bei intelligenten Vögeln und Säugern ist es beim Menschen eine allgemeine und daher universell einsetzbare und eben *nicht speziell angepasste* Intelligenz, die einen großen Überlebensvorteil bot und Tiere und Mensch befähigte, in Lebensräumen zu existieren, die den Konkurrenten verschlossen blieben.

Der dritte Fehler ist ein logisch-erkenntnistheoretischer *Circulus vitiosus*, auf den ich bereits in meinem Buch „Das Gehirn und seine Wirklichkeit" hingewiesen habe (Roth 1996). Um die obige Behauptung Vollmers, unsere Erkenntnisstrukturen „stimmen mit den realen Strukturen (teilweise) überein, weil nur eine solche Übereinstimmung das Überleben ermöglichte", zu beweisen, müsste ein objektiver Vergleich zwischen den realen Strukturen und unseren menschlichen Erkenntnisleistungen möglich sein. Dies ist unmöglich, denn vergleichen können wir immer nur mit *unserem* Erkenntnisvermögen. Was wir erreichen können, ist maximale Plausibilität, Konsistenz und Kohärenz unserer Aussagen im Rahmen unseres Erkenntnisvermögens. Ob und inwieweit uns dies an eine „objektive Realität" heranführt, ist eine prinzipiell unbeantwortbare Frage, denn eine solche objektive Realität ist trivialerweise nicht erfahrbar, auch wenn wir aus guten Gründen an ihre Existenz glauben.

Mit diesem Urteil soll natürlich nicht das beträchtliche historische Verdienst der Evolutionären Erkenntnistheorie um die Aufklärung der Beziehung zwischen Gehirn und kognitiv-geistigen Leistungen geschmälert werden. Ihr Hauptproblem bestand und besteht darin, eine problematische Erkenntnistheorie mit einer höchst unzulänglichen Evolutionstheorie, nämlich der orthodox-neodarwinistischen, kombiniert zu haben.

Was bedeutet dies alles für das Geist-Gehirn-Problem?

Geist und Bewusstsein sind natürlichen Ursprungs und das Produkt einer langen biologischen Evolution. Innerhalb dieser Evolution haben wir trotz sorgfältiger Suche keinerlei unerklärlichen Sprünge entdecken können, und dies gilt auch für den menschlichen Geist. Vielmehr können wir Unterschiede kognitiv-geistiger Art einschließlich verschiedener Stufen des Bewusstseins zwischen den Tiergruppen mit Unterschieden in Gehirnstrukturen und -funktionen in Verbindung bringen, wenn wir neben der Größe der Gehirne und der Zahl ihrer Neuronen auch die weiteren Netzwerkeigenschaften in Betracht ziehen.

Diese Erkenntnis ist mit einer dualistischen Auffassung von Geist und Gehirn nicht vereinbar, denn es gibt keine kognitiv-geistigen Leistungen ohne spezifische neuronale Strukturen und Funktionen. Es gibt auch keinerlei Hinweise auf eine rein „mentale Verursachung“, also das Wirken eines Geistes auf das Gehirn außerhalb der Grenzen des Naturgeschehens. Wir können darüber hinaus präzise Aussagen über die *Funktion* bewusster geistiger Zustände machen: Sie treten in Gehirnen von Menschen und nichtmenschlichen Tieren immer dann auf, wenn es darum geht, komplexe Informationen über die Umwelt und den eigenen Körper mit Gedächtnisinhalten und damit mit früheren Erfahrungen zu vergleichen und dies in den Dienst flexibler Verhaltensplanung zu stellen. Bewusstsein führt in einigen Gehirnen zur Ausbildung einer „mentalen Welt“, in der ein fiktiver Akteur – beim Menschen verbunden mit einer Ich-Empfindung – wahrnimmt, denkt, fühlt und plant.

Was können wir darüber hinaus über die „Natur des Geistes“ aussagen? Nicht mehr und nicht weniger, als dass Geist auch in Form bewussten Erlebens ein *besonderer physikalischer Zustand* ist, der unter bestimmten materiellen, energetischen und funktionalen Bedingungen auftritt, wie sie in komplexen Gehirnen herrschen. Diese Auffassung ist mit einem Identismus in Form eines reduktionistischen Materialismus *un*vereinbar, der in Geist und Bewusstsein „nichts anderes als das Feuern von Neuronen“ sieht. *Der Identismus verwechselt den Mechanismus mit seinen Leistungen.* So wenig wir daran zweifeln können, dass das Gehirn von Tieren und Menschen – natürlich in der Interaktion mit der jeweiligen Umwelt – die notwendigen und hinreichenden Bedingungen für das Auftreten kognitiver Leistungen einschließlich Geist und Bewusstsein liefert, so wenig kann man diese Zustände mit den sie hervorbringenden neuronalen Mechanismen gleichsetzen. Bestimmte Mechanismen bringen nämlich überall in der unbelebten und belebten Natur Erscheinungen hervor, die *eigengesetzliche* Zustände und Eigenschaften aufweisen.

Wir können dies anhand der Emission von Lichtquanten (Photonen) durch ein angeregtes Atom veranschaulichen, bei der das Atom von einem höheren auf einen niedrigeren Energiezustand „springt". Dies geschieht etwa beim Einschalten einer Glühlampe, wodurch ein Strom durch den Glühfaden (etwa Wolfram) hindurchgeschickt wird, der diesen stark erhitzt und dessen Atome anregt. Diese Energie wird dann in Form von Wärme (Infrarotstrahlung) sowie sichtbarem Licht abgestrahlt. Die Feldeigenschaften der emittierten Teilchen werden durch die Maxwell-Gleichungen erfasst, die im Rahmen des Elektromagnetismus ein Beispiel für *physikalische Eigengesetzlichkeit* darstellen. Dies bedeutet, dass sie sich nicht aus den Gesetzmäßigkeiten anderer Bereiche der Physik, beispielsweise der Festkörperphysik (die auf den erhitzten Wolframdraht anzuwenden wäre), herleiten bzw. auf diese reduzieren lassen, während zugleich beide Bereiche übergreifenden Gesetzen gehorchen.

Niemand hat bisher die Gesetze der Chemie vollständig auf physikalische Gesetze reduzieren können, und genauso wenig konnten die biologischen Gesetzmäßigkeiten, insbesondere die der Evolution, vollständig auf physikalische oder chemische Gesetze zurückgeführt werden. Es ist deshalb kein Wunder, dass Geist und Bewusstsein Gesetzmäßigkeiten aufweisen, die bisher zumindest nicht auf physikalisch-physiologische Gesetze zurückführbar sind. Gleichwohl widersprechen diese Gesetzmäßigkeiten *nicht* denen der Biologie, Chemie und Physik – *sie sind mit ihnen kompatibel, ohne auf sie reduzierbar zu sein.* Das ist der Kerngedanke eines *nichtreduktionistischen Physikalismus* innerhalb der Geist-Gehirn-Debatte. Wir können im Hinblick auf den Geist also widerspruchsfrei von einem physikalisch-chemisch-biologischen Zustand sprechen, ohne bereits (oder irgendwann einmal) in der Lage sein zu müssen, alle Gesetzmäßigkeiten reduktiv erklären zu können. Dies ist die Grundlage der hier vertretenen *naturalistischen Theorie des Geistes.*

Die physikalisch-physiologischen Bedingungen für das Entstehen von Bewusstsein sind ganz offensichtlich sehr spezifisch, und dies ist mit einem Panpsychismus im traditionellen Sinne unvereinbar. Der Panpsychismus geht davon aus, dass alles Materielle (wir würden heute eher sagen „alles Physikalische") gleichzeitig geistige oder zumindest „protopsychische" Eigenschaften besitzt. Dies ist im strengen Sinne nicht der Fall, und dasselbe gilt im Übrigen auch für die Entstehung des Lebens. Es sind, wie wir im dritten Kapitel gesehen haben, ganz spezifische Moleküle, die Leben ermöglichen, und im Gehirn sind es ganz spezifische Bedingungen, die vorhanden sein müssen, damit Geist und Bewusstsein entstehen können. Entsprechend kann ein Panpsychismus nicht erklären, warum viele Bereiche im Gehirn ungeheuer kompliziert aufgebaut und dennoch nicht von Bewusstsein begleitet sind, beispielsweise das Kleinhirn oder die Amygdala. Es müssen besondere Netzwerkbedingungen sein, die für das Entstehen von Bewusstsein nötig sind. Dies führt uns zu einer abschließenden Betrachtung.

Ist Geist vielfach realisierbar?

Ich habe in diesem Buch die These vertreten, dass geistige, von Bewusstsein begleitete Zustände nicht nur beim Menschen, sondern bei zahlreichen anderen Tieren entstanden sind. Lag dieser vielfachen Entstehung des Geistes jeweils dasselbe Prinzip zugrunde, oder war und ist Geist auf ganz unterschiedliche Weise realisierbar?

Vergleicht man die infrage kommenden neuronalen Strukturen, also den Vertikallobus von *Octopus*, die Pilzkörper der Insekten, das Nidopallium der Vögel und den Cortex der Säuger, dann gibt es Gemeinsamkeiten wie Unterschiede. Alle diese Strukturen weisen massive Eingänge von primär sensorischen und limbisch-modulatorischen Zentren auf, die in sehr regelmäßiger Weise einziehen und sowohl Projektionsneuronen als auch Interneuronen direkt kontaktieren, und diese Informationen werden in den assoziativen Zentren auf höchst komplizierte Weise miteinander verarbeitet. Die hieran beteiligten „assoziativen" Neuronen sind im Cortex der Säuger schichtenmäßig angeordnet, im Nidopallium der Vögel jedoch scheinbar ungeordnet, aber offenbar in funktionelle „Patches" gegliedert. Eine Art Schichtenbildung oder zumindest Regionalisierung findet sich in den Pilzkörpern der Insekten und wohl auch im Vertikallobus von *Octopus*, aber ansonsten sind diese Strukturen genauso verschieden wie der Cortex und das Nidopallium. Die Gemeinsamkeiten müssen also auf einer viel abstrakteren Ebene der Informationsverarbeitung liegen.

Es handelt sich jeweils um architektonisch sehr gleichförmig aufgebaute *assoziative Netzwerke* mit vielen Hundertausend bis Milliarden Neuronen und Millionen bis Billionen synaptischer Kontakte. Ebenso müssen schnelle und hochgradig plastische synaptische Kontakte für eine sehr kurzfristige „Umverdrahtung" der Netzwerke und einen schnellen Vergleich mit Gedächtnisinhalten vorhanden sein, was zumindest in einigen Gehirnen zum Entstehen eines mentalen Raumes und einer Ich-Instanz führt. Derartige Mechanismen sind während der Evolution der Gehirne mehrfach oder gar vielfach unabhängig voneinander entstanden. Die zugrunde liegenden neuronalen Architekturen sind oberflächlich durchaus verschieden, folgen aber eventuell demselben Prinzip der Informationsverarbeitung. Wenn dies der Fall sein sollte, so könnten sie zumindest im Prinzip *technisch realisierbar* sein. Natürlich wären hierfür viel detailliertere Untersuchungen der Architektur bewusstseinsfähiger Hirnzentren nötig, als bisher angestellt wurden.

Aber selbst wenn es gelänge, eine solche bewusstseinserzeugende Architektur zu identifizieren, so könnten zwei Umstände einer technischen Realisierung entgegenstehen. Erstens könnte es sich herausstellen, dass dieses Ziel nur mit biologischen oder biosynthetischen Materialien erreicht werden kann, und dann müssten diese erst angefertigt werden (daran arbeitet man allerdings schon lange und mit mäßigem Erfolg). Zweitens könnte die erforderliche Komplexität der Nervennetze zu groß sein, als dass man sie auf herkömmliche Weise erreichen könnte. Im schwierigsten Fall müsste man Nervennetze entwickeln, die sich selbst herstellen oder zumindest selbst verdrahten. Die dafür erforderlichen Algorithmen sind nur in bescheidenstem Maße bekannt, und es wäre wohl auch nötig, diese Nervennetze realistischen Überlebensbedingungen auszusetzen.

Wir sind davon ausgegangen, dass Leben als Selbstherstellung und Selbsterhaltung eine notwendige Bedingung für den Geist in der uns bekannten Form darstellt. Somit lässt sich sagen, dass die Evolution vom Beginn des Lebens an mehrere Milliarden Jahre brauchte, um in unterschiedlichen Tiergruppen so etwas wie Geist und Bewusstsein zumindest in einfacher Form zu erzeugen – *eine sehr lange Zeit*. Ob Menschen in der Lage sind, dies ebenfalls und in sehr viel kürzerer Zeit zu schaffen, sei dahingestellt.

Literatur

Lehrbücher und Übersichtswerke

Alberts B, Johnson A, Lewis J, Raff M, Roberts K, Walter P (2002) Molecular Biology of the Cell. Garland Science Textbooks, London

Bullock TH, Horridge GA (1965) Structure and function in the nervous system of invertebrates. Freeman, San Francisco

Campbell NA, Reece JB (2009) Biologie. 8. Aufl. Pearson Education, München

Dudel J, Menzel R, Schmidt RF (2001) Lehrbuch der Neurowissenschaft. 2. Aufl. Springer Verlag, Heidelberg, Berlin, New York

Kandel ER, Schwartz JH, Jessell TM (1996) Neurowissenschaften. Spektrum Akademischer Verlag, Heidelberg

Nieuwenhuys R, ten Donkelaar HJ, Nicholson C (1998) The Central Nervous System of Vertebrates. 3. Aufl. Springer Verlag, Heidelberg, Berlin, New York

Pearce JM (1997) Animal Learning and Cognition. Psychology Press, Exeter

Storch V, Welsch U, Wink M (2007) Evolutionsbiologie. 2. Aufl. Springer Verlag, Heidelberg, Berlin, New York

Wake DB, Roth G (Hrsg) (1989) Complex organismal functions: Integration and evolution in vertebrates. Wiley VCH, Weinheim, London, New York

Fachbücher und Fachartikel

Aiello LC, Bates N, Joffe T (2001) In defense of the Expensive Tissue Hypothesis. In: Falk D, Gibson KR (Hrsg) Evolutionary Anatomy of the Primate Cerebral Cortex. Cambridge University Press, Cambridge. 57–78

Almas I, Cappelen AW, Sorensen EO, Tungodden B (2010) Fairness and the development of inequality acceptance. *Science* 328: 1176–1178.

an der Heiden U, Roth G, Schwegler H (1984) System-theoretic characterization of living systems. In: Möller DPF (Hrsg) Systemanalyse biologischer Prozesse. Springer Verlag, Heidelberg, Berlin, New York

an der Heiden U, Roth G, Schwegler H (1985) Die Organisation der Organismen: Selbstherstellung und Selbsterhaltung. *Funkt Biol Med* 5: 330–346

an der Heiden U, Roth G, Schwegler H (1985) Principles of self-generation and self-maintenance. *Acta Biotheor.* 34: 125–138

Armus HL, Montgomery AR, Jellison JL (2006) Discrimination Learning in Paramecia (P. caudatum). *The Psychological Record* 56: 489–498

Baddeley AD (1986) Working Memory. Clarendon Press, Oxford

Balter M (2010) Animal Communication helps reveal roots of language. *Science* 328: 969–971.

Baron G (2007) Encephalization: Comparative studies of brain size and structure. In: Kaas J, Krubitzer L (Hrsg) Evolution of Nervous Systems. A Comprehensive Review. Vol. 3, Mammals. Academic Press (Elsevier), Amsterdam, Oxford. 125–136

Berg HC (1999) Motile Behavior of Bacteria. Physics Today on the Web. http://www.aip.org/pt/jan00/berg.htm

Bouchard J, Goodyer W, Lefebvre L (2007) Innovation and social learning are positively correlated in pigeons. *Anima Cognition* 10: 259–266

Boycott BB, Young JZ (1955) A memory system in *Octopus vulgaris* Lamarck. *Proc R Soc Lond B Biol Sci* 143: 449–480

Brodmann K (1909) Vergleichende Lokalisationslehre der Großhirnrinde. Barth, Leipzig

Bshary R, Wickler W, Fricke H (2002) Fish cognition: a primate's eye view. *Anim Cogn* 5: 1–13

Burish MJ, Kueh HY, Wang SSH (2004) Brain architecture and social complexity in modern and ancient birds. *BBE* 63: 107–124

Byrne R (1995) The Thinking Ape. Evolutionary Origins of Intelligence. Oxford University Press, Oxford, New York

Byrne RW, Whiten A (1992) Cognitive evolution in primates: evidence from tactical deception. *Man* 27: 609–627

Chalmers DJ (1996) The Conscious Mind. In Search of a Fundamental Theory. Oxford University Press, Oxford, New York

Changizi MA (2001) Principles underlying mammalian neocortical scaling. *Biol Cybern* 84: 207–215

Changizi MA (2007) Scaling the brain and its connections. In: Kaas JH, Krubitzer LA (Hrsg), Evolution of Nervous Systems. A Comprehensive Review. Vol. 3, Mammals. Academic Press (Elsevier), Amsterdam, Oxford. 167–180

Chappell J, Kacelnik A (2002) Tool selectivity in a non-primate, the New Caledonian crow (*Corvus moneduloides*). *Anim Cogn* 5: 71–78

Chappell J, Kacelnik A (2004) Selection of tool diameter by New Caledonian crows *Corvus moneduloides*. *Anim Cogn* 7: 121–127

Churchland PS (1986) Neurophilosophy: Towards an unified science of the mind-brain. MIT Press, Cambridge

Cnotka J, Möhle M, Rehkämper G (2008) Navigational experience affects hippocampus sizes in homing pigeons. *BBE* 72: 233–238

Cowey A, Störig P (1991) The neurobiology of blindsight. *Trends in Neurosciences* 14: 140–145

Creutzfeldt OD (1983) Cortex Cerebri. Leistung, strukturelle und funktionelle Organisation der Hirnrinde. Springer Verlag, Heidelberg, Berlin, New York

Darwin C (1871) The Descent of Man and Selection in Relation to Sex. Murray, London (deutsch: Die Abstammung des Menschen. Übers. von Heinrich Schmidt. Mit einer Einführung von Christian Vogel. Kröner Verlag, Stuttgart 2002)

de Marco RJ, Menzel R (2008) Learning and Memory in Communication and Navigation in Insects. In: Byrne JH (Hrsg) Learning and Memory: A Comprehensive Reference. Vol. 1: Menzel R. (Hrsg) Learning Theory and Behavior. Academic Press (Elsevier), Amsterdam, Oxford. 477–498

Deacon TW (1990) Rethinking mammalian brain evolution. *Am Zoo* 30: 629–705

Deaner RO, Isler K, Burkhart J, van Schaik C (2007) Overall brain size, and not encephalization quotient, best predicts cognitive abilities across non-human primates. *BBE* 70: 115–124

Dehaene S (1999) Der Zahlensinn oder Warum wir rechnen können. Birkhäuser Verlag, Basel

Dicke U, Roth G (2006) Evolution of the Amphibian Nervous System. In: Kaas JH, Bullock TH (Hrsg) Evolution of Nervous Systems. A Comprehensive Review. Vol. 2, Non-Mammalian Vertebrates. Academic Press (Elsevier), Amsterdam, Oxford. 61–124

Dunbar RIM (1995) Neocortex size and group size in primates - a test of the hypothesis. *J. Hum. Evol.* 28: 287–296

Dunbar RIM (1998) The social brain hypothesis. *Evol. Anthropol.* 6: 178–190

Eccles JC (1994) How the self controls its brain. Springer Verlag, Heidelberg, Berlin, New York (deutsch: Wie das Selbst sein Gehirn steuert. Übers. von Malte Heim. Piper, München 1994)

Edelman GM, Tononi G (2000) Consciousness. How Matter Becomes Imagination. Penguin Books, London (deutsch: Gehirn und Geist. Wie aus Materie Bewusstsein entsteht. Übers. von Susanne Kuhlmann-Krieg. C. H. Beck, München 2002)

Eigen M, Schuster P (1979) The Hypercycle – A Principle of Natural Self-Organization. Springer Verlag, Heidelberg, Berlin, New York

Elston GN (2002) Cortical heterogeneity: Implications for visual processing and polysensory integration. *J Neurocytol* 31: 317–335

Emery N, Clayton NS (2004) The Mentality of Crows: Convergent Evolution of Intelligence in Corvids and Apes. *Science* 306: 1903–1907

Enard W, Przeworski M, Fisher SE, Lai CSL, Wiebe V, Kitano T, Monaco AP und Pääbo S (2002) Molecular evolution of FOXP2, a gene involved in speech and language. *Nature* 418: 869–872

Engel AK, König P, Singer W (1991) Direct physiological evidence for scene segmentation by temporal coding. *Proc Natl Acad Sci USA* 88:9136–9140

Farris SM (2008) Evolutionary convergence of higher brain centers spanning the protostome-deuterostome boundary. *BBE* 72: 106–122

Felleman DJ, van Essen DC (1991) Distributed hierarchical processing in the primate cerebral cortex. *Cereb Cortex* 1: 1–47

Finlay BL, Darlington RB (1995) Linked regularities in the development and evolution of mammalian brains. *Science* 268: 1578–1584

Fiorito G, Scotto P (1992) Observational-Learning in *Octopus vulgaris*. *Science* 256: 545–547

Fitch WT, Hauser MD (2004) Computational constraints on syntactic processing in a nonhuman primate. *Science* 303: 377–380

Friederici AD (2009) Pathways to language: fiber tracts in the human brain. *Trends in Cogn Sci* 13: 175–181

Friederici AD, Hahne A (2001) Neurokognitive Aspekte der Sprachentwicklung. In: Grimm H (Hrsg) Enzyklopädie der Psychologie. Themenbereich C, Serie III, Bd. 3, Sprachentwicklung. Hogrefe, Göttingen. 273–310

Gallese V, Goldman A (1998) Mirror neurons and the simulation theory of mind-reading. *Trends in Cogn Sci* 2: 493–501

Gallup Jr. GG (1970) Chimpanzees: self-recognition. *Science* 167: 86–87

Garber PA (2004) New perspectives in primate cognitive ecology. *Am J Primatol* 62: 133–137

Gardner RA, Gardner TB, van Cantfort TE (1989) Teaching Sign Language to Chimpanzees. State University New York Press, New York

Ghazanfar AA, Hauser M (1999) The neuroethology of primate vocal communication: substrate for the evolution of speech. *Trends in Cogn Sci* 3: 377–384

Ghysen A (2003) The origin and evolution of the nervous system. *Int J Dev Biol* 47: 555–562

Gibson KR (2001) Bigger is better: primate brain size in relationship to cognition. In: Falk D, Gibson KR (Hrsg) Evolutionary Anatomy of the Primate Cerebral Cortex. Cambridge University Press, Cambridge. 79–97

Giurfa M (2003) Cognitive neuroethology: dissecting non-elemental learning in a honeybee brain. *Curr Opin Neurobiol* 13: 726–735

Gould SJ (1977) Ontogeny and Phylogeny. Belknap Press of Harvard University Press, Cambridge

Grasso FW, Basil JA (2009) The evolution of flexible behavioral repertoire in cephalopod mollusks. *BBE* 74: 231–245

Green RE et al (2010) A draft sequence of the Neandertal genome. *Science* 328: 710–725.

Güntürkün O, von Fersen L (1998) Of whales and myths. Numerics of cetacean cortex. In: Elsner N, Wehner R (Hrsg.) New Neuroethology on the Move. Proceedings of the 26th Göttingen Neurobiology Conference. Vol. 2. Thieme, Stuttgart. 493

Hakeem AY, Sherwood CC, Bonar CJ, Butti C, Hof PR, Allman JM (2009) Von Economo neurons in the elephant brain. *Anat Rec* 292: 242–248

Hammer M (1993) An identified neuron mediates the unconditioned stimulus in associative olfactory learning in honeybees. *Nature* 366: 59–63

Hart BL, Hart LA (2007) Evolution of the elephant brain: a paradox between brain size and cognitive behavior. In: Kaas JH, Krubitzer LA (Hrsg) The Evolution of Nervous Systems. A Comprehensive Review. Vol 3, Mammals. Academic Press (Elsevier), Amsterdam, Oxford. 491–497

Hart BL, Hart LA, Pinter-Wollman N (2008) Large brains and cognition: Where do elephants fit in? *Neuroscience and Biobehavioral Reviews* 32: 86–98

Haug H (1987) Brain sizes, surfaces, and neuronal sizes of the cortex cerebri: a stereological investigation of man and his variability and a comparison with some mammals (primates, whales, marsupials, insectivores, and one elephant). *Am J Anat* 180: 126–42

Haynes JD, Rees G (2005) Predicting the orientation of invisible stimuli from activity in human primary visual cortex. *Nat Neurosci* 8: 686–691

Heffner HE, Heffner RS (1995) Role of auditory cortex in the perception of vocalization by Japanese Macaques. In: Zimmermann E, Newman JD, Jürgens U (Hrsg) Current Topics in Primate Vocal Communication. Plenum Press, New York, London. 207–219

Henrich J et al (2010) Markets, religion, community size, and the evolution of fairness and punishment. *Science* 327: 1480–1484.

Hille B (1992) Ionic Channels of Excitable Membranes. Sinauer Assoc. Sunderland, Massachuchetts

Hinde RA (1951) Animal Behaviour. McGraw Hill, New York

Hirth F, Reichert H (2007) Basic nervous system types: one or many. In: Striedter GF, Rubenstein JL (Hrsg) Evolution of Nervous Systems. Vol. 1, Theories, Development, Invertebrates. Academic Press (Elsevier), Amsterdam, Oxford. 55–72

Hochner B, Shomrat T, Fiorito G (2006) The Octopus: a model for a comparative analysis of the evolution of learning and memory mechanisms. *Biol Bull* 210: 308–317

Hof PR, van der Gucht E (2007) Structure of the Cerebral Cortex of the Humpback Whale, *Megaptera novaeangliae* (Cetacea, Mysticeti, Balaenopteridae). *The Anatomical Record A* 290: 1-31

Hofman MA (2000) Evolution and complexity of the human brain: Some organizing principles. In: Roth G, Wullimann MF (Hrsg) Brain, Evolution and Cognition. Spektrum Akademischer Verlag, Heidelberg. 501–521

Hofman MA (2001) Brain evolution in hominids: are we at the end of the road? In: Falk D, Gibson KR (Hrsg) Evolutionary Anatomy of the Primate Cerebral Cortex. Cambridge University Press, Cambridge. 113–127

Hofman MA (2003) Of brains and minds. A neurobiological treatise on the nature of intelligence. *Evolution and Cognition* 9: 178–188

Hofmann MH, Northcutt RG (2008) Organization for major telencephalic pathways in an elasmobranch, the thornback ray *Platyrhinoidis triseriata*. *BBE* 72: 307–325

Holland LZ, Short S (2008) Gene duplication, co-option and recruitment during the origin of the vertebrate brain from the invertebrate chordate brain. *BBE* 72: 91–105

Iwaniuk AN, Hurd PL (2005) The evolution of cerebrotypes in birds. *BBE* 65: 215–230

Jerison HJ (1973) Evolution of the Brain and Intelligence. Academic Press, Amsterdam, Oxford

Kaas JH (2007) Reconstructing the organization of neocortex of the first mammals and subsequent modifications. In: Kaas JH, Krubitzer LA (Hrsg) Evolution of Nervous Systems. A Comprehensive Review. Vol. 3, Mammals. Academic Press (Elsevier), Amsterdam, Oxford. 27–48

Kaminski J, Call J, und Fischer J (2004) Word learning in a domestic dog: evidence for "fast mapping". *Science* 304: 1682–1683

Karten HJ, Hodos W, Nauta WJ, Revzin AM (1973) Neural connections of the 'visual Wulst' of the avian telencephalon. Experimental studies in the pigeon (*Columba livia*) and owl (*Speotyto cunicularia*). *J Comp Neurol* 150: 253–278

Karten HJ (1969) The organization of the avian telencephalon and some speculations on the phylogeny of the amniote telencephalon. *Ann N Y Acad Sci* 167: 164–179

Karten HJ (1991) Homology and evolutionary origins of the "neocortex". *Brain Behav Evol* 38: 264–272

Kastner S, Ungerleider LG (2000) Mechanisms of visual attention in the human cortex. *Annu Rev Neurosci* 23: 515–341

Kirschner M, Gerhardt J (2005) The Plausibility of Life: Resolving Darwin's Dilemma. Yale University Press, London

Kortlandt A (1968) Handgebrauch bei freilebenden Schimpansen. In: Rensch B (Hrsg) Handgebrauch und Verständigung bei Affen und Frühmenschen. Hans Huber, Bern. 59–102

Krebs JR, Sherry DF, Healy SD, Perry H, Vaccarino AL (1989) Hippocampal specialization in food storing birds. *Proc Natl Acad Sci USA* 86: 1388–1392

Lachnit H (1993) Assoziatives Lernen und Kognition. Spektrum Akademischer Verlag, Heidelberg

Lamme VAF (2000) Neural mechanisms of visual awareness: a linking proposition. *Brain and Mind* 1: 385–406

Lamme VAF (2003) Why visual attention and awareness are different. *Trends Cognitive Sciences* 7: 12–18

Lamme VAF (2006) Towards a true neural stance on consciousness. *Trends Cognitive Sciences* 10: 494–501
Lefebvre L, Reader SM, Sol D (2004) Brains, innovations and evolution in birds and primates. *Brain Behav Evol* 63: 233–246
Lefebvre L, Sol D (2008) Brains, lifestyles and cognition: are there general trends? *BBE* 72: 135–144
Leopold DA, Logothetis N (1996) Activity changes in early visual cortex reflect monkeys' percept during binocular rivalry. *Nature* 379: 549–553
Lethmate J, Dücker G (1973) Untersuchungen zum Selbsterkennen im Spiegel bei Orang-Utans und einigen anderen Affenarten. *Z Tierpsychol* 33: 248–269
Lisney TJ, Yopak KE, Montgomery JC, Collin SP (2008) Variation in brain organization and cerebellar foliation in chondrichthyans. *BBE* 72: 262–282
Lotto AJ, Hickok GS, Holt LL (2009) Reflections on mirror neurons and speech perception. *Trends in Cognitive Sciences* 13: 110–114
MacPhail EM (1982) Brain and Intelligence in Vertebrates. Clarendon Press, Gloucestershire
Macphail EM, Bolhuis JJ (2001) The evolution of intelligence: adaptive specializastions versus general process. *Biol Rev* 76: 341–364
Maguire EA, Gadian DG, Johnsrude IS, Good CD, Ashburner J, Frackowiak RSJ, Frith CD (2000) Navigation-related structural change in the hippocampi of taxi drivers. *Proc Natl Acad Sci USA* 97: 4398–4403
Marino L (1998) A comparison of encephalization between odontocete cetaceans and anthropoid primates. *Brain Behav Evol* 51: 230–238
Marino L (2002) Convergence of complex cognitive abilities in cetaceans and primates. In: Falk D, Gibson KR (Hrsg) Evolutionary Anatomy of the Primate Cerebral Cortex. Cambridge University Press, Cambridge. 21–32
Markowitsch H-J (2002) Dem Gedächtnis auf der Spur. Vom Erinnern und Vergessen. Wissenschaftliche Buchgesellschaft, Darmstadt
Marten K, Psakaros S (1994) Evidence of self-awarenes in the bottlenose dolphin (*Tursiops truncatus*). In: Parker T, Mitchell RW, Boccia ML (Hrsg) Self-Awareness in Animals and Humans: Developmental Perspectives. Cambridge University Press, Cambridge. 361–379
Martin RD (1996) Scaling of the mammalian brain: the maternal energy hypothesis. *News Physiol Sci* 11: 149–156
Medina L (2007) Do birds and reptiles possess homologues of mammalian visual, somatosensory, and motor cortices. In: Kaas J, Bullock

TH (Hrsg) Evolution of Nervous Systems. A Comprehensive Review. Vol. 2, Non-Mammalian Vertebrates. Academic Press (Elsevier), Amsterdam, Oxford. 163–194

Meltzoff A, Gopnik A (1993) The role of imitation in understanding persons and developing a theory of mind. In: Baron-Cohen S, Tager-Flusberg H, Cohen DJ (Hrsg.) Understanding other minds: Perspectives from Autism. Oxford University Press, Oxford, New York. 335–366

Menzel R, Giurfa M (2001) Cognitive architecture of a mini-brain: the honeybee. *Trends Cogn Sci* 5: 62–71

Menzel R, Brembs B, Giurfa M (2006) Cognition in invertebrates. In: Kaas JH (Hrsg) Evolution of Nervous Systems. A Comprehensive Review. Vol. 1, Theories, Development, Invertebrates. Academic Press (Elsevier), Amsterdam, Oxford. 403–422

Mery F, Kawecki TJ (2002) Experimental evolution of learning ability in fruit flies. *Proc Natl Acad Sci USA* 99: 14274–14279

Moroz LL (2009) On the independent origins of complex brains and neurons. *BBE* 74: 177–190

Müller GB, Newmann SA (2003) Origin of Organismal Form: Beyond the Gene in Developmental and Evolutionary Biology. MIT Press, Cambridge

Nimchinsky EA, Gilissen E, Allman JM, Perl DP, Erwin JM, Hof PR. (1999) A neuronal morphologic type unique to humans and great apes. *Proc Natl Acad Sci USA* 96: 5268–5273

Nixon M, Young JZ (2003) The brains and lives of cephalopods. Oxford Biology, Oxford

Noesselt T, Hillyard SA, Woldorff MG, Schoenfeld A, Hagner T, Jäncke L, Tempelmann C, Hinrichs H, Heinze H-J (2002) Delayed striate cortical activation during spatial attention. *Neuron* 35: 575–587

Northcutt RG und Gans C (1983) The genesis of neural crest and epidermal placodes: a reinterpretation of vertebrate origins. *Rev Biol* 58: 1–28

O'Connell S, Dunbar RIM (2003) A test for comprehension of false belief in chimpanzees. *Evolution and Cognition* 9: 131–140

Pahl M, Tautz J, Zhang S (2010) Honeybee cognition. In: Kappeler, P (Hrsg) Animal Behaviour: Evolution and Mechanisms. Springer-Verlag, Heidelberg, Berlin, New York

Pakkenberg B, Gundersen HJG (1997) Neocortical neuron number in humans: effect of sex and age. *The Journal of Comparative Neurology* 384: 312–320

Pauen M (2001) Grundprobleme der Philosophie des Geistes. S. Fischer, Frankfurt

Pepperberg IM (2000) The Alex Studies. Cognitive and Communicative Abilities of Grey Parrots. Harvard University Press, Cambridge.

Pilbeam D, Gould SJ (1974) Size and scaling in human evolution. *Science* 186: 892–901

Plotnik JM, de Waal FBM, Reiss D (2006) Self-recognition in an Asian elephant. *Proc Natl Acad Sci USA* 103: 17053–17057

Plowright CMS, Reid S, Kilian T (1998) Finding hidden food: behavior on visible displacement tasks by mynahs (*Gracula religiosa*) and pigeons (*Columba livia*). *J Comp Psychol* 86: 13–25

Pollen AA, Dobberfuhl AP, Scace J, Igulu MM, Renn SCP, Shumway CA, Hofmann HA (2007) Environmental complexity and social organization sculpt the brain in lake Tanganyikan clichlid fish. *BBE* 70: 21–39

Pombal M, Megías M, Bardet SM, Puelles L (2009) New and old thoughts on the segmental organization of the forebrain in lampreys. *BBE* 74: 7–19

Popper K, Eccles J (1984) The Self and Its Brain. Springer Verlag, Heidelberg, Berlin, New York (deutsch: Das Ich und sein Gehirn. Übers. von Angela Hartung, Willy Hochkeppel. Wiss. Mitarbeit bei der Übers. Otto Creutzfeldt. 8. Aufl. Piper, München 2002)

Povinelli DJ, Dunphy-Lelii S, Reaux JE, Mazza MP (2002) Psychological diversity in chimpanzees and humans: New longitudinal assessments of chimpanzees' understanding of attention. *Brain Behav Evol* 59: 33–53

Povinelli DJ, Nelson KE, Boysen ST (1990) Inferences about guessing and knowing by chimpanzees (*Pan troglodytes*). *J Comp Psychology* 104: 203–210

Povinelli DJ, Rulf AB, Landau KR, Bierschwale DT (1993) Self-recognition in chimpanzees (*Pan troglodytes*): distribution, ontogeny, and patterns of emergence. *J Comp Psychol* 107: 347–372

Povinelli DJ, Vonk J (2003) Chimpanzee minds: suspiciously human? *Trends Cogn Sci* 7: 157–161

Premack D, Woodruff G (1978) Does the chimpanzee have a theory of mind? *Behav Brain Sci* 4: 515–526

Preuss TM (1995) Do rats have a prefrontal cortex? The Rose-Woolsey-Akert program reconsidered. *J Cognitive Neurosci* 7: 1–24

Preuss TM (2000) What's human about the human brain? In: Gazzaniga MS (Hrsg) The New Cognitive Neurosciences. 2. Aufl. MIT Press, Cambridge. 1219–1234

Prior H, Schwarz A, Güntürkün O (2008) Mirror-Induced Behavior in the Magpie (*Pica pica*): Evidence of Self-Recognition. *PLoS Biol* 6. e202. doi:10.1371/journal.pbio.0060202

Puelles L, Rubenstein JL (1993) Expression patterns of homeobox and other putative regulatory genes in the embryonic mouse forebrain suggest a neuromeric organization. *Trends Neurosci* 16: 472–479

Puelles L, Rubenstein JL (2003) Forebrain gene expression domains and the evolving prosomeric model. *Trends Neurosci* 26: 469–476

Rakic P, Kornack DR (2001) Neocortical expansion and elaboration during primate evolution: a view from neuroembryology. In: Falk D, Gibson KR (Hrsg) Evolutionary Anatomy of the Primate Cerebral Cortex. Cambridge University Press, Cambridge. 30–56

Reader SM, Laland KN (2002) Social intelligence, innovation , and enhanced brain size in primates. *Proc Natl Aca Sci USA* 99: 4436–4441

Reiner A, Perkel DJ, Bruce LL et al. (2004): Revised nomenclature for avian telencephalon and some related brainstem nuclei. *J Comp Neurol* 473: 377–414

Reiner A, Yamamoto K, Karten HJ (2005) Organization and Evolution of the Avian Forebrain. *The Anatomical Record Part A* 287A: 1080–1102

Reiss D, Marino L (2001) Mirror self recognition in the bottlenose dolphin: a case of cognitive convergence. *Proc Natl Acad Sci USA* 98: 5937–5942

Rensch B, Döhl J (1967) Spontane Aufgabenlösung durch einen Schimpansen. *Zeitschr f Tierpsychologie* 24: 476–489

Rensch B (1968) Biophilosophie auf erkenntnistheoretischer Grundlage (Panpsychistischer Identismus). Gustav Fischer, Stuttgart

Rensch B (1968) Manipulierfähigkeit und Komplikation von Handlungsketten bei Menschenaffen. In: Rensch B (Hrsg) Handgebrauch und Verständigung bei Affen und Frühmenschen. Hans Huber, Bern. 103–126

Rensch B, Altevogt R (1955) Zähmung und Dressurleistungen indischer Arbeitselefanten. *Zeitschrift für Tierpsychologie* 11: 497–510

Rockel AJ, Hiorns W, Powell TPS (1980) The basic uniformity in structure of the neocortex. *Brain* 103: 221–244

Rockland KS (2002) Non-uniformity of extrinsic connections and columnar organization. *J Neurocytol* 31: 247–253

Roth G (1986) Selbstorganisation - Selbsterhaltung - Selbstreferentialität: Prinzipien der Organisation der Lebewesen und ihre Folgen für die Beziehung zwischen Organismus und Umwelt. In: Dress A, Hendrichs H, Küppers G (Hrsg) Selbstorganisation. Die Entstehung von Ordnung in Natur und Gesellschaft. Piper, München. 149–180

Roth G (1996) Das Gehirn und seine Wirklichkeit. Suhrkamp, Frankfurt

Roth G (2000) The evolution and ontogeny of consciousness. In: Metzinger T (Hrsg) Neural Correlates of Consciousness. MIT Press, Cambridge. 77–97

Roth G (2003) Fühlen, Denken, Handeln. Wie das Gehirn unser Verhalten steuert. Suhrkamp, Frankfurt

Roth G, Dicke U (2005) Evolution of the brain and intelligence. *Trends Cogn Sci* 9: 250–257

Roth G, Dicke U (2006) Funktionelle Neuroanatomie des limbischen Systems. In: Förstl H, Hautzinger M, Roth G (Hrsg.) Neurobiologie psychischer Störungen. Springer Verlag, Heidelberg, Berlin, New York

Roth G, Wullimann MF (2001) Die Evolution des Nervensystems und der Sinnesorgane. In: Dudel J, Menzel R, Schmidt RF (Hrsg) Lehrbuch der Neurowissenschaft. Springer Verlag, Heidelberg, Berlin, New York. 1–31

Rumbaugh DM, Washburn DA (2003) Intelligence of apes and other rational beings. Yale University Press, Yale, New Haven

Sahin NT, Pinker S, Cash SS, Schomer D, Halgren E (2009) Sequential processing of lexical, grammatical, and phonological information within Broca's Area. *Science* 326: 445–449

Sanz C, Morgan D, Gulick S (2004) New insights into chimpanzees, tools, and termites from the Congo Basin. *American Naturalist* 164: 567–581

Savage-Rumbaugh ES (1984) Acquisition of functional symbol usage in apes and children. In: Roitblat HL, Bever TG, Terrace HS (Hrsg) Animal Cognition. Earlbaum, Hillsdale, New Jersey. 291–310

Savage-Rumbaugh ES (1986) Ape Language: From Conditioned Response to Symbol. Columbia University Press, New York

Schacter DL (1996) Searching for Memory. The Brain, the Mind, and the Past. Basic Books, New York

Schlosser G, Wagner GP (2004) Modularity in Development and Evolution. University of Chicago Press, Chicago

Schuck-Paim C, Alonso WJ und Ottoni EB (2008) Cognition in an everchanging world: climatic variability is associated with brain size in neotropical parrots. *BBE* 71: 200–215

Semendeferi K, Lu A, Schenker N, Damasio H (2002) Humans and great apes share a large frontal cortex. *Nature Neurosci* 5: 272–276

Shomrat T, Zarrella I, Fiorito G, Hochner B (2008) The Octopus Vertical Lobe Modulates Short-Term Learning Rate and Uses LTP to Acquire Long-Term Memory. *Current Biology* 18: 337–342

Shumway CA (2008) Habitat complexity, brain, and behavior. *BBE* 72: 123–134

Singer W, Gray CM (1995) Visual feature integration and the temporal correlation hypothesis. *Annu Rev Neurosci* 18: 555–586

Smid HM, Wang G, Bukovinszky T, Steidle JLM, Bleeker MAK, van Loon JJA, Vet LEM (2007): Species-specific acquisition and consolidation of long-term memory in parasitic wasps. *Proc R Soc B* 274: 1539–1546

Smith JD (2009) The study of animal metacognition. *Trends in Cognitive Sciences* 13: 389–396

Sol D, Duncan RP, Blackburn TM, Cassey P, Lefebvre L (2005) Big brains, enhanced cognition, and response of birds to novel environments. *Proc Natl Acad Sci USA* 102: 5460–5465

Strong MK, Chandy KG, Gutman GA (1993) Molecular Evolution of Voltage-sensitive Ion Channel *Mol Biol Evol* 10: 221–242

Taylor K, Mandon S, Freiwald WA, Kreiter AK (2005) Coherent oscillatory activity in monkey area v4 predicts successful allocation of attention. *Cerebral Cortex* 15: 1424–1437

Tebbich S, Bshary R (2004) Cognitive abilities related to tool use in the woodbecker finch, Catospiza pallida. *Animal Behaviour* 67: 689–697

Terrace H (1987) Chunking by a pigeon in a serial learning task. *Nature* 325: 149–151

Thiel A, Hoffmeister TS (2009) Decision-Making Dynamics in Parasitoids of Drosophila. In: Prévost G (Hrsg) Advances in Parasitology, Vol. 70. Academic Press, Amsterdam, Oxford. 45–66

Tomasello M (1990): Cultural transmission in the tool use and communicatory signalling of chimpanzees? In: Parker ST, Gibson KR (Hrsg) Language and intelligence in monkeys and apes. Cambridge University Press, Cambridge. 274–311

Tomasello M (1996) Do apes ape? In: Heyes C, Galef B (Hrsg) Social Learning in Animals. The Roots of Culture. Academic Press, Amsterdam, Oxford. 319–343

Tomasello M, Call J (1997) *Primate Cognition*. Oxford University Press, Oxford, New York

Tomasello M, Call J, Hare B (2003) Chimpanzees understand psychological states – the question is which ones and to what extend. *Trends Cogn Neurosci* 7: 153–156

Tömböl T, Maglóczky ZS, Stewart MG, Csillag A (1988) The structure of chicken Ectostriatum. *J Hirnforsch* 29: 525–546

Treue S, Maunsell JHR (1996) Attentional modulation of visual motion processing in cortical areas MT and MST. *Nature* 382: 539–541

van Dongen PAM (1998) Brain size in Vertebrates. In: Niewenhuys R (Hrsg) The Central Nervous System of Vertebrates, Springer Verlag, Heidelberg, Berlin, New York. 2099–2134

Visalberghi E, Limongelli L (1994) Lack of comprehension of cause-effect relationships in tool-using capuchin monkeys (*Cebus apella*). *J Comp Psychol* 108: 15–22

Vollmer G (2002) Angeborene Erkenntnisstrukturen im Kontext von Biologie, Psychologie, Linguistik, Philosophie und Wissenschaftstheorie. 8. Auflage. Hirzel, Stuttgart

Wächterhäuser G (1988) Before Enzymes and Templates: Theory of Surface Metabolism. *Microbiological Reviews* 52: 452–484

Warneken F, Tomasello M (2009) Varieties of altruism in children and chimpanzees *Trends in Cognitive Sci* 13: 397–402

Weir AAS, Chappell J, und Kacelnik A (2002) Shaping of hooks in New Caledonian Crows. *Science*. 297: 981

Weiskrantz L (1986) Blindsight: A Case Study and Implications. Oxford University Press, Oxford, New York

Wise SP (2008) Forward frontal fields: phylogeny and fundamental function. *Trends in Neurosciences* 31: 599–608

Wullimann MF, Vernier P (2007) Evolution of the nervous system in fishes. In: Kaas J, Bullock TH (Hrsg) Evolution of Nervous Systems. A Comprehensive Review. Vol. 2, Non-Mammalian Vertebrates. Academic Press (Elsevier), Amsterdam, Oxford. 39–60

Zhang K, Sejnowski TJ (2000) A universal scaling law between gray matter and white matter of cerebral cortex. *Proc Natl Acad Sci USA* 97: 5621–5626

Zimmermann E (1995) Loud calls in nocturnal prosimians: Structure, evolution and ontogeny. In: Zimmermann E, Newman JD, Jürgens U (Hrsg) Current Topics in Primate Vocal Communication. Plenum Press, New York, London. 47–72

Index

F = Abbildung im Farbtafelteil

I

J

K

N

O

P

GPSR Compliance

The European Union's (EU) General Product Safety Regulation (GPSR) is a set of rules that requires consumer products to be safe and our obligations to ensure this.

If you have any concerns about our products, you can contact us on ProductSafety@springernature.com

In case Publisher is established outside the EU, the EU authorized representative is:

Springer Nature Customer Service Center GmbH
Europaplatz 3
69115 Heidelberg, Germany

Batch number: 10584338

Printed by Printforce, the Netherlands